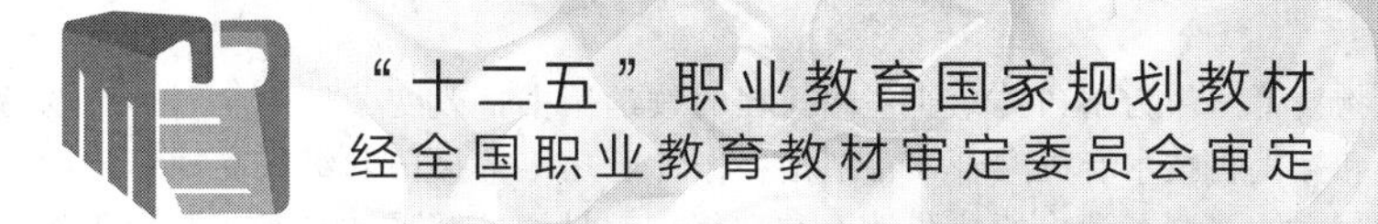

应用微生物技术

第三版

于淑萍　主编

赵　靖　谢　辉　副主编

张　曦　主审

化学工业出版社

·北京·

《应用微生物技术》作为制药类专业基础课程的教学用书，改变了原先学科体系的编写思路，将微生物学的基本知识和微生物技术有机融合，特别是将作者近几年申报国家级精品课程中积累的经验及新理念融入了教材的编写中，强调了学生的技能学习和训练。教材的编写形式有利于教师组织"教、学、做"一体化的课堂教学，适应技能型人才培养的要求。

本书共分十章内容，包括绪论、原核微生物、真核微生物、病毒、微生物的营养、微生物的生长及控制、微生物的代谢与调节、微生物的遗传变异、免疫基础知识和微生物的生态。此次修订在相应的章节除增加了实训项目，以强化训练学生的基本操作技能外，同时还增加了应用实例，以突出课程教学与职业岗位的对接。

本书适合制药技术类、生物技术类师生使用，也可用作生产科研人员的参考用书。

图书在版编目（CIP）数据

应用微生物技术/于淑萍主编．—3版．—北京：化学工业出版社，2014.12（2022.1重印）
"十二五"职业教育国家规划教材
ISBN 978-7-122-21950-3

Ⅰ.①应…　Ⅱ.①于…　Ⅲ.①微生物学-应用-高等职业教育-教材　Ⅳ.①Q939.9

中国版本图书馆CIP数据核字（2014）第228346号

责任编辑：于　卉　　文字编辑：张春娥
责任校对：边　涛　　装帧设计：关　飞

出版发行：化学工业出版社（北京市东城区青年湖南街13号　邮政编码100011）
印　　装：大厂聚鑫印刷有限责任公司
787mm×1092mm　1/16　印张17¾　字数469千字　2022年1月北京第3版第7次印刷

购书咨询：010-64518888　　售后服务：010-64518899
网　　址：http://www.cip.com.cn
凡购买本书，如有缺损质量问题，本社销售中心负责调换。

定　　价：45.00元

前　言

本教材第一版于2005年出版。2009年，随着高等职业教育改革的深入，为提升课程建设水平，构建新的课程体系，突出职业能力培养，对原有教材进行了修订，于2010年7月出版。第二版教材尝试改变原纯学科体系的编写思路，将微生物学的理论知识和操作技能进行了有机融合，理论知识的讲解和操作能力的训练不再分开进行，各个章节设计了相应的技能训练项目，以适应课程改革的需要。

2013年，该教材被评为“十二五”立项教材，依据“十二五”职业教育国家规划教材的评审要求，编写团队对本教材重新立项，进行修订，以提升教材建设的质量和水平。

第三版教材广泛征求了用书单位教师的建议，在原有基础上更加突出实用性。首先，丰富了实训项目的种类并强化了操作技能的训练。其次，为了更好地服务于课堂教学，教材还注重技能教学元素的提炼，细化和突出技能训练的操作要点及难点，并配以图片说明，便于学生自主学习。为提高教学效果，此次修订增加了生动形象的教学案例及解析，以启发学生思考。各章还设计了问题与讨论，可指导学生课后复习。此次修订还增设了附录，包括常用染色液的配制、常用试剂的配制、常用培养基的配制、常见微生物名称对照以及常用微生物词汇中英文对照等内容，以符合能力培养的需要。通过修订，使教材内容更加充实饱满，贴近生产、贴近生活，有利于一体化教学的实施。此次修订对原有课件也进行了梳理和修改，进一步丰富了教学素材及表现形式。

本教材共分十章内容，包括绪论、原核微生物、真核微生物、病毒、微生物的营养、微生物的生长及控制、微生物的代谢与调节、微生物的遗传变异、免疫基础知识和微生物的生态。此次修订聘请了企业专家担任主审，以突出课程教学与职业岗位的对接。教材第一、第二章由天津渤海职业技术学院于淑萍编写；第三、第八章由天津渤海职业技术学院赵靖编写；第五、第七、第十章由承德石油高等专科学校谢辉编写；第四、第六章由四川化工职业技术学院徐丽萍编写；第九章由天津渤海职业技术学院孙娜编写。全书由于淑萍统稿，并由天津市中央药业有限公司张曦高级工程师担任主审。

由于笔者水平所限，难免出现不妥，恳请广大读者及专家批评指正。

编者

2015年5月

目　录

第一章　绪　　论

【知识目标】

1. 了解微生物的特点及分类。
2. 了解微生物技术在工农业生产中的应用。

【能力目标】

1. 认知微生物实验室的构造及功能。
2. 认知微生物技术的专用设备。

第一节　微生物及微生物学

一、微生物及其特点

1. 微生物

生态圈中存在着一类特别的生物，它们个体微小、结构简单、肉眼看不见，只能借助光学显微镜或电子显微镜才能观察到，这就是微生物。

微生物虽小，但因其种类繁多、数量巨大，在自然界的物质循环中作用非凡。若没有微生物对动、植物尸体的降解，生态系统的平衡就难以维系。就人类而言，每个人都能享受到微生物给予的恩赐：美味的面包和馒头；可口的酸奶；诱人的美酒；患病服用的许多药剂……当然，微生物也给人类带来了无数的灾难：天花、鼠疫、霍乱以及时下令各国科学家和医生束手无策的艾滋病的蔓延；2003 年中国许多省份出现的传染性非典型肺炎让人们认识到了新型病毒对人类的威胁；2009 年在全球流行的甲型 H1N1 流感其病原体是一种新型的甲型 H1N1 流感病毒，因此而死亡的人数已超过 1 万人。

随着科技水平的提高及研究手段的不断完善，人类将更多地了解微生物，以达到控制、利用微生物，实现服务经济、造福人类的目的。

2. 微生物的特点

与动、植物相比，微生物具有如下特点。

(1) 个体极小　微生物的个体极小，由几纳米（nm）到几微米（μm）。需借助光学显微镜或电子显微镜才能看见。例如，细菌可通过光学显微镜观察，而病毒（小于 0.2μm）只能通过电子显微镜方能看到。

(2) 结构简单　微生物多为单细胞结构，如细菌、放线菌等；有些为简单的多细胞，如真菌、藻类、原生动物等；有的则为非细胞结构，如病毒等。

(3) 生长繁殖快　大多数微生物以裂殖方式繁殖后代，只要环境适宜，十几分钟至二十分钟就可繁殖一代，这是其他生物不可比拟的。

(4) 种类多，分布广　无论是在土壤、河流、空气中，还是在动、植物体内，均有各类微生物存在。目前已确定的微生物种类不到 10 万种，有研究表明，此还不足地球上微生物种类的 1%。

(5) 适应性强，易变异　微生物由于结构简单，且细胞与环境直接接触，更易受环境因素影响，引起遗传物质 DNA 的改变而发生变异。有益的变异可为人类创造巨大的经济及社会效益，如产青霉素的菌种产黄青霉（*Penicillium chrysogenum*），1943年时每毫升发酵液仅分泌约20单位的青霉素，而今早已超过了5万单位。同样，有害的变异也给人类带来了巨大的困扰，如各种致病菌的耐药性突变，迫使人类不断地开发新药以应对微生物对原有抗生素的抗药性。

3. 微生物分类及命名

为方便识别和研究微生物，按客观存在的生物属性（如个体形态及大小、染色反应、菌落特征、细胞结构、生理生化反应、与氧的关系、血清学反应等）及它们的亲缘关系，有次序地分门别类排列成一个系统，从大到小，按界、门、纲、目、科、属、种等分类。把属性类似的微生物列为界；在界内从类似的微生物中找出它们的差别，列为门，以此类推，直分到种。"种"是分类的最小单位，种内微生物之间的差别很小，有时为了区别小差别可用"株"表示，但"株"不是分类单位。在两个分类单位之间可加亚门、亚纲、亚目、亚科、亚属、亚种及变种等次要分类单位。最后对每一属或种给予严格的科学的名称。

微生物的命名采用生物学中的二名法，即由一个属名和一个种名组成，属名和种名都用斜体字表达，属名在前，用拉丁文名词表示，第一个字母大写；种名在后，用拉丁文的形容词表示，第一个字母小写，如大肠杆菌的名称是 *Escherichia coli*。为了避免同物异名或同名异物，在微生物名称之后赘有命名的人的姓，如大肠杆菌 *Escherichia coli* Castellani and Chalmers。枯草芽孢杆菌的名称是 *Bacillus subtilis*。如果只将细菌鉴定到属，没鉴定到种，则该细菌的名称只有属名，没有种名，如芽孢杆菌属的名称是 *Bacillus*。

微生物在生物界中的地位及分类如下所示。

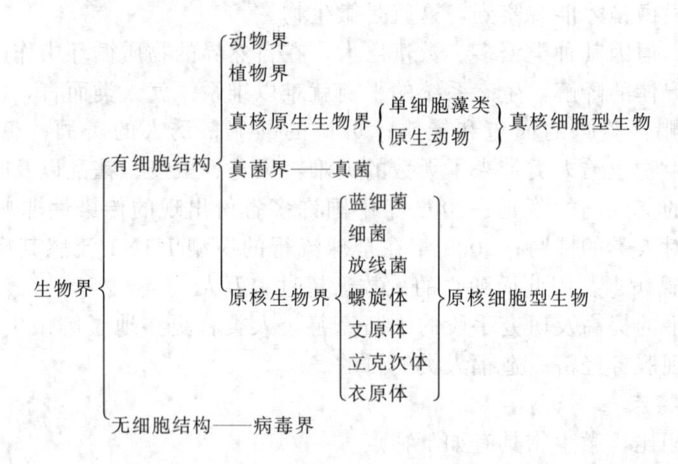

在微生物分类系统中，按其细胞结构分为原核微生物、真核微生物及不具细胞结构的病毒。

（1）原核微生物　原核微生物的核很原始，发育不全，只是DNA链高度折叠形成的一个核区，无核膜，核质裸露，与细胞质没有明显界线，称拟核。原核微生物没有细胞器，也不进行有丝分裂。原核微生物包括真细菌、放线菌、古生菌、立克次体、支原体、衣原体和螺旋体。

（2）真核微生物　真核微生物有发育完好的细胞核，核内有核仁和染色质。有核膜将细胞核和细胞质分开，使两者有明显的界线。有高度分化的细胞器，如线粒体、中心体、高尔基体、内质网、溶酶体和叶绿体等。进行有丝分裂。真核微生物包括酵母菌、霉菌、除蓝藻以外的藻类、原生动物以及微型后生动物等。

（3）病毒和亚病毒　病毒没有细胞结构，是明显区别于原核微生物和真核微生物的一类特殊的超微生物。亚病毒是比病毒小的超微小生物，有类病毒、拟病毒、朊病毒等。

二、微生物学简介

1. 微生物学

微生物学是研究微生物的生物学特性（形态、结构、代谢、生长繁殖、遗传变异等）及其与人类、动植物等的相互关系的科学。

2. 微生物学发展简介

在真正看到微生物以前，人们就已感觉到微生物的存在，甚至已在不知不觉中应用它们。如4000多年前中国民间酿酒已十分普遍，后来又相继发明了酿醋、制酱等。

真正看见并描述微生物的第一人是荷兰商人安东·列文虎克，1676年他用自制的显微镜看见了细菌和原生动物。首次揭示了一个崭新的生物世界——微生物界。

从列文虎克首次发现微生物，之后的200年人们对微生物的研究基本停留在形态描述和对发现的微生物进行分类。直至19世纪中期以法国的巴斯德（Louis Pasteur，1822—1895）和德国的柯赫（Robert Koch，1843—1910）为代表的科学家将微生物的研究由形态描述推进到生理学研究阶段，揭示了微生物是造成腐败发酵和人畜疾病的原因，并建立了分离、培养、接种和灭菌一系列微生物技术，奠定了微生物学的基础。

巴斯德的主要贡献介绍如下。

① 由曲颈瓶实验（图1-1）证实了空气内含有微生物，彻底否定了“自生说”。图1-1(a)是将营养丰富的肉汤放入一玻璃瓶中，然后将玻璃瓶的瓶颈拉出呈鹅颈的形状。加热煮沸肉汤，使其与瓶内的空气一起被灭菌。微生物进入开口的曲颈瓶时，被捕获附着在弯曲的颈壁上，因此可维持肉汤在无菌状态，而不发生腐败。而图1-1(b)是将曲颈瓶颈部打碎，微生物进入瓶中，很快肉汤被污染。巴斯德用此实验证实了空气中有微生物存在，且证实微生物是来自空气而不是来自无生命的物质。

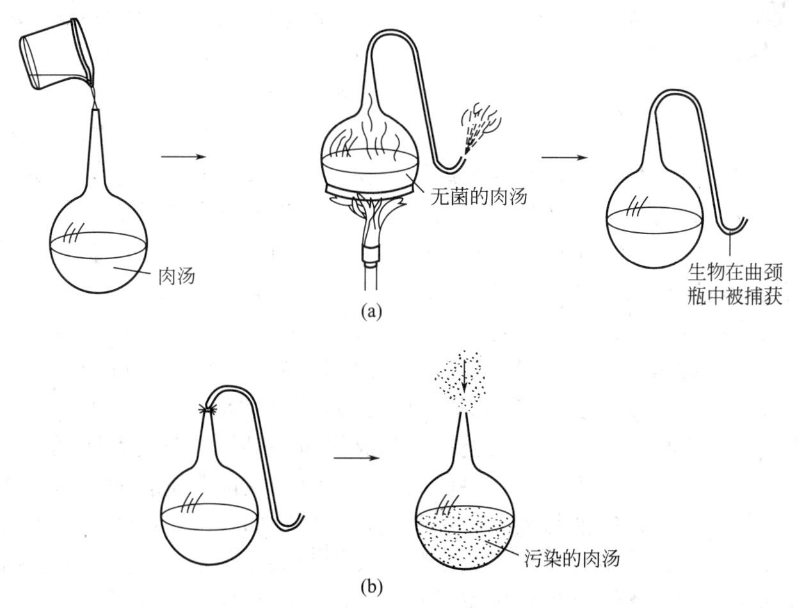

图1-1 曲颈瓶实验

② 首次制成狂犬疫苗。早在1798年，英国医生琴纳（Jenner）发明了种痘法预防天花，但因不了解免疫过程的机制，没能获得继续发展。1877年，巴斯德研究了鸡霍乱，发现将病原菌减毒可诱发免疫性，以预防鸡霍乱。之后又研究了牛、羊炭疽病和狂犬病，并首次制成狂犬疫苗，为人类防病、治病做出了重大贡献，证实了其免疫学说。

③ 证实了发酵是由微生物引起。分离到了许多引起发酵的微生物，并证实酒精发酵是由酵母菌引起的，发现了乳酸发酵、醋酸发酵、丁酸发酵都是由不同的细菌所引起，为微生物生理生化的研究奠定了基础。

④ 建立了巴斯德消毒法，在60～65℃短时间加热处理，可杀死有害微生物。该消毒方法至今沿用。

柯赫的主要贡献介绍如下。

① 证实了炭疽病菌是炭疽病的病原菌；发现了肺结核的病原菌，这是当时死亡率极高的传染病，柯赫因此而获得了诺贝尔奖。

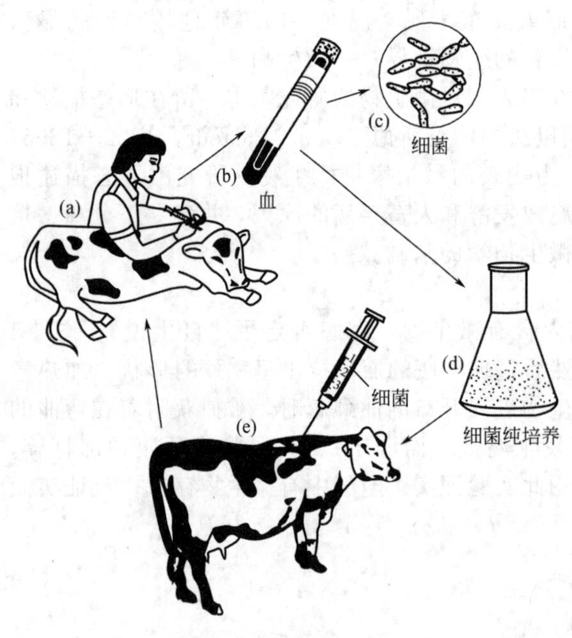

图1-2 柯赫法则

② 提出了柯赫法则，以此证明某种微生物是否为某种疾病病原体的基本原则（图1-2）：（a）从患病的动物体中采取血样；（b）实验室样检；（c）发现病原菌；（d）自血液中分离出病原菌在实验室内进行纯培养；（e）将纯培养样品中只含有的一种细菌注射到健康的动物体内；假如动物患病并出现与原来动物同样的症状，可证明是这种特殊的微生物导致了这种特殊的疾病。

由于柯赫在病原菌研究方面的开创性工作，使得19世纪70年代至20世纪20年代成为发现病原菌的黄金时代。

③ 奠定了微生物基本操作技术基础。用固体培养基分离纯化微生物、配制培养基都是至今仍在沿用的微生物基本操作技术。

巴斯德和柯赫的杰出工作，使微生物学作为一门独立的学科开始形成，并为今后微生物学的研究和发展奠定了重要基础。

抗生素的发现是继化学治疗药物之后治疗微生物感染的重大科学成果，具有划时代的意义。1929年英国人弗莱明（Alexander Fleming，1881—1955）发现青霉菌产生的青霉素能抑制金黄色葡萄球菌的生长。1940年Florey等提取出青霉素的结晶纯品，并证实了其临床应用价值。青霉素的发现启发了人类对其他抗生素的寻找和生产，之后链霉素、氯霉素、四环素、头孢霉素、红霉素、林可霉素以及庆大霉素相继被开发并研制成功。

20世纪以后，相邻学科研究成果的应用使微生物学沿着两个方向发展，即应用微生物学和基础微生物学。在应用方面，对人类疾病和躯体防御机能的研究，促进了医学微生物学和免疫学的发展，同时农业微生物学、兽医微生物学也相继成为重要的应用学科。应用成果的不断涌现，促进了基础研究的深入，细菌和其他微生物的分类系统出现并不断完善。对细胞化学结构和酶及其功能的研究发展了微生物生理学和生物化学。微生物遗传与变异的研究导致了微生物遗传学的诞生。微生物生态学在20世纪60年代也形成了独立的学科。

在基础理论研究的同时，微生物学的实验技术同样发展迅速，19世纪后期微生物的培养技术已趋成熟。如显微技术、灭菌方法、加压灭菌器、纯化培养技术、革兰染色法、培养皿和琼脂作凝固剂等。如今微生物学实验技术已相当完善，包括形态研究、纯培养技术、微生物的营养与环境条件、微生物的分离纯化与鉴定、微生物遗传学实验、应用微生物实验等。这些技术已不仅仅作为基础研究的手段，更重要的是其在应用学科的发展中发挥了巨大作用。

3. 微生物学与其他学科的关系

随着科学技术的不断进步，许多高新科技和仪器设备应运而生，如新型电子显微镜、电子计算机、细胞培养、免疫学技术、分子生物学技术等，促进了微生物学科的迅速发展。

同时，微生物学科的研究成果也广泛应用于许多应用学科中，如临床诊疗、食品工程、生物制药领域，特别是近些年，随着人类对生态资源、环境保护认识的快速提升以及经济发展中节能减排的紧迫需要，利用生物降解法处理各种工业废水已成为当今主要的技术手段。

第二节 微生物技术的应用

一、医药领域

1. 医疗及诊断

微生物技术在临床诊治感染性疾病中能快速、准确地检测到病原微生物，能够为临床提供准确而及时的药敏试验，指导临床用药，在诊病、治病中发挥着巨大作用。

（1）尿、大便的细菌学检验　尿液的细菌学检验有助于泌尿生殖道感染的诊断，同时通过药敏试验可选择有效的抗菌药物，也可作疗效观察；粪便的细菌学检验能对肠道群进行监测，预防菌群失调，更重要的是可找到病原菌，对某些肠道疾病进行病原学诊断，如伤寒、菌痢、霍乱、部分食物中毒、肠道结核等均可通过粪便培养以确诊或作参考。

（2）脑脊液的细菌学检验　由于能引起脑膜炎的细菌种类不同，诊疗、处理及预后均不相同，因此必须经涂片或培养检查，以确定细菌的种别。如细菌性脑膜炎的病原学诊断、浆液性脑膜炎或无菌性脑膜炎的鉴别诊断，均对脑膜炎的治疗颇有价值，有助于选用抗生素治疗及疗效判断。

（3）穿刺液标本的细菌学检验　如胸水、腹水、心包液、关节液及鞘膜液。穿刺液中的胸水、腹水、心包液由于形成的原因不同，其性质各异。炎症性的多见于细菌、寄生虫等感染，多为渗出液；非炎症性的多因循环障碍所致，如心力衰竭、肾炎、门脉阻塞、血浆蛋白过低等，为漏出液。正常人的心包液量少而无菌，若为渗出液则系感染所致。

（4）血液、骨髓等　血液、骨髓、咽及下呼吸道的分泌物、脓液及生殖系统的感染性疾病都离不开细菌学检验。其作用体现在病原菌的鉴定、指导临床用药及疗效观察方面。

2. 药品生产

微生物技术与现代工程技术相结合，通过生物反应器中微生物的代谢，生产人类所需要的药物已是现代生物工程的一个重要分支。由于其巨大的经济和社会效益，已被公认为是高新技术中最具发展潜力的产业。

（1）抗生素　微生物药物的利用是从人们熟知的抗生素开始的，抗生素是一种在低浓度下有选择地抑制或影响其他生物机能的微生物产物及其衍生物，是由细菌、真菌或其他微生物所产生的物质，具有抑制或杀灭细菌、真菌、螺旋体、支原体、衣原体等致病微生物的作用，也有的抗生素可治疗恶性肿瘤。抗生素类药物品种繁多，可分为十大类。须注意的是，抗生素在应用时应注意安全。

① β-内酰胺类。这类药品种最多，应用最广，包括青霉素和头孢菌素两部分。青霉素常用的品种有青霉素钠、青霉素钾、氨苄西林钠、阿莫西林等。头孢菌素常用品种有头孢氨苄、头孢羟氨苄、头孢唑啉钠、头孢拉定、头孢曲松钠等。

② 氨基糖苷类。常用品种有链霉素、庆大霉素、卡那霉素、阿米卡星、小诺米星等。

③ 四环素类。包括四环素、土霉素、多西环素、米诺环素等。

④ 大环内酯类。常用品种有红霉素、琥乙红霉素、罗红霉素、麦迪霉素、乙酰螺旋霉素、吉他霉素等。

⑤ 氯霉素类。常用的品种即氯霉素。

⑥ 林可霉素类。包括林可霉素、克林霉素等。

⑦ 其他主要抗细菌的抗生素。常用的有去甲万古霉素、磷霉素、卷曲霉素、利福平等。

⑧ 抗真菌抗生素。常用的品种有两性霉素 B、灰黄霉素、制霉菌素、克念菌素等。

⑨ 抗肿瘤抗生素。常用的有丝裂霉素、阿霉素等。

⑩ 有免疫抑制作用的抗生素。如环孢素。

(2) 其他生物活性物质　随着基础生命科学的发展和各种新的生物技术的应用，微生物产生的其他生物活性物质日益增多，如特异性的酶抑制剂、免疫调节剂、受体拮抗剂和抗氧化剂等，其活性已超出了抑制某些微生物生命活动的范围。但这些物质均为微生物次级代谢产物，其在生物合成机制、筛选研究程序及生产工艺等方面和抗生素都有共同的特点，统称为微生物药物。微生物药物的生产技术就是微生物制药技术。按照其生产过程，可概括为如下 5 个阶段。

① 菌种的获得技术。可由研究人员从自然界中分离筛选新的微生物菌种。

② 高产菌株的选育技术。通过诱变、基因转移以及基因重组的方法选育菌株。

③ 菌种保藏技术。可采取转接培养或斜面传代、砂土管保藏、超低温冷冻干燥保藏或液氮保藏技术。

④ 发酵工艺条件的确定。培养基和培养工艺的确定。

⑤ 发酵产物的分离提取技术。过滤及离心沉降、细胞破碎、萃取、吸附与离子交换、色谱分离、沉析（盐析、有机溶剂沉析、等电点等）、膜分离、结晶、干燥等。

(3) 基因工程药物　基因工程药物就是对已确定对某种疾病有预防和治疗作用的蛋白质，通过基因操作技术将能够表达该蛋白质的基因放大并转移到受体细胞。常用的受体细胞包括细菌、酵母菌、动物或动物细胞、植物或植物细胞等。再通过受体细胞的繁殖，大规模生产该种蛋白质。

如乙型病毒性肝炎（乙肝）疫苗，像其他蛋白质一样，乙肝表面抗原（HBsAg）的产生也受 DNA 调控。利用基因剪切技术，将调控 HBsAg 的 DNA 片段剪裁下来，装到一个表达载体中（该表达载体可以把这段 DNA 的功能发挥出来）。再把表达载体转移到受体细胞内，如大肠杆菌或酵母菌等。最后再通过这些大肠杆菌或酵母菌的快速繁殖，生产出大量人类需要的 HBsAg（乙肝疫苗）。

长期以来，医学工作者在防治乙肝方面做了大量工作，但曾一度陷于困境。乙肝病毒（HBV）主要由两部分组成，内部为 DNA，外部有一层外壳蛋白质，称为 HBsAg。把一定量的 HBsAg 注射入人体，就使机体产生对 HBV 抗衡的抗体。机体依靠这种抗体，可以清除入侵机体内的 HBV。以往乙肝疫苗的来源，主要是从 HBV 携带者的血液中分离出来的 HBsAg，这种血液是不安全的，可能混有其他病原体如艾滋病病毒（HIV）的污染。另外，由于血液来源极有限，使乙肝疫苗的供应严重不足。而基因工程疫苗解决了这一难题。与血源乙肝疫苗相比，基因工程疫苗取材方便，利用的是资源丰富的大肠杆菌或酵母菌，它们有极强的繁殖能力，并借助于高科技手段，可以大规模地生产出质量好、纯度高、免疫原性好、价格便宜的药物。在小儿出生后，按计划实施新生儿到六个月龄内先后注射三次乙肝疫苗的免疫程序，就可获得终身免疫，免受乙型肝炎之害。我国于 1996 年开始有能力生产大量的基因工程乙肝疫苗，借此，才有信心遏制这一严重威胁人类健康的病种。

干扰素具有广谱抗病毒的效能，是一种治疗乙肝的有效药物，也是国际上批准治疗丙型病毒性肝炎的唯一药物。但是，通常情况下人体内干扰素基因处于“睡眠”状态，因而血中一般检测不到。只有在发生病毒感染或受到干扰素诱导物的诱导时，人体内的干扰素基因才会“苏醒”，开始产生干扰素，但其数量微乎其微。因此由基因工程生产出大量的干扰素，才使使用干扰素成为了可能。

3. 药品的洁净生产

药品安全引发的全球危机给人类带来了不少灾难，引起了越来越多的关注。除药品本身外，药品生产环境，尤其是洁净区域生产环境会直接或间接地影响药品的安全生产。因此，药品生产环境的清洁技术被列为药品生产质量管理（GMP）最重要的内容。采取空气洁净技术能有效防止药品生产污染，最大限度地降低药品污染的风险。

二、食品领域

通过微生物技术对农产品原料的发酵作用，可获得许多食品和饮料。利用微生物的生理生化作用，使最终产品口味、色泽等发生感官上的改善，使产品更具营养，更易消化，口味更好，并无病原微生物，无毒害，更易保藏。像大家熟悉的面包、乳酪、泡菜、酱油以及啤酒、葡萄酒、白兰地、威士忌等。当然，微生物的滋生也会使食品腐败变质而失去食用价值，如水果腐烂、食品发霉等。

1. 酒精饮料

酿造业是最有稳定经济效益的行业。在适宜的发酵条件下，微生物将糖类物质和淀粉物质转化为成分复杂的液体发酵产物，其中含有大量的酒精，由于酸性的 pH 值可以抑制微生物的生长，使得产品更加稳定和安全，这就是可直接饮用的酒精饮料。但人们更习惯存放一段时间，使得它们口感更好，进一步蒸馏可提高酒精浓度，得到各种类型的酒。常用的发酵微生物是酵母菌，它可以吸收和利用单糖，如葡萄糖和果糖，将它们代谢成乙醇。

2. 调味品

味精、酱油、醋是深受人们欢迎的调味品。味精的生产是微生物对各种薯类、玉米等中的淀粉进行发酵而得。酱油则是微生物对黄豆的发酵产物。酿醋的原料有薯类如甘薯、马铃薯等；粮谷类如玉米、大米等；粮食加工下脚料如碎米、麸皮、谷糠等。传统酿醋工艺是利用自然界中的野生菌制曲、发酵，涉及的微生物种类繁多。新法制醋均采用人工选育的纯培养菌株进行制曲、酒精发酵和醋酸发酵，因而发酵周期短、原料利用率高。适合于酿醋的主要是醋酸菌。醋酸菌在充分供给氧的情况下生长繁殖，并把基质中的乙醇氧化为醋酸，这是一个生物氧化过程。

3. 食品添加剂

如今，食品安全已成为全球关注的热点之一。长期以来，化学合成的食品添加剂因具有制备工艺成熟简单、产品成本低廉的优势，使其在食品工业中占据了重要的位置。但随着人们对食品安全的警觉，有机食品、生态食品、绿色食品将逐渐成为人们的选择。因而，一类新型食品添加剂应运而生。

(1) 食用香料苯乙醇　苯乙醇是广泛使用的食用香料，具有柔和、愉快、持久的玫瑰香气。化学合成是以环氧乙烷与苯缩合精制而成。近年，国内外利用微生物技术，以苯丙氨酸为原料，用啤酒酵母等，经发酵转化生产天然苯乙醇。

(2) 生物型的食品防腐剂　生物型防腐剂是以动植物或微生物的代谢产物等为原料，从中提取、分离获得具有抑制和杀死微生物作用的生物活性物质。生物型防腐剂是近年来开发的热点。例如日本利用纳豆生产了纳豆菌抗菌蛋白，具有广泛的抗菌作用。

三、工农业生产

1. 微生物在工业生产中的应用

如上所述，微生物发酵技术已成为医药、食品工业的支柱产业，形形色色的产品已成为人类生存必不可少的组成部分。除此之外，微生物技术在其他行业的应用也进展很快。如石油工业，从石油资源的勘探、开发到下游的炼化、污水处理等流程，微生物技术也发挥着巨大作用。

在环境治理领域，如水的生化降解技术、固体废物的处理处置等方面，微生物技术的应用都显示了其高效、环保、经济以及操作简单的优势。

有机废水的生化处理技术，是利用微生物对各类大分子有机物进行生化降解的过程。目前，该处理技术广泛用于医药废水、化工废水、生活污水、食品工业废水、制革废水、造纸废水等所有行业有机废水的处理。其大致流程为（好氧生物降解）：

① 废水预处理。废水经格栅过滤及初沉池沉降除去大块杂物。

② 生化降解。生化池（曝气）降解。

③ 泥水沉淀。一沉池、二沉池沉淀后，排出上清液。必要时再作深度处理。

④ 活性污泥后处理。部分留作菌种回用，其余可进行硝化。

2. 微生物在农业生产中的应用

由于环境污染，生态资源遭到破坏，导致农产品质量下降，更为严重的是残留污染物带来的“瓜不甜、果不香、菜无味”等致病致癌物质的增多已严重威胁着人类健康。微生物技术的应用是改变这一现状的有效途径。

将有益微生物制成生物制剂，可加速分解土壤中的有害物质，促进植物生长。如由日本科学家研制的一种新型高科技复合微生物菌剂，其中含有光合菌、酵母菌、乳酸菌、放线菌等。光合菌以土壤接受的光和热为能源，以根系的有机物或有害气体（硫化氢）为食饵，产生氨基酸、核酸等代谢物，促进植物的生长发育，这些代谢物既可被植物直接吸收，又可为其他微生物的繁殖提供活动基质，提高植物的固氮能力。乳酸菌有很强的杀菌力，可抑制有害微生物的繁殖，加剧有机物的腐败分解，减轻病害发生。酵母菌分泌激素，能促进根系生长和细胞分裂，还可以为其他微生物繁殖提供所需的基食。放线菌产生抗生素物质能抑制病原菌的繁殖，在和光合菌共生的条件下，放线菌的杀菌效果成倍提高，丝状菌对土壤中酯的生成有良好的作用，并有分解、消除恶臭的效果。

微生物技术的应用不仅能够促进动植物生长，增产防病、改良土壤、改善环境，同时还可大大提高农副产品的营养成分和保鲜贮存时间；可减少以至不用化肥、农药和抗生素，提高农产品质量，生产安全绿色的有机食品。随着新的研究成果的不断应用，其必定产生巨大的经济效益、社会效益和生态效益。

第三节　微生物培养技术简介

一、微生物实验室

1. 微生物实验室概况

微生物实验室应进行专门的设计，必要时应配备抽风机。接种、分离及鉴定细菌等操作应在生物安全柜中进行，实验室应至少划分成 3 个区。

（1）清洁区　包括办公室、休息室、培养基配制室与试剂储藏室。此区域禁止带入细菌检验标本。

（2）操作区

① 整洁。微生物操作区是各种菌相对集中的地方，为了减少粉尘流动，防止交叉污染，操作区应与外界分开。实验室工作人员进入操作区应换鞋，送标本人员不进入操作区，操作区地面要按规定消毒，保持清洁。

② 光线。微生物培养及观察，都需要有充足的光线。操作区除设置常规照明灯外，还必须安装操作台灯，以保证实验结果的正确判断。

③ 通风。由于各种菌种集中，空气污浊，实验要求在保持排气良好的生物安全柜中进行。

④ 温度和湿度。由于无菌操作的要求，实验过程中经常使用酒精灯，因此，微生物学实验室不能安装吊扇。为了达到实验所需的适宜温度，尤其是满足某些仪器对温度、湿度的要求，实验室应安装空调。

⑤ 电源。要求提供稳压、恒频的电源；根据仪器设备要求，必要时配备不间断电源。

⑥ 水源。操作区内须设置水源。用于标本处理（如细菌染色）的水槽与工作人员洗手用的水槽不能混用。

⑦ 污染物处理。操作区须备有消毒缸，以处理沾有活菌的玻片等污染物品。检验剩余的标本及使用过的带菌平板、试管均须集中地点安全放置，经消毒灭菌处理后再洗涤或丢弃。

（3）无菌区

① 无菌室应完全封闭，进出无菌室至少要经两道门，中间隔有缓冲间，无菌室与外间设置一个可开闭的窗口，用于传递器具。

② 无菌室必须保持整洁。工作人员进入无菌室应换专用鞋、专用衣。无菌室使用前须用紫外线消毒 30min，操作结束后清洁台面，再用紫外线消毒 30min 。定期用乳酸或甲醛熏蒸，彻底消毒。

③ 无菌室仅用于培养基分装等无菌操作，不能进行有菌标本的操作。操作人员操作时应严格关门，并戴好专用的口罩、帽子。

④ 无菌室内应有空气过滤装置，并安装空调。

如图 1-3 所示为微生物实验室布局示意。

图 1-3　微生物实验室布局示意

2. 实验室守则

普通的微生物学实验课的目的是：训练学生掌握最基本的微生物操作技术；理解微生物的基本知识。通过实训培养学生的观察、思考、分析问题和解决问题的能力，养成实事求是、严肃认真的科学态度。实验中不仅涉及具体的专业操作技术，还需要使用各类专业设备及特殊药品和试剂。重要的是实验操作的对象可能是致病菌或有害微生物，因此为确保安全、顺利完成实训要求，必须遵守如下规则。

① 非必要的物品严禁带入实验室，必要的文具、书籍带入后应与工作区分开，以保证实验室的整洁。进入实验室，特别是无菌室，应穿工作服。

② 实验前要做充分的预习，明确实验的目的要求、原理和方法，做到心中有数。

③ 实验中尽量避免走动，以免灰尘扰动造成染菌，也不要用手抚摸头、面等部位造成感染。同时请勿高声谈话，保持室内安静。

④ 实验操作要细心谨慎，认真观察，及时做好记录。

⑤ 凡实验用过的菌种以及带有活菌的各种器皿，应先经高压灭菌后才能洗涤。制片上的活菌标本应先浸泡于3%来苏儿溶液或5%石炭酸溶液中0.5h后再行洗刷。如系芽孢杆菌或有孢子的霉菌，则应延长浸泡时间。

⑥ 实验过程中，如不慎将菌液洒到桌面或地面，应以5%石炭酸溶液或3%来苏儿溶液覆盖0.5h后才能擦去。如遇污染物污染工作服，应立即脱下，经高压蒸汽灭菌后方可洗涤。若不慎将菌液吸入口中或接触皮肤破损以及烫伤处，应立即报告指导教师，及时处理，必要时可服用有关药物以预防发生感染，切勿隐瞒。

⑦ 进行高压蒸汽灭菌时，要严格遵守操作规程。负责灭菌的人员在灭菌过程中不准离开灭菌室。

⑧ 实验中培养的材料，应注明组别、名称及处理方法，放于指定的地点进行培养。

⑨ 易燃物品如酒精、二甲苯、醚类、丙酮等应远离火源，妥为保存。如遇火险，要沉着地切断电源，并立即以湿布或沙土覆盖灭火，必要时使用灭火器。

⑩ 实验完毕，应擦净桌面（用浸有3%来苏儿溶液或5%石炭酸溶液的抹布），收拾整齐。离开实验室前注意关闭门、窗、灯、火、煤气等，并用肥皂洗手。实验室内的菌种及物品，不得轻易带出。

二、微生物实验室常用设备

1. 净化工作台

净化工作台是一种局部层流装置，能在局部形成高洁度的工作环境。它由工作台、过滤器、风机、静压箱和支撑体等组成。工作原理是将空气过滤使工作台操作区达到净化除菌的目的。室内空气经预过滤器和高效过滤除尘后以垂直或水平层流状态通过工作台的操作区，由于空气没有涡流，所以，任何一点儿灰尘或附着在灰尘上的杂菌都能被排除，不易向别处扩散和转移。因此，可使操作区保持无菌状态。

与无菌室和接种箱比较，使用净化工作台具有工作条件好、操作方便、无菌效果可靠、无消毒药剂对人体危害、占用面积小且可移动等优点。如果放在无菌室内使用，则无菌效果更好。其缺点是价格昂贵，预过滤器和高效过滤器还需要定期清洗和更换。

2. 高压蒸汽灭菌锅

高压蒸汽灭菌锅是一个密闭的、可以耐受一定压力的双层金属锅。锅底或夹层内盛水，当水在锅内沸腾时由于蒸汽不能逸出，使锅内压力逐渐升高，水的沸点和温度可随之升高，从而达到高温灭菌的目的。一般在0.11MPa的压力下，121℃灭菌20～30min，包括芽孢在内的所有微生物均可被杀死。如果灭菌物品体积较大，蒸汽穿透困难，可以适当提高蒸汽压力或延长灭菌时间。

高压灭菌锅有卧式、立式、手提式等多种类型，在微生物学实验室，最为常用的是手提式和立式高压蒸汽灭菌锅。和常压灭菌锅相比，高压灭菌锅的优点是灭菌所需的时间短、节约燃料、灭菌彻底等。其缺点是价格昂贵，灭菌容量较小。

3. 培养箱

培养箱是培养微生物的专用设备，是由电炉丝和温度控制仪组成的固定体积的恒温培养装置，大小规格不一。微生物实验室常用的培养箱工作容积有450mm×450mm×350mm或650mm×500mm×500mm，适用于室温至60℃之间的各类微生物培养。目前有各种结构合理、功能齐全的培养箱，如恒温培养箱、恒温恒湿培养箱、低温培养箱、微生物多用培养箱和二氧化碳培养箱等。有的用计算机控制，能克服环境温度的影响，达到培养要求的温度。

微生物多用培养箱是集加热、制冷和振荡于一体的微生物液体发酵装置。工作室的温度在15～50℃范围内任意选定，选定后经温控仪自动控制，保持工作室内恒温。同时设有调速系统，振荡机转速可在1～220r/min范围内任意调控。

4. 干燥箱

干燥箱是用于除去潮湿物料内及器皿内外水分或其他挥发性溶液的设备。类型很多，有箱式、滚筒式、套间式、回转式等。微生物学实验室多用箱式干燥箱，大小规格不一。工作室内配有可活动的铁丝网板，便于放置被干燥的物品。干燥箱由电炉丝和温度控制仪组成，可调节温度从室温至300℃任意选择。此外，还有真空干燥箱（配有真空泵和气压表），可在常压或减压下操作。

5. 摇床

摇床又称摇瓶机，是培养好气性微生物的小型试验设备或作为种子扩大培养之用，常用的摇床有往复式和旋转式两种。往复式摇床的往复频率一般在80～140次/min，冲程一般为5～14cm，如频率过快、冲程过大或瓶内液体装量过多，在摇动时液体会溅到包扎瓶口的纱布或棉塞上，导致杂菌污染，特别是启动时更容易发生这种情况。

旋转式摇床的偏心距一般在3～6cm之间，旋转次数为60～300r/min。

放在摇床上的培养瓶（一般为三角瓶）中的发酵液所需要的氧是由空气经瓶口包扎的纱布（一般为8层）或棉塞通入的，所以氧的传递与瓶口的大小、瓶口的几何形状、棉塞或纱布的厚度及密度有关。在通常情况下，摇瓶的氧吸收系数取决于摇床的特性和三角瓶的装样量。

往复式摇床是利用曲柄原理带动摇床作往复运动，机身为铁制或木制的长方框子，有一层至三层托盘，托盘上有圆孔备放培养瓶，孔中凸出一个三角形橡皮，用以固定培养瓶并减少瓶的振动，传动机构一般采用二级皮带轮减速，调换调速皮带轮可改变往复频率。偏心轮上开有不同的偏心孔，以便调节偏心距。往复式摇床的频率和偏心距的大小对氧的吸收有明显的影响。

旋转式摇床是利用旋转的偏心轴使托盘摆动，托盘有一层或两层，可用不锈钢板、铝板或木板制造。在三个偏心轴上装有螺栓可调节上下，使托盘保持水平。这种摇床结构复杂，造价高。其优点是氧的传递较好，功率消耗小，培养基不会溅到瓶口的纱布上。

6. 接种箱

接种箱分为固体菌种接种箱和液体菌种接种箱两种。固体菌种接种箱是一个用木料和玻璃制成或由有机玻璃焊接而成的密闭小箱，又分为双人和单人操作箱。箱体可大可小，一般箱体长约143cm，宽86cm，总高154cm，支架76cm。箱的上部左右两侧各装有两扇能启闭的玻璃推拉门，方便菌种进出。窗的下部分别设有两个直径约13cm的圆洞，两洞的中心距离为52cm（同肩宽），洞口装有带松紧带的袖套，以防双手在箱内操作时，外界空气进入箱内造成污染。操作时两人相对而坐，双手通过袖套伸入箱内。箱两侧最好也装上玻璃，箱顶部为木板或玻璃。箱内顶部装有紫外线杀菌灯和照明用日光灯各一支。箱体安装用木板或玻璃均可，但要注意密封。

液体菌种接种箱是专为移接液体菌种而设计的。比固体菌种箱窄长，单侧两人操作。内设轨道和紫外线灯，箱两端开有高25cm、宽10cm的长方形出口，方便菌种进出，洞口设有小推门。进出口下处设蒸汽源，接种时用蒸汽封住进出口，以防杂菌进入箱内。箱背面设有液体菌种移接管能进入的小孔。

接种箱灭菌时，用紫外线照射30min。如果没有紫外线灯，可用甲醛和高锰酸钾（甲醛10～14mL/m^3＋高锰酸钾5～7g/m^3空间）熏蒸30min以上。使用时，先将所需物品和工具放入接种箱内，然后进行药剂熏蒸和紫外线灭菌，再按无菌操作进行接种。

接种箱的结构简单，造价低廉，易消毒灭菌，操作方便，而且人在箱外操作，气温较高时也能作业。缺点是进出培养基费工费时，每次接种前都需要进行灭菌。

7. 冰箱

微生物实验室的冰箱主要有两种：普通冰箱和低温冷冻冰箱。普通冰箱一般都具有两个柜子，即鲜藏柜和冷藏柜，温度分别为4℃和－20℃；低温冷冻冰箱温度一般控制在－80～－40℃。它们都可以用于微生物菌种保藏。鲜藏柜常用于保存斜面菌种，保藏时间在3个月左右。超过3个月，斜面就会变干，因此需要转接菌种。如果要长时间保存菌种，则需要经过处理后，贮藏于普通冰箱的冷藏柜或低温冷冻冰箱中，它们的保藏时间较长，一般都在1年以上。

8. 显微镜

微生物个体微小，必须借助显微镜才能观察清楚它们的个体形态和细胞结构。因此，在微生物学的各项研究中，显微镜就成为不可缺少的工具。关于显微镜结构及使用详见第二章。

实训　环境中微生物的检测

一、实训目标

1. 熟悉环境中微生物检测的基本手段；
2. 练习无菌操作技术。

二、基础知识

培养基中含有微生物生长所需要的营养成分，当取自不同来源的样品接种于培养基平板上，在适宜的温度下培养时，1～2天内便长出肉眼可见的菌落。每一种微生物所形成的菌落都有它自身的特点，例如菌落的大小，表面干燥或湿润、隆起或扁平、粗糙或光滑，边缘整齐或不整齐，菌落透明或半透明或不透明，颜色以及质地疏松或紧密等。因此，可通过这种方法来粗略地检查环境中不同场所微生物的数量和类型。

训练项目：

1. 实训室周围环境中微生物的检测。
2. 人体环境微生物的检测。

三、实训器材

培养基：牛肉膏蛋白胨琼脂培养基；无菌水；灭菌棉签；酒精灯。

四、实训操作过程

1. 标记

用记号笔在平皿上写清楚班级、组别、姓名、日期、样品来源（如实验室桌面、门窗、空气、钱币、手指、头发等），不要打开皿盖，字尽量小，写在皿底的一边或者侧面，以免影响观察结果。

2. 实验室周围环境中微生物的检测

（1）空气　将一个牛肉膏蛋白胨琼脂平板放在实验室的桌面上，移去皿盖，使琼脂培养基表面暴露在空气中，也可以手持皿底，迎向空气，来回推动几次。在空气中暴露 30min 后盖上皿盖。

（2）其他

a. 用记号笔在皿底外面画一“＋”线，将平皿平面均匀分为四个部分，在每个部分的皿底外面标注好样品来源的场所（字小些，写在划分区域的一角）。如图 1-4 所示。

b. 取样。用棉签（为方便取样，也可以事先将棉签用无菌水浸湿）在所选位置擦拭 1～2cm^2 的范围，然后在无菌操作的条件下，将棉签在琼脂表面提前标注好的区域内接种（滚动一下），立即闭合皿盖。

3. 人体环境微生物的检测

（1）手指（洗手前与洗手后）

a. 用记号笔在皿底外面画一竖线，将平皿平面均匀分为两部分，在每个部分的皿底外面标注好洗手前与洗手后。

b. 移去皿盖，在无菌操作的条件下，将未洗过的手指在琼脂平板表面提前标注好的区域内（洗手前）轻轻地来回滑动几次，盖上皿盖。

c. 用香皂认真洗手，并冲洗干净，待干燥后，在琼脂平板表面划分好的另一区域（洗手后）来回滑动几次，盖上皿盖。

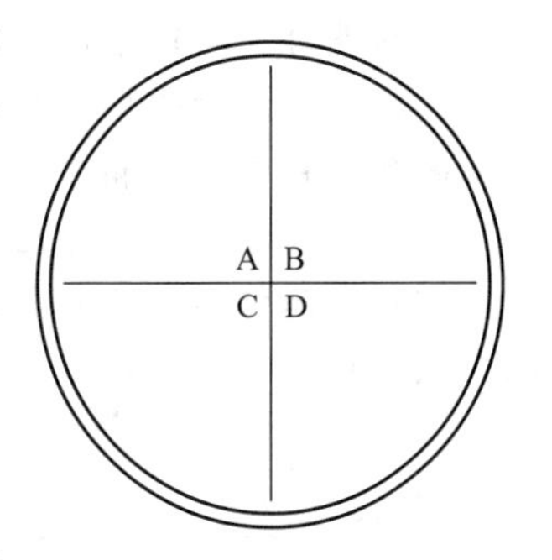

图 1-4
A—桌面；B—钱币；
C—窗台；D—饭卡

（2）头发　在揭开皿盖的琼脂平板的上方，用手将头发用力甩动几次，使细菌降落到琼脂平板表面，然后盖上皿盖。

（3）口腔　将去盖琼脂平板放在嘴边，对着琼脂表面用口呼气（或用灭过菌的湿棉签擦拭口腔黏膜或者牙齿内外两侧，然后在琼脂表面接种），盖上皿盖。

（4）鼻腔　将去盖琼脂平板放在鼻前，对着琼脂表面用鼻孔呼气（或用灭过菌的湿棉签在鼻腔内滚动数次，然后在琼脂表面接种），盖上皿盖。

4. 将所有的琼脂平板倒置，使皿底在上，放 37℃ 培养箱培养 1～2 天。

5. 观察记录结果，并进行比较分析。

五、实训记录

序号	样品来源	培养物特征	备注
1			
2			
3			
4			

【操作技巧提示】

1. 标记清楚在皿底

作标记时，要标记清楚样品来源，划分区域的“十”线及样品来源一定要在皿底标记，若标记在皿盖，皿盖转动时会使标记与实际内容不符。

2. 无菌操作要记牢

首次尝试无菌操作，要注意酒精灯的正确使用，不能把酒精灯“抱”在怀里，不能在火焰中操作，也不能与酒精灯距离过远，超出无菌范围。

3. 操作安全要注意

首次接触无菌操作，要特别注意安全，不能因为低头专注于操作而烧焦头发或点燃其他杂物。微生物实验中，要求所有同学不能使用发胶、摩丝等易燃易爆的美发产品，长头发要梳在脑后，尽量避免安全事故。

4. 接种用力不过度

接种时，棉签在培养基表面滚动要注意力度合适，第一次无菌接种操作，很多同学用力把握不准，用力过大容易戳破培养基，影响菌落形态。

【案例介绍】

案例：某次实验中，A同学将样品来源及检测人等信息标记在了培养皿盖上，培养完成记录结果时，出现了混乱，不能准确分辨检测内容及检测人，造成实验失败。B同学在操作时，精神专注于手中的操作，头与酒精灯靠得太近，被火焰烤焦了头发。C同学将所有平板正面朝上置于培养箱中培养，观察结果时发现菌落被滴落的水滴砸坏，随水滴发生了扩散，无法准确记录菌落形态。

解析：三位同学在实验中都因为粗心造成了不好的后果，微生物实验中要勤于动脑，不能机械操作，要做到细心大胆、勇于探索，才能掌握操作技巧，全面提高动手能力。

问题与讨论

1. 什么是微生物，包括哪几个类群？
2. 微生物培养技术常用哪些设备？其功能如何？
3. 简述微生物实验室有哪些功能区。

第二章　原核微生物

【知识目标】

1. 掌握细菌细胞的基本结构和特殊结构。
2. 掌握放线菌的形态结构及繁殖方式。
3. 掌握革兰染色的方法。
4. 掌握细菌芽孢的特性。

【能力目标】

1. 熟练使用显微镜进行镜检。
2. 学会革兰染色的操作。
3. 学会放线菌的培养及观察方法。

原核微生物是指一大类没有核膜，无细胞核，仅含一个由裸露的 DNA 分子构成的原始核区的单细胞微生物。原核微生物细胞核的分化程度低，缺乏完整的细胞器，只有单个染色体（图 2-1）。原核微生物包括真细菌和古生菌两大类群。细菌、放线菌、蓝细菌、支原体、立克次体和衣原体等都属于真细菌。本章以细菌为主要代表介绍原核微生物细胞的构造和功能。

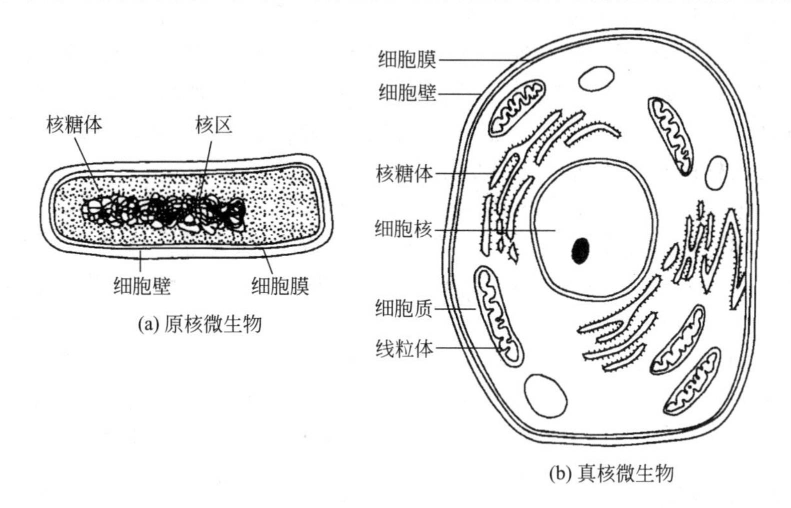

图 2-1　微生物细胞结构对比

第一节　细　　菌

细菌是微生物的一大类群，结构简单，种类繁多，在自然界中营寄生、腐生或自养生活，生长繁殖快，与人类生产、生活关系密切。

一、细菌的形态构造及观察

1. 细菌的形态和细胞构造

（1）细菌的形态和大小　细菌的形态类型很多，其基本形态可分为杆状、球状与螺旋状三种。其中以杆状最为常见，球状次之，螺旋状较少。

① 球菌 单个菌体呈圆球形或近似球形，它们中的许多种分裂后产生的新细胞常保持一定的空间排列方式，在分类鉴定上有重要意义。包括：

a. 单球菌 又称微球菌或小球菌，细胞分裂沿一个平面进行，分裂后的菌体分散成单独个体而存在。如尿素微球菌。

b. 双球菌 细菌沿一个平面分裂，分裂后的菌体成对排列。如肺炎双球菌。

c. 链球菌 细菌沿一个平面分裂，分裂后的菌体成链状排列。如乳酸链球菌。

d. 四联球菌 细胞沿两个互相垂直的平面分裂，分裂后每四个菌体成正方形排列在一起。如四联小球菌。

e. 八叠球菌 细胞沿三个互相垂直的平面分裂，分裂后每八个菌体在一起成立方体排列。如藤黄八叠球菌。

f. 葡萄球菌 在多个平面上不规则分裂，分裂后的菌体无序地堆积成葡萄串状。如金黄色葡萄球菌。

② 杆菌 菌体呈杆状或圆柱状，在细菌中杆菌种类最多。各种杆菌的长短、粗细、弯曲程度差异较大，有的菌体为直杆状，有的菌体为微弯曲状，一般长 2～10μm，宽 0.5～1μm。杆菌分裂后一般分散存在，有的排列成链状，如炭疽杆菌；有的呈分枝状，如结核杆菌；还有的呈八字或栅栏状，如白喉杆菌。

③ 螺旋菌 菌体呈弯曲状。根据其弯曲程度不同，有弧菌和螺菌，弧菌只有一个弯曲，如霍乱弧菌；螺菌有多个弯曲，如亨氏产甲烷螺菌。

除上述球菌、杆菌、螺旋菌之外，还有许多其他形态的细菌。

细菌的形态还受环境条件的影响，如培养时间、培养温度、培养基的组成与浓度等发生改变，均能引起细菌形态的改变。即使在同一培养基中，细胞也常出现不同大小的球体、环状、长短不一的丝状、杆状及不规则的多边形态，如放线菌、黏细菌等。一般处于幼龄阶段或生长条件适宜时，细菌形态正常、整齐，表现出特定的形态。老龄菌或培养条件不正常时，细菌（尤其是杆菌）常出现不正常的形态。

细菌细胞的个体很小，必须在显微镜下才能看到。由于细菌的形状和大小受培养条件的影响，因此菌体的测量应以最适条件下培养 14～18h 的细菌为准。球菌大小以其直径表示，大多数直径为 0.5～2μm；杆菌和螺旋菌以其宽度×长度表示，大型杆菌一般为（1～1.25）μm×(3～8)μm，中型杆菌为（0.5～1)μm×(2～3)μm，小型杆菌为（0.2～0.4)μm×(0.7～1.5)μm；螺旋菌的长度是菌体两端点间的距离，不是其真正的长度，其真正的长度应按其螺旋的直径和圈数计算。不同细菌的大小差别很大，细菌的典型代表大肠杆菌的平均长度约 2μm，宽约 0.5μm，迄今所知最大的细菌是纳米比亚硫黄珍珠菌，其大小一般在 0.1～0.3mm，有的可达 0.75mm 左右，肉眼可见；而最小的纳米细菌，其细胞直径只有 50nm。

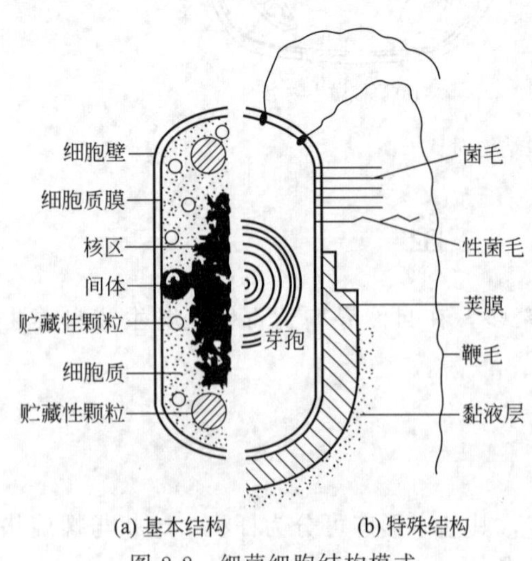

图 2-2 细菌细胞结构模式

另外，在显微镜下观察到的细菌大小还与所用固定染色的方法有关。经干燥固定的菌体比活菌体的长度一般要短 1/4～1/3；用衬托菌体的负染色法，其菌体往往大于普通染色法，甚至比活菌还大，有荚膜的细菌最易出现此种情况。此外，影响细菌形态变化的因素也同样影响细菌的大小。

(2) 细菌细胞的构造与功能　细菌细胞的结构可分为两类：一是基本结构，包括细胞壁、细胞膜、细胞质及其内含物、核区，为全部细菌细胞所共有；二是特殊结构，包括糖被、鞭毛、菌毛、芽孢、气泡等，为某些细菌细胞所特有（图 2-2）。

① 基本结构

a. 细胞壁　细胞壁（cell wall）是位于细胞最外的一层厚实、坚韧、无色透明的外被，占细胞干重的 10%～25%。细胞壁的主要功能是：维持细胞外形；提高机械强度，保护细胞免受机械性或其他破坏；为细胞的生长、分裂和鞭毛着生、运动所必需；阻拦酶蛋白和某些抗生素等大分子物质（相对分子质量大于 800）进入细胞，保护细胞免受溶菌酶、消化酶和青霉素等有害物质的损伤；赋予细菌具有特定的抗原性、致病性以及对抗生素和噬菌体的敏感性。

不同细菌细胞壁的化学组成和结构不同。通过革兰染色可将大多数的细菌分为革兰阳性细菌（G^+）和革兰阴性细菌（G^-）。革兰染色法是 1884 年丹麦微生物学家革兰姆发明的一种细菌鉴别方法，其染色过程是：

涂片→干燥→固定→草酸铵结晶紫初染→碘液媒染→95%乙醇脱色
↓
干燥←水洗←沙黄（番红）复染

制片后在显微镜下观察，如菌体呈深紫色（初染颜色），称革兰阳性菌，以 G^+ 表示；如菌体呈红色（复染颜色），称革兰阴性菌，以 G^- 表示。

革兰阳性菌和革兰阴性菌的细胞壁结构和化学组成有很大不同：

ⓐ 革兰阳性菌细胞壁一般只含 90%肽聚糖和 10%磷壁酸。肽聚糖（图 2-3）是真细菌细胞壁中的特有成分，是由 *N*-乙酰葡萄糖胺（NAG）、*N*-乙酰胞壁酸（NAM）以及短肽聚合而成的多层网状结构大分子化合物，*N*-乙酰胞壁酸为原核生物特有的己糖。磷壁酸（图 2-4）又称垣酸或菌壁酸，是由多个核糖醇或甘油以磷酸二酯键连接而成的一种酸性多糖。

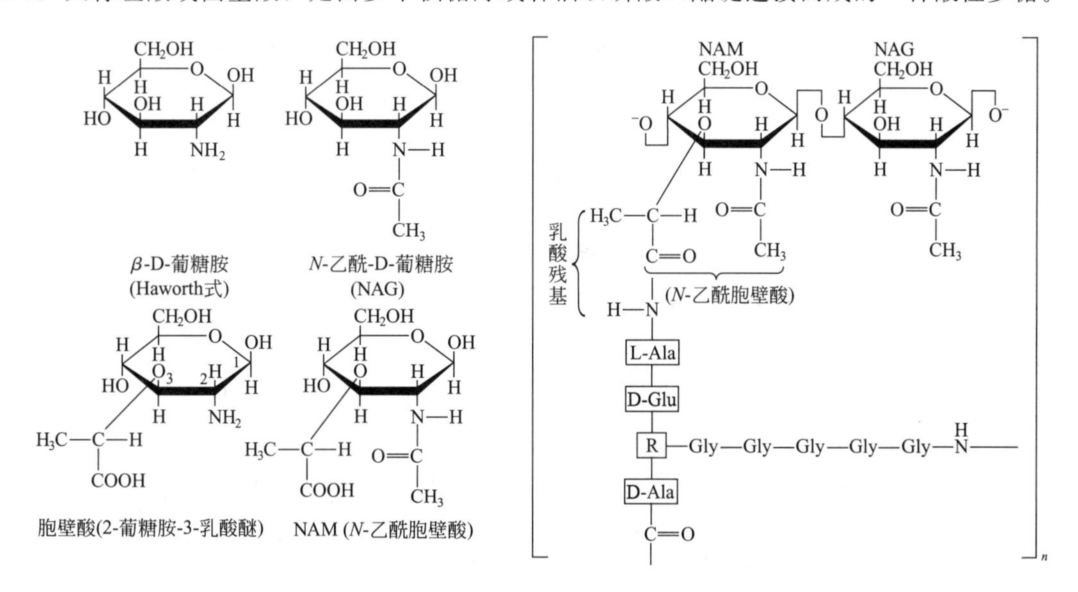

图 2-3　肽聚糖的基本单位及短肽连接方式

ⓑ 革兰阴性菌细胞壁的组成和结构比革兰阳性菌复杂（图 2-5、图 2-6）。其细胞壁分为内壁层和外壁层。内壁层紧贴细胞膜，由肽聚糖组成，大肠杆菌的肽聚糖仅由 1～2 层网状分子组成。外壁层是由脂多糖、磷脂双层和蛋白质等组成的位于革兰阴性菌外层的膜。

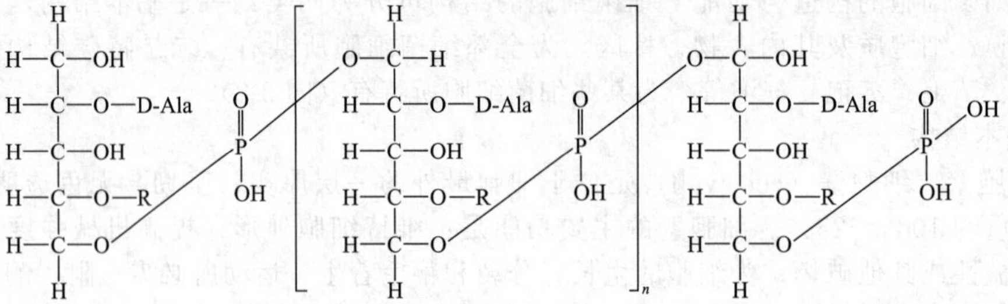

R—多糖；Ala—丙氨酸

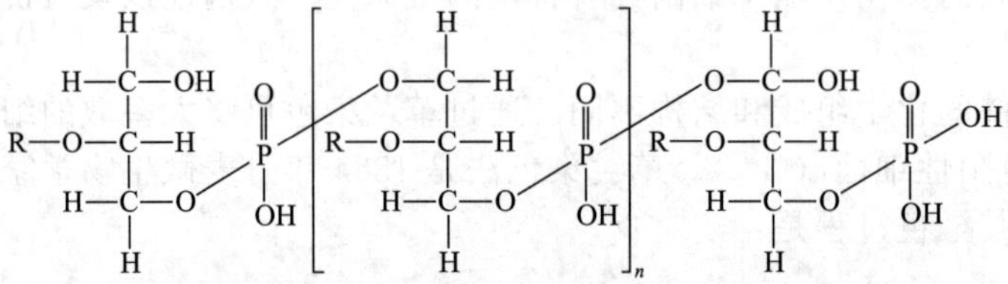

R—丙氨酸，或糖类（葡萄糖、葡萄糖胺），或氢

图 2-4 核糖醇磷壁酸和甘油磷壁酸的结构

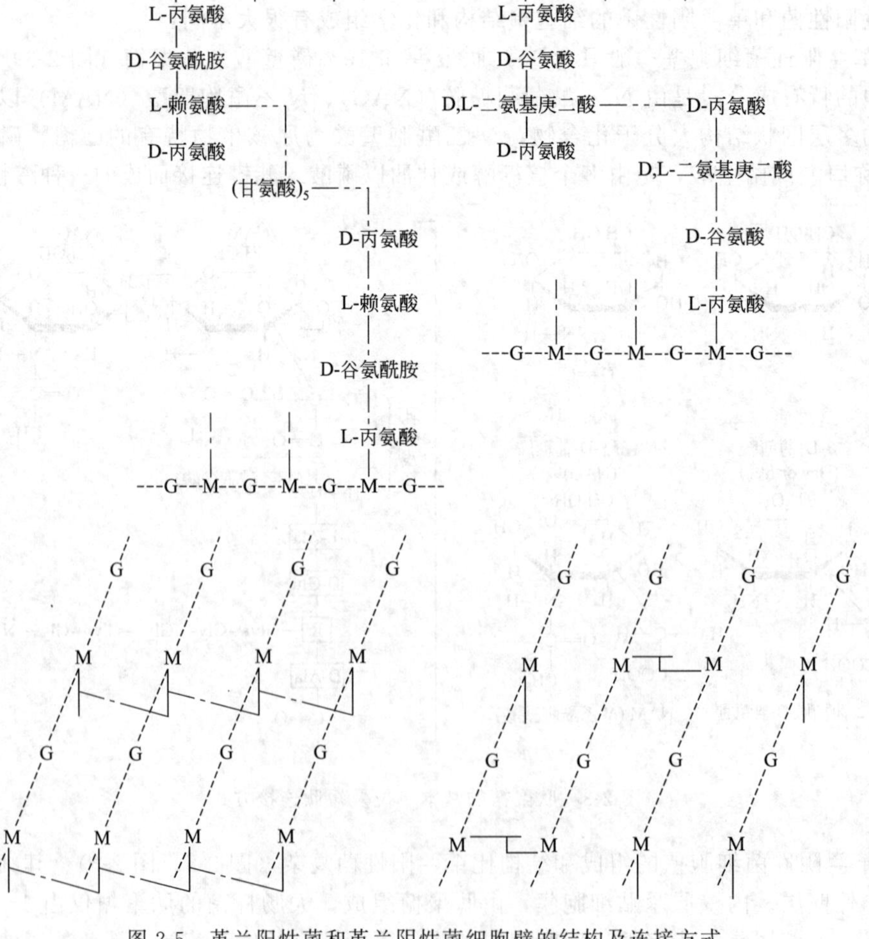

图 2-5 革兰阳性菌和革兰阴性菌细胞壁的结构及连接方式

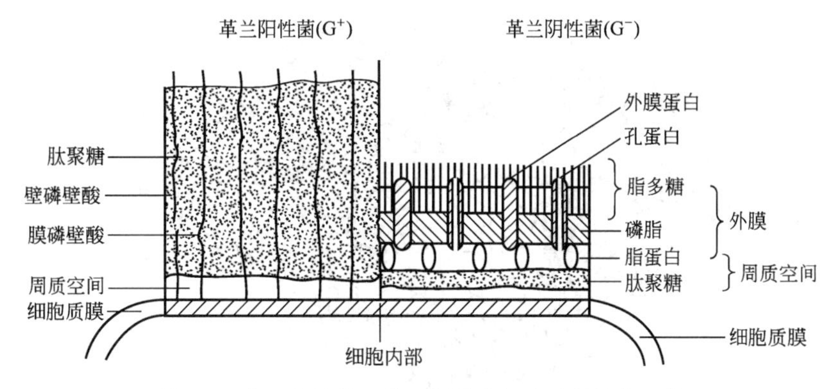

图 2-6 革兰阳性菌、革兰阴性菌细胞壁的结构比较

细菌对革兰染色的反应主要与其细胞壁的化学组成和结构有关。革兰阳性菌肽聚糖的含量与交联程度均高，层次也多，所以细胞壁比较厚，细胞壁上的间隙较小，媒染后形成的结晶紫-碘复合物就不易洗脱出细胞壁，加上它基本上不含脂类，经乙醇洗脱后，细胞壁非但没有出现缝隙，反而因为肽聚糖层的网孔脱水而变得通透性更小，于是蓝紫色的结晶紫-碘复合物就留在细胞内而呈蓝紫色。而革兰阴性菌的肽聚糖含量与交联程度较低，层次也较少，故其壁较薄，壁上的孔隙较大，再加上细胞壁的脂质含量高，乙醇洗脱后，细胞壁因脂质被溶解而孔隙更大，所以结晶紫-碘复合物极易洗脱出细胞壁，酒精脱色后呈无色，经过沙黄复染，最终呈现沙黄的红色。

细胞壁是原核生物的最基本构造，但在自然界长期进化中和在实验室菌种的自发突变中都会发生缺壁的种类。此外，在实验室中，还可以人为地抑制新生细胞壁的合成或对现成细胞壁进行酶解而获得缺壁细菌。如：

ⓐ L 型细菌 指在实验室或宿主体内通过自发突变而形成的遗传性稳定的细胞壁缺陷型。

ⓑ 原生质体 指在人为条件下，用溶菌酶除尽原有细胞壁，再用青霉素抑制新生细胞壁合成后，所得到的仅有一层细胞膜包裹着的圆球状渗透敏感细胞，一般由革兰阳性菌形成。

ⓒ 球状体 也称原生质球，指用溶菌酶处理革兰阴性菌细胞壁，由于其肽聚糖含量少，虽被溶菌酶除去，但外壁层中的脂多糖、脂蛋白仍然全部保留，细胞壁物质未被全部除去，由此得到的细胞壁部分缺陷的细菌称球状体。

b. 细胞质膜 又称质膜、细胞膜或内膜，是紧贴在细胞壁内侧、包裹着细胞质的一层柔软、富有弹性的半透性薄膜，厚 7～8nm。细胞质膜的主要成分为脂质（占 20%～30%）和蛋白质（占 50%～70%），还有少量糖类。

细胞膜的结构可用 Singer 于 1972 年提出的流动镶嵌学说来描述。其要点为：

ⓐ 膜的主体是脂质双分子层，脂质双分子层具有流动性；

ⓑ 蛋白质或结合于膜表面，或深入膜内水性内层中，并处于不断运动的状态（图 2-7）。

组成细胞质膜的主要成分是磷脂，其是由两层磷脂分子按一定规律整齐地排列而成，每个磷脂分子由一个带正电荷且能溶于水的极性头（磷酸端）和一个不带电荷、疏水的非极性尾（烃端）组成。极性头朝向内外两表面，呈亲水性，非极性端的疏水尾则埋入膜的内层，如此形成了磷脂双分子层。

细胞质膜上有多种膜蛋白。紧密结合于膜，具有运输功能的蛋白质称整合蛋白；松弛地结合于膜，具有酶促作用的蛋白质称为周边蛋白或膜外蛋白。它们都可在膜表层或内层做侧

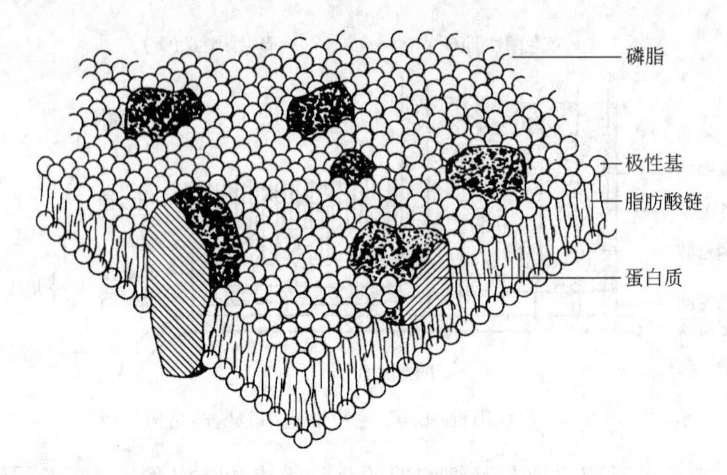

图 2-7 细胞膜镶嵌模式

向运动，以执行其相应的生理功能。

细胞质膜的功能可以归纳为：

ⓐ 渗透屏障，维持着细胞内正常的渗透压；

ⓑ 具有选择透过性，控制营养物质和代谢产物进出细胞；

ⓒ 参与膜脂、细胞壁各种组分以及糖被等的生物合成；

ⓓ 参与产能代谢，在细菌中，电子传递链和 ATP 合成酶均位于细胞膜；

ⓔ 合成细胞壁和糖被的成分（孔蛋白、脂蛋白、多糖）、胞外蛋白（各种毒素、细菌溶菌素）以及胞外酶（青霉素酶、蛋白酶、淀粉酶等）；

ⓕ 参与 DNA 复制与子细菌的分离；

ⓖ 提供鞭毛的着生位点。

间体也称中体，是许多细菌的细胞膜内延形成的一个或几个片层状、管状或囊状的结构。位于细胞中央的间体可能与 DNA 复制时横隔壁的形成有关。位于细胞周围的间体可能是分泌胞外酶（如青霉素酶）的地点。

载色体，即在紫色光合细菌中，细胞膜内陷延伸或折叠形成发达的片层状、管状或囊状载色体。

周质空间是革兰阴性菌细胞膜和细胞壁之间的空隙，其中存在着许多周质蛋白，包括水解酶类、合成酶类和运输蛋白等。这些酶与营养物质的分解、吸收和转运有关。间隙中还有一些破坏抗生素的酶。如革兰阴性菌遇青霉素等抗生素时，从周质空间向胞外释放 β-内酰胺酶，可降解青霉素和头孢霉素，使细菌免受破坏。

c. 细胞质及其内含物　细胞质是细胞膜包围的除核区以外的一切半透明、胶状、颗粒状物质的总称。原核微生物的细胞质是不流动的，其中含有水溶性酶类和核糖体、贮藏性颗粒、载色体及质粒等，少数细菌还有类囊体、羧酶体、气泡等。

ⓐ 核糖体　核糖体是分散存在于细胞质中的颗粒状物质，由 RNA 和蛋白质构成，沉降系数为 70S，由 30S 和 50S 两个亚基组成，是细菌蛋白质合成的场所。在生长旺盛的细胞内，核糖体常成串排列，称为聚核糖体。

ⓑ 贮藏物　是一类由不同化学成分累积而成的不溶性沉淀颗粒，主要功能是贮存营养物。如聚 β-羟丁酸、淀粉或糖原、异染粒等。

ⓒ 羧酶体　又称多角体，是自养细菌特有的内膜结构。某些硫杆菌细胞内散布着由单层膜围成的多角形或六角形内含物，因内含 1,5-二磷酸核酮糖羧化酶故称为羧酶体，它在

自养细菌的 CO_2 固定中起作用。

ⓓ 类囊体 在蓝细菌中存在，由单位膜组成，上面含有叶绿素、胡萝卜素等光合色素和有关的酶，是蓝细菌进行光合作用的场所。

ⓔ 气泡 是在许多光合营养型、无鞭毛运动的水生细菌中存在的充满气体的泡囊状内含物，为中空但坚硬的纺锤形结构，长度可变，但直径恒定。每个细胞中的气泡数目可有几个到几百个。某些无鞭毛运动的水生细菌可借助其气泡而漂浮在合适的水层中生活。

d. 核区 细菌无细胞核，无核膜和核仁，只是在菌体中有一个遗传物质（DNA）所在的区域，通常称为核区，或称为拟核、原核。核区由一个环状 DNA 分子高度缠绕而成。每个细胞所含的核区数与该细菌的生长速度有关，生长迅速的细胞在核分裂后往往来不及分裂，一般在细胞中含有 1～4 个核区。在快速生长的细菌中，核区 DNA 可占细胞体积的 20%。

除染色体 DNA 外，很多细菌含有一种自主复制的染色体外遗传成分——质粒。细菌质粒通常是共价闭合环状的超螺旋小型双链 DNA，每个菌体内有一个或几个、甚至很多个质粒。

② 细菌的特殊结构

a. 糖被 有些细菌在一定的生活条件下，可在细胞壁表面分泌一层松散、透明、黏液状或胶质状的厚度不定的物质，称为糖被。糖被的有无、厚薄除与菌种有关外，还与环境尤其是营养条件密切相关。糖被按其有无固定层次及层次薄厚又可细分为荚膜、微荚膜、黏液层和菌胶团。

ⓐ 荚膜 又称大荚膜，黏液物质具有一定的外形，厚约 200nm，相对稳定地附着于细胞壁外。

ⓑ 微荚膜 若黏液物质的厚度在 200nm 以下，称为微荚膜。

ⓒ 黏液层 若黏液物质没有明显边缘且向周围环境扩散，称为黏液层。

ⓓ 菌胶团 若细菌的荚膜物质相互融合，使菌体连为一体，称为菌胶团。

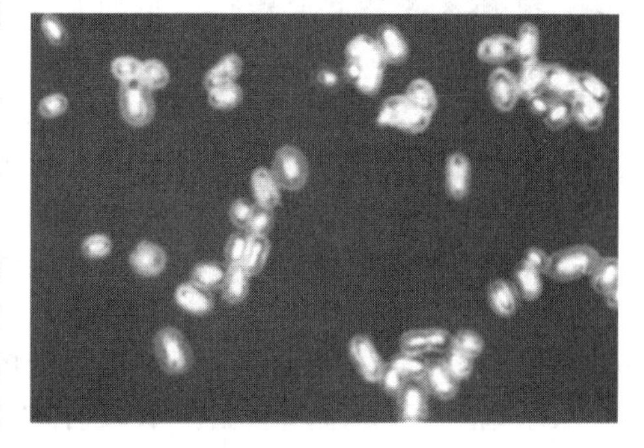

图 2-8 细菌的荚膜

荚膜的含水量很高，经脱水或特殊染色后可在光学显微镜下看到。糖被的主要成分是多糖、多肽或蛋白质，尤以糖居多（图 2-8）。

荚膜的功能为：ⓐ保护作用，其上大量极性基团可保护菌体免受干旱损伤，防止噬菌体的吸附和裂解，一些动物致病菌的荚膜还可保护它们免受宿主白细胞的吞噬；ⓑ贮藏养料，作为细胞外碳源和能源的贮存物质，以备营养缺乏时重新利用；ⓒ作为透性屏障或离子交换系统，可保护细菌免受重金属离子的毒害；ⓓ表面附着作用；ⓔ细菌间的信息识别作用；ⓕ堆积代谢废物。

b. 鞭毛 某些细菌表面生长着从胞内伸出的长丝状、波曲的蛋白质附属物，称为鞭毛，其数目为一至数十条。鞭毛是细菌的“运动器官”。鞭毛的化学组成主要是蛋白质，还有少量多糖、脂类和核酸等。革兰阴性细菌的鞭毛最为典型。

大多数球菌没有鞭毛；杆菌有的生鞭毛，有的则不生；螺旋菌一般都有鞭毛。根据鞭毛的数量和排列情况，可将细菌分为以下几种类型：

ⓐ 偏端单生鞭毛菌 在菌体的一端只生一根鞭毛，如霍乱弧菌。

ⓑ 两端单生鞭毛菌 在菌体两端各具一根鞭毛，如鼠咬热螺旋体。

ⓒ 偏端丛生鞭毛菌　菌体一端生一束鞭毛，如铜绿假单胞菌。

ⓓ 两端丛生鞭毛菌　菌体两端各具一束鞭毛，如红色螺菌。

ⓔ 周生鞭毛菌　周身都生有鞭毛，如大肠杆菌、枯草杆菌等。

鞭毛的有无和着生方式在细菌的分类和鉴定工作中是一项十分重要的形态学指标（图2-9）。

(a) 一端单毛菌　(b) 两端丛毛菌　(c) 一端丛毛菌　(d) 周生鞭毛菌

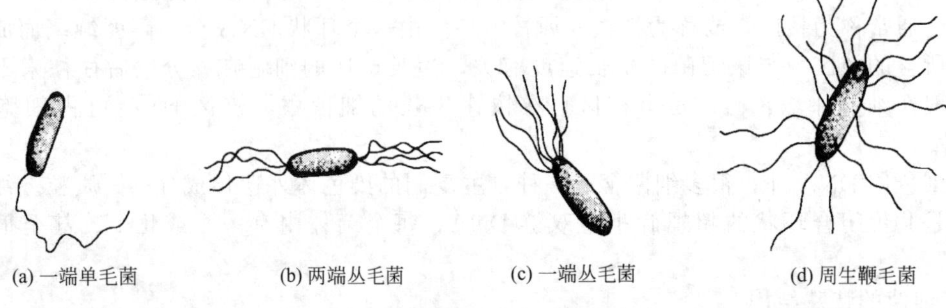

图 2-9　细菌各种鞭毛的着生方式

c. 菌毛　菌毛又称纤毛、伞毛或须毛等，是一种长在细菌体表的纤细、中空、短直、数量较多的蛋白质类附属物，具有使菌体附着于受体表面的功能。它们比鞭毛更细、更短，且又直又硬，数量很多（图 2-10）。有菌毛的细菌一般以革兰阴性致病菌居多，少数革兰阳性菌也有菌毛。借助菌毛可使它们牢固地黏附于宿主的呼吸道、消化道、泌尿生殖道等的黏膜上，进一步定植和致病。淋病的病原菌——淋病奈氏球菌长有大量菌毛，它们可把菌体牢牢黏附在患者的泌尿生殖道的上皮细胞上，尿液无法冲掉它们，待其定植、生长后，就会引起严重的性病。

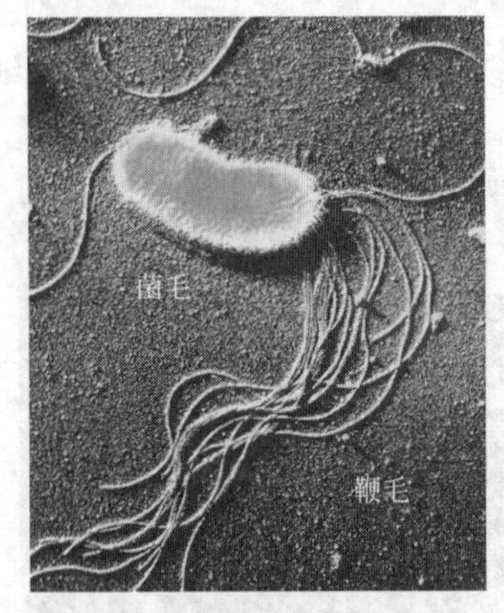

图 2-10　细菌的鞭毛和菌毛

d. 性毛　又称性菌毛，构造和成分与菌毛相同，它比普通菌毛粗而长，数目较少，仅一至少数几根，为中空管状，是细菌接合的工具。大肠杆菌约有四根，一般见于革兰阴性细菌的雄性菌株（即供体菌）中，其功能是向雌性菌株（即受体菌）传递遗传物质。有的性毛还是 RNA 噬菌体的特异性吸附受体。

e. 芽孢　某些细菌在其生长发育的一定阶段，会在细胞内形成一个圆形或椭圆形的，对不良环境条件抵抗性极强的休眠体，称为芽孢，又称内生孢子。

芽孢在细菌细胞中的位置、形状及大小是一定的，如巨大芽孢杆菌、枯草芽孢杆菌、炭疽芽孢杆菌等的芽孢位于菌体中央，卵圆形，比菌体小；丁酸梭菌等的芽孢位于菌体中央，椭圆形、直径比菌体大，使孢子囊两头小而呈梭形；而破伤风梭菌的芽孢位于一端，正圆形，直径比菌体大，孢子囊呈鼓槌状。芽孢的有无、形态、大小和着生位置是细菌分类和鉴定中的重要指标（图 2-11）。

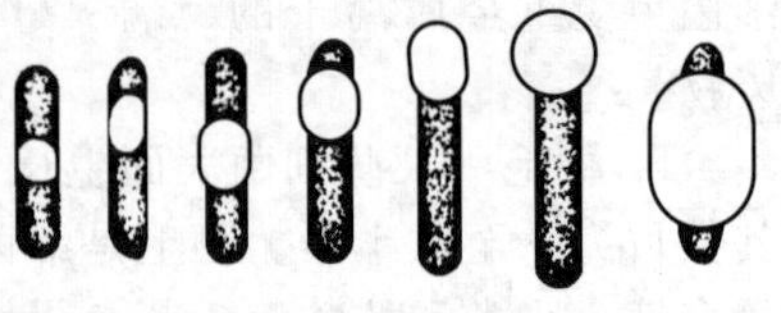

图 2-11　细菌芽孢的类型

芽孢在结构与化学组成上都与营养细胞不同。芽孢最明显的化学特性是含水量低，约为40%，而营养细胞含水约 80%。另外，芽孢中还含有营养细胞和其他生物细胞都没有的吡啶-2,6-二羧酸（DPA）以及芽孢特有的芽孢肽聚糖。

在产芽孢的细菌中，芽孢囊就是母细胞的空壳；芽孢壁位于芽孢的最外层，是母细胞的残留物，主要成分是脂蛋白，也含有少量氨基糖，透性差。芽孢衣对溶菌酶、蛋白酶和表面活性剂具有很强的抗性，对多价阳离子的透性很差；皮层所占体积很大，含有芽孢特有的芽孢肽聚糖；核心由芽孢壁、芽孢膜、芽孢质和核区组成，含水量极低（图 2-12）。

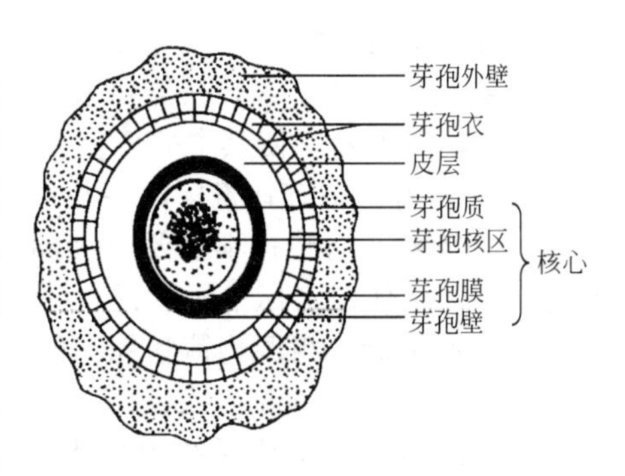

图 2-12　细菌的芽孢

产芽孢的细菌当其细胞停止生长及环境中缺乏营养和有害代谢物积累过多时，就开始形成芽孢。每个营养细胞内仅生成一个芽孢，芽孢是细菌的休眠体，芽孢无繁殖功能。在芽孢形成过程中，伴随着形态变化的还有一系列化学成分和生理功能的变化。

芽孢是少数几属真细菌所特有的形态构造，它的存在和特点成了细菌分类和鉴定中的重要形态学指标。由于芽孢具有高度耐热性，所以用高温处理含菌试样，可轻而易举地提高芽孢产生菌的筛选效率。由于芽孢的代谢活动基本停止，因此其休眠期特长，这就为产芽孢菌长期保藏带来了极大方便。由于芽孢有高度抗热性和其他抗逆性，因此，是否能消灭一些代表菌的芽孢就成了衡量各种消毒灭菌手段的重要指标。在自然界经常会遇到耐热性极强的嗜热脂肪芽孢杆菌，已知其孢子在 121℃下需维持 12min 才能被杀死，由此规定了工业培养基和发酵设备的灭菌至少要在 121℃下保证维持 15min 以上。若用热空气进行干热灭菌，则芽孢的耐热性更高，因此而规定干热灭菌需在温度 150～160℃下维持 1～2h。

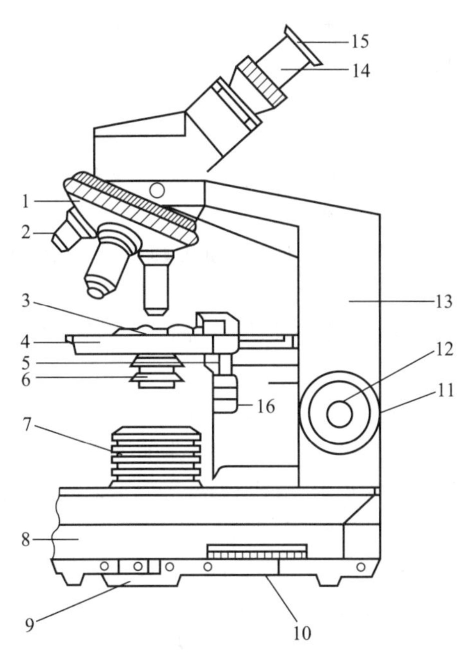

图 2-13　光学显微镜构造示意图

1—转换器；2—物镜；3—游标卡尺；4—载物台；5—聚光器；6—虹彩光圈；7—光源；8—镜座；9—电源开关；10—光源滑动变阻器；11—粗调螺旋；12—微调螺旋；13—镜臂；14—镜筒；15—目镜；16—标本移动螺旋

f. 伴孢晶体　少数芽孢杆菌，例如苏云金芽孢杆菌在其形成芽孢的同时，会在芽孢旁形成一颗菱形或双锥形的碱溶性蛋白晶体——δ-内毒素，称为伴孢晶体。由于伴孢晶体对 200 多种昆虫尤其是鳞翅目的幼虫有毒杀作用，因而可将这类产伴孢晶体的细菌制成有利于环境保护的生物农药——细菌杀虫剂。

2. 显微镜下细菌的观察

微生物个体微小，肉眼很难观察到，必须借助显微镜才能观察到其的形态结构。微生物形态学研究中常使用普通光学显微镜、相差显微镜、暗视野显微镜、荧光显微镜和电子显微镜。

（1）显微镜的构造　普通光学显微镜是利用目镜和物镜两组透镜系统放大成像，也称为复式显微镜。它由机械装置和光学系统两部分组成（图 2-13）。

① 机械装置　包括镜座、镜筒、物镜转换器、载物台、推动器、粗动螺旋和微动螺旋等部件。

a. 镜座　由镜座和镜臂两部分组成，是显微镜的基本支架。

b. 镜筒　镜筒长度影响着放大倍率和成像质量，显微镜的标准筒长规定为 160mm，使用显微镜时不得任意改变镜筒长度。

c. 物镜转换器　该转换器可安装3～4个物镜，一般是3个（低倍、高倍、油镜）。观察时可转动转换器，使其中的任何一个物镜和镜筒相接，与其上的目镜组成一个放大系统。

d. 载物台　上有弹簧标本夹和推动器，中央有一孔可使光线通过。

e. 推动器　可将标本按要求移动。研究显微镜的横纵架杆上刻有标尺，构成精密的平面坐标系，以便确定标本的位置。

f. 粗调螺旋　粗调物镜和标本的距离。

g. 微调螺旋　便于观察到清晰的物像。

② 光学系统　光学系统由反光镜、聚光器、物镜、目镜等组成，光学系统使标本物像放大，是显微镜的核心，影响着显微镜的性能。配以可互换的光学组件，可改变显微镜的功能。如明视野、暗视野等。

a. 反光镜　反光镜由一平面镜和一凹面镜组成，其作用是将投射在它上面的光线反射到聚光器透镜的中央，照明标本。

b. 聚光器　聚光器在载物台的下面，由聚光透镜、虹彩光圈和升降螺旋组成。聚光器安装在载物台下，其作用是将经反光镜反射来的光线聚焦于样品上，以求得最强的照明，使物像获得明亮清晰的效果。该功能可通过调节螺杆实现。

c. 物镜　物镜成像的质量对分辨率有着决定性的影响。物镜的性能取决于物镜的数值孔径，数值孔径越大，性能越好。

物镜的种类较多，根据物镜前透镜与被检物体之间的介质不同，分为干燥系物镜和油浸系物镜；根据放大率的高低，分为低倍物镜、中倍物镜、高倍物镜等。

d. 目镜　目镜的作用是把物镜放大的实像进行二次放大，并把物像映入观察者的眼中。普通光学显微镜的目镜由上端的接目镜和下端的物镜组成。

（2）显微镜的性能　光学系统中各部件的质量决定显微镜分辨能力的高低。首先是物镜的性能，其次是目镜和聚光器。

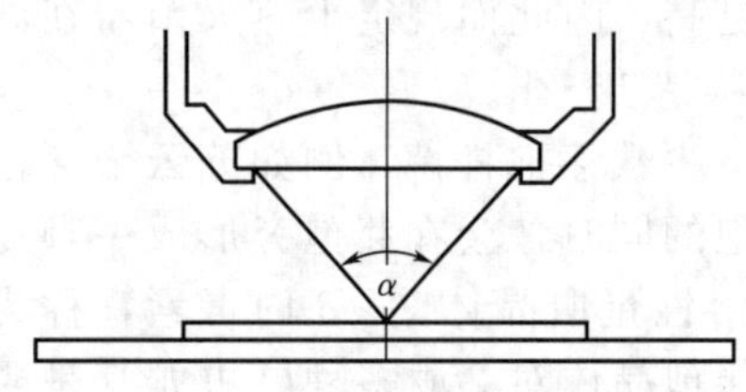

图2-14　物镜的镜口角

① 数值孔径　也称镜口率（或开口率），记作NA。数值孔径是物镜和聚光器的主要参数和性能指标，故常标于物镜和聚光器上。数值孔径和物镜与标本之间的介质折射率n及物镜的镜口角α之间的关系是$NA=n\sin\alpha$。镜口角是指从物镜光轴上的像点发出的光线与物镜前透镜有效直径的边缘所成的角度（图2-14）。

因α总小于180°，故$\sin\alpha$小于1。空气的折射率为1，所以干燥物镜的数值孔径总小于1。油浸物镜的最大数值孔径一般不超过1.4。

② 分辨率　是指分辨物像细微结构的能力。分辨率常用可分辨出的物像两点间的最短距离D表示，$D=\lambda/2NA$。λ是可见光的波长。可见光的平均波长为$0.55\mu m$，若数值孔径为0.65的物镜，则依上式计算$D=0.42\mu m$，表示被检物体在$0.42\mu m$以上时可被观察到。D值越小分辨率越高，物像越清楚。

③ 放大率　放大率是指放大物像和原物体两者大小的比例。显微镜经物镜第一次放大物像，目镜再在明视距离形成第二次放大像。因此显微镜的放大率V等于物镜放大率V_1和目镜放大率V_2的乘积：

$$V=V_1\times V_2$$

式中，V_1也称物镜放大倍数，其值为光学筒长与物镜焦距之比；V_2也称目镜放大倍数，其值为明视距离与目镜焦距之比。

④ 焦深　观察标本时，焦点对在某一像面时物像最清晰，此像面为焦平面。在视野内

除目的面外，还能在焦平面的上面和下面看见物像，这两个面间的距离称焦深。物镜的焦深和数值孔径及放大率成反比，即数值孔径和放大率越大，焦深越小。因此调节油镜比调节低倍镜更需仔细，不然物像容易滑过而难以找到。

（3）显微镜的使用方法

① 准备 将显微镜置于平稳的实验台上，离桌子边缘 4～10cm。坐正，练习用左眼观察。

② 调节光源 将低倍物镜转到工作位置，把光圈完全打开，聚光器升到与载物台相距约 1mm 左右。转动反光镜采集光源至视野内均匀明亮为止，当光线为较强的天然光源时应选用平面镜，当光线为较弱的天然光源或人工光源时宜选用凹面镜。

③ 低倍镜观察 显微镜观察时必须先用低倍镜，因低倍镜视野较大易于发现和确定观察的目标。

将标本置于载物台上，用标本夹夹住，移动推动器使被观察的标本位于物镜正下方，转动粗调节器，使物镜调至接近标本处，用粗调节旋钮慢慢升起载物台（或下降镜筒）同时用目镜观察至发现物像，再以细调节旋钮将物像调节清晰。用推动器移动标本，将观察部位移至视野中心。

④ 高倍镜观察 在低倍镜观察的基础上转换高倍物镜。旋转转换器将高倍镜转至正下方，注意避免与玻片相撞。再以目镜观察，仔细调节光圈，使光照亮度适中，用细微调节器调至物像清晰为止。将观察部位移至视野中心进行观察。

⑤ 油镜观察

a. 用粗调节旋钮将载物台下调（或将镜筒提升）约 2cm，并将高倍镜转出，在玻片的镜检部位，滴一滴香柏油。

b. 从侧面注视用粗调旋钮将载物台缓缓上升（或镜筒下降），使油浸物镜进入香柏油中，镜头几乎与标本接触。

c. 将光线调亮，左眼从目镜观察，用粗调节器将镜筒徐徐上升（切不可反方向旋转），当有物像出现时，再用细调节旋钮调至最清晰为止。如当油镜已离开油面而未见物像时，重复操作直至看见清晰物像为止。

⑥ 镜检后的工作

a. 下降载物台，移开物镜镜头，取出装片。

b. 清洁油镜，用擦镜纸擦去镜头上的香柏油（朝一个方向擦拭），再蘸少许二甲苯（或乙醚-乙醇混合液，乙醚 2 份，无水乙醇 3 份），擦去镜头上残留的油迹，2～3 下即可，最后再用擦镜纸擦干残留的二甲苯。

c. 擦净显微镜，将各部还原。将接物镜呈“八”形降下，不可使其正对聚光器，转动反光镜镜面使垂直于镜座。罩好镜罩，放入镜箱，置阴凉干燥处存放。

二、细菌的染色及分类

由于细菌的个体很小，且无色透明，用水浸片或悬滴观察法在光学显微镜下很难看清它们的形状、结构，所以除观察活体细菌及其运动外，一般均采用染色方法后才能在光学显微镜下观察细菌的细微形态和主要构造。

1. 染色方法

（1）正染 利用染料与细胞组分结合而进行的染色过程。包括简单染色和复合染色。

① 简单染色法 先将标本经涂片、干燥、固定后，只用美蓝或石炭酸复红等一种染料染色，然后即可在显微镜下观察其形态和大小。

② 复合染色法 此法需用两种染料，经初染、脱色、复染后，由于细菌的结构不同，

而染成两种不同的颜色，从而使两种细菌区分开，故又称鉴定染色法。常用的有革兰染色法、抗酸性染色法等。

（2）负染色　细胞不染色而使背景染色，以便看清细胞的轮廓。

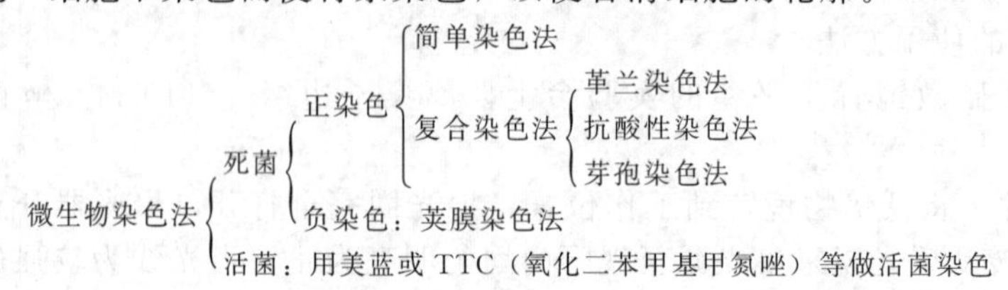

2. 染料

大多数染料都是有机化合物，可将它们分为以下三种类型。

（1）碱性染料　此类染料带正电荷，是经常使用的染料，染料的阳离子部分是发色基团，可与细胞中酸性组分结合，如核酸和酸性多糖等；在 $\mathrm{pH}>\mathrm{p}I$ 的条件下，菌体蛋白带负电，而菌体表面一般也带负电，这样碱性染料就可与细胞结合。此类染料有孔雀绿、结晶紫、沙黄和美蓝等。

（2）酸性染料　此类染料带负电荷，染料的酸根部分为发色基团。可与细胞中带正电的组分结合，如细胞中带正电荷的蛋白质。这类染料有伊红、酸性品红、刚果红等。

（3）其他染料　如脂溶性染料（如苏丹黑）可与细胞中的脂类结合，用以观察脂类的存在位置。

三、细菌的培养特征

1. 细菌的繁殖方式

细菌一般进行无性繁殖，以二分裂方式为主。分裂过程大致分为三个阶段：首先是细菌 DNA 复制，随着细胞的生长而移向细胞两极，形成两个核区，细胞赤道附近的细胞质膜向内收缩，在两个核区之间形成一个垂直于长轴的细胞质隔膜，使细胞质和核物质均分为二；然后细胞壁由四周向中心逐渐生长延伸，把细胞质隔膜分为两层，每层分别成为子细胞的细胞膜，随着细胞壁的向内收缩，每个子细胞便各自具备了完整的细胞壁；最后，子细胞分离。根据菌种的不同形成不同的空间排列方式，如双球菌、双杆菌、链球菌等。

除无性生殖外，细菌也存在有性结合，但频率很低。

2. 细菌的培养特征

（1）固体培养基上的培养　单个细菌在固体培养基上生长繁殖时，产生的大量细胞以母细胞为中心而聚集在一起，形成一个肉眼可见的、具有一定形态结构的子细胞群，称为菌落。如果菌落由一个单细胞发展而来，它就是一个纯种细胞群，称为克隆。当一个固体培养基表面由许多菌落连成一片时，称为菌苔（图 2-15）。

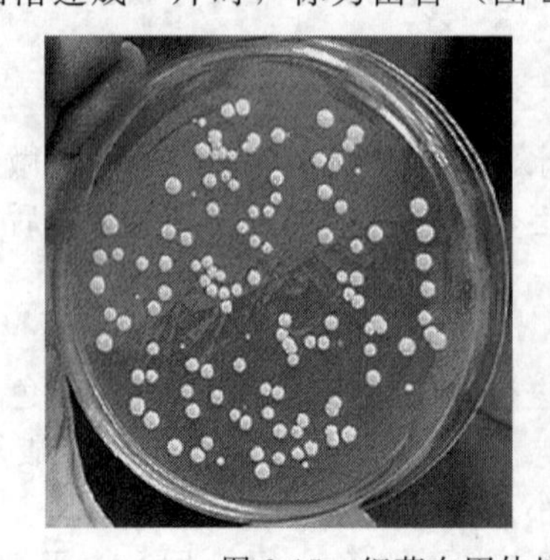
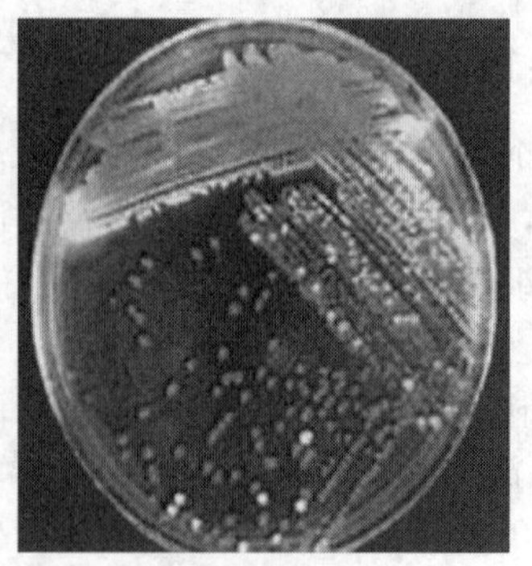

图 2-15　细菌在固体培养基上的生长情况

细菌菌落具有湿润、黏稠、易挑起、质地均匀、颜色一致等共性，但不同的细菌种类具有各自独特的特点，如菌落大小、形状、光泽、质地、边缘和透明度等，菌落特征取决于组成菌落的细胞结构和生长行为。无鞭毛不能运动的细菌（特别是球菌）通常都形成较小、较厚、边缘圆整的半球状菌落；长有鞭毛的细菌一般形成大而平坦、边缘不整齐、不规则的菌落。有糖被的细菌菌落大型、透明，呈蛋清状；无糖被的细菌菌落表面粗糙。具有芽孢的细菌菌落表面常有皱褶并且很不透明。

菌落的形状、大小不仅决定于菌落中的细胞特性，也会受环境的影响。如菌落靠得太近，由于营养物质有限，代谢物积累，则生长受限制，菌落较小。

（2）半固体培养基中的培养　细菌穿刺接种在半固体培养基的深层培养时，可以鉴定细胞的运动特征。有鞭毛能运动的菌株，会向四周扩散；而无鞭毛的细菌，只能沿穿刺方向生长（图 2-16）。

（3）液体培养基中的培养　在液体培养基中（图 2-17），经过一定的培养时间，培养基会由澄清变得浑浊［图 2-17(a)］，或在培养基表面形成菌环、菌膜或菌醭［图 2-17(b)］，或产生沉淀［图 2-17(c)］。

图 2-16　细菌在半固体培养基上的生长情况

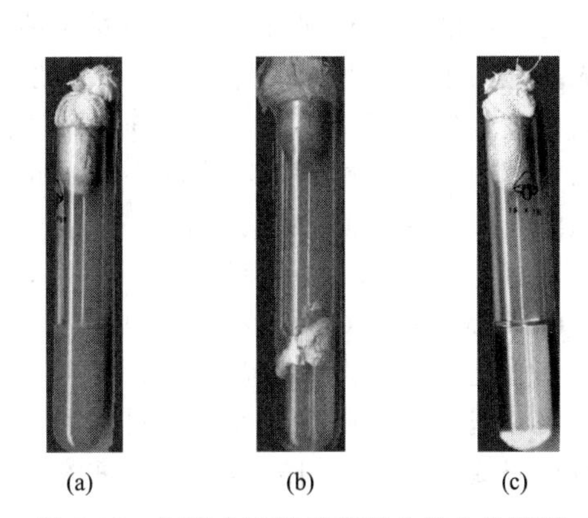

图 2-17　细菌在液体培养基中的生长情况

四、发酵工业常用细菌

1. 枯草芽孢杆菌（*Bacillus subtilis*）

革兰阳性细菌，营养细胞杆状，大小一般为（0.7～0.8）μm×（2～3）μm，能形成芽孢，无荚膜，周生鞭毛，能运动，属需氧菌，生长温度为 30～39℃。广泛分布在土壤及腐败的有机物中，易在枯草浸汁中繁殖，由此得名。经科研获得的枯草杆菌由于具有非致病性、分泌蛋白能力强的特性及良好的发酵基础，应用十分广泛。它既是许多重要工业酶制剂的生产菌，也是 α-淀粉酶和中性蛋白酶的重要生产菌。例如，枯草芽孢杆菌 AS1.393 用于生产中性蛋白酶；枯草芽孢杆菌 BF7658 生产的 α-淀粉酶可用于酱油、食醋及饴糖的发酵生产。

2. 大肠杆菌（*Escherichia coli*）

细胞呈杆状，大小为 0.5μm×（1.0～3.0）μm，革兰阴性，能运动或不运动，运动者周生鞭毛。许多小种产生荚膜或微荚膜，无芽孢。大肠杆菌发酵葡萄糖和乳糖，产酸、产气。大肠杆菌的谷氨酸脱羧酶在工业上被用来进行谷氨酸定量分析。还可以利用大肠杆菌制取天冬氨酸、苏氨酸和缬氨酸等。

3. 乳酸杆菌（*Lactobacillus*）

革兰阳性菌，细胞杆状到球状。常生长成链，大多不运动，能运动者为周生鞭毛，无芽孢，厌氧或兼性厌氧，生长温度为 45～50℃，发酵碳水化合物，产物的 85%以上为乳酸。

常用的德氏乳酸杆菌为杆状，大小为（0.5～0.8）μm×2.9μm。乳酸杆菌由于能产生不同的代谢产物而广泛用于食品加工、医药卫生、饲料生产等方面。主要代谢产物有乳酸、过氧化氢、双乙酰、细菌素、胞外多聚糖等。肠道乳酸杆菌可分解糖产酸，抑制致病菌及腐败菌的繁殖，乳酶生即由活的乳酸杆菌制成，可治疗消化不良及腹泻。酸牛奶中的乳酸杆菌也有抑制肠道致病菌的作用。

4. 丙酮丁醇梭菌（*Clos. acetobutylicum*）

细胞呈杆状，圆端（0.6～0.7）μm×（2.6～4.7）μm，芽孢囊（1.3～1.6）μm×（4.7～5.5）μm。单生或成对，但不成链。芽孢卵圆，中生或端生，芽孢囊膨大成梭状或鼓槌状。无荚膜。以周毛运动，革兰染色阳性，可能变为阴性。专性厌氧菌。能发酵多种糖类，包括淀粉、糊精等。生产上多用来生产丙酮丁醇。发酵适温 30～32℃，生长适温 37℃，最适 pH6.0～7.0。

5. 醋酸杆菌（*Acetobacter*）

细胞从椭圆形到杆状，（0.6～0.8）μm×（1.0～3.0）μm。有单个的、成对的；也有成链的。鞭毛有两种类型，一种是周生鞭毛，另一种是端生鞭毛。不形成芽孢。

醋酸菌是化能异养菌，革兰染色阴性。因为没有芽孢，故对热抵抗力较弱。根据醋酸菌发育时对温度的要求和特性，可将醋酸菌分为两类：一般发育适温在 30℃以上，以氧化酒精成醋酸为主的称为醋酸杆菌；另一类发育适温在 30℃以下，氧化葡萄糖为葡萄糖酸的称为葡萄糖氧化杆菌（*Gluconobacter*）。在醋酸杆菌中常用的有 AS1.41，外形为短杆状，两端钝圆，革兰染色阴性。对培养基要求粗放，在米曲汁培养基中生长良好，好气性。氧化酒精为醋酸，于空气中使酒精变浑浊。表面有薄膜，有醋酸味。也能氧化醋酸为 CO_2 和 H_2O。繁殖适宜温度为 31℃，发酵温度一般为 36～37℃。

6. 棒状杆菌（*Corynebacterium*）

细胞呈杆状，直形或微弯，成“八”字形排列或栅状排列，不运动，仅少数致病菌能运动，无芽孢。革兰阳性，也有些阴性反应者。菌体内着色不均匀，好氧或厌氧。调味品生产中，如谷氨酸生产常用的菌种有北京棒状杆菌（*Corynebacterium pekinense*）。

实训一　显微镜的使用及常见细菌观察

一、实训目标

1. 了解显微镜的构造、原理，学会正确使用。
2. 学会使用油镜观察细菌的基本形态。

二、实训器材

显微镜，葡萄球菌、大肠杆菌、枯草杆菌等玻片标本，香柏油，二甲苯，擦镜纸等。

三、实训操作过程

1. 准备

（1）取镜　打开显微镜箱，右手握住镜臂，将显微镜取出，左手托住镜座，将其放在实验台上，镜座距实验台边缘约 10cm。

（2）检查　检查各部位零件是否完好。

（3）调节光线　将低倍镜转至镜筒下方，调节粗调螺旋，使物镜下降至载物台 1cm 左右，通过调节光栅，升高或降低聚光器，调节反光镜，使视野均匀明亮。观察水浸标本时用较弱的光线，观察染色标本时宜用强光。

镜检时，姿势要端正，一般用左眼观察，右眼绘图或记录，两眼必须同时睁开，以减少疲劳，也可练习左右眼均能观察。

2. 低倍镜观察

低倍镜视野较大，容易发现目标和确定检查的位置，因此检查标本时必须先用低倍镜观察。将玻片置于载物台上，用标本夹夹住，移动推进器，使玻片处在物镜正下方，转动粗调节器，使物镜降至距标本约 0.5cm 处，从目镜观察。此时可调节光圈，下降聚光器，使视野亮度合适。同时一边观察，一边用粗调节器慢慢升起镜筒（或下降载物台），直至物像出现后再用细调节器调节至物像清晰为止。然后移动标本，仔细观察各部位，找到典型的目的物，将其移至视野中央。

3. 高倍镜观察

低倍镜对准焦点后，用粗调器提升镜筒，转换高倍镜，注意转换时需用眼从侧面观察，用粗调节器使物镜降至与标本几乎接近，严防镜头与玻片相撞损坏镜头。调节光圈、升降聚光器，使视野亮度合适，用粗调节器慢慢升起镜筒至物像出现后，再用细调节器调节至物像清晰，找到适宜观察部位并移至视野中央。

4. 油镜观察

用粗调节器将镜筒升高 2cm，将油镜转至正下方，在玻片标本的镜检部位滴一滴香柏油。从侧面观察，用粗调节器将镜筒小心降下，使油镜浸入到香柏油中，镜头几乎与标本相接，但不可压在标本上。从目镜观察，调节光圈至最大，使聚光镜上升，调节反光镜，使视野明亮均匀。再用粗调器将镜筒缓缓升起，直至视野出现物像为止，再以细调节器校正焦距，获清晰物像。如果油镜已离开油面而仍未见物像，必须从侧面观察，用粗调器将镜筒小心降下，重复操作，直至出现清晰物像。注意：不可使用细调节器寻找物像。

油镜使用完毕，将镜筒升起，取下玻片，用擦镜纸擦去镜头上的油（擦 3 次），然后用擦镜纸蘸少许二甲苯将残留油迹擦净，最后用擦镜纸擦去残留的二甲苯。切记：不能用其他纸、布等擦拭，以免损坏镜头。

用纱布将显微镜其他机械部件擦干净，转成“八”字式，或将最低倍数镜头转至镜筒下方，再降下镜筒（或降下载物台）与聚光器，放平反光镜，置入箱中。

显微镜应于干燥阴凉处保存，避免强光照射。箱内应放置干燥剂，定期检查。

四、实训记录

日期：

序号	菌种名称	基本形态图	备　注
1	葡萄球菌		
2	大肠杆菌		
3	枯草杆菌		

【操作技巧提示】

显微镜使用五步法：

1. 调节摆放

调节目镜距离、光圈大小、透镜深度等基本参数，将显微镜摆放在距桌边 10cm 的位置。

2. 安放载玻片

安放载玻片时要注意看好待观察物在载玻片中的位置，调节载物台位置使待观察物位于光源中心。

3. 寻找物像

寻找物像时一定要先将载物台上升至小于工作距离，在下降过程中寻找物像，在上升过程中寻找物像容易将载玻片压碎。找到物像后通过细准焦螺旋的调节使物像清晰。

4. 观察目标

观察时可调节载物台的位置以观察不同区域的目标。

5. 整理清场

油镜使用后务必用二甲苯擦拭干净，显微镜镜筒呈八字形排列。

【案例介绍】

案例：某次使用显微镜时，个别组同学发现显微镜无法正常观察物像，高倍镜无论如何调节都找不到清晰的物像，指导教师了解情况后，检查了显微镜镜头，发现高倍镜镜头被干掉的香柏油覆盖，造成无法找到清晰的物像，以二甲苯擦拭镜头后，能够正常找到物像。

解析：使用显微镜油镜要细心，用毕应仔细擦拭镜头，并检查高倍镜及油镜镜头是否洁净，因为使用时高倍镜很容易不小心被香柏油污染，清场整理时不可只关注油镜。

【思考题】

1. 简述使用显微镜寻找物像的基本步骤。
2. 油镜在使用中应注意哪些问题？

实训二　细菌的简单染色和革兰染色

一、实训目标

1. 掌握细菌的涂片和简单染色法。
2. 掌握革兰染色法的操作。

二、基础知识

1. 简单染色只用一种染料使细菌着色，该法可用于观察细菌的形态，难于辨别细菌的细胞结构。

2. G^+和G^-其细胞壁的结构和成分不同，G^-菌的细胞壁中含有较多的易被乙醇溶解的类脂质，并且肽聚糖层较薄、交联度低，在使用乙醇或丙酮脱色时，因类脂质溶解增加了细胞壁的通透性，使初染的结晶紫和碘的复合物易于渗出，结果细菌被脱色，再经石炭酸复红复染后即成红色。G^+菌细胞壁中肽聚糖层厚且交联度高，类脂质含量少，脱色剂处理后反而使肽聚糖层的孔径缩小，通透性降低，因此细菌仍保留初染时的颜色。

三、实训器材

大肠杆菌、金黄色葡萄球菌的斜面菌种和菌液；石炭酸复红染液、结晶紫染液、革氏碘液、95%乙醇、沙黄染液、显微镜、擦镜纸、香柏油、二甲苯、无菌水、接种环、酒精灯、载玻片、吸水纸、试管、小滴管。

四、实训操作过程

1. 细菌的简单染色

（1）涂片　取一块干净的载玻片，在其中央加一滴无菌水，按无菌操作法从菌种斜面取少量菌体与水滴充分混匀，涂成薄膜，涂布面积约1～1.5cm^2。如图2-18（a）、（b）。

（2）晾干　让涂片在室温下自然晾干。

（3）固定　手执玻片一端，使涂菌的一面朝上，通过微火2～3次。在火上固定时，用手触摸涂片反面，以不烫手为宜。不可使载片在火上烤，以免细菌形态被毁坏。如图2-18(c)。

(4) 染色　将涂片置于水平位置，滴加石炭酸复红染色液覆盖于涂菌处，染色约2min。如图2-18(d)。

(5) 水洗　将载片倾斜，置于自来水的细水流下，如图2-18(e)，水流由载片上端流下，不可直接冲在涂菌处。当洗至从载玻片上流下的水中无染色液的颜色时停止。

(6) 干燥　将洗过的涂片在空气中自然晾干或用吸水纸吸干，注意不要将菌体擦掉。如图2-18(f)。

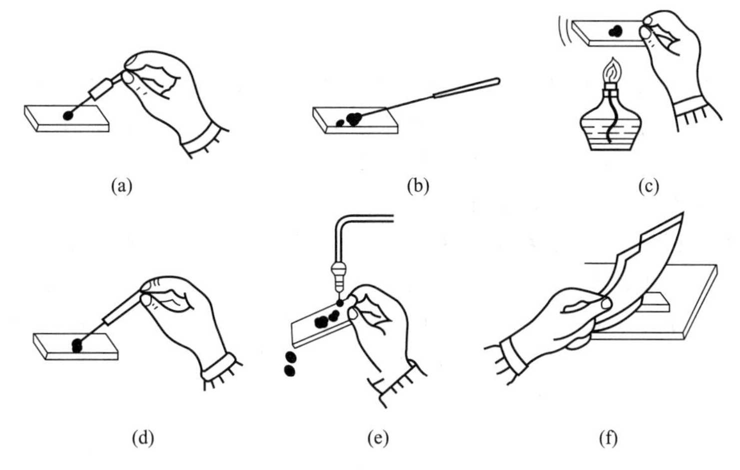

图2-18　细菌的染色操作

2. 细菌的革兰染色

(1) 涂片　用无菌操作法从试管中蘸取菌液一环，在洁净无脂的载玻片上做一薄而均匀、直径约1cm的菌膜。涂菌后将接种环于火焰灭菌。

(2) 干燥　于空气中自然干燥或置于火焰上部略加温干燥（温度不宜过高）。

(3) 固定　手执玻片一端，让菌膜朝上，通过火焰2～3次（以不烫手为宜，以防菌体烧焦、变形），固定杀死细菌并使之黏附于玻片上。

(4) 结晶紫染色　将玻片置于废液缸玻片搁架上，滴加结晶紫染液至盖满细菌涂面，染色1min后，用水洗去剩余染料。

(5) 媒染　滴加卢哥碘液，媒染1min后水洗。

(6) 脱色　将玻片倾斜，连续滴加95%乙醇脱色0.5～1min至流出液无色，水洗。

(7) 复染　滴加石炭酸复红复染1min，水洗。

(8) 晾干　将染好的涂片于空气中晾干或用吸水纸吸干。

(9) 镜检　用低倍、高倍、油镜镜检，判断菌体的革兰染色反应性。

五、实训记录

日期：

菌种	简单染色	革兰染色	现象及结论
大肠杆菌			
金黄色葡萄球菌			

【操作技巧提示】

① 涂片应均匀，不宜过厚。

② 染色过程中勿使染色液干涸，用水冲洗后应以滤纸吸去载玻片上的残水，以免染色液被稀释影响染色效果。

③ 染色成败的关键是脱色的时间。时间过短，革兰阴性菌也会被染成革兰阳性菌；脱色过度，革兰阳性菌也会被染成革兰阴性菌。另外，时间长短还与涂片薄厚以及乙醇用量有关。

④ 老龄化菌体因细胞内核酸减少，会使阳性菌被染成阴性菌，故不选用。

【案例介绍】

案例：某次实训中，A同学对染色后的涂片进行观察，发现视野中大片紫色，找不到单个细胞；B同学对大肠杆菌简单染色后镜检时发现菌体变形；C同学革兰染色金黄色葡萄球菌后镜检为阴性。试分析三位同学的操作不当在哪里？

解析：A同学的失误在于制备涂片时取菌过多，导致观察时菌体层层叠嶂，无法看到单层细胞，可将视野移至涂菌区域的边缘，这样就可观察到单个细胞；B同学的失误在于制备涂片时，干燥过程中以火烤加速水分蒸发或固定过程操作过久导致菌体因高温而变形；C同学的失误在于革兰染色脱色过程时间过久，造成脱色过度，使阳性菌错误地显示为阴性。染色实验需要操作者细心操作，小小的失误都有可能造成结果相去甚远。

【思考题】

1. 涂片后为什么要固定？固定时应注意什么？

2. 革兰染色法在细菌分类中的意义。

实训三 细菌的芽孢染色、荚膜染色、鞭毛染色

一、实训目标

1. 了解细菌芽孢、荚膜染色和鞭毛染色的基本原理。

2. 学习并掌握细菌芽孢染色、荚膜染色和鞭毛染色的方法。

二、基础知识

1. 芽孢染色

细菌的芽孢含水量少，芽孢壁较厚，对染料的透性差，不易着色，但是一旦着色便难以脱色。芽孢染色通常采用弱碱性染料孔雀绿在加热条件下进行。因孔雀绿是弱碱性染料，与菌体结合力较差，因此易被水洗掉，而进入芽孢中的孔雀绿却难以溶出。染色完毕，用自来水冲洗，再用一种呈红色的碱性染料复染，使菌体和芽孢呈现不同的颜色（芽孢呈绿色，芽孢周围的营养体呈红色）。

2. 荚膜染色

荚膜是包围在细菌细胞外面的一层黏液性物质，其主要成分是多糖类，不易被染色，故常用衬托染色法，即将菌体和背景着色，而把不着色且透明的荚膜衬托出来（背景黑色，荚膜无色，细胞红色）。荚膜很薄，易变形，因此，制片时一般不用热固定。

3. 鞭毛染色

细菌鞭毛非常纤细，超过了一般光学显微镜的分辨力。因此，观察时需通过特殊的鞭毛染色法。鞭毛的染色法较多，主要的原理是需经媒染剂处理，常见的媒染剂是单宁酸（鞣

酸)。媒染剂的作用是促使燃料分子吸附于鞭毛上，并形成沉淀，使鞭毛直径加粗，才能在显微镜下观察到鞭毛。

三、实训器材

菌种：巨大芽孢杆菌、圆褐固氮菌、枯草芽孢杆菌。

染色液：孔雀绿染色液、番红染色液、黑色素溶液（也可用墨水)、利夫森（Leifson）染色液、银染法染液。

器材：显微镜、香柏油、二甲苯载玻片、接种环、酒精灯、擦镜纸、吸水纸。

四、实训操作过程

1. 芽孢染色

（1）制片　将培养24h左右的巨大芽孢杆菌涂片、干燥、固定。

（2）染色　将孔雀绿染色液滴加3～5滴于标本片上。用试管夹夹住载玻片在火焰上加热约5min（当染料冒蒸汽时开始计时)。在加热过程中要随时加染色液，切勿煮沸或使样本干涸。

（3）水洗　待载玻片冷却后，用自来水冲洗。

（4）复染　用番红染色液染色1min。

（5）水洗、干燥。

（6）镜检　置于油镜下观察，记录结果。

2. 荚膜染色

（1）制片　加一滴6%葡萄糖水溶液于载玻片一端，挑取少量圆褐固氮菌与其混合，再加一滴墨汁充分混匀。用推片法制片，将菌液铺成薄层，自然干燥。

（2）固定　滴加1～2滴无水乙醇覆盖涂片，固定1min，自然干燥。

（3）染色、冲洗　滴加结晶紫，染色2min，用水轻轻冲洗，干燥后镜检。

有荚膜的菌，菌体呈紫色，背景灰黑色，荚膜不着色呈无色透明圈。无荚膜的菌，由于干燥菌体收缩，菌体四周也可能出现一圈狭窄的不着色环，但这不是荚膜，荚膜不着色的部分宽。

3. 鞭毛染色

（1）载玻片的清洗　将载玻片置于洗涤灵水溶液中，煮沸10min，用自来水冲洗，再用蒸馏水洗净，用纱布擦干备用。

（2）实验菌种的准备　将枯草芽孢杆菌在新制备的牛肉膏蛋白胨斜面培养基上（斜面下部要有少量冷凝水）连续移种3～4次，每次培养12～18h，最后一次培养12～16h。

（3）制片　在载玻片一端加一滴蒸馏水，用接种环挑取少许菌苔底部有水部分的菌体（注意不要挑出培养基)，将接种环悬放在水滴中片刻，将载玻片稍倾斜，使菌液随水滴缓缓流到另一端，可再反转一次使菌液流经面积扩大，然后放平，自然干燥。

（4）染色

① 利夫森染色法　用蜡笔将涂菌区圈起，滴加染液，过数分钟后，当染液的1/2以上区域表面出现金属光泽膜时，用水轻轻将金属膜及染液冲洗干净，自然干燥。

镜检时在涂片上按顺序进行观察，经常是在部分涂片区的菌体出现鞭毛，菌体及鞭毛均为红色。

② 鞭毛银染法　滴加硝酸银染色液A于涂片上，染色7min。滴加蒸馏水冲洗5min。用B液冲去残水，再滴加B液于涂片上，用微火加热至出现水汽。再用蒸馏水洗去染液，自然干燥。镜检时菌体为深褐色，鞭毛为褐色。

五、实训记录

日期：

菌种名称	染色类别	镜检图示	现象及结论
巨大芽孢杆菌			
圆褐固氮菌			
枯草芽孢杆菌			

【操作技巧提示】

1. 芽孢染色中要注意控制好菌龄，大部分芽孢仍保留在菌体上为宜。染色加热过程切不可使涂片干涸。直接加热不容易控制的情况下，可取一支试管，装入适量无菌水，取适量菌液悬浮于其中，加入染色液后共同加热，再以接种环取试管中的混合物制涂片。

2. 鞭毛染色时要注意将菌龄控制在鞭毛没有脱落时，载玻片必须光滑无痕，染色液要新鲜配制。

【案例介绍】

案例：芽孢染色操作中，一位同学仅看到了游离的芽孢，很少看到芽孢囊和营养细胞，为什么？试分析其原因。

解析：如果只看到芽孢，可能的原因有三个：①菌种培养的环境太恶劣，营养体几乎都快变成芽孢了。②可能是给芽孢染色用水时没洗干净，细胞还是孔雀绿的色彩。③复染出现问题，复染时间不够导致没染上颜色或是水洗过度，冲掉了颜色。

【思考题】

1. 芽孢染色为什么要加热或延长染色时间？
2. 荚膜染色为什么要用负染色法？
3. 鞭毛染色时为什么须用培养12～16h的菌体？

第二节 放 线 菌

放线菌是丝状原核微生物，因菌丝呈放射性生长而得名。它是介于细菌和真菌之间的单细胞微生物，其细胞结构和化学成分与细菌相似，属原核微生物；而其菌体呈丝状，有分枝，以孢子繁殖，这些特征与霉菌相似。至今已发现的80余种放线菌，其革兰染色几乎都呈阳性。

放线菌在自然界中分布广泛，土壤、空气、淡水中均有放线菌生存，而土壤是放线菌主要的聚集地。泥土特有的泥腥味，主要由放线菌产生的土腥素所引起。在含水量较低、有机物较丰富和呈微碱性的土壤中，每克土壤放线菌的孢子数一般可达10^7。

放线菌多为腐生，少数寄生。放线菌与人类的关系极为密切，绝大多数为有益菌，放线菌的产品多种多样，最突出的是产抗生素（表2-1），为人类健康做出了重大贡献。至今已报道通过的近万种抗生素中，约70%由放线菌产生，这是其他生物难以比拟的，如链霉素、土霉素、多黏霉素、庆大霉素、井冈霉素等。近年来，筛选到的许多新的生化药物多数是放线菌的次生代谢产物，包括抗癌剂、抗寄生虫剂、免疫抑制剂和杀虫剂等。放线菌还是许多酶、维生素等的产生菌。此外，放线菌在甾体转化、石油脱蜡和污水处理中也有重要应用。由于许多放线菌有极强的分解纤维素、石蜡、角蛋白、琼脂和橡胶等的能力，故它们在环境保护、提高土壤肥力和自然物质循环中起着重大作用。只有极少数放线菌能引起人和动物、植物病害。

表 2-1　几个重要放线菌属及其产生抗生素数目的统计

属　名	主要抗生素	已知抗生素种类数	属　名	主要抗生素	已知抗生素种类数
小单孢菌属	庆大霉素等	54	链孢囊菌属	西伯利亚霉素等	14
游动放线菌属	创新霉素等	30	马杜拉放线菌属	洋红霉素等	11
诺卡菌属	利福霉素等	23	其他	链霉素等	30

一、放线菌的形态构造及观察

1. 放线菌的形态构造

放线菌的形态极为多样，其中链霉菌属分布最广，种类最多（509 种），形态、特征最典型，与人类关系最密切。现以典型的链霉菌为例介绍放线菌的基本形态和结构（图2-19）。

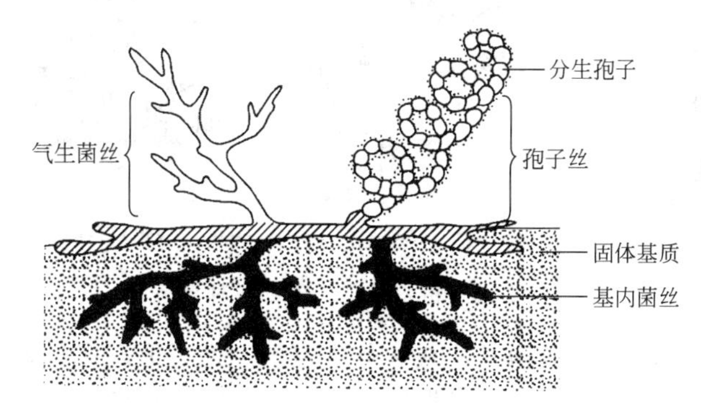

图 2-19　链霉菌形态结构模式图

链霉菌菌体细胞为单细胞，大多由分枝状菌丝组成，菌丝直径很细（＜1μm），与细菌相似，一般在 0.5～1.0μm。放线菌为原核微生物，细胞核无核膜，细胞壁内含胞壁酸和二氨基庚二酸，在营养生长阶段，菌丝内无隔膜，故一般呈多核的单细胞状态。放线菌的菌丝分为基内菌丝、气生菌丝和孢子丝。

（1）基内菌丝　当放线菌孢子落在固体培养基表面并发芽后，就不断伸长、分枝并以放射状向培养基表面和内层扩展，形成大量具有吸收营养和排泄代谢废物功能的基内菌丝，又叫营养菌丝或一级菌丝。营养菌丝直径很小，0.2～0.8μm，而长度差别很大，短的小于 100μm，长的可达 600μm 以上。有的不产色素，有的产色素，呈黄、橙、红、紫、绿、褐、黑等不同颜色，因此色素是鉴定菌种的重要依据。

（2）气生菌丝　营养菌丝发育到一定阶段，向空间方向分化出颜色较深、直径较粗的分枝菌丝，称为气生菌丝，又称二级菌丝。气生菌丝比基内菌丝粗，直径 1～1.4μm，直或弯曲，有的产色素。

（3）孢子丝　放线菌生长到一定阶段，在成熟的气生菌丝上分化出可形成孢子的菌丝，称为孢子丝，又名产孢丝或繁殖菌丝（图 2-20）。孢子丝的形状以及在气生菌丝上的排列方式随菌种的不同而不同，有直形、波浪形、螺旋形等。螺旋状孢子丝的螺旋结构与长度均很稳定，螺旋数目、疏密程度、旋转方向等都是种的特征，螺旋方向多为逆时针，少数种是顺时针。孢子丝的排列方式多种多样，有的交替着生，有的丛生或轮生。孢子丝从一点分出三个以上的孢子丝者，叫做轮生枝，它有一级轮生和二级轮生之分。轮生类群的孢子丝多为二级轮生。孢子丝的形状及其在气生菌丝上的排列方式可作为菌种鉴定的依据。

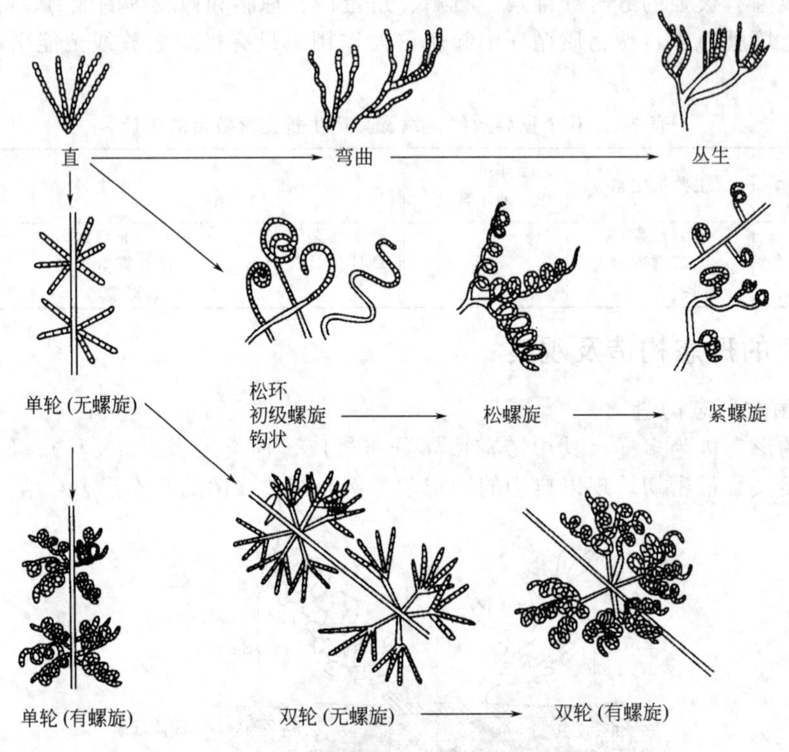

图 2-20 链霉菌孢子丝的各种形态

孢子丝长到一定阶段可形成孢子，或称分生孢子。孢子形态多样，有球形、椭圆形、杆状、圆柱状、瓜子状、梭形或半月形等形状。孢子表面结构在电子显微镜下清晰可见，有的表面光滑，有的有褶皱，有的带疣，有的生刺，有的有毛发状物或鳞片状物，刺又有粗细、大小、长短和疏密之分。一般凡属直或波曲的孢子丝，其表面均呈光滑状，若为螺旋状的孢子丝，则孢子表面会因种而异，有光滑、刺状或毛发状的。孢子表面结构也是放线菌菌种鉴定的重要依据。

放线菌孢子颜色丰富，由于孢子含有不同的色素，成熟的孢子堆也呈现出特定的颜色，是鉴定菌种的依据之一。

2. 放线菌的培养与观察

细菌是单细胞微生物，菌体分散，可用涂片法制片。而放线菌的菌丝体由基内菌丝、气生菌丝和孢子丝等组成，由于基内菌丝长入培养基中，用一般的接种工具不易挑取，因此以常规制片法很难制得完整的玻片标本，也难以观察到子实体及孢子丝等着生状态。为解决这一问题，可采用压印法和插片法培养。

压印法是一种集培养与观察为一体的制片技术，在丝状菌的培养和形态观察中应用广泛。其原理是将丝状菌的孢子（或菌体）接种在载片的小琼脂薄层培养基上，并盖上盖玻片，且轻压之，使接种后的琼脂块成薄圆片状，造成一个让微生物仅能在载玻片和盖玻片的狭窄空间内横向伸展的环境，因而在培养过程中，可随时用不同放大倍数的显微镜观察孢子的萌发、菌丝的生长及孢子的形成等各个阶段，亦不会因观察而造成培养标本片的污染。用此法制备的镜检标本，其视野清晰，形态逼真，是显微镜摄影的好材料。

放线菌的插片培养是将放线菌菌种制成孢子悬液后，接种在琼脂平板上，用玻璃刮铲涂布均匀，然后将灭过菌的盖玻片斜插入固体培养基中，置28～32℃下培养，使放线菌菌丝沿着培养基表面与盖玻片的交接处生长而附着在盖玻片上。3～5天后取出盖玻片放在载玻片上镜检。这种方法可观察到放线菌自然生长状态下的特征，而且便于观察不同生长期的形态。插片培养法是观察放线菌形态较为简易有效的方法。

二、放线菌的培养特征

1. 放线菌的繁殖方式

多数放线菌是借形成各种无性孢子进行繁殖的，无性孢子主要有分生孢子和孢子囊孢子。仅少数种类是以基内菌丝分裂形成孢子状细胞进行繁殖的。

（1）分生孢子　放线菌生长发育到一定阶段，一部分气生菌丝发育成孢子丝，孢子丝成熟后分化形成分生孢子进行繁殖。分生孢子的产生有以下两种横隔分裂方式：①细胞膜内陷，逐渐形成横隔膜，将孢子丝分隔成一串孢子，此为放线菌形成孢子的主要方式；②细胞壁和细胞膜同时内陷，使孢子丝断裂形成分生孢子。分生孢子也叫横隔孢子、节孢子或粉孢子，一般是圆柱状或杆状，大小基本相等。诺卡菌按此方式形成孢子。

小单孢菌种中多数种的孢子形成是在营养菌丝上长出单轴菌丝，其上再生出直而短的分枝，长约5～10μm。分枝还可再分枝杈，每个枝杈顶端形成一个球形、椭圆形或长圆形孢子，它们聚集在一起，这些孢子亦称分生孢子。

（2）孢子囊孢子　有些放线菌在菌丝上形成孢子囊，在孢子囊内形成孢子，孢子囊成熟后破裂，释放出大量的孢囊孢子。孢子囊可在气生菌丝上或营养菌丝上形成，或者同时在这两种菌丝上形成。孢子囊可由孢子丝盘绕而成，有的由孢囊梗顶端蓬大而成。

放线菌处于液体培养时很少形成孢子，但其各种菌丝片段都有繁殖功能，这一特性有利于在实验室进行摇瓶培养和工厂的大型发酵罐中进行深层液体搅拌培养。

某些放线菌偶尔也产生厚垣孢子。

放线菌孢子具有较强的耐干旱能力，但不耐高温，60～65℃，10～15min即失去生活能力。

2. 放线菌的群体特征

（1）在固体培养基上　放线菌的菌落一般为圆形，表面光滑或有皱褶，呈毛状、绒状或粉状。光学显微镜下观察，可见菌落周围有辐射状菌丝，菌落较小，类似细菌或略大于细菌，菌落形状随菌种不同而不同。放线菌菌落概括起来可分为以下两种类型。

① 多数放线菌（链霉菌）有大量分枝的基内菌丝和气生菌丝，基内菌丝深入基质内，菌落与培养基结合较紧不易挑起或挑起后不易破碎；由于菌丝较细，生长缓慢，分枝多且互相缠绕，故形成的菌落质地致密，表面呈较紧密的绒状或坚硬、干燥、多皱，菌落较小而不蔓延；当气生菌丝尚未分化为孢子丝以前，幼龄菌落与细菌菌落很相似，光滑而坚硬，有时气生菌丝呈同心环状。当气生菌丝成熟时会进一步分化成孢子丝并产生成串的干粉状孢子，它们伸展在空间，布满整个菌落，而使放线菌产生与细菌有明显差别的菌落：干燥、不透明、表面呈致密的丝绒状，上面有一层彩色的“干粉”；菌落与培养基连接紧密，难以挑取；有些种类的孢子含色素，菌落的正反面呈现不同的颜色。

② 少数原始的放线菌（如诺卡放线菌）缺乏气生菌丝或气生菌丝不发达，因此其菌落外形与细菌接近，黏着力差，结构呈粉质状，用针易挑起。

（2）在液体培养基中　在实验室对放线菌进行摇瓶培养时，常会见到在液面与瓶壁交界处黏着一圈菌苔，培养液清而不浑，其中悬浮着许多珠状菌丝团，一些大型菌丝团则沉淀在瓶底等现象。

三、发酵工业常用的放线菌

放线菌的最大经济价值是能产生多种抗生素。从微生物中发现的抗生素，有 70%是由放线菌产生的，因此人们在抗生素发酵工业中，非常重视对放线菌的研究与应用。

1. 链霉菌属（*Streptomyces*）

链霉菌的基内菌丝和气生菌丝多分枝，无分隔，直径 0.5～2μm。气生菌丝产生许多孢子串生的孢子链，孢子链长短不等。此属中不少菌种产生抗生素，这些抗生素约占各种微生物（包括放线菌）所产抗生素的 50%以上。

（1）灰色链霉菌（*Streptomyces griseus*） 在葡萄糖-硝酸盐培养基上生长时，菌落平而薄，初为白色，逐渐变为橄榄色。气生菌丝浓密，粉状，呈水绿色。发育适温 37℃，生产链霉素温度为 26.5～27.5℃。

（2）龟裂链霉菌（*Streptomyces rimosus*） 此菌能产生土霉素。菌丝白色，呈树枝状；孢子为灰白色，呈柱形；菌落为灰白色，其表面后期有皱褶，呈龟裂状。

（3）金霉素链霉菌（*Streptomyces aureofaciens*） 在马铃薯葡萄糖琼脂（PDA）培养基上生长时，其基内菌丝能产生金黄色色素，但其气生菌丝无色，孢子初为白色，经 5～7 天培养后，则由棕灰色转变为灰黑色。因该菌所产生的抗生素为金霉素（氯四环素），故称金霉素链霉菌。如其培养基中的 NaCl 以 NaBr 代替时，则此链霉菌又可产生四环素。

（4）红霉素链霉菌（*Streptomyces erythreus*） 此菌生长扩展时，有不同规则的边缘，菌丝深入培养基内，初为白色，后变为微黄色，菌落周围白色乳状，气生菌丝细，有分枝。最适温度 25℃，产生红霉素。

2. 小单孢菌属（*Micromonospora*）

小单孢菌与一般放线菌有不同之处：菌丝体纤细，0.3～0.6μm。有分枝和分隔，不断裂。菌丝体长入培养基内，不形成气生菌丝，而在基内菌丝体上长出孢子梗，其顶端生一个球形、椭圆形或长圆形的孢子。大小约为（1.0～1.5）μm×（0.9～1.2）μm。菌落致密，与培养基紧密结合在一起，表面凸起，多皱或光滑、疣状，平坦者较少。菌落常为黄橙色、红色、深褐色、黑色和蓝色。

这是产生抗生素较多的一个属。如绛红小单孢菌（*Micromonospora purpurea*）和棘孢小单孢菌（*Micromonospora echinospora*）都能产生庆大霉素。

3. 诺卡菌属（*Nocardia*）

基内菌丝较链霉菌纤细，0.2～0.6μm，有横隔，一般无气生菌丝。基内菌丝培养十几个小时形成横隔，并断裂成杆状或球状孢子。菌落较小，其边缘多呈树根毛状。主要分布于土壤中。有些种能产生抗生素（如利福霉素、蚁霉素等），也可用于石油脱蜡及污水净化中脱氰等。

4. 游动放线菌属（*Actinoplanes*）

一般不形成气生菌丝，基内菌丝分枝，直或卷曲，多数不分隔，直径 0.2～2.0μm，孢囊在基内菌丝体上形成，大小为 5～22μm，着生在孢囊梗上或菌丝上，孢囊梗直或有分枝，在每枝顶上有一至数十个孢囊。孢囊孢子在孢囊内盘卷或呈直形排列，成熟后分散为不规则排列。孢子呈球形（1～1.5μm），有时端生 1～40 根鞭毛，能运动。孢囊成熟后，孢囊孢子释放出来。有的菌种能形成分生孢子。

我国生产的创新霉素由济南游动放线菌新菌（*Actinoplanes tsinanesis*）产生。米苏里游动放线菌（*Actinoplanes missouriensis*）能以木糖为诱导物，大量生产葡萄糖异构酶。

5. 孢囊链霉菌属（*Streptosporangium*）

孢囊孢子无鞭毛，气生菌丝的孢子丝盘卷成球形孢囊。这类菌亦可产生不少抗生素，如可抑制细菌、病毒和肿瘤的多霉素等。

近年来，人们不仅从放线菌中发现了医药上使用的抗生素新品种，而且还进一步将放线菌所产生的抗生素开发应用到农牧业和食品工业上。如灰色链霉菌所产生的杀稻菌素S，用于稻瘟病的防治；可可链霉菌所产生的多辣霉素，对水稻纹枯病、稻瘟病、小麦白粉病以及果木真菌均有良效。

实训四 放线菌的观察

一、实训目标

1. 掌握插片法、压印法的操作技术。
2. 学会如何观察放线菌个体的特征。
3. 了解放线菌的菌落特征。

二、基础知识

放线菌菌落一般为圆形，比细菌略大，形状随菌种而异。可分为两种类型：一种类型产生大量分枝的基内菌丝和气生菌丝，基内菌丝伸入培养基内，菌落紧贴培养基表面，并由于它们的菌丝体比较紧密，交织成网，因而使菌落极其坚硬，用针能将整个菌落自培养基挑起而不破裂，菌落起初是光滑或如发状缠结，当在其上产生孢子后，表面呈粉状、颗粒状或絮状，其典型的代表属是链霉菌属（*Streptomyces*）。另一种类型是不产生大量菌丝的菌种，其菌落黏着力不如前一型结实，结构呈粉质，用针挑时易粉碎，典型代表为诺卡菌属（*Nocardia*），其接种方式和菌体观察同细菌。

放线菌的菌丝和孢子会产生各种色素，所以使菌落呈各种颜色，而且平皿培养的表面和背面的颜色往往不同，色素产生和菌种的种类以及培养基的成分有关。

三、实训器材

灰色链霉菌（*Streptomyces griseus*），天蓝色链霉菌（*Streptomyces coelicolor*），高氏1号培养基、培养皿、载玻片、盖玻片、无菌滴管、显微镜、镊子、接种针、小刀。

四、实训操作过程

1. 菌落形态及菌苔特征的观察

培养5～7天待观察的放线菌平板，直接观察其菌落表面形状、大小、颜色、边缘以及有无色素分泌到培养基内等；用接种环挑取菌落，注意菌丝在培养基上着生的紧密情况。记录菌落基本特征。

2. 插片法观察个体形态

（1）倒平板　将高氏1号培养基融化后，倒10～12mL于灭菌培养皿中，待凝固。

（2）插片　将灭菌盖玻片以45°插入培养皿内的培养基中，然后用接种针将菌种接种在盖玻片与琼脂相接的沿线，于28℃培养6～15天。

（3）观察　培养后的菌丝体生长在培养基及盖玻片上，小心地用镊子将盖玻片取出，擦去较差一面的菌丝体，放在载玻片上（菌丝体覆盖在载玻片上），直接置于显微镜下观察。

3. 印片法观察孢子形态

取划线培养的放线菌平板，用印片法观察孢子及孢子丝。用镊子取一片洁净盖片，轻放在菌落表面按压一下，使部分菌丝及孢子贴附于盖片上。在载玻片上加一小滴0.1%美蓝染液，将盖片带有孢子的面向下，盖在染液上，用吸水纸吸去多余的染液，在高倍镜下观察孢子丝及孢子的形态，有些制片也能观察到无隔的气生菌丝。

五、实训记录

1. 菌落基本形态

菌种名称	菌落特征						
	大小	干湿	边缘	颜色	偏平或隆起	正反面颜色	与培养基结合程度

2. 个体形态

菌种名称	镜检图示	特征记录

【操作技巧提示】

1. 插片和取片的过程均要注意无菌操作。插片时，以镊子夹取在酒精中浸泡的盖片，尽量沥干盖片表面的酒精，点燃使其充分燃烧，冷却后才能插入培养皿。取插片时需在酒精灯前严格无菌操作，防止其他插片被杂菌污染。

2. 印片时注意印片的力度要合适。如直接印片不容易操作，可以无菌小刀切取部分菌苔，置于洁净盖片上，再以另一洁净盖片进行印片操作。

【案例介绍】

案例：一次插片培养中，盖片与培养基交界处有溶剂印染现象，菌落形态发生异常。试分析其原因。

解析：此现象的出现最可能的原因是在插片过程中，盖片灭菌所用的酒精没有完全燃烧，尤其在镊子夹取的部位，最容易有酒精残留，残留酒精在盖片与培养基接触处发生扩散，局部的高酒精浓度影响了菌体正常生长，导致菌落形态异常。

【思考题】

1. 放线菌的观察有哪些常见方法？
2. 放线菌插片培养中应注意哪些问题？

第三节 蓝 细 菌

蓝细菌又称蓝藻或蓝绿藻，是一类较古老的原核生物，大约在21亿～17亿年前就已形成，它的发展使整个地球大气从无氧状态发展到有氧状态，从而孕育了一切好氧生物的进化和发展。蓝细菌革兰染色呈阴性，无鞭毛，含叶绿素 a（但不形成叶绿体），绝大多数情况下能进行产氧型光合作用。

蓝细菌抗逆境能力很强，在自然界中广泛分布，包括各种水体、土壤中和各种生物体内外，甚至在岩石表面和其他恶劣环境如高温、低温、盐湖、荒漠和冰原中都可有蓝细菌的踪迹，因此有“先锋生物”之美称。

蓝细菌的细胞体积一般比细菌大，通常直径为 3～10μm，最大的可达 60μm，如巨颤蓝细菌，是已知原核微生物中较大的细胞。

蓝细菌的细胞形态多样，大体可分 5 类：①由二分裂形成的单细胞，如黏杆蓝细菌属；②由复分裂形成的单细胞，如皮果蓝细菌属；③有异形胞的菌丝，如鱼腥蓝细菌属；④无异形胞菌丝，如颤蓝细菌属；⑤分枝状菌丝，如飞氏蓝细菌属。

蓝细菌的菌体构造与革兰阴性细菌结构相似：细胞壁双层，最外层是外膜，内膜是肽聚糖胞壁。不少种类，尤其是水生种类在其壁外还有黏质糖被或鞘，它们把各单细胞结合在一起，还可进行滑行运动。

细胞膜为单层，很少有间体。

蓝细菌的细胞核为原核。细胞内含物中有 70S 核糖体以及能固定 CO_2 的羧酶体，在水生性种类的细胞中，常有气泡构造。细胞中的内含物还有可用作碳源营养的糖原、PHB（聚-β-羟基丁酯），以及可用作氮源营养的蓝细菌肽和贮存磷的聚磷酸盐等。

蓝细菌细胞内的脂肪酸较特殊，为含有两至多个双键的不饱和脂肪酸，而其他原核生物通常只含饱和脂肪酸和单个双键的不饱和脂肪酸。

蓝细菌的细胞有几种特化形式：

① 异形胞　一般存在于丝状生长种类中，形大，壁厚，是具有固氮功能的细胞。异形胞来自营养细胞，数目少而不定，位于细胞链的中间或末端，如念珠蓝细菌属等，它与相邻的营养细胞通过胞间连丝互相进行物质交流，异形胞不进行产氧的光合作用，细胞壁的厚壁中含大量糖脂，可阻止氧气扩散进入，为对氧敏感的固氮酶创造一个厌氧固氮场所（图 2-21）。

② 静息孢子　是一种长在细胞链中间或末端的形大、壁厚、色深的休眠细胞，富含贮藏物，能抵御干旱等不良环境。

③ 链丝段　又称边锁体或藻殖段，是由长细胞链断裂而成的短链段，具有繁殖功能。

④ 内孢子　少数种类如管孢蓝细菌属，能在细胞内形成许多球形或三角形的内孢子，待成熟后即可释放，具有繁殖作用。

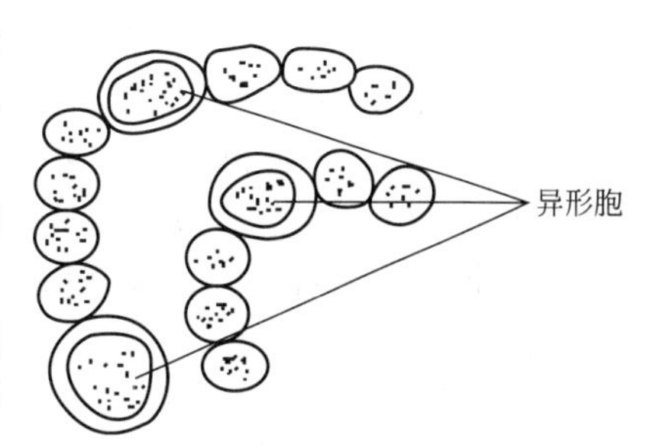

图 2-21　蓝细菌的异形胞

在人类生活中蓝细菌有着重大的经济价值，如目前已开发成的具有一定经济价值的“螺旋藻”产品。至今已知有 120 多种蓝细菌具有固氮能力，特别是与满江红鱼腥蓝细菌共生的水生蕨类满江红，是一种良好的绿肥。有的蓝细菌是在受氮、磷等元素污染后发生富营养化的海水“赤潮”和湖泊中“水华”的元凶，给渔业和养殖业带来了严重的危害。此外，还有少数水生种类如微囊蓝细菌属会产生可诱发人类肝癌的毒素。

蓝细菌通过无性方式繁殖，单细胞种类为二分裂（如黏杆蓝细菌）或多分裂（如皮果蓝细菌），还有的通过其丝状体断裂形成短片段的方式繁殖。

第四节 其他原核微生物

一、支原体

支原体是目前所知的最小的能够独立生活的细胞生命形式。支原体属于原核微生物，革兰染色阴性，无细胞壁，胞浆由三层“单位膜”包围，呈现多种形态，能独立生长繁殖。由于它们能形成有分枝的长丝，故称为支原体。

1. 支原体的大小形态与结构

支原体体积微小，直径仅有0.1～0.3μm，一般为0.25μm，能通过一般细菌滤器。因它无细胞壁，故其形态不定，可呈球状、丝状、杆状、分枝状等多种形态。它的最外层为细胞膜，是由蛋白质和脂质组成的三层结构，内外两层主要是蛋白质，中层为磷脂和胆固醇。由于中层胆固醇含量较多，故支原体对作用于胆固醇的抗菌物质较敏感，如皂素、毛地黄苷等均能破坏支原体的细胞膜而使其死亡。许多支原体具有多聚的荚膜层。

2. 培养和繁殖

支原体能在人工培养基上生长，但体外培养的条件苛刻，营养要求较高，除基础营养物质外，常需加入20%人或动物的血清及10%的酵母浸液，血清可以提供支原体生长所需要的胆固醇和其他类脂。最适生长pH值为7.8～8.0，腐生型的最适生长温度为30℃，寄生型的最适生长温度为37℃。

支原体的主要繁殖方式是二分裂，有时可行出芽繁殖。支原体繁殖速度较细菌慢，约3～4h一代，在固体培养基上培养2～3天出现典型的“油煎蛋”样微小菌落，菌落圆形、细小，边缘整齐透明，表面光滑，中心部分较厚，颜色较深，并向下长入培养基内，其边缘为较薄的透明颗粒区。在液体培养基中生长不明显，呈现轻微浑浊。

支原体抵抗力不强，45℃ 15min即被杀死。对一般化学消毒剂敏感，但因缺乏细胞壁，对青霉素不敏感。支原体对红霉素、四环素、卡那霉素等敏感，故可用这些抗生素治疗支原体引起的疾病。

3. 致病性

支原体广泛分布在自然界，种类较多，只有少数能致病。支原体能引起人和畜禽呼吸道、肺部、尿道等的炎症，如引起人类原发性非典型肺炎的肺炎支原体，此病占非细菌性肺炎的1/3。一般经呼吸道感染，多发于青少年。隐性感染和轻型感染者较多，也可导致严重肺炎。此外，还可引起皮肤黏膜斑丘疹、溶血性贫血及脑膜炎等。植物原体（又称类支原体）可引起植物的黄化病、矮缩病。支原体还经常污染实验室用以培养的传代细胞。

二、衣原体

衣原体是一类能通过细菌滤器，严格地在真核细胞内寄生，并有独特生长发育周期的原核细胞微生物，革兰染色阴性。由于它个体小，只能在活细胞内寄生，曾一度认为是大型病毒。但衣原体含有DNA和RNA两种类型的核酸，以二分裂方式繁殖，有细胞型细胞壁，细胞壁由肽聚糖构成，具有核糖体，具有一些代谢酶，能进行一定的代谢活动，多种抗菌药物能抑制其生长繁殖，这些特性均不同于病毒，故衣原体是一类独特的原核生物。

1. 衣原体的大小形态与结构

衣原体一般呈圆球形，在光学显微镜下勉强可见。

衣原体在宿主细胞内生长繁殖，有其特殊的生活周期。不同时期中，可见到衣原体两种形态与结构不同的颗粒：原体和始体。

（1）原体 原体是衣原体的感染性颗粒，呈小球状，直径小于 0.4μm，外有坚韧的细胞壁，DNA 浓缩在电子云密集的中心类核上，原体不生长，不能运动，抗干旱。原体存在于宿主细胞外，具有高度感染性，经空气传播。它先吸附于易感细胞表面，经吞噬作用进入细胞，在其中生长、转化成无感染力的细胞，称为始体。

（2）始体 始体较原体大，直径为 1～1.5μm，呈球形，细胞壁薄而脆弱，DNA 不规则地分散在胞浆中，呈纤细的网状结构，故始体又称为网状体。始体无感染性。

2. 培养和繁殖

衣原体需要在活细胞上培养，因其缺乏一些重要的能量产生体系，而宿主能提供富含能量的中间体。人工培养方法用鸡胚卵黄囊接种法，也可采用细胞培养和动物接种的方法。

衣原体的繁殖方式比较特殊：原体吸附在易感细胞表面，经吞噬作用进入宿主细胞，细胞膜构成空泡包围原体，原体在空泡中发育、长大，成为始体。始体继续长大，在空泡中以二分裂方式分裂，形成众多的子代原体，充满于空泡内，这种结构称为包含体，细胞裂解后释放出原体。始体是衣原体在生活周期中的繁殖型，无感染性。形成的子代原体从感染的细胞内释放出来，又可感染新的细胞，开始新的生活周期。

3. 致病性

衣原体的致病物质主要是类似革兰阴性菌内毒素的物质，存在于衣原体细胞壁中，不易与衣原体分离，加热能破坏其毒性。对人类致病的衣原体主要有沙眼衣原体、肺炎衣原体和鹦鹉热衣原体。

衣原体耐低温，在－60～－20℃条件下，可保存数年，但对热敏感，在 56～60℃环境中仅能存活 5～10min。常用化学消毒剂可灭活衣原体。利福平、四环素、红霉素、氯霉素、青霉素均可抑制病原体繁殖，故常用于治疗。

三、立克次体

立克次体是一类极微小的、由节肢动物传播、专性活细胞内寄生的原核细胞型微生物，革兰阴性，类似细菌。它是以首先发现并在研究此类微生物时不幸感染而献出生命的美国医生立克次（T. Ricketts）的名字命名的。对人类具致病性的立克次体有十余种。由立克次体所引起的疾病统称立克次体病。

1. 形态与结构

立克次体形态多样，短杆状大小约为 600nm×300nm，球形直径约为 200～500nm。立克次体有完好的细胞壁结构，细胞壁外有微荚膜层和多糖组成的黏液层。细胞壁由肽聚糖构成，革兰染色阴性，含有 DNA 和 RNA。立克次体有单个的、成双的，但常集聚成致密团块状。不同立克次体在细胞内的分布位置不同，可供初步识别，如斑疹伤寒立克次体常散在胞浆中，恙虫病立克次体常堆积在细胞浆近核处。

2. 培养与繁殖

立克次体不能独立生活，必须专性寄生在活细胞内才能生长繁殖，常用的培养方法有动物接种、鸡胚接种和细胞培养。

立克次体以二分裂方式繁殖，在细胞培养（34℃）中，代时是 8～10h。

除 Q 热立克次体外，其他立克次体的抵抗力均较弱，离开宿主细胞后易迅速死亡。对各种理化因素耐受力低。加热至 56℃30min 可使其死亡，对化学消毒剂敏感，在 0.5%石炭酸或来苏儿水溶液中，经 5min 即使其灭活。但立克次体在干燥虱粪中能保持传染性半年以上。对四环素、氯霉素等广谱抗生素敏感，而磺胺类药物不但不能抑制其生长，反而能刺激其繁殖。

3. 致病性

吸血节肢动物如虱、蚤、蜱、螨等是立克次体的天然宿主，通过叮咬或其粪便污染伤口而使人或其他动物感染。

常见的致病性立克次体有普氏立克次体，引起斑疹伤寒的斑疹伤寒立克次体，引起战壕热的战壕热立克次体，引起恙虫病的恙虫病立克次体等。

问题与讨论

1. 解释下列名词：原核微生物，肽聚糖，磷壁酸，间体，羧酶体，核区，质粒，荚膜，芽孢，菌落，缺壁细菌。

2. 细菌细胞的结构如何？各有哪些功能？

3. G^+ 和 G^- 细菌的细胞壁组成结构有何不同？

4. 说明革兰染色的机制？

5. 试述缺壁细菌的类型及其应用。

6. 比较细菌和放线菌菌落的特征。

7. 支原体、衣原体、立克次体各有何特点？

第三章　真核微生物

【知识目标】

1. 熟悉真核微生物与原核微生物的区别。
2. 掌握酵母菌的细胞结构，酵母菌的繁殖方式、生活史及培养特性。
3. 掌握霉菌的形态结构特征，霉菌的繁殖方式及培养特性。
4. 了解常见酵母菌、霉菌的应用及大型真菌的营养价值。

【能力目标】

1. 学会酵母菌活体染色技术及霉菌水浸片制作技术。
2. 熟练显微镜测微尺的使用。
3. 尝试啤酒生产及发酵力的测定。
4. 熟悉酵母菌及霉菌的形态特征并能区分各类微生物。

真核微生物无论是大小还是细胞结构与原核微生物都有所不同。凡是细胞核具有核膜、能进行有丝分裂、细胞质中存在线粒体或同时存在叶绿体等细胞器的微小生物都称为真核微生物。

真核微生物与原核微生物的比较见表 3-1。

表 3-1　真核微生物与原核微生物的比较

比较项目		真核微生物	原核微生物
细胞大小		较大(通常大于 5μm)	较小(通常小于 5μm)
细胞壁的主要成分		纤维素、几丁质	肽聚糖
细胞膜	成分	通常含甾醇	一般无甾醇
	含呼吸或光合组分	无	有
细胞质	线粒体	有	无
	间体	无	有
	溶酶体	有	无
	核糖体	80S 为主	70S
	叶绿体	光能自养生物有	无
	真液泡	有些有	无
	贮藏物	淀粉等	聚-β-羟丁酸等
	高尔基体	有	无
	微管系统	有	无
	流动性	有	无
细胞核	核膜	有	无
	核仁	有	无
	DNA 含量	少(约 5%)	多(约 10%)
	组蛋白	有	无
	染色体数目	一般多于 1 个	一般为 1 个
专性厌氧生活		无	有
光合作用部位		叶绿体	细胞膜
繁殖方式		有性或无性,方式多样	多数进行无性二等分裂

真核微生物包括真菌、单细胞藻类及一些原生动物。本章主要介绍真菌。真菌包括酵母菌和霉菌两大类别，真菌在自然界分布广泛，土壤、水体、空气中均有真菌存在，而潮湿及有机物质的存在是真菌生长的良好环境。真菌的存在有利于人类生产生活，同时也能引起一些人畜疾病及农作物病害，只有了解真菌的特性，才能使其更好地服务于人类。

第一节 酵 母 菌

酵母菌是一个通俗名称，并无确切的定义，其在自然界分布广泛，主要生长在偏酸性的含糖环境中，如水果、蔬菜、蜜饯的表面以及果园土壤中均含有大量酵母菌。一般认为酵母菌具有以下特点：

① 个体一般以单细胞状态存在；

② 多数营出芽繁殖，也有的裂殖；

③ 能发酵糖类产能；

④ 细胞壁常含有甘露聚糖；

⑤ 喜在含糖量较高、酸度较大的水生环境中生长。

酵母菌种类繁多，与人类关系密切。多数酵母对人类生活有益，如酒精饮料的生产，面包制作，甘油发酵，石油及油品脱蜡，饲用、药用或食用SCP的生产，生化药物的生产等；只有极少数酵母会引起人或其他动物的疾病，如白假丝酵母（白色念珠菌），新型隐球菌。

一、酵母菌的形态结构

酵母菌是典型的真核微生物，细胞形态通常有球状、卵圆状、椭圆状或柱状等多种，其细胞直径一般为细菌的十倍乃至几十倍，典型的酵母菌 *S. cerevisiae* 细胞宽为 2.5～10μm、长度为 4.5～21μm，在光学显微镜下，可以模糊地看到酵母细胞内的结构分化。

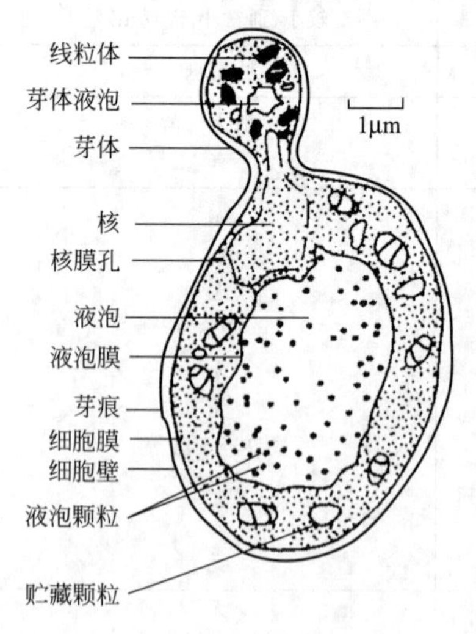

图 3-1 酵母细胞的典型构造

酵母菌进行一连串的芽殖后，如果长大的子细胞与母细胞并不分离，其间仅以极狭小的面积相连，这种藕节状的细胞串就称假菌丝。酵母菌细胞的典型构造可见图 3-1。

1. 细胞壁

细胞壁厚约 25nm，约占细胞干重的 25%，是一种坚韧的结构。酵母细胞结构可分为三层：内层为葡聚糖；中间层为蛋白质，少数是与糖结合在一起的结构蛋白，多数以酶的形式存在，如葡聚糖酶、甘露聚糖酶、蔗糖酶、碱性磷酸酶、脂酶等；外层为甘露聚糖。

内层的葡聚糖与细胞膜相毗邻，是细胞壁的主要结构成分，维持细胞壁的强度，试验证实，酵母细胞壁若除去外层的甘露聚糖，则细胞仍维持正常形态。以玛瑙螺的胃液制得的蜗牛消化酶，内含纤维素酶、甘露聚糖酶、葡糖酸酶、几丁质酶和脂酶等 30 余种酶类，对酵母菌细胞壁具有良好的水解作用，可以用来制备酵母菌的原生质体，也可水解子囊壁以释放子囊孢子。

2. 细胞膜

将酵母原生质体在低渗溶液中破裂后，经离心、洗涤等操作即可得到纯净的细胞膜。电镜下观察细胞膜结构，可以看到三层结构，上下两层磷脂分子构成膜的主体，甾醇及蛋白质镶嵌于其中，如图 3-2 所示。酵母细胞膜中的甾醇以麦角甾醇居多，经紫外线照射后，可形

成维生素 D_2。

酵母细胞膜的功能为：

① 调节细胞外溶质运送到细胞内的渗透屏障；

② 细胞壁等大分子成分的生物合成和装配的基地；

③ 部分酶的合成和作用场所。

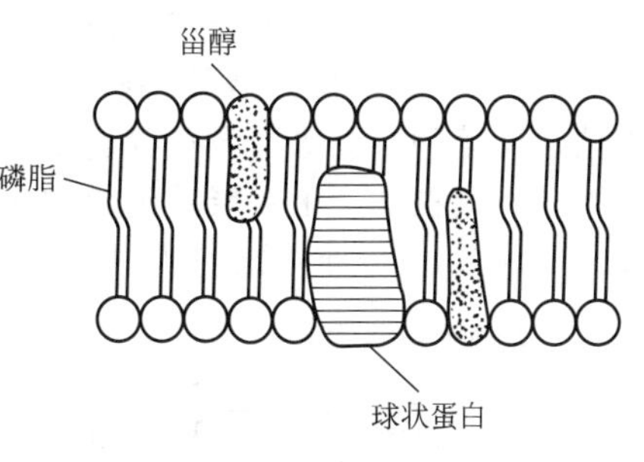

图 3-2　酵母细胞膜的构造

3. 细胞核

酵母具有用多孔核膜包裹起来的定型细胞核——真核，细胞核呈小球状，结构包括核膜、核仁、核基质、染色体等。

(1) 核膜　由双层单位膜构成，膜上有核孔（40～70nm），用以增大核内外的物质交换。

(2) 核仁　核仁是细胞核中的一个没有膜包裹的圆形或椭圆形小体，是细胞核中染色最深的部分，它依附于染色体的一定位置上，在细胞有丝分裂前期消失，后期又重新出现，每个核内有一至数个，富含蛋白质和 RNA，其大小随细胞中蛋白质合成的强弱而相应变化，是真核细胞中合成 rRNA 和装配核糖体的部位。

(3) 核基质　旧称“核液”，是充满于细胞核空间由蛋白纤维组成的网状结构，具有支撑细胞核和提供染色质附着点的功能。

(4) 染色体　染色体和染色质是同一物质在细胞不同时期的不同形态。其主要组成成分是：DNA、组蛋白及其他蛋白质。酵母细胞内染色体数目依种类不同而异，如酿酒酵母的单倍体细胞内含有 16 条染色体。

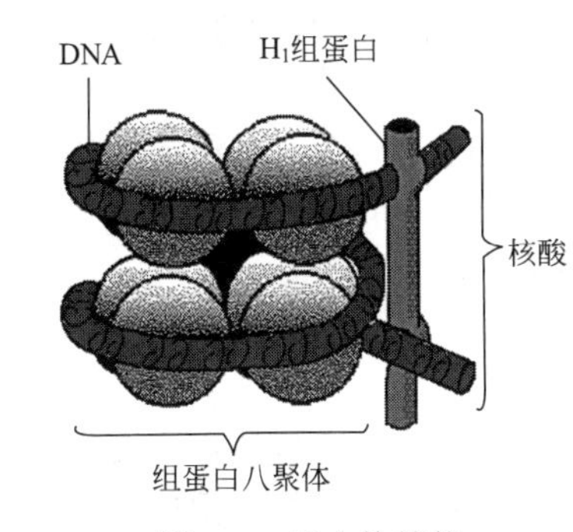

图 3-3　核小体结构

染色体的基本结构单位是核小体，其核心结构是组蛋白八聚体（由 H_2A、H_2B、H_3、H_4 各一对组成），在八聚体外有以左手方向盘绕两周的 DNA，另有一个组蛋白分子 H_1 与 DNA 结合，锁住核小体的进出口，以稳定它的结构（图 3-3）。

4. 细胞质和细胞器

成熟的酵母细胞质中有核糖体、内质网、高尔基体、线粒体、液泡、微体等结构。

(1) 核糖体　核糖体是细胞中蛋白质合成的场所。真核细胞核糖体较原核细胞的大，其沉降系数为 80S，由 60S 的大亚基和 40S 的小亚基组成。真核生物中 80S 的核糖体主要分布在细胞质和内质网中，一部分与 mRNA 结合，形成多核糖体，另一部分则呈单核糖体的状态，以内质网结合型和游离型两种形式存在。

(2) 内质网　由相对平行的单位膜组成的细长结构，连接于细胞膜的外侧膜上，可分为糙面内质网和光面内质网两类。糙面内质网膜上附有核糖体颗粒，具有合成和运送胞外分泌蛋白的功能；光面内质网不含核糖体，与脂类代谢和钙代谢密切相关，主要存在于某些动物细胞中。

(3) 高尔基体　高尔基体又称高尔基复合体，由意大利学者高尔基于 1898 年首先在神经细胞中发现，是由若干个（一般为 4～8 个）平行堆叠的扁平膜囊和大小不等的囊泡所组成的膜聚合体，其上无核糖体颗粒附着，由糙面内质网合成的蛋白质输送到高尔基体中浓缩，并与其中合成的糖类或脂类结合，形成糖蛋白和脂蛋白的分泌泡，再通过外排作用而分泌到细胞外。因此，高尔基体是合成、分泌糖蛋白和脂蛋白以及对某些无生物活性的蛋白质如胰岛素、胰高血糖素原和血清蛋白等进行酶切和加工的重要细胞器，也是对合成新细胞壁和质膜提供原材料的重要细胞器。在真菌中，目前发现存在高尔基体者仅限于根肿菌、前毛壶菌、卵菌和腐菌等少数低等真菌中。

(4) 线粒体　由双层单位膜构成的球状或杆状结构（图 3-4），直径 0.5～1μm，长度为 1.5～3.0μm，分布在细胞质中，数量不等，一般数百至数千个，在不同的细胞种类及不同生理状态下，其形态和长度变化很大。

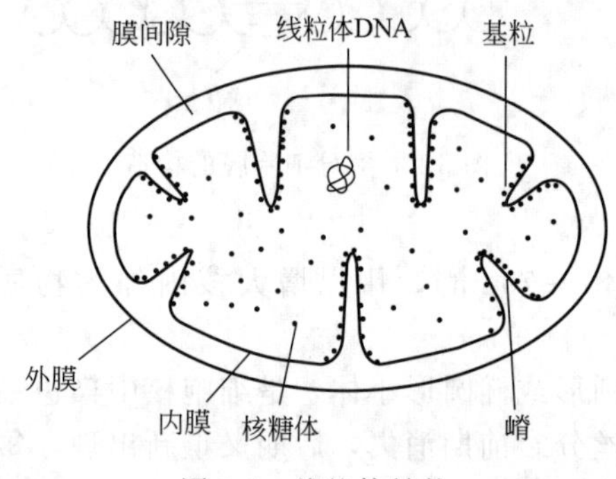

图 3-4　线粒体结构

线粒体内膜向内突出形成嵴，内膜表面着生有许多基粒，即 ATP 合成酶复合体，内膜上还有四种脂蛋白复合物，都是呼吸链的组成部分。位于内外膜间的空间称为膜间隙，内中充满着含有各种可溶性酶、底物和辅酶因子的液体。内膜和嵴包围的空间即基质，内含三羧酸循环的酶系，并含有一套为线粒体所特有的 DNA 链和 70S 核糖体，用以合成一小部分专供线粒体自身需要的蛋白质。线粒体的功能是将底物通过电子传递链和氧化磷酸化反应的偶联而实现呼吸产能。

在无氧条件下生长的细胞，形成的是只有外膜而无内膜和嵴的极其简单的线粒体，当其转移到有氧条件下进行呼吸产能时，线粒体从无功能的简单结构转变成有正常结构和功能的线粒体。

(5) 液泡　成熟的酵母细胞中有一个大的液泡，是由单层膜围起的结构，内含糖原、脂肪、多磷酸盐等贮藏物，精氨酸、鸟氨酸和谷氨酰胺等碱性氨基酸，以及蛋白酶、酸性和碱性磷酸酯酶、纤维素酶和核酸酶等各种酶类。液泡具有水解酶贮存库的功能，并起着提供营养物和调节渗透压的作用。

(6) 微体　细胞质中由单层膜所包围的颗粒，比线粒体小，内含 DNA，在葡萄糖培养基上生长时微体较少，而以烃为碳源时较多，从热带假丝酵母粉粒获得的微体中得知其中含有 13 种酶，由此可见微体可能在以烃和甲醇为碳源的代谢中起作用。

二、酵母菌的繁殖

酵母的繁殖分为无性繁殖和有性繁殖两种类型。无性繁殖主要有芽殖、裂殖和产无性孢子；有性繁殖是通过两个不同性别细胞的融合而产生新的个体的繁殖过程，酵母菌的有性繁殖主要产生子囊孢子。

1. 无性繁殖方式

(1) 芽殖　芽殖（图 3-5）是酵母菌最常见的繁殖方式。在良好的营养和生长条件下，酵母生长迅速，这时，可以看到所有细胞上都长有芽体，而且在芽体上还可以形成新的芽体，所以经常可以见到呈簇状的细胞团。

芽体的形成过程为：在母细胞形成芽体的部位，由于水解酶对细胞壁多糖的分解，使细胞壁变薄。大量新细胞物质——核物质（染色体）和细胞质等在芽体起始部位上堆积，使芽体逐步长大。当芽体达到最大体积时，它与母细胞相连部位形成一块隔壁，隔壁是由葡聚糖、甘露聚糖和几丁质构成的复合物；最后，母细胞与子细胞在隔壁处分离。于是，在母细胞上留下一个芽痕，而在子细胞上就相应地留下一个蒂痕。

根据酵母菌细胞表面留下的芽痕的数目，就可确定某细胞曾产生过的芽体数，因而也可用于测定该细胞的年龄。一个成熟的酵母细胞一生中靠芽殖可产生 9～43 个子细胞（平均 24 个）。

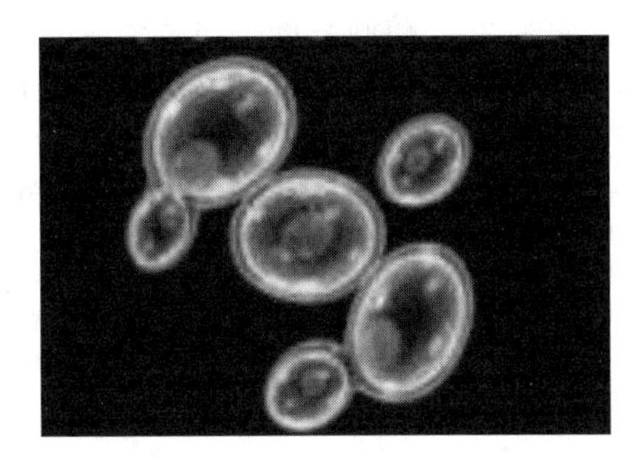
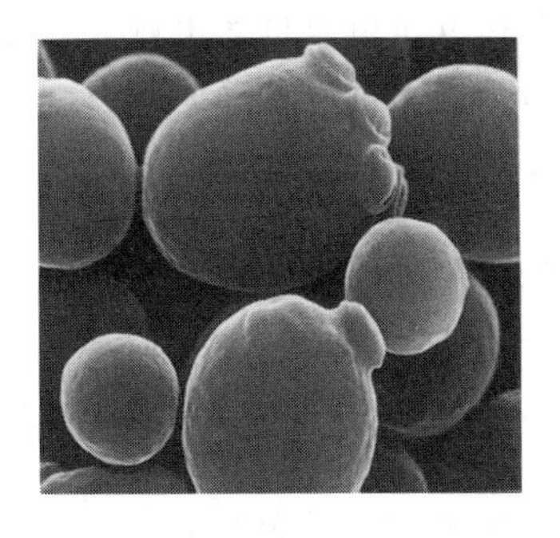

图 3-5 酵母细胞的芽殖

(2) 裂殖 酵母菌的裂殖与细菌的裂殖相似。其过程是细胞伸长，核分裂为二，然后细胞中央出现隔膜，将细胞横分为两个相等大小的、各具有一个核的子细胞。进行裂殖的酵母菌种类很少，例如裂殖酵母属的八孢裂殖酵母等。

(3) 无性孢子 有些酵母菌属可以通过产生无性孢子进行繁殖，比如掷孢酵母菌产生的掷孢子。掷孢子是在卵圆形的营养细胞上长出的小梗上形成的，外形呈肾状，孢子成熟后通过一种特有的喷射机制将孢子射出。因此，如果用倒置培养皿培养掷孢酵母并使其形成菌落，则常因其射出掷孢子而可在皿盖上见到由掷孢子组成的模糊菌落形态。此外，有的酵母能在假菌丝的顶端产生厚垣孢子，如白假丝酵母（图 3-6）。

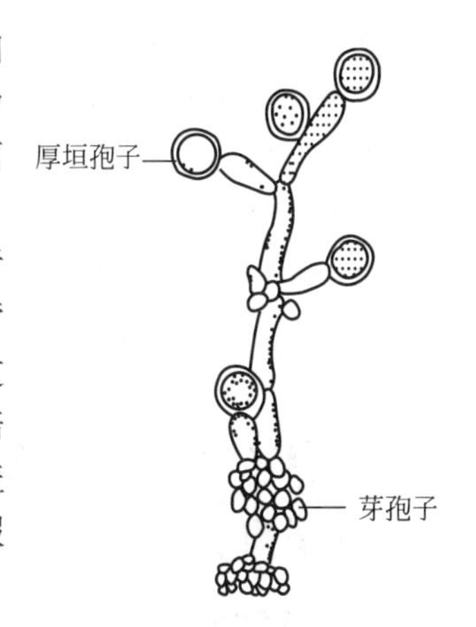

图 3-6 白假丝酵母的厚垣孢子

2. 有性繁殖方式

酵母菌是以形成子囊和子囊孢子的方式进行有性繁殖的。其过程分为质配、核配和形成子囊孢子三个阶段。

(1) 质配 生长发育到一定阶段的酵母菌，分化出不同性别的细胞，邻近的两个不同性别的细胞各伸出哑铃状突起相互接触，接触部位的细胞壁和细胞膜变薄进而溶解，在两个细胞之间形成一个通道，两个细胞的细胞质接触融合，这一过程称为质配。

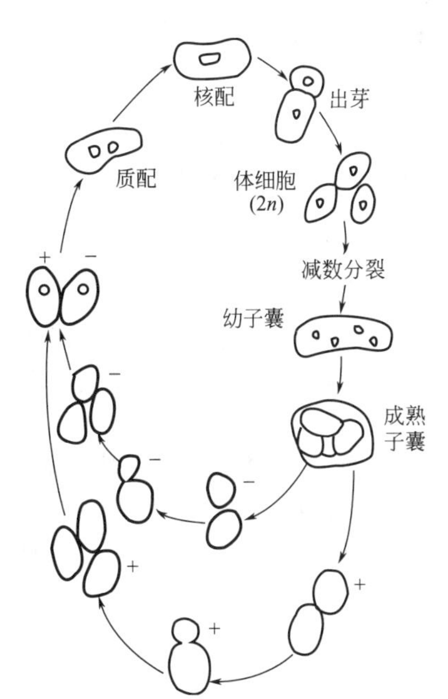

图 3-7 酿酒酵母的生活史

(2) 核配 质配阶段两个细胞的核尚未融合，此时形成一个异核体，即在一个细胞里有两个不同遗传特性的核。此后两个核在接合中融合，形成二倍体核，称为核配。二倍体接合子在融合管垂直方向上生出芽体，二倍体核移入芽内。芽体从融合管上脱落形成了二倍体细胞。二倍体细胞因其细胞大、生活力强的特点，被广泛应用于发酵工业和科学研究。

(3) 形成子囊和子囊孢子 当营养贫乏时，二倍体细胞停止生长而进入繁殖阶段。营养细胞形成子囊，囊内的核经过减数分裂，形成子囊孢子。成熟的子囊孢子释放，萌发形成单倍体酵母细胞。

3. 酵母菌的生活史

上代个体经一系列生长、发育阶段而产生下一代个体的全部历程称为该生物的生活史或生命周期。酵母菌的生活史可分为以下三个类型。

（1）营养体既可以单倍体也可以二倍体形式存在　酿酒酵母是这类生活史的代表。其特点为：①一般情况下都以营养体状态进行出芽繁殖；②营养体既可以以单倍体形式存在，也能以二倍体形式存在；③在特定条件下进行有性繁殖。

由图 3-7 可见其生活史的全过程：①子囊孢子在合适的条件下发芽产生单倍体营养细胞；②单倍体营养细胞不断进行出芽繁殖；③两个性别不同的营养细胞彼此接合，在质配后即发生核配，形成二倍体营养细胞；④二倍体营养细胞并不立即进行核分裂，而是不断进行出芽繁殖；⑤在特定条件下，二倍体营养细胞转变成子囊，细胞核进行减数分裂，并形成 4 个子囊孢子；⑥子囊经自然破壁或人为破壁（如加蜗牛消化酶溶壁，或加硅藻土和石蜡研磨等）后，释放出单倍体子囊孢子。

（2）营养体只能以单倍体形式存在　八孢裂殖酵母是这一类型的代表。其特点为：①营养细胞为单倍体；②无性裂殖以裂殖方式进行；③二倍体细胞不能独立生存，故此阶段很短。

由图 3-8 可见其生活史的全过程：①单倍体营养细胞借裂殖进行无性繁殖；②两个营养细胞接触后形成接合管，发生质配后即行核配，于是两个细胞连成一体；③二倍体的核分裂三次，第一次为减数分裂；④形成 8 个单倍体的子囊孢子；⑤子囊破裂，释放子囊孢子。

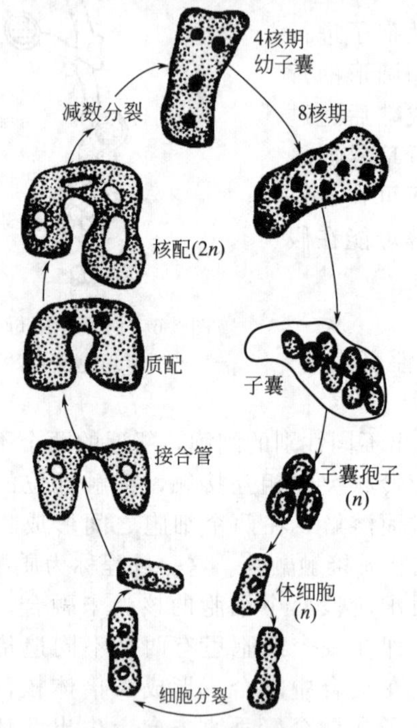

图 3-8　八孢裂殖酵母的生活史

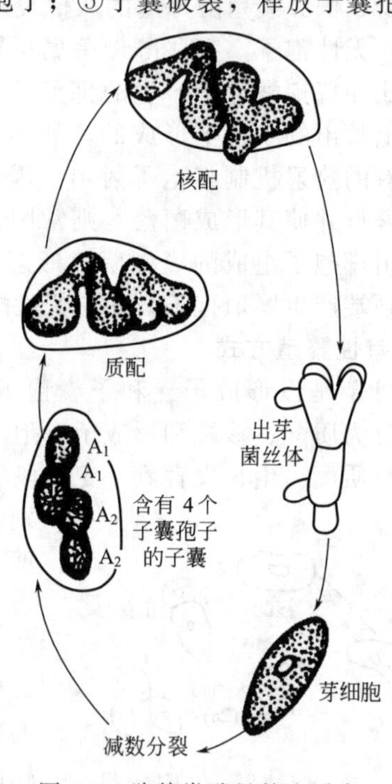

图 3-9　路德类酵母的生活史

（3）营养体只能以二倍体形式存在　路德类酵母是这一类型的典型代表。其特点为：①营养体为二倍体，不断进行芽殖，此阶段较长；②单倍体的子囊孢子在子囊内发生接合；③单倍体阶段仅以子囊孢子形式存在，故不能进行独立生活。

由图 3-9 可见其生活史的全过程：①单倍体子囊孢子在孢子囊内成对结合发生质配和核配；②结合后的二倍体细胞萌发，穿破子囊壁；③二倍体的营养细胞可独立生活，通过芽殖方式进行无性繁殖；④在二倍体营养细胞内的核发生减数分裂，营养细胞成为子囊，其中形成 4 个单倍体子囊孢子。

三、酵母菌的培养特性

酵母菌一般都是单细胞微生物，菌落与细菌相仿，湿润、光滑，有一定的透明度，容易挑起，菌落质地均匀，正反面和边缘、中央部位的颜色都很均一。但酵母的细胞比细菌的大，细胞内颗粒较明显，细胞间隙含水量相对较少并且不能运动，反映在宏观上就产生了较大、较厚、外观较稠和较不透明的菌落。酵母菌菌落的颜色比较单调，多数都呈乳白色或矿浊色（图 3-10），少数为红色，个别为黑色。不产假菌丝的酵母菌其菌落隆起，边缘十分圆整，产大量假菌丝的酵母，则菌落较平坦，表面和边缘较粗糙。酵母菌的菌落一般会发出一股悦人的酒香味。

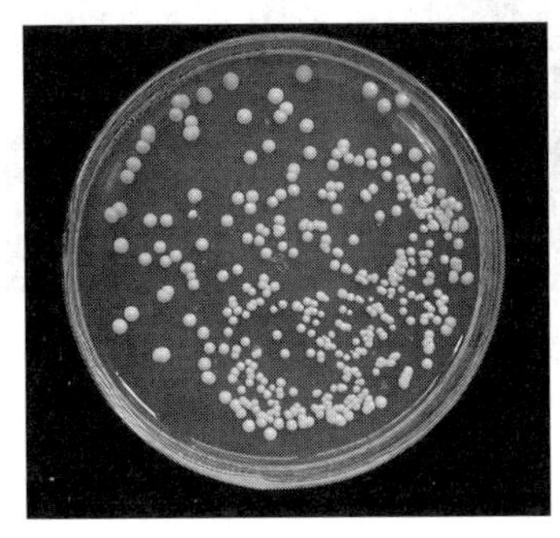
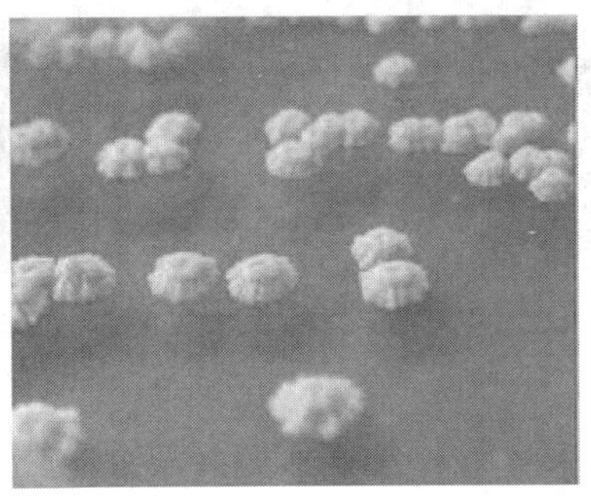

图 3-10 酵母菌的菌落

在液体培养基中生长的酵母菌可使培养液变浑浊，依种类不同也有不同的特征：有的在培养基的底部生长且产生沉淀物；有的在培养基中均匀生长；有的则生长在液面，产生不同形态的菌醭，这些均可作为分类鉴定的依据。

四、发酵工业常用的酵母菌

1. 酿酒酵母

酿酒酵母（图 3-11）是与人类关系最密切的一种酵母，细胞为球形或者卵形，直径 5～10μm。其繁殖方式多为无性出芽生殖。酿酒酵母是发酵中最常用的生物种类，它不仅用于面包和馒头的制作，也用于酿酒等食品行业。酿酒酵母是第一个完成基因组测序的真核生物，测序工作于 1996 年完成，其在现代分子和细胞生物学中被用作真核的模式生物。酿酒酵母也是制作培养基中常用成分酵母提取物的主要原料。

啤酒酵母S-189(法国)

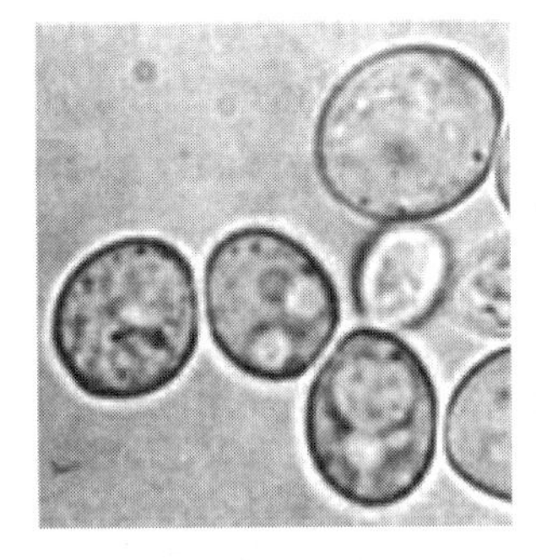

酵母细胞

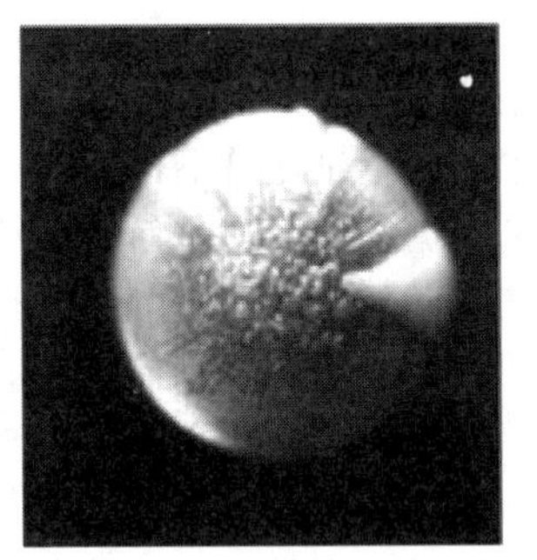

电镜下的酵母表面

图 3-11 酿酒酵母

2. 红酵母

红酵母（图 3-12）属于隐球酵母科，细胞为圆形、卵形或长形，为多边芽，多数种类没有假菌丝。其特点是，有明显的红色或黄色色素，很多种因形成荚膜而使菌落呈黏质状，如黏红酵母。红酵母菌没有酒精发酵的能力，少数种类为致病菌，在空气中时常发现。某些菌种（如黏红酵母）能产生脂肪，其脂肪含量可达干物质量的 50%～60%，但合成脂肪的速度较慢，如培养液中添加氮和磷，可加快其合成脂肪的速度。此外，黏红酵母还可产生丙氨酸、谷氨酸、蛋氨酸等多种氨基酸。目前应用比较多的是以黏红酵母生产胡萝卜素、以红发夫酵母生产虾青素等。

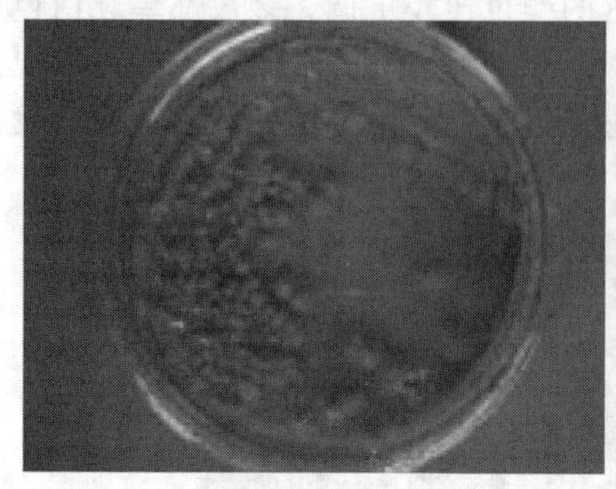
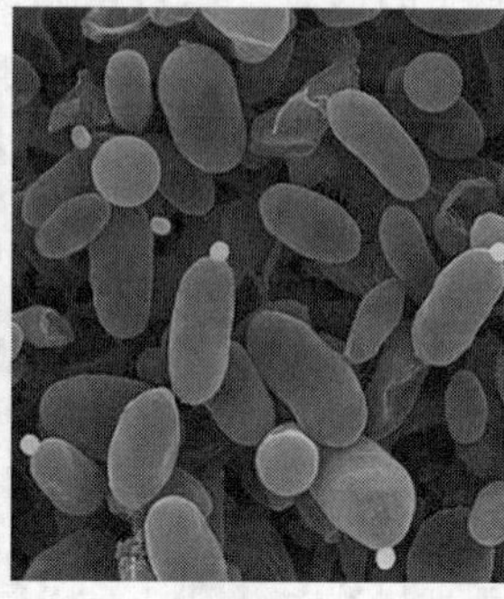

图 3-12 红酵母

3. 假丝酵母

假丝酵母（图 3-13）菌属是能形成假菌丝、不产生子囊孢子的酵母。不少的假丝酵母能利用正烷烃为碳源进行石油发酵脱蜡，并产生有价值的产品。其中比较常见的有热带假丝酵母（*C. tropicalis*）和产朊假丝酵母。有些种类可用作饲料酵母；个别种类能引起人或动物的疾病。

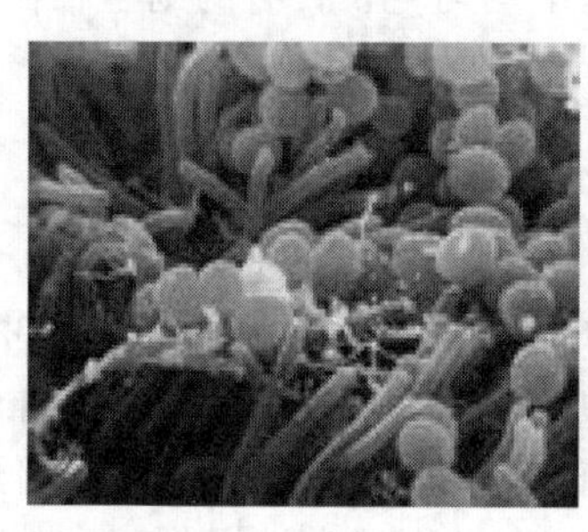

图 3-13 假丝酵母

产朊假丝酵母又叫产朊圆酵母或食用圆酵母，细胞呈圆形、椭圆形或腊肠形，在麦芽汁琼脂培养基上，菌落乳白色，平滑，边缘整齐或呈菌丝状。产朊假丝酵母的蛋白质和 B 族维生素的含量都比啤酒酵母高，能利用五碳糖和六碳糖，既能利用造纸工业的亚硫酸废液，也能利用糖蜜、木材水解液等生产出人畜可食用的蛋白质。

热带假丝酵母是最常见的假丝酵母。细胞呈球形或卵球形，在麦芽汁琼脂上菌落为白色到奶油色，无光泽或稍有光泽，软而平滑或部分有皱纹。培养时间长时，菌落变硬。在加盖玻片的玉米粉琼脂培养基上培养，可看到大量的假菌丝和芽生孢子。热带假丝酵母氧化烃类的能力强，在 230～290℃石油馏分的培养基中，经 22h 后，可得到相当于烃类重量 92%的菌体。所以，它是生产石油蛋白质的重要菌种。用农副产品和工业废弃物也可培养热带假丝酵母，如用生产味精的废液培养热带假丝酵母作饲料，既扩大了饲料来源，又减少了工业废水对环境的污染。

实训一 酵母菌的观察

一、实训目标

1. 熟练掌握酵母活体染色技术。

2. 熟悉各类酵母的菌落特征。

二、基础知识

酵母活体染色的机理，是由于活的微生物其新陈代谢作用使细胞还原能力强，当某种无毒的染料进入活细胞后，可以被还原脱色；当染料进入死细胞后，这些细胞因无还原能力或还原能力差而被着色。在中性和弱酸性条件下，活的细胞原生质不能被染色剂着色，若着色则表示细胞已经死亡，故可以此来区别活菌与死菌（图 3-14）。常用美蓝等低毒性的、易与细胞结合的染料进行活体染色。

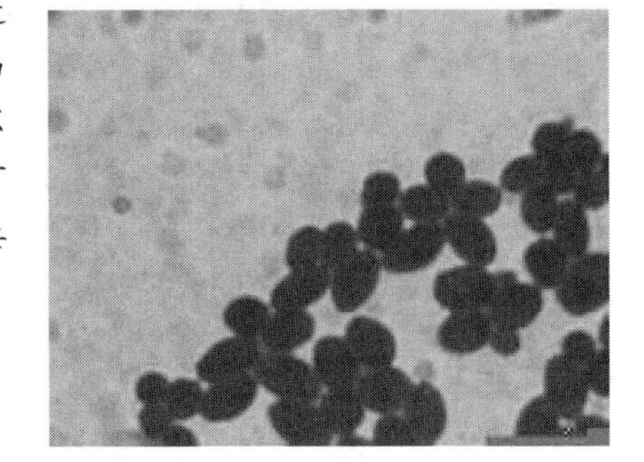

图 3-14　活体染色后的酵母细胞

三、实训器材

1. 菌种

面包酵母、红酵母、假丝酵母。

2. 试剂

0.05%美蓝染色液。

3. 器材

显微镜、酒精灯、载玻片、镊子、盖玻片、擦镜纸等。

四、实训操作过程

1. 酵母菌菌落形态观察

观察培养生长完好的面包酵母、红酵母及假丝酵母的菌落形态，记录其菌落特征，比较不同酵母菌落形态的不同。

2. 酵母活体染色及观察

① 在载玻片中央加一滴美蓝染液，然后按无菌操作法取培养 48h 的面包酵母少许，放在美蓝染液中，使菌体与染液均匀混合，染色 2～3min。

② 用镊子夹盖玻片一块，小心地盖在液滴上。

③ 将制好的水浸片放置 3min 后镜检。先用低倍镜观察，然后换用高倍镜观察，根据是否染上颜色来区别死、活细胞，记录细胞形态；并记录死细胞（蓝色）数目（可计 5～6 个视野的细胞总数）。

④ 染色半小时后，再观察一下死细胞数是否增加。

⑤ 计算酵母死亡率。酵母死亡率一般用百分数表示，即死亡细胞占总细胞的百分数。

$$死亡率=\frac{死细胞总数}{死细胞、活细胞总数}\times 100\%$$

五、实训记录

1. 记录并比较不同酵母菌的菌落特征。

菌种名称	菌落特征						
	大小	干湿	边缘	颜色	扁平或隆起	正反面颜色	与培养基结合程度

2. 记录酵母细胞形态，计算酵母细胞死亡率。

（1）酵母细胞形态记录；

（2）酵母细胞死亡率记录。

【操作技巧提示】

1. 菌液调浓度，细胞无重叠

活体染色时尽量使用液体振荡培养的酵母菌，防止细胞聚集结块，培养物中细胞浓度一般偏大，可进行适当稀释后再做染色观察。若菌浓过高，会造成细胞重叠，影响观察和计数。

2. 盖片排气泡，观察不混乱

盖片时若操作不当，盖玻片下压进空气，会直接影响观察结果，甚至使部分同学将气泡误当作酵母细胞。故操作时注意将盖玻片一端先轻触液滴，待整条边与液滴完全接触后，将盖玻片轻轻松开，使其自然滑落盖下，这样容易将气泡排净而有利于观察。

【案例介绍】

案例：某次实训操作中，活体染色后观察，视野中几乎没有被染为蓝色的细胞，等待40min后再次观察，才有少数细胞变为蓝色，同学疑惑不解，指导老师为同学解答了疑问，同时提出了解决问题的建议。

解析：新鲜培养的酵母菌，一般极少有死细胞，染色后视野中呈蓝色的细胞数量甚少，长时间等待后，在染料的作用下，部分细胞死亡，因而出现少数细胞呈现蓝色。同学可在染色操作前取酵母稀释液适量，加热煮沸使其中的酵母热死，再做染色操作，与不进行加热的酵母活体染色结果进行对比，染色结果会更加明显突出。

【思考题】

1. 试描述酵母菌菌落特征。
2. 酵母活体染色的意义是什么？

实训二　酵母菌细胞大小的测定

一、实训目标

1. 熟练掌握显微镜测微尺的使用。
2. 熟悉各类酵母细胞的大小。

二、基础知识

使用显微镜测微尺测量酵母细胞的大小。测微尺一般由一套目镜测微尺及镜台测微尺组成，测量前使用镜台测微尺完成对目镜测微尺的标定，再由目镜测微尺完成对细胞大小的测定。

目镜测微尺是一块圆形玻璃片，其中央有精确的等分刻度（见图3-15），测量时将其放在目镜中的隔板（位于接目镜和会聚透镜之间）上。

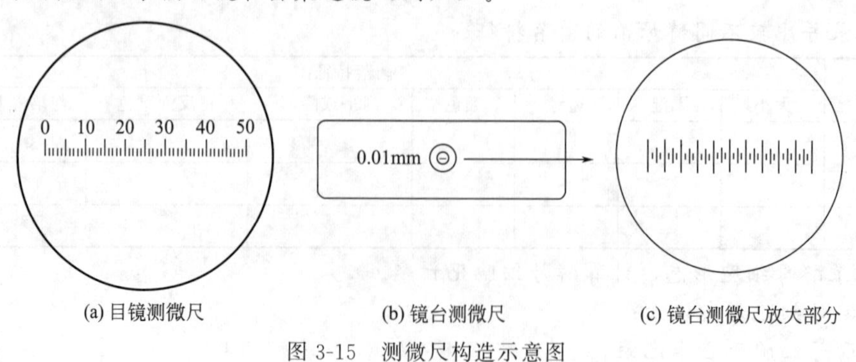

图3-15　测微尺构造示意图

镜台测微尺为一块中央有精确等分线的载玻片，一般将长为1mm的直线等分成100小格，每格长为0.01mm，即10μm。

由于不同显微镜的放大倍数不同，故目镜测微尺每格实际代表的长度随使用接目镜和接物镜的放大倍数而改变，因此，在使用前必须用镜台测微尺进行标定，见图3-16。当更换不同放大倍数的目镜和物镜时，必须重新用镜台测微尺对目镜测微尺进行标定。

三、实训器材

1. 菌种

面包酵母、红酵母。

2. 培养基

马铃薯蔗糖培养基（液体），分装至250mL三角瓶，每瓶30mL，121℃高压蒸汽灭菌20min。

3. 器材

显微镜、测微尺、酒精灯、载玻片、镊子、盖玻片、擦镜纸等。

四、实训操作过程

1. 酵母水装片的制备

取培养至对数期的酵母悬液以无菌水进行适当稀释，无菌操作取稀释液一滴于洁净载玻片，盖好盖玻片，以滤纸吸干多余水分，制成酵母水装片备用。

2. 目镜测微尺的标定

① 把接目镜的上透镜旋开，将目镜测微尺轻轻放入接目镜中隔板上，使有刻度的一面朝下。

② 将镜台测微尺放在显微镜的载物台上，使有刻度的一面朝上。

③ 先用低倍镜观察，对准焦距，待看清镜台测微尺的刻度后，转动目镜，使目镜测微尺的刻度与镜台测微尺的刻度相平行，并使两尺左边的一条线重合，向右寻找另外两尺相重合的直线，如图3-16所示。

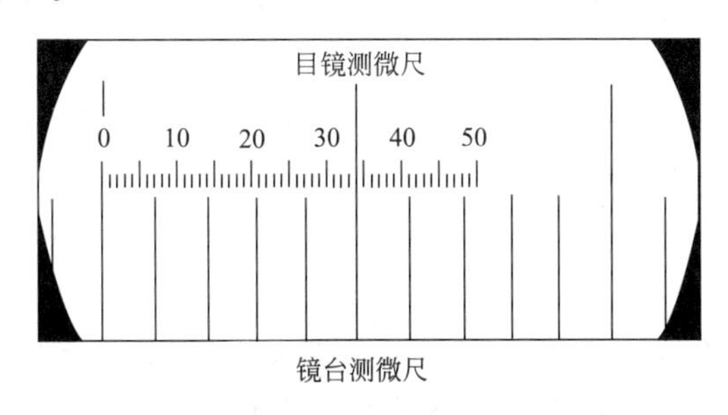

图3-16 目镜测微尺与镜台测微尺校正示意图

④ 记录两条重合刻度间的目镜测微尺的格数和镜台测微尺的格数。

⑤ 目镜测微尺每格长度的计算：按下面的公式计算。

$$\text{目镜测微尺每格长度}(\mu m)=\frac{\text{两条重合线间镜台测微尺的格数}\times 10}{\text{两条重合线间目镜测微尺的格数}}$$

例如，目镜测微尺20小格等于镜台测微尺3小格，已知镜台测微尺每格为10μm，则3小格的长度为3×10＝30μm，那么相应地在目镜测微尺上每小格长度为：3×10/20＝1.5μm。

⑥ 以同样方法，分别在不同放大倍数的物镜下测定目镜测微尺每格代表的实际长度。

比较不同放大倍数的物镜下目镜测微尺每格代表的实际长度。

3. 酵母细胞大小的测量

① 取下镜台测微尺，换上酵母菌水浆片。

② 测量菌体的长轴和短轴各占目镜测微尺的格数（可不断转动目镜测微尺和移动载物台上的标本），然后换算出菌体的实际长度。

③ 在同一标本上测量5～10个酵母细胞，取其平均值。

五、实训记录

1. 目镜测微尺标定结果。

2. 酵母细胞大小的记录

面包酵母	细胞1	细胞2	细胞3	细胞4	细胞5	平均值
短轴						
长轴						
红酵母	细胞1	细胞2	细胞3	细胞4	细胞5	平均值
短轴						
长轴						

【操作技巧提示】

目镜测微尺安装时注意遵循“轻拿轻放，不使蛮力，擦净镜片，安装平直”的要领操作，可获得事半功倍的效果。

“轻拿轻放”是指目镜的拆卸要沉稳不毛躁，若不小心将目镜摔落损坏会造成不必要的损失。

“不使蛮力”是指拆开目镜以及将目镜测微尺装进目镜的过程中，旋拧螺旋的操作，一定要轻轻旋拧，遇到拧不动不可蛮力操作，一定要检查镜片是否放置妥当，蛮力操作会造成镜片碎裂。

“擦净镜片”是要求同学把目镜测微尺和目镜的透镜都用镜头纸擦拭干净，以利观察。

“安装平直”指的是目镜测微尺装入目镜时，由于测微尺的直径比目镜镜筒要小，有时会倾斜于镜筒中，造成测量误差偏大。为防止这种情况发生，可在目镜测微尺装入镜筒后，观察其是否平直，若倾斜，以手指轻触使其平直。

【案例介绍】

案例：某次实训操作中，同学A将目镜从显微镜中拔出后拆开目镜时，没有注意里面的镜片，镜头被旋开的同时，里面的镜片摔落在地，碎成小块儿，导致目镜无法使用；同学B在向目镜安装测微尺时，感觉旋拧不畅，于是使出蛮力旋拧，只听镜头内部“喀”一声，同学B如梦初醒，想到了老师刚才提到的注意点；同学C对目镜测微尺进行标定后，发现自己的结果比其他同学的偏小，目镜里看到的测微尺也和别人的感觉不同，同学C很困惑。

解析：同学A在旋开镜头时没有注意动作要轻，也没有注意镜头的内部结构，导致损坏的发生；同学B使用了蛮力操作，没有注意教师提到的技巧；同学C的测微尺没有放平，在镜筒中处于倾斜状态，所以标定结果偏小。三位同学犯了一个共同的错误，就是上课时注意力不集中，对于教师提到的注意事项未能引起足够的注意，因而导致错误的发生，甚至引起了不必要的损失。在操作过程中，同学应勤于思考，细心大胆，才能迅速掌握操作技能，做到举一反三。

【思考题】

1. 测微尺在使用前为什么要进行标定？
2. 测微尺使用时应注意哪些问题？

第二节　霉　　菌

霉菌是丝状真菌的通俗名称，即“发霉的真菌”，通常指那些菌丝体比较发达而又不产生大型子实体的真菌，它们往往在潮湿的气候下大量生长繁殖，长出肉眼可见的丝状、绒状或蛛网状的菌丝体，有较强的陆生性。

霉菌与人类关系极为密切，发酵工业可用霉菌生产有机酸、抗生素、维生素、酶制剂、甾体激素等；农业上可用霉菌发酵饲料，生产杀虫农药（白僵菌剂）；在自然条件下，霉菌常引起食物、工农业产品的霉变和植物的真菌病害。

一、霉菌的形态结构

1. 霉菌的菌丝体形态

当霉菌孢子落在适宜的固体营养基质上后，就会发芽生长，产生菌丝和由许多分支菌丝相互交织而成的一个菌丝集团即菌丝体。霉菌营养体的基本单位是菌丝，菌丝直径一般为2～10μm，比一般细菌及放线菌菌丝粗几到几十倍。

霉菌的菌丝有两类，一种是无隔菌丝；另一种是有隔菌丝（图3-17）。

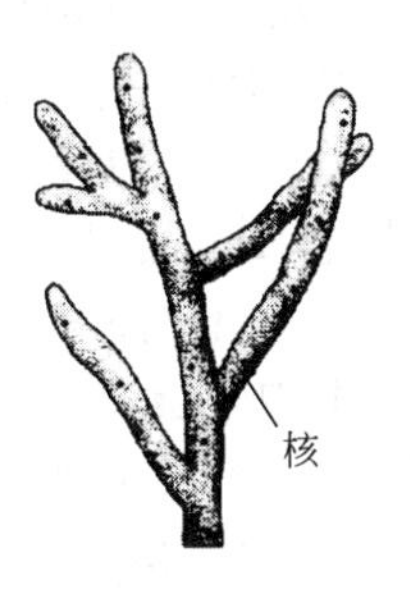

(a) 无隔多核菌丝

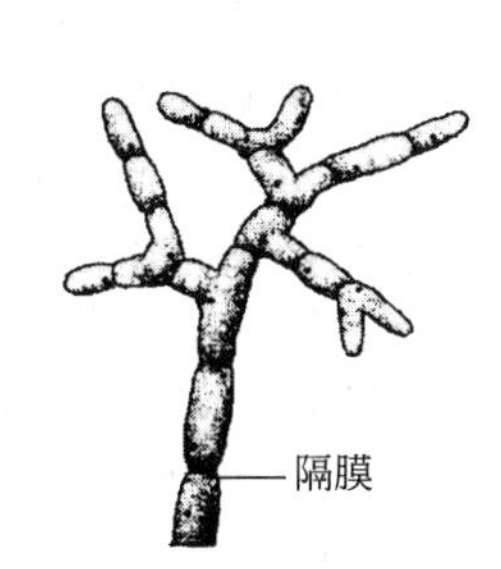

(b) 有隔单核菌丝

(c) 有隔多核菌丝

图3-17　霉菌菌丝体形态

（1）无隔菌丝　整个菌丝为长管状单细胞，细胞质内含有多个核。其生长只表现为细胞核的增多和菌丝的伸长，如毛霉属、根霉属等的菌丝。

（2）有隔菌丝　多数霉菌的菌丝为有隔菌丝，横隔膜将菌丝分成一系列的细胞串，每一个细胞内可以含一个或多个细胞核。隔膜的中央有小孔使细胞与细胞之间相互连通，使细胞质、细胞核与养料可以自由流通。菌丝伸长时，顶部细胞分裂使细胞数目增加。木霉属、青霉属、曲霉属等很多霉菌都属于此类。

2. 霉菌的菌丝体分化

霉菌的菌丝体有两种类型，一种是密布在营养基质内部，执行营养物质和水分吸收功能的菌丝体，称为营养菌丝体或基内菌丝体；另一种是伸展到空气中的菌丝体称为气生菌丝体。不同的真菌在长期进化中，对各自所处的环境产生高度的适应性，其营养菌丝体与气生菌丝体形态及功能发生变化形成各种特化构造。霉菌菌丝体的各种特化形式及功能见表3-2。

表 3-2 霉菌菌丝体的特化形式

菌丝体	功能	特化形式		菌属
营养菌丝	吸收养料	假根		根霉菌
		吸器		锈菌、霜霉菌等专性寄生真菌
	附着	附着胞、附着枝		植物寄生真菌
	休眠	菌核		茯苓、核盘菌等
		菌索		伞菌
	延伸	匍匐菌丝		根霉菌
	捕食线虫	菌环、菌网		捕虫菌目、半知菌
气生菌丝	特化形成能产生孢子的各种形状不同的子实体	结构简单	分生孢子头	产无性孢子，如曲霉属、青霉属
			孢子囊	产无性孢子，如根霉属、毛霉属
			担子	产有性孢子，如担子菌
		结构复杂	分生孢子器 分生孢子座	产无性孢子，如瘤座孢科真菌
			子囊果：闭囊壳、子囊壳、子囊盘	产有性孢子，如不整囊菌纲、核菌纲、盘菌纲真菌

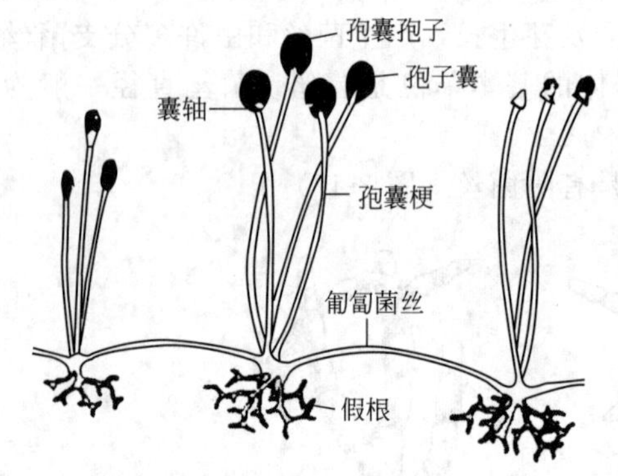

图 3-18 根霉的假根及匍匐菌丝

(1) 营养菌丝的特化形式

① 假根 根霉属霉菌匍匐菌丝与基质接触处分化出来的根状结构，功能是固着和吸收养料（图 3-18）。

② 匍匐菌丝 毛霉目的真菌常形成具有延伸功能的匍匐状菌丝，称匍匐菌丝。其中根霉属更为典型，在固体基质表面上的营养菌丝分化成匍匐菌丝，隔一段距离在其上长出假根（深入基质）和孢囊梗，而新的匍匐菌丝在不断向前延伸，以形成不断扩展的、大小没有限制的菌苔（图 3-18）。

③ 吸器 由专性寄生真菌如锈菌、霜霉菌和白粉菌等产生，它们是从菌丝上产生出来的旁枝，侵入细胞内分化成指状、球状或丝状，用以吸收细胞内的养料（图 3-19）。

④ 附着胞 许多植物寄生真菌在其芽管或老菌丝顶端发生膨大，并分泌黏状物，借以牢固地黏附在宿主的表面，这一结构就是附着胞，附着胞上再形成纤细的针状感染菌丝，以侵入宿主的角质层而吸取养料。

⑤ 附着枝 若干寄生真菌，由菌丝细胞生出1～2 个细胞的短枝，以将菌丝附着于宿主上，这种特殊结构即附着枝。

⑥ 菌核 是一种休眠的菌丝组织（图 3-20）。其外层较坚硬、色深，内层疏松，大多呈白色。菌核的形状有大有小，大的如茯苓（大如小孩头），小的如油菜菌核（形如鼠粪）。

⑦ 菌索 在树皮下或地下常可找到白色的根状菌丝组织，即为菌索。多种伞菌，例如假蜜环菌等都有根状菌索。它们的生理功能为促进菌体蔓延和抵御不良环境。

⑧ 菌环和菌网 捕虫菌目的真菌和一些半知菌会产生菌环和菌网等特化菌丝，其功能是捕捉线虫，然后再从环或网上生出菌丝侵入线虫体内吸收养料（图 3-21）。

(2) 气生菌丝的特化形式 气生菌丝体主要特化成各种形态的子实体。子实体是指在其里面或上面可产生孢子的、有一定形状的任何构造。子实体的类型如下所述。

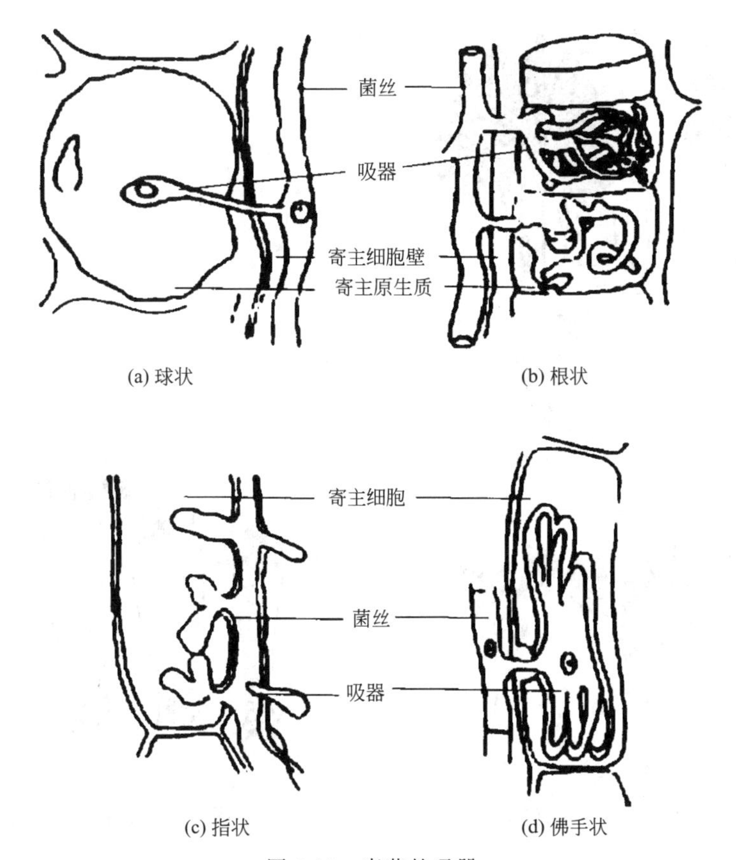

图 3-19　真菌的吸器

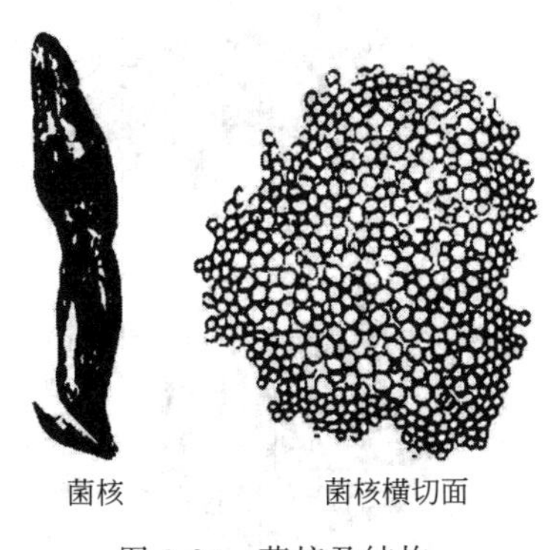

图 3-20　菌核及结构

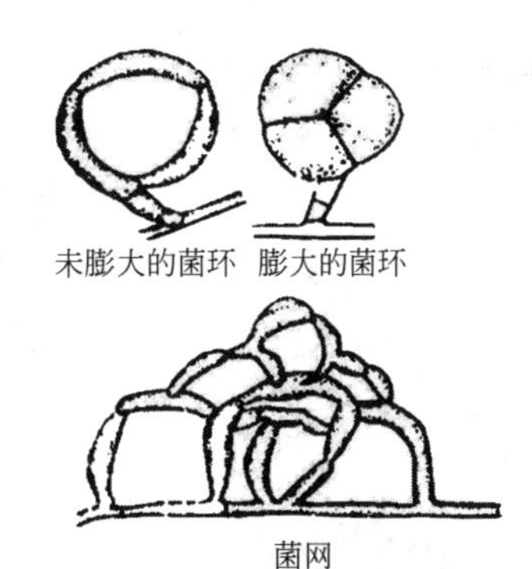

图 3-21　菌环和菌网

① 结构简单的子实体　产生无性孢子的简单子实体（图 3-22）主要有两种，一是以青霉属和曲霉属为代表的分生孢子头，二是以根霉属和毛霉属为代表的孢子囊。

产有性孢子的简单子实体主要是担子菌的担子（图 3-23）。担孢子是由双核菌丝的顶端细胞膨大后形成的，担子内的两性细胞经过核配后形成一个双倍体的细胞核，再经过减数分裂便产生 4 个单倍体的核。这时，在担子顶端长出 4 个小梗，小梗的顶端稍微膨大，最后 4 个单倍体核分别进入小梗的膨大部位，从而形成 4 个外生的单倍体担孢子。

② 结构复杂的子实体　产生无性孢子的结构复杂的子实体（图 3-24）主要有分生孢子器、分生孢子座和分生孢子盘。分生孢子器为球形或瓶形结构，在器的内壁四周表面或底部长有极短的分生孢子梗，在梗上产生分生孢子。分生孢子座结构中分生孢子更紧密聚集成

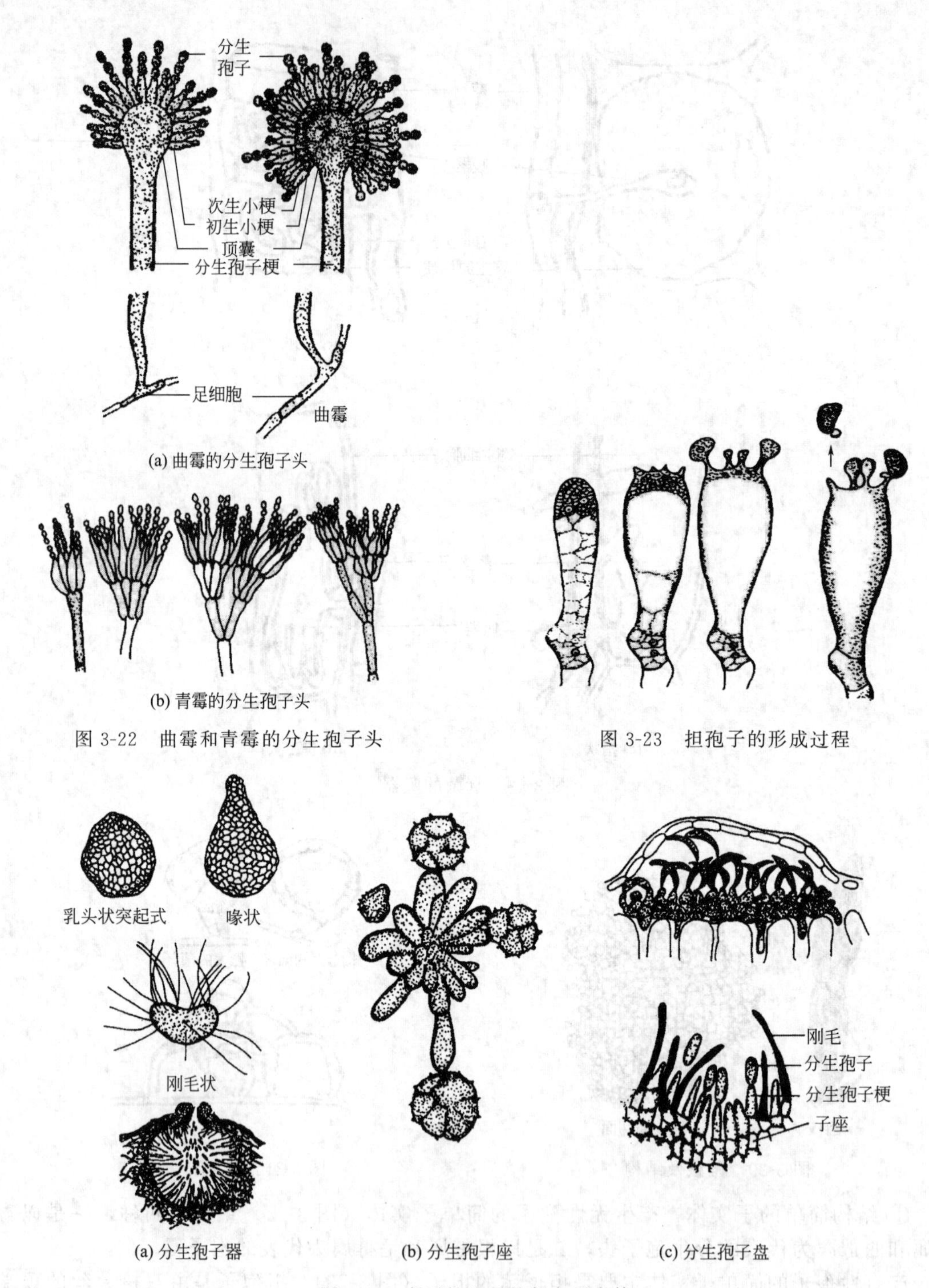

(a) 曲霉的分生孢子头

(b) 青霉的分生孢子头

图 3-22 曲霉和青霉的分生孢子头

图 3-23 担孢子的形成过程

(a) 分生孢子器 (b) 分生孢子座 (c) 分生孢子盘

图 3-24 产无性孢子的复杂子实体

簇，分生孢子长在梗的顶端，形成一种垫状的结构，是瘤座孢科真菌的共同特征。分生孢子盘出现在寄主的角质层或表皮下，是由分生孢子梗簇生在一起而形成的盘状结构，有时其中还夹杂着刚毛。

产生有性孢子的结构复杂的子实体称为子囊果。在子囊和子囊孢子发育过程中，从原来的雌器和雄器下面的细胞上生出许多菌丝，它们有规律地将产囊菌丝包围，于是就形成了有一定结构的子囊果。子囊果按其外形可分三类（图 3-25）：

① 闭囊壳　为完全封闭式，呈圆球形，它是不整囊菌纲例如部分青霉、曲霉所具有的特征。

② 子囊壳　其子囊果多少有点封闭，但留有孔口，似烧瓶形，它是核菌纲真菌的典型构造。

③子囊盘　开口、盘状的子囊果可称为子囊盘，它是盘菌纲真菌的特有结构。

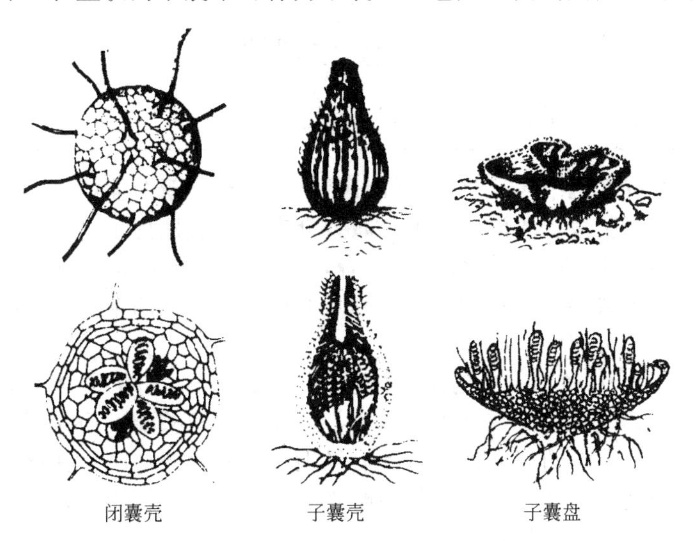

图 3-25　产有性孢子的复杂子实体

二、霉菌的培养技术

1. 霉菌的繁殖方式

霉菌具有极强的繁殖能力，它们可通过无性繁殖或有性繁殖的方式产生大量新个体，虽然真菌菌丝体上任一部分的菌丝碎片都能进行繁殖，但在自然正常条件下，真菌主要还是通过各种无性或有性孢子来进行繁殖的。

（1）无性繁殖和无性孢子　不经过两性细胞的配合，而只通过营养细胞的分裂或营养菌丝的分化（切割）而形成同种新个体的过程。霉菌的无性繁殖主要通过各种无性孢子（图 3-26）来实现，其特点是分散、量大。发酵工业生产多用无性孢子来进行繁殖和扩大培养。无性孢子的种类及特征如表 3-3 所示。

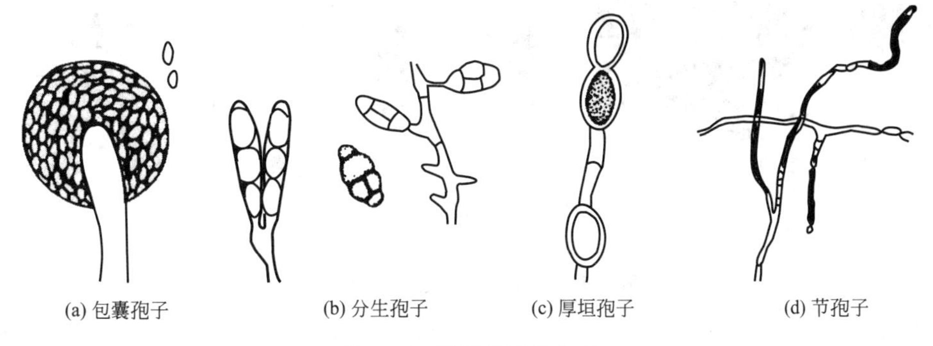

图 3-26　霉菌的无性孢子

各种无性孢子萌发时产生芽管，进一步发育成菌丝体。霉菌的无性孢子在一个季节中可以产生许多次，数量大，而且具有一定的抗性。这些特点被用于发酵工业，短期内可以得到大量菌体，同时也有利于菌种保藏。若控制不好，则会引起霉菌污染。人畜及植物的某些真菌性疾病的传播，也是以真菌的无性孢子为媒介进行的。

表 3-3　霉菌的无性孢子及其特征

孢子名称	孢子形态	内生或外生	形成特征	代表菌
分生孢子	极多样	外生	分生孢子梗顶端细胞特化而成，少数为多细胞	曲霉、青霉
厚垣孢子	近圆形	外生	在菌丝顶或中间形成	总状毛霉
节孢子	柱形	外生	菌丝断裂而成，各孢子同时形成	白地霉
孢囊孢子	近圆形	内生	形成于孢子囊内，水生型有鞭毛	根霉、毛霉
游动孢子	圆、梨、肾形等	内生	有鞭毛能游动的孢囊孢子	壶菌

（2）有性繁殖及有性孢子　经过两个性细胞结合而产生新个体的过程为有性繁殖。有性繁殖一般可以分为三个阶段：质配、核配、减数分裂形成有性孢子。

① 质配　两个不同性细胞接触后进行结合，并将二者的细胞质融合在一起的过程。此时，两个性细胞的核也共存于同一细胞中，称为双核细胞。这两个核暂不结合，每个核的染色体数目都是单倍的，可用 $n+n$ 表示。

② 核配　质配后，双核细胞中的两个核融合（或结合），产生接合子核，此时核的染色体数是双倍的（可用 $2n$ 表示）。在低等真菌中，质配后立即核配，而在高等真菌中，这两个阶段在时间与空间上是分开的。它们在质配后经很长时间才能核配。在此期间，双核在细胞中甚至可同时各自分裂。因此，在质配与核配之间还有一个双核阶段，即每个细胞内有两个没有结合的核，这是真菌特有的现象。

③ 减数分裂　大多数真菌在核配后立即发生减数分裂，其双倍体阶段只限于接合子，当双倍体细胞核经过减数分裂后，其染色体数目又恢复到单倍体状态。

在霉菌中，有性繁殖不及无性繁殖那么经常与普遍，多发生在特定条件下，往往在自然条件下发生较多，在一般培养基上不常出现。有性繁殖方式因菌种不同而异。有的霉菌两条异性营养菌丝便可以直接结合，多数则由菌丝分化形成特殊的“性器官”，如配子囊或孢子囊，它们相互交配，然后形成有性孢子（图 3-27）。霉菌主要的有性孢子如表 3-4 所示。

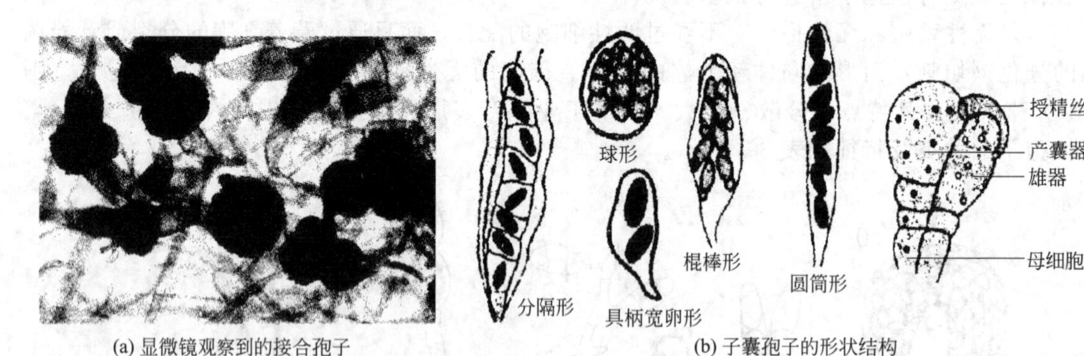

(a) 显微镜观察到的接合孢子　　(b) 子囊孢子的形状结构

图 3-27　霉菌的有性孢子

表 3-4　霉菌的有性孢子及其特征

孢子名称	孢子形态	内生或外生	有性结构及其形成特征	代表菌
卵孢子	近圆形	内生	由两个大小不同的配子囊结合后发育而成，小配子囊称雄器，大配子囊称藏卵器	德氏腐霉 同丝水霉
接合孢子	近圆形	内生	两个配子囊结合后发育而成，有两种类型： 1. 异宗配合，两种不同质的菌才能结合 2. 同宗配合，同一菌体的菌丝可自身结合	根霉 毛霉

续表

孢子名称	孢子形态	内生或外生	有性结构及其形成特征	代表菌
子囊孢子	多样	内生	在子囊中形成，子囊的形成有两种方式： 1. 两个营养细胞直接交配而成，其外面无菌丝包裹 2. 从一个特殊的、来自产囊体的菌丝称为产囊丝的结构上产生子囊，多个子囊外面被菌丝包围形成子实体，称为子囊果	粗糙脉胞菌 麦类白粉菌 牛粪盘菌
担孢子	近圆形	外生	长在特有的担子上，由双核菌丝的顶端细胞膨大后而形成	蘑菇、香菇

真菌的孢子具有小、轻、干、多以及形态色泽各异、休眠期长和抗逆性强等特点，但与细菌的芽孢有很大差别（表 3-5）。真菌的每个个体所产生的孢子数，经常是成千上万的，有时达几百亿、几千亿甚至更多，孢子的这些特点均有助于真菌在自然界中随处散播和繁殖。对人类的实践来说，孢子的这些特点有利于接种、扩大培养、菌种选育以及保藏和鉴定等工作。对人类的不利之处则是易于造成污染、霉变和易于传播动、植物的真菌病害。如：脉胞菌过去曾叫做“红色面包霉”，原因是其分生孢子或子囊孢子都耐热。其分生孢子在70℃下湿热处理 4min 才失去活力，而在干热情况下可耐 130℃高温，加之它的孢子数目巨大，故是面包房的有害菌。特别是好食脉胞菌更是造成面包“红霉病”的祸首。在实验室中，这类真菌也是造成接种室污染的原因。

表 3-5　真菌孢子与细菌芽孢的比较

项目	真菌孢子	细菌芽孢
大小	大	小
数目	1 条菌丝或 1 个细胞产多个	1 个细胞只产生 1 个
形态	形态、色泽多样	形态简单
形成部位	可在细胞内或细胞外形成	只在细胞内形成
细胞核	真核	原核
功能	是最重要的繁殖方式	不是繁殖方式，是抗性构造
抗热性	不强，在 60～70℃下易杀死	极强，往往要在 100℃下数十分钟才能杀死
产生菌	绝大多数种类可产生	少数细菌可产生

2. 霉菌的生活史

霉菌的整个生活周期由无性繁殖和有性繁殖两个阶段组成，二者交替进行。典型的生活史周期是菌丝体在适宜的条件下产生无性孢子，无性孢子萌发形成新的菌丝，如此重复构成了生活史中的无性繁殖阶段；当繁殖一定时间以后，在特定的条件下开始有性繁殖，即菌丝体上分化出特殊的性细胞或器官，或两条异性营养菌丝进行接合，经历质配、核配、减数分裂形成单倍体孢子，孢子萌发又形成新的菌丝体，此为有性繁殖阶段。不同霉菌的生活周期差异较大，多数霉菌的无性繁殖阶段时间较长，只在特定条件下进行有性繁殖；有些真菌在其生活周期中只发现了它们的无形周期，不形成有性孢子或很少形成，这类真菌统称为半知菌类。

3. 霉菌的培养特征

霉菌的细胞呈丝状，在固体培养基上有营养菌丝和气生菌丝的分化，它们的菌落与细菌和酵母的不同，与放线菌接近。霉菌的菌落形态较大，质地一般比放线菌疏松，外观干燥，不透明，呈现或紧或松的蛛网状、绒毛状或棉絮状；菌落与培养基的连接紧密，不易挑取，菌落正反面的颜色和边缘与中心的颜色常不一致。菌落正反面颜色呈现明显差别的原因，是气生菌丝尤其是由它分化出来的子实体的颜色往往比分散在固体基质内的营养菌丝的颜色深；而菌落中心与边缘颜色及结构不同的原因，则是越接近中心的气生菌丝其生理年龄越大，发育分化和成熟也越早，颜色一般也越深。

在液体培养基中生长时，菌丝生长常呈球状。静置培养时，菌丝常生长在培养基的表面，培养液不变浑浊。

菌落的特征是微生物鉴定的重要形态指标。细菌、放线菌、酵母菌和霉菌的菌落和细胞的基本特征比较见表3-6。

表3-6 四大类微生物菌落和细胞形态特征的比较

菌落特征 \ 微生物类			单细胞微生物		菌丝状微生物	
			细菌	酵母菌	放线菌	霉菌
主要特征	菌落	含水状态	很湿或较湿	较湿	干燥或较干燥	干燥
		外观形态	小而突起或大而平坦	大而突起	小而紧密	大而疏松或大而致密
	细胞	相互关系	单个分散或具有一定排列方式	单个分散或假丝状	丝状交织	丝状交织
		形态特征	小而均匀，个别有芽孢	大而分化	细而均匀	粗而分化
参考特征	菌落透明度		透明或稍透明	稍透明	不透明	不透明
	菌落与培养基结合程度		不结合	不结合	牢固结合	较牢固结合
	菌落颜色		多样	单调	十分多样	十分多样
	菌落正反面颜色的差别		相同	相同	一般不同	一般不同
	菌落边缘		一般看不到细胞	可见球状、卵圆状或假丝状细胞	有时可见细丝状细胞	可见粗丝状细胞
	细胞生长速度		一般很快	较快	慢	一般较快
	气味		一般有臭味	多带酒香味	常有泥腥味	往往有霉味

三、发酵工业常用的霉菌

1. 黑根霉

黑根霉也称匍枝根霉或面包霉，是真菌的一种，属于根霉属，具有无隔菌丝，最适生长温度约为28℃，超过32℃不再生长。黑根霉分布广泛，常寄生在面包和日常食品上，或混杂于培养基中，瓜果蔬菜等在运输和贮藏中的腐烂及甘薯的软腐都与其有关，菌丝体分泌出果胶酶，分解寄主的细胞壁，感染部位很快会腐烂形成黑斑。黑根霉ATCC 6227b是目前发酵工业上常使用的微生物菌种，比如甜酒曲中的主要菌种就是黑根霉，生产中利用它的糖化作用转化粮食中的淀粉。

2. 犁头霉

犁头霉（*Absidia*）的菌丝体与根霉相似，有匍匐枝和假根，孢囊梗大多2～5个成簇，常呈轮状或不规则分枝。孢子囊基部有明显的囊托，囊轴锥形或半球形，接合孢子着生在匍匐枝上。此属菌广泛分布于土壤、酒曲和各种粪便中，是制酒生产的污染菌，有些能在37℃生长的种类是人、畜的病原菌，有些菌株是转化甾族化合物的重要菌株。如蓝色犁头霉，目前工业上可利用犁头霉的转化作用生产氢化可的松。

3. 黑曲霉

黑曲霉属于半知菌亚门，是曲霉属真菌中的一个常见种。分生孢子梗自基质中伸出，壁厚而光滑，顶部形成球形顶囊，其上全面覆盖一层梗基和一层小梗，小梗上长有成串褐黑色的球状分生孢子。菌落生长迅速，初为白色，后变成鲜黄色直至黑色厚绒状。背面无色或中央略带黄褐色。分生孢子头褐黑色放射状，分生孢子梗长短不一。顶囊球形，双层小梗。分生孢子褐色球形。

黑曲霉广泛分布于世界各地的粮食、植物性产品和土壤中，是重要的发酵工业菌种，可生产淀粉酶、酸性蛋白酶、纤维素酶、果胶酶、葡萄糖氧化酶、柠檬酸、葡糖酸和没食子酸等。生长适温37℃，最低相对湿度为88%，能引致水分较高的粮食霉变和其他工业器材霉变。

4. 青霉

一般指青霉属，属于半知菌纲中的一属，和曲霉属有亲缘关系，有二百几十种，代表种是灰绿青霉、产黄青霉、点青霉。青霉菌属营养菌丝体一般无色、淡色或具鲜明颜色。菌丝有横隔，分生孢子梗亦有横隔，光滑或粗糙。基部无足细胞，顶端不形成膨大的顶囊，其分生孢子梗经过多次分枝，产生几轮对称或不对称的小梗，形如扫帚，称为帚状体。分生孢子球形、椭圆形或短柱形，光滑或粗糙，大部分生长时呈蓝绿色。有少数种产生闭囊壳，内形成子囊和子囊孢子，也有少数菌种产生菌核。青霉的孢子耐热性较强，菌体繁殖温度较低，酒石酸、苹果酸、柠檬酸等饮料中常用的酸味剂又是它喜爱的碳源，因而常常引起这些制品的霉变。自从弗莱明（A. Fleming，1929）发现青霉素以来，已对该属菌的很多种进行了研究。目前产黄青霉和点青霉可用于青霉素的生产，经过几十年的改进，产量有了大幅度提高。

5. 产黄头孢霉

产黄头孢霉属于头孢霉属类。菌落呈茸毛状或絮状，菌落的颜色粉红至深红、白、灰色或黄色。分生孢子梗很短，从丝上生出，基部稍膨大，呈瓶状结构，互生、对生或轮生，分生孢子从小梗顶端溢出后至侧旁，靠黏液把它们黏成假头状，遇水即散开，成熟的孢子近圆形、卵圆形、椭圆形或圆柱形。单细胞或偶尔有一隔，透明。产黄头孢霉广泛存在于自然界，如植物残体、种子、土壤、草食动物粪便等，空气中也有大量孢子存在。产黄头孢霉能够产生头孢菌素C，具有较高的经济价值。

实训三 典型霉菌的形态结构观察

一、实训目标

1. 掌握观察霉菌形态的基本方法，观察常见霉菌的菌丝形态。
2. 掌握霉菌浸片的制作方法。

二、基础知识

1. 霉菌菌落的观察。

霉菌和放线菌相似，由于其菌丝较粗，形成的菌落较疏松，呈绒毛状、絮状或蜘蛛网状，一般比细菌菌落大几倍到几十倍。菌落的表面和培养基背面往往呈现不同的颜色。霉菌菌落中，处于菌落中心的菌丝菌龄较大，位于边缘的则年幼。

2. 霉菌形态观察

霉菌菌丝观察不能用水作介质制片，因为菌丝会因渗透作用而膨胀，目前，霉菌制片时最理想的介质是乳酸苯酚油。制片时常用乳酸石炭酸棉蓝作染色液。此染色液制成的霉菌浸片除有一定染色效果外，细胞不变形，还具有杀菌防腐作用，且不易干燥，能保持较长时间。

三、实训器材

1. 菌种

曲霉（*Aspergillus* sp.）、青霉（*Penicillium* sp.）、根霉（*Rhizopus* sp.）和毛霉（*Mucor* sp.）的马铃薯培养基斜面。

2. 培养基

马铃薯培养基：称取去皮马铃薯200g，切成小块，加1000mL水煮沸1h，用双层纱布滤成清液。加水补充因蒸发而减少的水分。固体培养基加琼脂2%。

3. 试剂

乳酸石炭酸棉蓝染色液、20%甘油。

4. 器材

显微镜、无菌吸管、载玻片、盖玻片、U形棒、滤纸、接种钩、酒精灯、大头针、玻璃纸、镊子、刀片。

四、实训操作过程

1. 霉菌菌落观察

将根霉、毛霉、曲霉、青霉菌种接种至固体平板，培养5～7d待其生长完好后观察菌落形态，记录菌落特征。

2. 霉菌形态观察

(1) 制作霉菌浸片观察 于清洁载玻片上，滴一滴乳酸石炭酸棉蓝染色液，取生长好的霉菌平板，用两根大头针小心挑取含少量孢子的菌丝少许，并在乳酸碳酸棉蓝染色液上摊开，小心盖上盖玻片，注意不要产生气泡。用低倍镜、高倍镜观察。

对于根霉和毛霉的培养物，可轻轻打开培养皿，将皿盖（有菌的一面朝上）置于显微镜低倍镜下直接观察，或将皿底（有菌的一面朝上）置于显微镜低倍镜下，观察皿边缘的菌丝。

(2) 载玻片观察法

① 将略小于培养皿底内径的滤纸放入皿内，再放上U形玻璃棒，其上放一洁净的载玻片，然后将两个盖玻片分别斜立在载玻片的两端，盖上皿盖，把数套（根据需要而定）如此装置的培养皿叠起，包扎好，灭菌后备用（图3-28）。

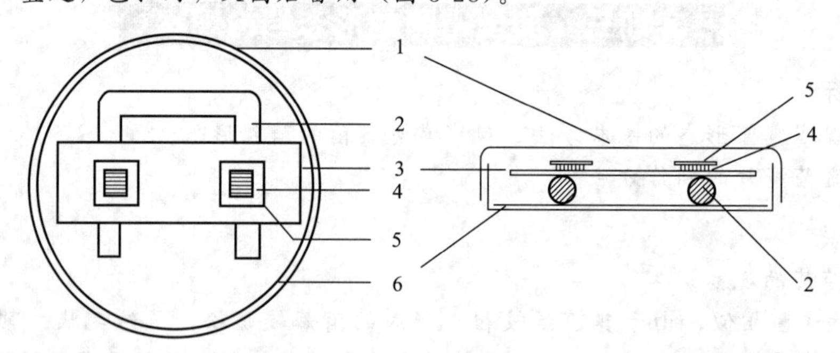

图3-28 载玻片培养示意图

1—平皿；2—U形玻璃棒；3—载玻片；4—培养物；5—盖玻片；6—滤纸

② 在上述载玻片的一边滴加融化的马铃薯培养基，点种孢子，并将盖玻片盖于其上，要求中央的培养基直径不大于0.5cm，盖玻片、载玻片间距离不高于0.1mm。然后将制好的载片放入培养皿中的玻棒上，盖好皿盖。

除上述方法以外，也可以将灭过菌的马铃薯培养基倒入灭过菌的平皿中，待凝固后，用无菌刀片切成0.5～1cm^2的琼脂块，用刀尖铲起琼脂块放在已灭菌的培养皿内的载玻片上，每片上放置2块。用灭菌的尖细接种针或装有柄的缝衣针取（肉眼方能看见的）一点霉菌孢子，轻轻点在琼脂块的边缘上，用无菌镊子夹着立在载玻片旁的盖玻片盖在琼脂块上，再盖上皿盖。

③ 在培养皿的滤纸上，加无菌的20%甘油数毫升，至滤纸湿润即可停加。将培养皿置28℃培养一定时间后，取出载玻片置显微镜下观察。

3. 玻璃纸透析培养观察法

① 向霉菌斜面试管中加入 5mL 无菌水，洗下孢子，制成孢子悬液。

② 用无菌镊子将已灭菌的、直径与培养皿相同的圆形玻璃纸覆盖于马铃薯培养基平板上。

③ 用无菌吸管吸取约 0.2mL 孢子悬液于上述玻璃纸平板上，并涂抹均匀。

④ 置 28℃温室培养 48h 后，取出培养皿，打开皿盖，用镊子将玻璃纸与培养基分开，再用剪刀剪取一小片玻璃纸置载玻片上，用显微镜观察。

五、实训记录

1. 菌落特征记录

菌种名称	菌落特征						
	大小	干湿	边缘	颜色	偏平或隆起	正反面颜色	与培养基结合程度

2. 霉菌镜检形态记录

（1）根霉；（2）毛霉；（3）青霉；（4）曲霉。

【操作技巧提示】

制作霉菌浸片时，取菌环节是关键，要注意几个问题：一是菌丝不能过多，菌丝太多重叠起来不利于观察；二是菌丝要尽量全面，尤其是培养基内部的菌丝也要尽量取到，才能观察到假根及足细胞等特殊结构。

霉菌的形态观察使用低倍镜即可，看到特殊结构可换高倍镜观察，观察时注意适当休息眼睛，防止眼睛疲劳。

【案例介绍】

案例：一次实训操作中，同学 A 用镊子将载玻片从酒精浸泡的容器中取出，容器盖子未盖，直接将载玻片在酒精灯火焰处点燃，灼烧灭菌，点燃后离开酒精灯火焰，剧烈燃烧的酒精迅速将容器内的酒精点燃，幸好身边的同学 B 发现及时，用抹布将火盖灭，防止了火势的蔓延。

解析：微生物实验中要特别注意安全操作。因为无菌操作明火要经常使用，周围的易燃物要妥善放置，同学的长发要梳起，头发上不可使用发胶、摩丝等易燃物，从各个细节防止火灾的发生。

【思考题】

1. 试述不同霉菌菌落特征的共性？
2. 与放线菌相比，霉菌的菌丝体有何不同？
3. 制作霉菌水浸片时应注意哪些问题？

第三节　真菌与人类的关系

绝大多数真菌对人类是有益的，人类生产生活的很多方面得益于真菌；同时，也有少量真菌可以引起人类疾病，给人类健康带来不利影响。

一、真菌对人类的贡献

1. 参与土壤元素循环，维持自然生态平衡

真菌大量存在于土壤中，而且具有高度分解和合成多种复杂有机物质的能力，特别对分解纤维素、半纤维素和木质素等更具特色。因而在自然界，它们与细菌等共同协力，进行着缓慢而持续不断的转化作用，将动物、植物，特别是植物的残体分解为简单的物质，重新归还给大自然，成为绿色植物的养料，帮助植物界自我施肥，使绿色植物不断地茂盛生长，间接地为人类提供必需的生活资源。

2. 真菌在工业中广泛应用，生产多种产品

真菌除了应用于酿酒、制酱和其他发酵食品外，在工业生产方面也发挥着重要作用，由于真菌能产生多种酶，故利用其生产的产品涉及国民经济的各个领域，从甘油发酵、有机酸和酶制剂生产，到纺织、造纸、制革和石油发酵等方面均有体现。工业上采用的重要的真菌酶类有淀粉酶、蛋白酶、葡萄糖氧化酶、果胶酶、纤维素酶、脂肪酶和核糖核酸酶等。

3. 真菌在农林业中的作用

真菌在农业和林业生产中同样发挥着极大作用，它们除了供植物光合作用所需的二氧化碳外，有的真菌还能与植物结成“菌根”，帮助植物吸收水分和养料；有的真菌则能消灭或抑制危害植物的其他生物，如昆虫、线虫和一些对植物有害的真菌等；有的能产生生长素和抗生素，以促进动物、植物的生长发育。

4. 真菌在制药行业的应用

从 20 世纪 40 年代开始，真菌被广泛应用到制药行业，利用真菌的代谢作用，生产多种药物或医药中间体。抗生素中青霉素、头孢霉素、灰黄霉素的生产菌种均为霉菌，事实上目前已发现可由真菌产生的抗生素有 150 多种，但大规模生产的只有少数几种，因此，真菌在抗生素行业的应用还有较大的潜力。

5. 大型真菌的营养价值

大型真菌具有良好的食用性和药用性，其中对人类贡献较大的是蕈菌，包括食用性较强的双孢蘑菇、木耳、银耳、香菇、平菇、草菇、金针菇、竹荪、杏鲍菇和茶树菇等；药用性较强的灵芝、云芝和猴头菇等。大型真菌的营养价值体现在以下几个方面。

(1) 蛋白质含量高，氨基酸种类齐全　大型真菌中蛋白质含量较高，1kg 蘑菇所含的蛋白质相当于 2kg 的瘦猪肉，大约是蔬菜、水果蛋白质含量的 12 倍。通常粮食（谷物）、豆类中缺乏的赖氨酸、甲硫氨酸和色氨酸，也可以从食用菌中得到补充。

(2) 核酸含量高　食用菌含有丰富的核酸，草菇等菌类核酸的含量高达 5.4%～8.8%（干重）。

(3) 含有对人体有益的脂类物质　药用真菌中含较高的不饱和脂肪酸。不饱和脂肪酸是人体生理活动必不可少的物质，而人体自身又不能合成，必须依赖食物补进。近年来的医学研究证明，不饱和脂肪酸有预防心血管疾病的作用。

(4) 碳水化合物及纤维素含量丰富　食用菌中的碳水化合物有活化免疫系统和诱导干扰素的功能。食用菌中所含的纤维素也是食物纤维的来源。经常食用含食物纤维的香菇、蘑菇、金针菇等食用菌对健体抗病十分有利。

(5) 含有丰富的维生素和矿物质　菇类是天然食品中维生素的重要来源。

(6) 具有较高的药用价值　大型真菌的药用价值是经过了几千年历史证明的，常见的药用真菌有灵芝、赤芝、紫芝、茯苓、猪苓、冬虫夏草、僵蚕、香菇、木耳等，这些药用真菌都经历了长期的医疗实践，疗效得到了充分的验证，至今仍被广泛地应用。

二、真菌对人类的危害

真菌对人类的危害主要体现在真菌引起的人类疾病及真菌毒素对人类的危害两个方面。

1. 病原性真菌

致病真菌分为两大类，一类是病原性真菌，另一类是条件致病性真菌。后者平时不致病，在机体免疫力降低时才可致病。

按真菌侵犯人体组织和器官的不同，又将真菌分为引起皮肤病的浅部真菌及引起深部组织器官疾病的深部真菌。

寄生或腐生于角蛋白组织的表皮角质层、毛发和甲板的真菌统称为浅部真菌。它们引起的疾病统称为浅部真菌病，简称为癣。目前已报道的对人类致病的皮肤癣菌有20余种，分别属于毛癣菌属、小孢子菌属和表皮癣菌属。

侵入表皮以外的真皮、黏膜和内脏组织或器官的真菌，统称为深部真菌。它们引起的疾病统称为深部真菌病。侵入深部器官引起深部真菌病的有隐球菌、念珠菌、球孢子菌、组织胞浆菌、孢子丝菌、着色真菌、鼻孢子菌、曲霉和毛霉等。它们虽然不像细菌或病毒那样普遍引起疾病，但却有地区流行特点，而且在人群中易发生隐性感染。

2. 真菌毒素

研究证明，少数真菌引起粮食、食品和饲料等霉变，因此而产生有毒的次生代谢产物，即真菌毒素。真菌毒素是一种天然有机化合物，分子量小，具有生物活性，中毒后无传染性，一般的药物和抗生素治疗无效。

到目前为止，已知有100多种真菌毒素，它们的化学结构各不相同。人或动物误食真菌毒素，会引起急性中毒，出现呕吐、腹胀和腹泻等症状。试验证实有些真菌毒素可让试验动物生癌。目前已知能使实验动物生癌的真菌毒素有黄曲霉毒素、柄曲霉素、黄天精、皱褶青霉素、环氯素、岛青霉素、展青霉素和灰黄霉素等。其中黄曲霉毒素是毒性最强的真菌毒素，可造成严重的肝部损害。黄曲霉毒素主要污染粮油食品，一般的烹调方法不能解除，只有在280℃以上时才被破坏。世界各国都制定了黄曲霉毒素在各类食品和饲料中的最高允许量标准。

三、大型真菌的营养价值

大型真菌是指能形成肉质或胶质的子实体或菌核的真菌，在分类上属于子囊菌纲和担子菌纲，均为丝状真菌，其大小约为（3～18）cm×（4～20）cm，甚至更大。大型真菌具有良好的食用性和药用性，其中对人类贡献较大的是蕈菌，包括食用性较强的双孢蘑菇、木耳、银耳、香菇、平菇、草菇、金针菇、竹荪、杏鲍菇和茶树菇等；以及药用性较强的灵芝、云芝和猴头菇等。部分大型真菌的形态如图3-29所示。

大型真菌的营养价值体现在以下几个方面：

1. 蛋白质含量高，氨基酸种类齐全

大型真菌中蛋白质含量较高，1kg蘑菇所含的蛋白质相当于2kg的瘦猪肉，大约是蔬菜、水果蛋白质含量的12倍。食、药用菌所含的氨基酸种类比较全面，有17～19种，其中人类必需的8种氨基酸都具有，必需氨基酸占氨基酸总量的40.53%。通常粮食（谷物）、豆类中缺乏的赖氨酸、甲硫氨酸和色氨酸，也可以从食用菌中得到补充。

2. 核酸含量高

食用菌含有丰富的核酸，草菇等菌类核酸的含量高达5.4%～8.8%（干重）。联合国蛋白质顾问小组（PAG）在1970年指出：一个成年人每天需要核酸的量大约为4g，其中2g是从微生物食品中得到。如果多吃鲜菇，可从中得到核酸物质的补充，这在营养学上很有意义。

(a) 竹荪 (b) 杏鲍菇 (c) 猴头菇 (d) 草菇 (e) 灵芝

图 3-29 大型真菌的形态

3. 含有对人体有益的脂类物质

药用真菌中含较高的不饱和脂肪酸。不饱和脂肪酸是人体生理活动必不可少的物质，而人体自身又不能合成，必须依赖食物补进。近年来的医学研究证明，不饱和脂肪酸有预防心血管疾病的作用。

菇类普遍含有较丰富的麦角甾醇，而麦角甾醇是维生素 D_2 的前体物质，经紫外线照射可转变成维生素 D_2。每天每人若食用 3～4g 香菇或其他食用菌即可满足人体对维生素 D_2 的需要。

4. 碳水化合物及纤维素含量丰富

食用菌中碳水化合物的含量达 30%～93%，这些多糖或复合多糖有活化免疫系统和诱导干扰素的功能。

食用菌中所含的纤维素也是食物纤维的来源。近代科学研究表明，食物纤维素是胆汁盐和胆固醇的螯合剂，可减少人体的胆盐沉积和降低血液中胆固醇含量，从而防止胆结石和高血压的发生。另外，纤维素食物还能预防直肠癌的发生。所以，经常食用含食物纤维的香菇、蘑菇、金针菇等食用菌对健体抗病十分有利。

5. 含有丰富的维生素和矿物质

维生素是维持人体正常生理必需的一类低分子有机化合物，维生素一般在体内不能合成，必须由食物供给。菇类是天然食品中维生素的重要来源。

矿物质元素在人体内有着重要的作用，由于它不能在体内合成，每天人们必须从食物中补充一定数量的矿物质元素，以保持体内矿物质元素平衡。菇类含有多种具有生理活性的矿物质。

6. 具有较高的药用价值

大型真菌的药用价值是经过了几千年历史证明的，常见的药用真菌有灵芝、赤芝、紫芝、茯苓、猪苓、冬虫夏草、僵蚕、香菇、木耳等，这些药用真菌都经历了长期的医疗实践，疗效得到了充分的验证，至今仍被广泛地应用。

问题与讨论

1. 真核微生物与原核微生物有何区别？
2. 简述酵母的形态结构。
3. 酵母菌的繁殖方式有哪些？
4. 酵母菌的生活史有几种类型？各有何特点？
5. 简述霉菌的形态结构。
6. 霉菌的繁殖方式有哪些？
7. 霉菌的孢子和细菌的芽孢有何不同？
8. 比较细菌、放线菌、酵母菌和霉菌的菌落特征。

第四章　病　　毒

【知识目标】

1. 掌握病毒的结构、化学组成及其繁殖。
2. 了解温和噬菌体与溶源性细菌。
3. 了解噬菌体对发酵工业的危害。
4. 了解生物防治的特点以及用于生物防治的病毒种类。

【能力目标】

1. 学会噬菌体的分离与纯化方法。
2. 掌握用双层琼脂平板法测定噬菌体效价的操作技能。

19 世纪末，已经分离得到了多种引起传染病的细菌，不过也有一些传染病如口蹄疫、烟草花叶病等并不能证实是由细菌引起的。1892 年，俄国学者伊万诺夫斯基首次发现使烟草发生花叶病的感染因子能通过细菌滤器，病叶汁液通过滤器后得到滤液，可感染健康的烟草而使之发生花叶病。1898 年荷兰生物学家贝哲林克（M. W. Beijerinck）进一步肯定了伊万诺夫斯基的结果，并证实该致病因子可以被乙醇从悬液中沉淀下来而不失去其感染力，而且能在琼脂凝胶中扩散，但用培养细菌的方法培养不出来。于是他认为，该病原体是比细菌小的“病毒（virus)”，拉丁语的原意是“毒”。随后其他一些通过细菌滤器的致病因子，包括植物的、动物的被陆续分离出来，人们便称之为“滤过性病毒（filterable virus)”。由于后来知道因电荷及吸附作用，有些病毒不能通过细菌滤器，加之为了使用的简便，“病毒”一词就被普遍采用了。1935 年，美国生物化学家斯坦莱（W. M. Stanley）从烟草花叶病病叶中提取出了病毒结晶，该病毒结晶具有致病力，这表明一般被认为是生命的物质可以像简单的蛋白质分子那样进行处理。这件事成为分子生物学发展中的一个里程碑。斯坦莱也因此而荣获诺贝尔奖。随着研究的进展，又证明了烟草花叶病毒结晶中含有核酸和蛋白质两种成分，而只有核酸具感染和复制能力。这些发现不仅为病毒学的研究奠定了基础，而且为分子生物学的发展做出了重大的贡献。

病毒是以其致病性被发现的，大多数已知病毒也都是致病因子。但并非所有的病毒都对宿主有害。例如存在于人和兽类呼吸道和肠道中的呼肠孤病毒（Reovirus）便是一例。在历史上一度惹人喜爱的“杂色郁金香”，实际上是郁金香（*Tulipa gesneriana*）受病毒感染后其病叶出现杂色条纹和斑驳，当时人们将其视为名贵品种，用以美化庭园和盆栽观赏。随着人们对病毒研究的深入，由病毒引起的杂色郁金香在花圃中已被剔除。

由于电子显微镜技术的发展，X 射线衍射技术和超速离心机的应用，不仅使人们看到了病毒的形象，对病毒的结构及化学组成也都有了较为清楚的了解。现在病毒不仅是微生物学、病毒学的研究对象，而且也成为分子生物学和分子遗传学的主要研究对象。病毒对这些新兴学科的发展产生了重大影响。病毒作为多种病害的病原，对病毒病害及其防治的研究，在实践方面的意义也是不言而喻的。

什么是病毒？通过以上发现病毒简史的了解，似乎比较清楚了。但随着有关病毒学知识的日益增多，新的病毒种类的不断发现，目前对病毒下一个完整的、确切的、能被普遍接受的定义，还不是那么容易。由于对病毒进行研究侧重的方面不同，人们对病毒曾给予了不同的定义。不同学者还从不同角度对病毒的基本特性进行了概括。

现将病毒区别于其他生物的主要特征归纳如下：①无细胞结构，仅含有一种类型的核酸——DNA 或 RNA，至今尚未发现二者兼有的病毒；②大部分病毒没有酶或酶系统极不完全，不含催化能量和物质代谢的酶，不能进行独立的代谢作用；③严格的活细胞内寄生，没有自身的核糖体，不能生长也不进行二均分裂，必须依赖宿主细胞进行自身的核酸复制，形成子代；④个体极小，能通过细菌滤器，在电子显微镜下才可看见；⑤对抗生素及磺胺药物不敏感，对干扰素敏感。

据以上特点，可以认为：病毒是超显微的非细胞生物。每一种病毒只含有一种核酸；它们只能在活细胞内营专性寄生，靠其宿主代谢系统的协助复制核酸、合成蛋白质等组分，然后再进行装配而得以增殖；在离体条件下，它们能以无生命的化学大分子状态长期存在并保持其侵染活性。

病毒与人类的关系非常密切，至今人类和许多有益动物的疑难疾病和威胁性最大的传染病几乎都是病毒病；发酵工业中的噬菌体传染会严重危及生产；许多侵染有害生物的病毒则可制成生物防治剂而用于生产实践；此外，许多病毒还是生物学基础研究和基因工程中的重要材料或工具。

第一节　病毒的形态结构及化学组成

一、病毒的大小形态与分类

1. 病毒的大小

病毒个体极其微小，以纳米（nm）作为测量其大小的单位。各种病毒大小相差很大，最大的病毒直径为 200～300nm，如痘病毒，在普通光学显微镜下勉强可见；中型病毒较多见，其直径约为 100nm，如流感病毒；最小的病毒仅有 9～11nm，如菜豆畸矮病毒。因此，绝大多数病毒必须用电子显微镜放大数千倍乃至数万倍才能见到。病毒的大小可借分级过滤、电泳、超速离心沉降以及电镜观察等方法测定。

2. 病毒的形态

病毒的形态多种多样，有球形、卵圆形、砖形、杆状、丝状、蝌蚪状、子弹状等（图 4-1）。其中基本形态为球状、杆状和蝌蚪状。病毒的形态大致可归纳为以下 5 类：①球形或近球形，这类病毒颗粒呈球形，严格地说是接近球形，所以这类颗粒也常称作拟球形颗粒。人、动物、真菌的病毒多为球形，如腺病毒、蘑菇病毒、脊髓灰质炎病毒、花椰菜花叶病毒、噬菌体 MS2 等。②杆状颗粒，很多植物病毒呈长杆状，有的为刚直杆状，如烟草花叶病毒、苜蓿花叶病毒，有的为弯曲杆状，如马铃薯 X 病毒（Potato virus X，PVX），有的极其细长且非常柔韧呈丝形，如甜菜黄化病毒（Beet yellow virus，BYV），昆虫病毒如家蚕核酸多角体病毒、人类某些病毒如流感病毒、噬菌体 fd 及 M13 等也呈杆状。③砖形，常见的病毒如天花病毒、痘病毒等。④弹状，如狂犬病毒、水泡性口膜炎病毒、植物弹状病毒等。⑤蝌蚪形，大多数噬菌体特有，是球形颗粒和杆状颗粒的结合体，如 T 偶数噬菌体和 λ 噬菌体等。有的病毒颗粒呈多形性，如流感病毒新分离的毒株常呈丝状，在细胞内稳定增殖后则变为拟球形颗粒。

3. 病毒的分类

病毒分类最初是根据病毒的寄主特性将病毒分为动物病毒、植物病毒和细菌病毒（噬菌体）三大类，这种分类方法有其实用性，因而沿用至今。但这种分类方法并没有反映出病毒的本质特征。随着电镜技术的发展以及分离、提纯病毒新方法的应用，逐渐转向病毒本身的结构特征、化学组成的研究，使病毒的分类朝着自然系统的方向发展。病毒分类的依据

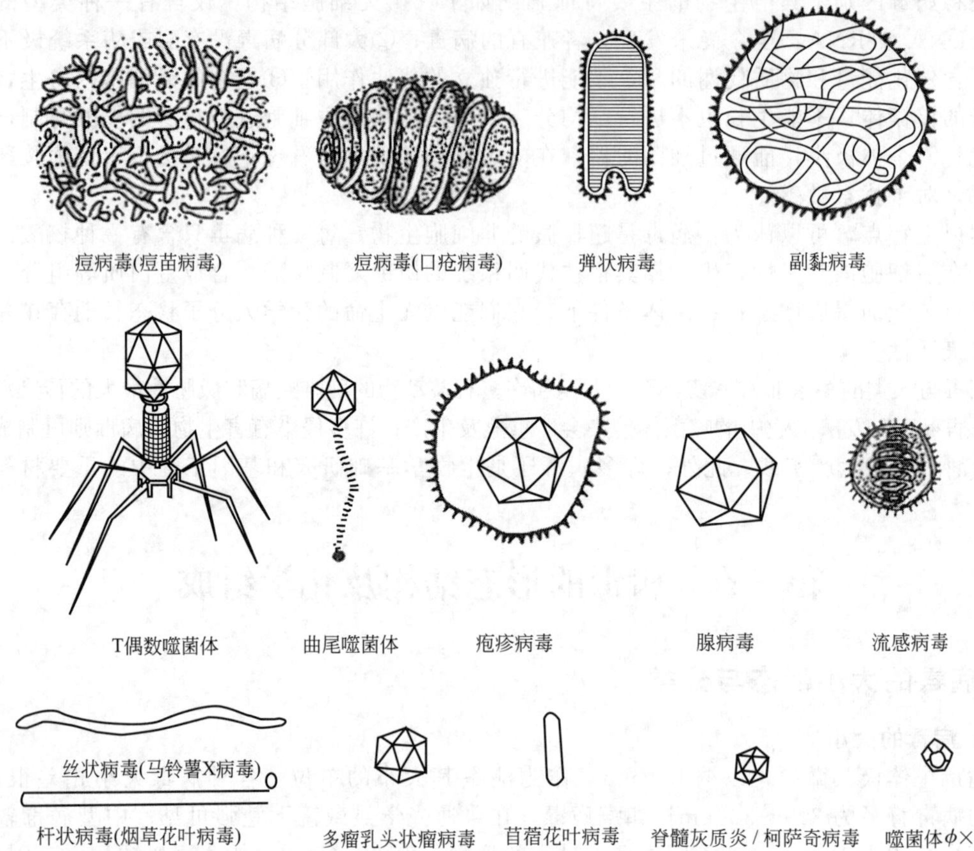

图 4-1　病毒的形态和大小

有：①基因组性质与结构；②衣壳对称性；③有无包膜；④病毒粒子的大小、形状；⑤对理化因素的敏感性；⑥病毒脂类、碳水化合物、结构蛋白和非结构蛋白的特征；⑦抗原性；⑧生物学特性（繁殖方式、宿主范围、传播途径和致病性）。

国际病毒分类系统采用目、科、属、种的分类单元，但是亚病毒感染因子采用任意分类。目的后缀为“virales”，科的名字后缀为“viridae”，亚科后缀为“virinae”，属以下缀“virus”。国际病毒分类委员会（International Committee on Taxonomy of Viruses，ICTV）在 2001 年公布的病毒分类和命名第七次报告中，将病毒分类系统设立了 3 个病毒目、66 个病毒科（包括 2 个类病毒科）、9 个病毒亚科和 244 个病毒属（包括 32 个暂定属和 7 个类病毒属）。

二、病毒的结构

1. 核衣壳

病毒是非细胞生物，故单个病毒个体不能称作“单细胞”，一般称为病毒粒子（virion，即病毒体）。一个完整的有感染性的病毒体主要由核酸和蛋白质组成。核酸位于病毒的中心，构成病毒的核心（core），其外包绕着一层蛋白质组成的外壳，称为衣壳（capsid）。核酸和衣壳共同组成核衣壳（nucleocapsid）（图 4-2）。结构最简单的蛋白质就是一个裸露的核衣壳，称为裸露病毒（naked virus），如脊髓灰质炎病毒。

衣壳是由许多蛋白质亚单位组成的壳粒（capsomere）构成的。每个壳粒又由一条或多条肽链组成。衣壳的主要功能是保护病毒核酸免受环境中的核酸酶或其他因素的破坏；并能与易感细胞表面的受体结合，使病毒核酸穿入宿主细胞，引起细胞感染。衣壳蛋白是病毒体的主要抗原成分，可刺激机体产生免疫应答。由于壳粒数目和排列方式不同，因而病毒结构呈现出几种不同的对称形式。

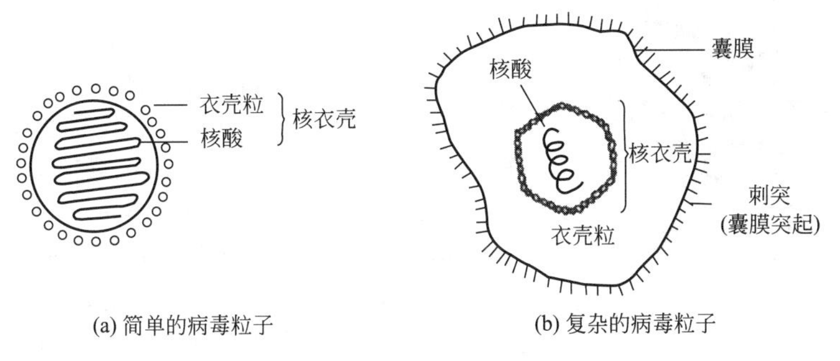

图 4-2 病毒粒子的结构模式

（1）螺旋对称型 这种结构给病毒壳体以杆状或丝状外观，其衣壳形似一中空柱，电镜观察可见其表面有精细螺旋结构。在螺旋对称衣壳中，病毒核酸以多个弱键与蛋白质亚基结合，不仅可以控制螺旋排列的形式、衣壳长度，而且核酸与衣壳的结合还增加了衣壳结构的稳定性。该结构以烟草花叶病毒（TMV）了解得最为清楚，见图 4-3。TMV 外形直杆状，长 300nm，宽 15nm，中空（内径 4nm）。由 95%衣壳蛋白和 5%单链 RNA（ssRNA）组成。棒状衣壳由 2130 个呈皮鞋状的衣壳粒（蛋白质亚基）以逆时针方向排列成 130 圈螺旋，平均每 3 圈螺旋有 49 个衣壳粒，螺距 2.3nm，衣壳全长 300nm。ssRNA 位于距轴中心 4nm 处，以相等的螺距盘绕在衣壳内，每 3 个核苷酸与 1 个蛋白质亚基结合，因此，每圈为 49 个核苷酸。

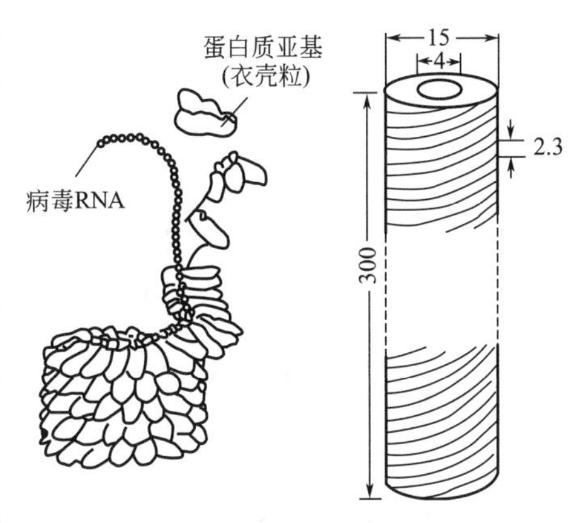

图 4-3 烟草花叶病毒的结构示意
单位：nm

（2）二十面体对称型 有些病毒（双链 DNA 病毒和双链 RNA 病毒）外壳为小的结晶和球状，实际上是一个立方对称的多面体，一般为二十面体，该结构特别有利于核酸分子以高度卷曲的形式包裹在小体积的衣壳中。它由 20 个等边三角形组成，具有 20 个面、30 条边和 12 个顶角。在二十面体的顶上，5 个亚基聚集形成电镜下可见的五聚体。由于它与 5 个其他壳粒相邻，通常又叫做五邻体（penton）。另有六聚体在基本三角面上形成，由于每个六聚体分别与 6 个壳粒相邻，故常称作六邻体（hexon）。

具有二十面体壳体的病毒多无包膜。在二十面体壳体中，病毒核酸盘绕折叠在壳体的有限空间里。无论是在裸露的或有包膜的二十面体病毒的制备物中，都发现有空壳体（empty capsid）存在，壳体内没有核酸，这表明核酸的存在对于二十面体壳体的形成并非必需。然而，空壳体较之完整的病毒颗粒更容易降解，所以核酸的结合无疑有助于增加二十面体壳体的稳定性。

该结构的典型代表是腺病毒（图 4-4）。腺病毒的外形呈典型的二十面体，粗看像“球状”，没有包膜，直径为 70～80nm。它有 12 个角、20 个面和 30 个棱。衣壳由 252 个衣壳粒组成，内有称作五邻体的衣壳粒 12 个，分布在 12 个顶角上，还有称作六邻体的衣壳粒 240 个，均匀分布在 20 个面上。每个五邻体上突出一根末端带有顶球的蛋白纤维，称为刺突。腺病毒的核心是由线状双链 DNA（dsDNA）构成。所有的腺病毒，不管它们的天然宿

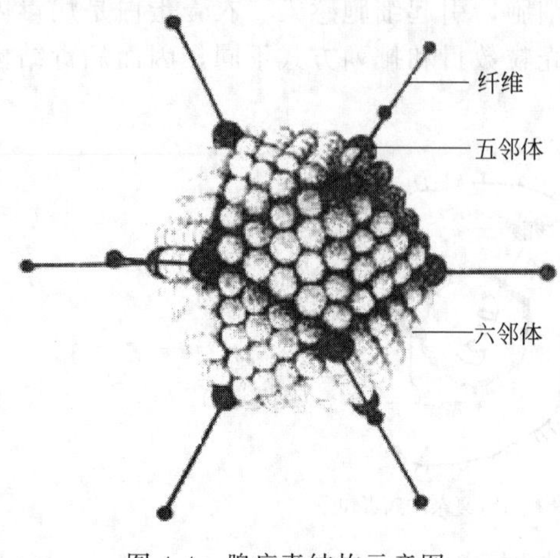

图 4-4 腺病毒结构示意图

主和血清型是什么，其基因组的大小都约为36500个核苷酸对。不同种的二十面体病毒，其棱上的衣壳粒数各不相同，总衣壳粒数也不相同。

(3) 复合对称型 具有复合对称壳体结构的典型例子是T偶数噬菌体（图4-5）。这类噬菌体都无包膜，壳体由头部和尾部组成。头部通常呈二十面体对称，尾部呈螺旋对称。头部长约95nm，直径约65nm，为一变形的二十面体结构。头部含有结合着多胺、几种内部蛋白和小肽的双链DNA。头、尾相连处有一构造简单的颈部，包括颈环和颈须两部分。颈环为一六角形的盘状构造，直径37.5nm，其上长有6根颈须，

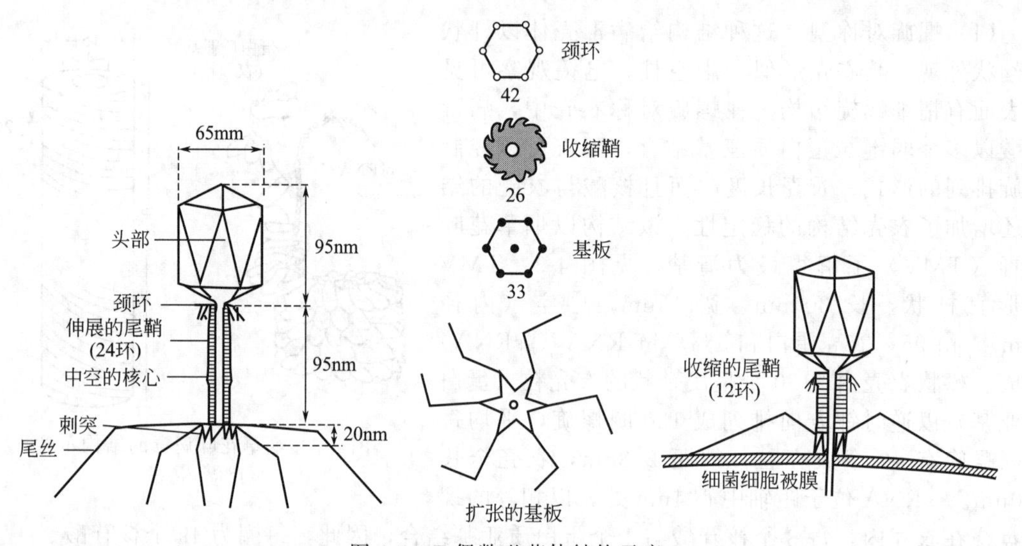

图 4-5 T偶数噬菌体结构示意

用以裹住吸附前的尾丝。其尾部结构复杂，由尾鞘（tail sheath）、尾管（tail tube）、基板（base plate）、刺突（tail pins）和尾丝（tail fibers）5部分组成。尾鞘长约95nm，是由144个衣壳粒缠绕而成的24环螺旋。收缩时尾鞘变得短而粗，螺旋转数减至12。尾管在尾鞘内部，长95nm，中空，感染时病毒DNA由头部通过尾管进入细胞。尾管与尾鞘一样，也是由24环螺旋组成。基板连接在尾部末端，为一中央有孔的六角形、结构复杂的盘状物，在基板的6个角上，各结合有一短的刺突和长的尾丝。刺突长为20nm，有吸附功能。尾丝长约120nm，折成等长的两段，直径仅2nm，能专一地吸附在敏感宿主细胞表面的相应受体上。

2. 包膜

有些病毒在衣壳外面还含有一层含脂质的包膜（envelope），这些病毒称为包膜病毒。包膜由脂质、蛋白质和糖类组成，是在病毒成熟过程中以出芽方式通过宿主细胞膜（少数病毒为通过核膜）时获得的，故具有宿主细胞膜脂质的特性，对脂溶剂如乙醚、氯仿和胆汁等敏感。

3. 刺突

某些病毒包膜表面有向外突起的糖蛋白，形成刺突。包膜的有无及其性质与该病毒的宿

主专一性和侵入等功能有关。

三、病毒的化学组成

病毒的化学组成因种而异。分析表明，病毒的基本化学组成是核酸和蛋白质。有包膜的病毒和某些无包膜的病毒除核酸和蛋白质外，还含有脂类和多糖（常以糖脂、糖蛋白方式存在）。有的病毒还含有聚胺类化合物及无机阳离子等组分。

1. 核酸

核酸是病毒的遗传物质，是病毒感染宿主的物质基础。在原核生物（包括细菌、蓝藻、支原体、螺旋体等）病毒中，除在细菌病毒中发现有少数病毒含 RNA 外，其余都含 DNA。侵染植物和真菌的大多数病毒都是 RNA 病毒。在动物病毒（包括脊椎动物病毒和无脊椎动物病毒）中，DNA 病毒和 RNA 病毒兼而有之。除反转录病毒（retroviruses）的 RNA 基因组是二倍体外，其他所有的病毒基因组都是单倍体。现将各种代表性病毒的核酸类型列在表 4-1 中。

表 4-1　若干有代表性病毒的核酸类型

核酸类型			病毒代表		
			动物病毒	植物病毒	微生物病毒
DNA	ssDNA	线状	细小病毒（H-1，5176bp）等	双生病毒，如玉米条纹病毒、木薯潜隐病毒等	待发现
		环状	待发现	待发现	*E. coli* 的 ΦX174 和 M13 噬菌体等
	dsDNA	线状	各种腺病毒、疱疹病毒和痘病毒等	待发现	*E. coli* T 系和 λ（48514bp）噬菌体等
		环状	猿猴病毒 40（SV40，5224bp）等	花椰菜花叶病毒（8025bp）等	铜绿假单胞菌的 PM2 噬菌体等
RNA	ssRNA	线状	脊髓灰质炎病毒、艾滋病毒等	烟草花叶病毒，豇豆花叶病毒等	*E. coli* 的 MS2 和 Qβ 噬菌体等
	dsRNA	线状	呼肠孤病毒，质型多角体病毒等	玉米矮缩病毒等	各种真菌病毒及假单胞菌的 Φ6 噬菌体等

由表 4-1 可知，病毒的核酸类型极其多样。总的说来，动物病毒以线状的 dsDNA 和 ssRNA为多，植物病毒以 ssRNA 为主，噬菌体以线状的 dsDNA 居多，而至今发现的真菌病毒都是 dsRNA，藻类病毒则都是 dsDNA。

病毒的核酸含量是指核酸的分子量占病毒颗粒重量的百分比。高者如 T 偶数噬菌体（T even phage）的 DNA 几乎占病毒颗粒重量的 50%，低者如 TMV，其 RNA 的含量只有 5%。流感病毒 RNA 的含量还不到 1%。不同病毒的核酸其分子量也有很大的差异，病毒 DNA 的相对分子质量为 $(1.5\sim250)\times10^6$，病毒 RNA 的相对分子质量为 $(0.4\sim20)\times10^6$。

病毒核酸的功能与细胞型生物一样，是遗传的物质基础，携带着遗传信息，指导病毒蛋白质的合成，控制着病毒的遗传、变异、增殖以及对宿主的感染性。病毒核酸对衣壳的形成与稳定也有一定的作用。

2. 蛋白质

病毒蛋白质可据其是否存在于病毒体中而分为两类：结构蛋白（structural protein）和非结构蛋白（non-structural protein）。前者系指构成一个形态成熟的有感染性的病毒颗粒所必需的蛋白质，包括壳体蛋白、包膜蛋白和存在于病毒体中的酶等；后者系指由病毒基因组所编码的，在病毒复制过程中产生并具有一定功能，但并不结合于病毒颗粒中的蛋白质，如复制酶和装配酶等。

病毒蛋白主要存在于衣壳与包膜中，占病毒总重量的70%左右，一般只含一种或少数几种蛋白质。如烟草花叶病毒只含1种蛋白质，噬菌体MS2含4种蛋白质，流感病毒含8种蛋白质，T_4噬菌体含30余种蛋白质。病毒蛋白质由常见的20种氨基酸组成，但半胱氨酸和组氨酸在病毒蛋白中较少见，氨基酸的种类和含量随病毒种类而异，大肠杆菌噬菌体M13的外壳蛋白只有49个氨基酸，家蚕核型多角体病毒则有244个氨基酸。

病毒蛋白质主要在构成病毒结构、病毒的侵染性和增殖过程中发挥作用。

(1) 结构功能 蛋白质构成病毒衣壳，使病毒有一定的大小和形态，维持病毒结构。衣壳具保护作用，使核酸免受酶或其他理化因子的影响。

(2) 侵染性 衣壳、包膜、噬菌体尾丝上含有使病毒吸附在寄主细胞表面受体上的位点，决定感染的特异性，促使病毒吸附。病毒蛋白质还构成多种分解酶，如位于噬菌体尾部基板内的溶菌酶使细胞壁裂解；流感病毒的神经氨酸酶能水解寄主细胞表面糖蛋白，使病毒侵染细胞时能穿入细胞，成熟时也能从细胞释放。

(3) 增殖 病毒蛋白质也构成如DNA和RNA聚合酶、RNA转录酶、反转录酶等核酸复制酶以及合成病毒蛋白质所需的各种合成酶等。

(4) 抗原性 蛋白质决定病毒粒子的抗原性，并能刺激机体产生特异性抗体，激发机体免疫应答。

3. 脂质

许多病毒体内存在有脂类化合物，其脂质成分有磷脂、脂肪酸、甘油三酸酯和胆固醇等，但主要以磷脂形式存在。不同的病毒其脂类含量差异很大。如马脑炎病毒的脂质含量高达54%，痘苗病毒的脂质含量仅为5%。脂质主要存在于病毒的包膜内，它们构成脂双层而成为病毒包膜的骨架。包膜的脂质成分均来源于宿主细胞膜或核膜，所以包膜内的脂质含量与种类都与宿主细胞膜相同，即具有宿主特异性。

4. 糖类

有些病毒，其中绝大多数是有包膜的病毒含有少量的糖类。它们主要是以寡糖侧链存在于病毒糖蛋白和糖脂中，或以黏多糖形式存在。

糖类物质位于病毒粒子表面，影响病毒的吸附侵入，与病毒感染有关；糖类物质还可保护病毒免受核酸酶降解；此外，糖类物质还参与凝集反应，一些病毒具血凝素，以糖苷酶处理流感病毒，病毒血凝素糖蛋白的寡糖链部分降解，病毒血凝活性随之丧失，说明糖类对病毒血凝活性有重要作用。

5. 其他成分

在某些动物病毒、植物病毒和噬菌体体内，存在有多胺类有机阳离子化合物，包括丁二胺、亚精胺、精胺等。在某些植物病毒中还发现有14种金属阳离子存在。如在烟草花叶病毒中发现有Fe、Ca、Mg、Cu、Al等金属离子。这些含量极微的有机阳离子和无机阳离子与病毒核酸呈无规则的结合，并对核酸的构型产生一定的影响。由于病毒体中所含阳离子的性质和数量没有特异性，结合量仅与环境中相关离子的浓度和亲和性有关，所以它们是病毒在装配成熟时偶然从环境中获得的不恒定成分。在某些病毒体内，还发现有其他的小分子组分。如在有尾噬菌体尾部结合有一定数量的ATP，它在噬菌体感染过程中可能为尾鞘的收缩提供所需的能量。

第二节 病毒的增殖方式

病毒的增殖方式与细胞型微生物不同。病毒是专性活细胞内寄生物，缺乏生活细胞所具备的细胞器（如核糖体、线粒体等）以及代谢必需的酶系统和能量，因此它的增殖不能独立地以分裂方式进行，而是在宿主活细胞内利用宿主细胞的细胞物质及合成系统，合成病毒的核酸与蛋白质等成分，然后在宿主细胞的细胞质或细胞核内装配为成熟的、具感染性的病毒粒子，再以各种方式释放至细胞外，感染其他细胞，这种增殖方式称为复制（replication）。整个过程称为复制周期（replicative cycle）。

各种病毒的增殖过程基本相似，一般可分为吸附、侵入、合成、装配、释放 5 个阶段。每一阶段的结果和时间长短都随病毒种类、病毒的核酸类型、培养温度及宿主细胞种类不同而异。

一、病毒的复制过程

1. 吸附

吸附（adsorption，attachment）是指病毒以其特殊结构与宿主表面的特异受体发生特异结合的过程，是病毒感染宿主细胞的第一步，具有高度的专一性。病毒粒子由于随机碰撞或布朗运动、静电引力与敏感细胞表面接触而吸附，但这种吸附作用往往是暂时的。在通常情况下，敏感细胞表面具有特异性表面化学组分作为接受部位，病毒也含有与其“互补”的特异性化学组分作为吸附部位，这种吸附作用才是不可逆的。不同的病毒粒子具有不同的吸附位点，如大肠杆菌 T3、T4、T7 噬菌体吸附在脂多糖受体上（图 4-6），T2 和 T6 噬菌体吸附在脂蛋白受体上。有些复杂的病毒有几种吸附位点，分别与不同的受体作用。另一方面，不同的宿主细胞也具有不同的病毒吸附受体，有的宿主细胞上有多个不同的病毒受体，可被多种病毒感染。

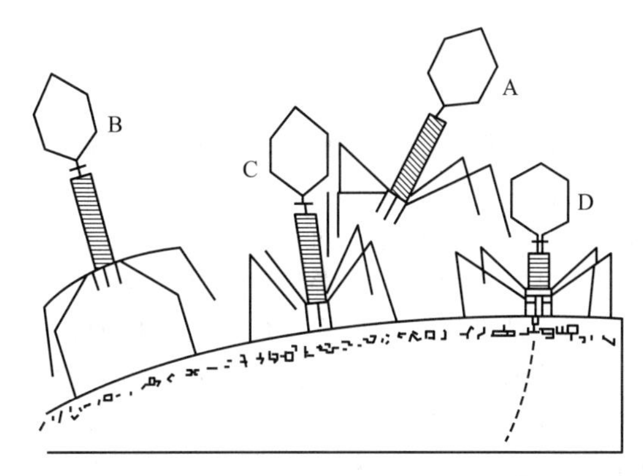

图 4-6 大肠杆菌 T4 噬菌体的吸附和侵入模式图
A—未附着（游离）的噬菌体；B—用尾丝附着在细胞壁上；C—尾丝收缩；D—尾鞘收缩，将 DNA“注射”到细菌细胞中

吸附作用受许多内外因素的影响，凡影响细胞受体和病毒吸附蛋白活性的因素，如细胞代谢抑制剂、酶类、脂溶剂、抗体，以及温度、离子浓度、pH 值等环境因素均可影响病毒的吸附。

2. 侵入

侵入（penetration，injection）指病毒或其一部分进入宿主细胞的过程，病毒侵入的方式取决于宿主细胞的性质，尤其是它的表面结构。

大部分噬菌体由尾部的溶菌酶溶解接触处细胞壁中的肽聚糖，使细胞壁产生一个小孔，然后尾鞘收缩，将尾管压入细胞，通过尾管将其头部的核酸注入细菌中，蛋白质外壳留在菌体外。

动物病毒侵入宿主细胞至少有 3 种方式：①借吞噬或吞饮作用将整个病毒粒子包入敏感细胞内，如痘类病毒等；②膜融合，包膜病毒上的刺突与宿主细胞上受体结合，促进了病毒包膜与细胞膜的融合，核衣壳释放到细胞质内，如流感病毒；③有的病毒能以完整的病毒粒子直接通过宿主细胞膜穿入细胞质中，如呼肠孤病毒。

植物病毒没有专门的侵入机制，因植物细胞具有坚韧的细胞壁，故一般通过表面伤口或刺吸式昆虫口器插入到植物细胞中去，并通过胞间连丝、导管和筛管在细胞间乃至整个植株中扩散。

3. 脱壳

脱壳（uncoating）即病毒侵入后，病毒粒子脱去包膜和衣壳而释放出病毒核酸的过程，这是病毒核酸和蛋白质复制的必要前提。

T偶数噬菌体脱壳与侵入是一起发生的，仅有病毒核酸及结合蛋白进入细胞，壳体留在细胞外。动物病毒存在不同的结构类型和不同的侵入方式，其脱壳过程也较复杂：某些无包膜的病毒，在吸附和侵入细胞时，衣壳已开始破损，核酸便释放入细胞质中；某些有包膜的病毒，在敏感细胞膜表面除去包膜，再以完整的核衣壳侵入细胞质中；以吞饮方式进入宿主细胞的病毒，则在吞噬泡中与溶酶体融合，经溶酶体的作用而脱壳；腺病毒因宿主细胞酶的作用或经某种物理因素而脱壳；结构复杂的病毒如痘类病毒，脱去衣壳要经两步：首先在吞噬泡中在溶酶体酶作用下脱去包膜和部分蛋白质，经过部分脱壳的核衣壳，含有一种以DNA为模板的RNA聚合酶，转录mRNA，以翻译另一种脱壳酶，完成这种病毒的全脱壳过程。

4. 生物合成

生物合成（biosynthesis）包括病毒核酸的复制和蛋白质的生物合成。病毒侵入敏感细胞后，将核酸释放于细胞中，此时，该病毒粒子已不存在，并失去了原有的感染性，开始了自己的核酸复制与蛋白质合成。在宿主细胞内，病毒基因组从核衣壳中释放后，首先转录早期基因，合成它们的早期mRNA，与宿主多聚核糖体结合翻译成早期蛋白。一部分是抑制蛋白，可封闭宿主的正常代谢，使细胞转向有利于合成病毒，如分解宿主DNA的DNA酶；另一部分是作为病毒生物合成所必需的复制酶，如复制病毒DNA的DNA聚合酶，用以复制子代基因组。基因组复制完成后，在早期基因产物作用下，晚期基因转录产生晚期mRNA，经晚期翻译产生成熟病毒衣壳蛋白及其他结构蛋白，还有在病毒装配中所需的非结构蛋白，如各种装配蛋白、溶菌酶等。如图4-7所示为双链DNA噬菌体通过三阶段转录的生物合成阶段示意。

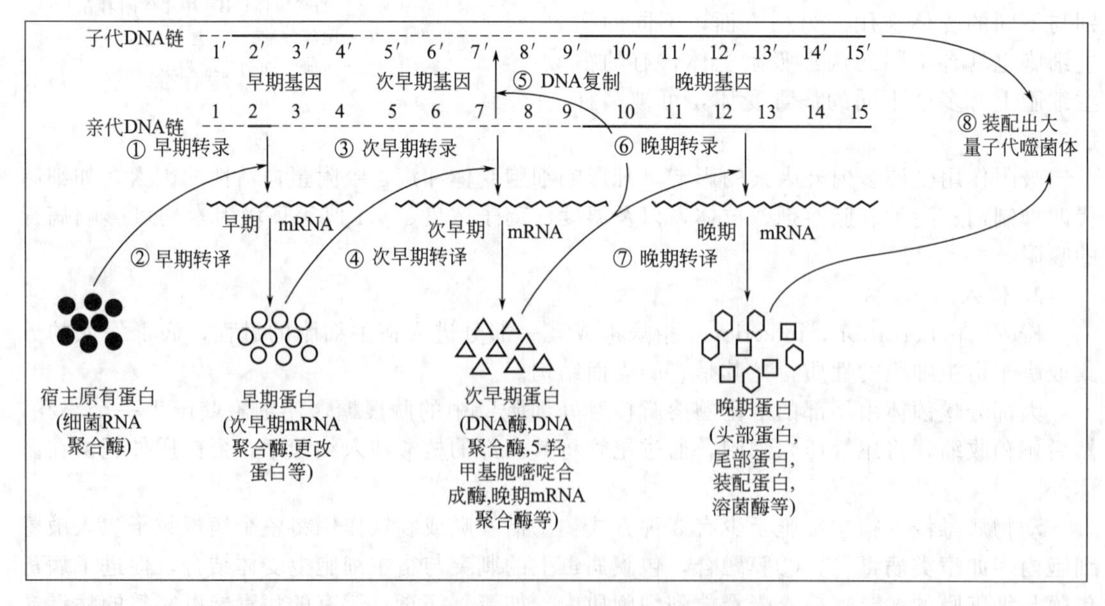

图4-7 双链DNA噬菌体通过三阶段转录的生物合成阶段示意图

5. 装配与释放

将分别合成的核酸与蛋白质组合成完整的、新的病毒粒子的过程称为装配。装配方式与病毒在宿主细胞中的复制部位及其是否存在包膜密切相关。DNA 病毒除痘类病毒外，均在细胞核内装配，RNA 病毒与痘类病毒则在细胞质内装配。衣壳蛋白达到一定浓度时，将聚合成衣壳，并包裹核酸形成核衣壳。无包膜病毒组装成核衣壳即为成熟的病毒体，有包膜病毒一般在核内或细胞质内组装成核衣壳，然后以出芽形式释放时再包上宿主细胞核膜或细胞质膜后，成为成熟病毒。

T4 噬菌体的装配过程较为复杂，可大致分为 4 步：头部衣壳包裹 DNA 成为头部；由基板、尾管和尾鞘装配成尾部；头部与尾部结合；单独装配的尾丝与病毒颗粒尾部相连成为完整的噬菌体。整个装配过程至少需要 50 种不同蛋白质和 60 多个基因组参与，需要在一些非结构蛋白的指导下进行（图 4-8）。

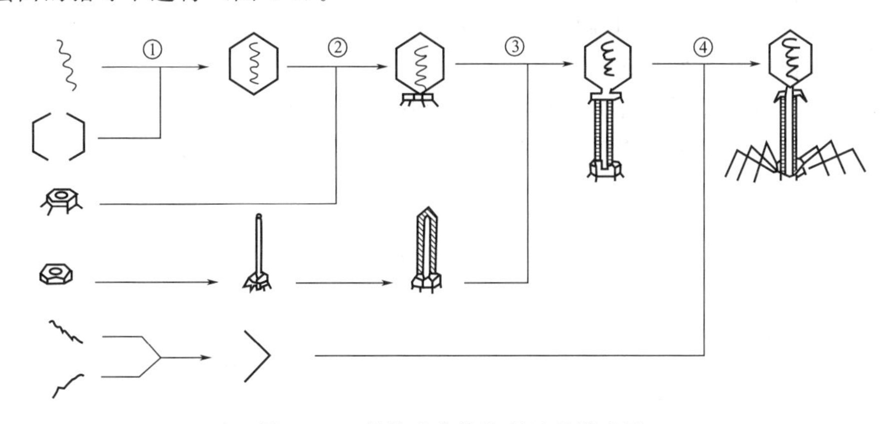

图 4-8　T 偶数噬菌体装配过程模式图

成熟的病毒粒子从被感染细胞内转移到外界的过程，称为病毒释放。当宿主细胞内的大量子代病毒成熟后，由于水解细胞膜的脂肪酶和水解细胞壁的溶菌酶的作用，从细胞内部促进细胞裂解，从而实现病毒的释放。*E. coli* 的 T 系噬菌体就是这样释放的。还有一些纤丝状的噬菌体，例如 *E. coli* 的 f1、fd 和 M13 等，它们的衣壳蛋白在合成后都沉积在细胞膜上。噬菌体成熟后并不破坏细胞壁，而是一个个噬菌体 DNA 穿过细胞膜时才与衣壳蛋白结合，然后穿出细胞，在这种情况下，宿主细胞仍可继续生长。动物病毒释放的方式多样，有的通过细胞溶解或局部破裂而释放，裸露的腺病毒和脊髓灰质炎病毒即如此。具包膜的病毒则通过与吞饮病毒相反的过程——“出芽”作用或细胞排泄作用而释放。有些植物病毒，如巨细胞病毒，很少释放到细胞外，而是通过胞间连丝或融合细胞在细胞间传播。不管以何种方式释放出来的病毒粒子，均可再行感染。

二、烈性噬菌体与温和噬菌体

噬菌体（phage）是侵染细菌、放线菌、真菌等细胞型微生物的病毒，广泛分布于自然界。1915 年英国人陶尔特（Twort）在培养葡萄球菌时，发现菌落上出现了透明斑。用接种针接触透明斑后再接触另一菌落，不久，被接触的部分又

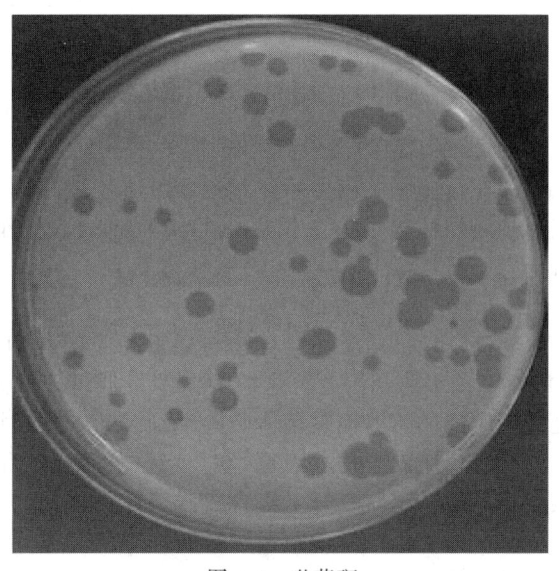

图 4-9　噬菌斑

出现了透明斑，如图 4-9 所示。1917 年，法国人第赫兰尔（d'Herelle）也观察到，痢疾杆菌的新鲜液体培养物能被加入的某种污水的无细菌滤液所溶解，浑浊的培养物变清了。若将此澄清液再行过滤，并加到另一敏感菌株的新鲜培养物中，结果同样变清。以上现象被称为陶尔特-第赫兰尔现象。第赫兰尔将该溶菌因子命名为噬菌体。噬菌体具有一定的形态结构和严格的寄生性，需要在易感的活菌体内增殖，并能将寄生的微生物裂解或使之处于溶源状态。

根据噬菌体与宿主细胞的关系可将噬菌体分为烈性噬菌体（virulent phage）和温和性噬菌体（temperate phage）两类。凡侵入细胞后，进行营养繁殖，导致细胞裂解的噬菌体称烈性噬菌体。而侵入细胞后，与宿主细胞 DNA 同步复制，并随着宿主细胞的生长繁殖而传下去，一般情况下不引起宿主细胞裂解的噬菌体，称温和性噬菌体。但在偶尔的情况下，如遇到环境诱变物甚至在无外源诱变物情况下可自发地具有产生成熟噬菌体的能力。一般将烈性噬菌体所经历的繁殖过程，称为裂解性周期（lytic cycle）或增殖性周期（productive cycle），如图 4-10 所示；将温和噬菌体所经历的繁殖过程称为溶源性周期（lysogenic cycle）。

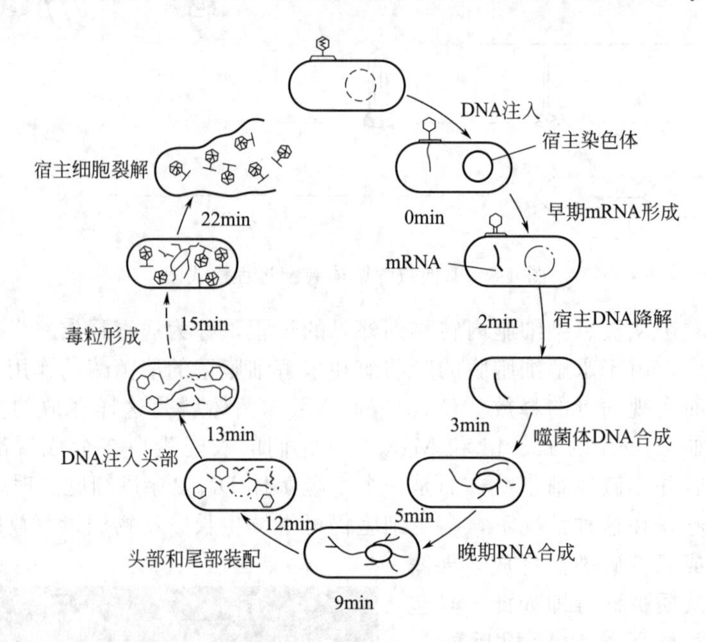

图 4-10　噬菌体 T4 裂解周期感染各时段的情况（引自 Prescott 等，2002）

1. 烈性噬菌体与一步生长曲线

能在宿主细胞内增殖，产生大量子代噬菌体并引起细菌裂解的噬菌体称为烈性噬菌体。定量描述烈性噬菌体生长规律的实验曲线，称作一步生长曲线或一级生长曲线（one-step growth curve）。因它可反映每种噬菌体（或病毒）的 3 个最重要的特征参数——潜伏期（latent phase）、裂解期（rise phase）和裂解量（burse size），故十分重要。

将高浓度的敏感菌培养物与适量相应的噬菌体悬液相混合，即使得一个病毒体与 10～100 个细菌细胞相混合，这样的比例系数可降低几个噬菌体同时侵染单个细菌细胞的概率。经过短时间的培养使噬菌体吸附在细菌上，再用抗病毒血清或离心或稀释除去未吸附的噬菌体。接着，用新鲜培养液把经过上述处理的细菌悬液高倍稀释，以免发生第二次吸附和感染。培养后，定时取样，将含有噬菌体的样品与敏感细菌培养物混合培养，计算每个样品在培养基平板表面产生的噬菌斑数目。以培养时间为横坐标、噬菌斑数为纵坐标，可以绘出一步生长曲线。

如图 4-11 所示，噬菌体在吸附和侵入寄主后，细胞内只出现噬菌体的核酸和蛋白质，还没有释放出噬菌体，这段时间称为隐晦期（eclipse phase）。隐晦期间如人为地（用氯仿）裂解细胞，裂解液无侵染性。人们将噬菌体吸附寄主细胞开始到细胞释放新的噬菌体为止的这段时间称为潜伏期（latent period）。潜伏期过后，噬菌斑数突然迅速上升，表明被感染的细菌已经越来越多地裂解，直至所有感染细胞都被裂解为止，这个时间称为上升期（rise period）。接着，噬菌斑数达到大致恒定，曲线平稳。这个时期即使存在一些未感染的细菌，由于细菌悬液的稀释倍数很高，使得新释放的噬菌体不能吸附未感染的细菌。每个感染细菌所释放的新噬菌体的平均数称为裂解量。

$$\text{裂解量} = \frac{\text{裂解期平均噬菌斑数}}{\text{潜伏期平均噬菌斑数}}$$

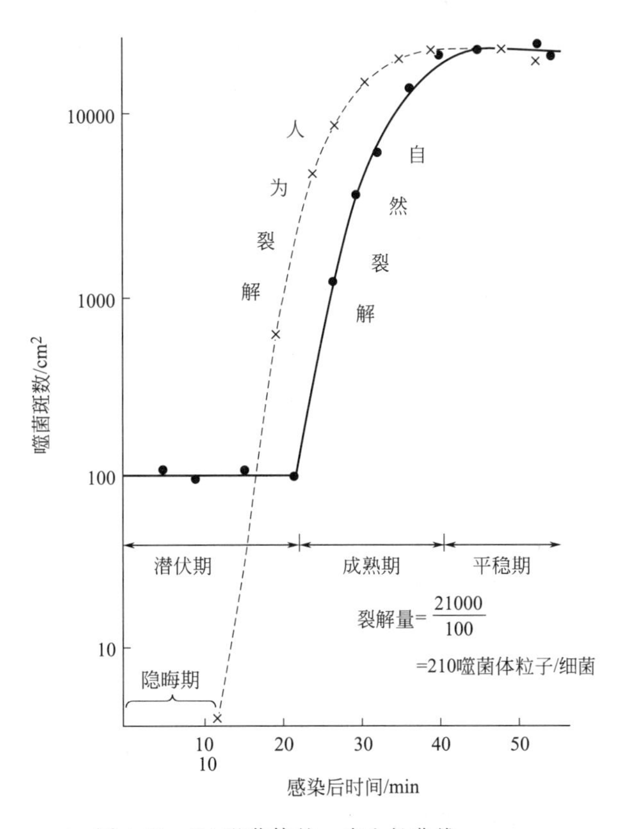

图 4-11　T4 噬菌体的一步生长曲线

2. 温和噬菌体与溶源性细菌

温和噬菌体（temperate phage）侵入菌体后不立即裂解细菌细胞，而是将其核酸整合到宿主染色体上，行同步复制，随宿主细胞分裂传递给其子代，并赋予宿主细胞以新的性状。这种温和噬菌体的侵入并不引起宿主细胞裂解的现象称为溶源现象或溶源性。整合到染色体上的噬菌体 DNA 叫原（前）噬菌体，含原噬菌体的细菌称为溶源性细菌（lysogen 或 lysogenic bacteria）。

溶源菌是一类能与温和噬菌体长期共存，一般不会出现有害影响的宿主细胞。它有如下基本特性：①遗传稳定性。溶源菌通常很稳定，将整合到自己 DNA 上的前噬菌体作为其遗传结构的一部分，随细菌 DNA 一起复制，能够经历很多代。②局限免疫性。溶源菌对同源噬菌体具有免疫性，这种免疫性具有高度的特异性。例如含有 λ 原噬菌体的溶源性细胞，对于λ噬菌体的毒性突变株有免疫性。或者说，毒性突变株对非溶源性宿主细胞有毒性，对溶源性宿主细胞（含λ噬菌体DNA）却没有毒性。其他温和噬菌体对其毒性突变株的免疫关系也是如此。③自发裂解性。溶源细菌正常繁殖时，绝大多数不发生裂解现象，只有极少数（大约10^{-5}）溶源细胞中的原噬菌体发生大量复制的现象，并接着成熟为噬菌体粒子，这时导致寄主细胞裂解，这种现象称为溶源细菌的自发裂解，即少数溶源细菌中的温和噬菌体变成了烈性噬菌体。④诱发裂解性。用低剂量的紫外线照射，或其他物理、化学方法处理能导致溶源细胞诱发裂解，使溶源细胞大量溃溶，释放出噬菌体粒子。⑤溶源转变性。噬菌体DNA整合到细菌基因组中而改变了细菌的基因型，使细菌的某些性状发生改变，称为溶源性转变。某些细菌毒素、激酶的产生，抗原结构和血清型别可受溶源性控制。⑥溶源细菌的复愈性。溶源细胞中的原噬菌体消失时变为非溶源性细胞，再也不会发生自然溃溶和诱发溃溶现象，该过程称为溶源细胞的复愈或非溶源化。

温和噬菌体的存在形式有3种：①游离态，指成熟后被释放并有侵染性的游离噬菌体粒子；②整合态，指整合在宿主基因组上，并与之一起复制的前噬菌体状态；③营养态，指前噬菌体经外界理化因子诱导后，脱离宿主基因组而处于积极复制、合成和装配的状态。

3. 噬菌体的应用

由于噬菌体的某些生物学特性，使其在人类的生产实践和生物学基础理论研究中都有一定价值，可概括为以下几方面：

（1）用于鉴定未知细菌　在医学上，有些病原菌用其他方法很难鉴别，利用噬菌体与宿主细胞间识别的高度专一性，使菌种鉴定不仅能够确定到种属，还能确定到具体菌株，使难以鉴别的病原菌得以鉴别。

（2）用于临床，治疗某些传染性疾病　早在1949年，我国就开始生产痢疾杆菌噬菌体佐剂，以预防和治疗细菌性痢疾。如果将噬菌体制剂与抗生素或者磺胺药物配合应用，则效果更好。

（3）检验植物病原菌　利用噬菌体可以检验由种子携带的植物病原菌。将种子培养在营养液中，有针对性地定量加入某病原菌噬菌体，培养一定时间，再应用双层琼脂技术。如果噬菌体数目增多，即证明该种子内带有某种病原菌。这是植物检疫部门进行快速检验的手段之一。现在，农业部门还用于其他方面的研究。

（4）测定辐射剂量　某些噬菌体（如T2噬菌体）对辐射剂量的反应敏感而精确。在特定条件下，用射线照射噬菌体一定时间，然后通过测定其剩余侵染能力，可以计算出射线的辐射剂量。

（5）噬菌体在分子生物学研究中的作用　噬菌体现已成为进行分子生物学研究的重要和较为理想的材料。通过对大肠杆菌噬菌体侵染过程的研究，使遗传学的很多基本问题弄得更清楚了，并为分子生物学提供了具有普遍意义的知识。

实训一　噬菌体的分离与纯化

一、实训目标

1. 学习分离、纯化噬菌体的原理和方法。

2. 观察噬菌斑的形态和大小。

二、基础知识

噬菌体是细菌的专性寄生物，自然界中凡是有细菌存在的地方，均可以发现其特异性的噬菌体，噬菌体侵入细菌细胞后，利用宿主细胞的酶系统进行复制和增殖，最终导致细菌细胞裂解，噬菌体从细胞中释放出来，可以进一步侵染细菌细胞。在液体培养基中，噬菌体可以使浑浊的菌悬液变为澄清。在长有宿主细菌的固体培养基平板上，噬菌体可以裂解细菌形成透明的空斑，即噬菌斑，一个噬菌体产生一个噬菌斑，因此可以利用这个性质对噬菌体进行分离和效价的测定。

本实验是从阴沟污水中分离大肠杆菌噬菌体，刚分离出的噬菌体常不纯，如表现噬菌斑的形态、大小不一致等，然后再进一步纯化。

三、实训器材

1. 菌种

大肠杆菌。

2. 试剂

二倍肉汤蛋白胨培养液、三倍浓缩的牛肉膏蛋白胨液体培养基、试管液体培养基（上层琼脂培养基，含琼脂0.7%，试管分装，每管4mL）、底层琼脂平板（含培养基10mL，琼脂2%）、阴沟污水。

3. 器材

无菌的培养皿、试管、三角瓶、无菌移液管（1mL、5mL）、抽滤瓶、蔡氏细菌滤器、真空泵、恒温水浴箱、离心机。

四、实训操作过程

1. 样品采集

将2～3g土样或5mL水样（如阴沟污水）放入灭菌三角瓶中，加入对数生长期的敏感指示菌（大肠杆菌）菌液3～5mL，再加20mL二倍肉汤蛋白胨培养液。30℃振荡培养12～18h，使噬菌体增殖。

2. 噬菌体的分离

（1）制备菌悬液　取大肠杆菌斜面一支，加4mL无菌水洗下菌苔，制成菌悬液。

（2）增殖培养　于100mL 3倍浓缩的牛肉膏蛋白胨液体培养基的三角烧瓶中，加入污水样品200mL与大肠杆菌悬液2mL，37℃培养12～24h。

（3）制备裂解液　将以上混合培养液2500r/min离心15min。将已灭菌的蔡氏过滤器用无菌操作安装于灭菌抽滤瓶上，用橡皮管连接抽滤瓶与安全瓶，安全瓶再连接于真空泵。

将离心上清液倒入滤器，开动真空泵，过滤除菌。所得滤液倒入灭菌三角瓶内，37℃培养过夜，以做无菌检查。

（4）确证试验　经无菌检查没有细菌生长的滤液做试验以进一步证明噬菌体的存在。

① 于牛肉膏蛋白胨琼脂平板上加一滴大肠杆菌悬液，再用灭菌玻璃涂布器将菌液涂布成均匀的一薄层。

② 待平板菌液干后，分散滴加数小滴滤液于平板菌层上面，37℃培养过夜。如果在滴加滤液处形成无菌生长的透明噬菌斑，便证明滤液中有大肠杆菌噬菌体。

3. 噬菌体的纯化

① 如果已证明确有噬菌体存在，则用接种环取菌液一环接种于液体培养基内，再加入0.1mL大肠杆菌悬液，使混合均匀。

② 取上层琼脂培养基，融化并冷至48℃（可预先融化、冷却，放48℃水浴箱内备用），加入以上噬菌体与细菌的混合液0.2mL，立即混匀。

③ 立即倒入底层培养基上，混匀。置37℃培养12h。

④ 此时长出的分离的单个噬菌斑，其形态、大小常不一致，再用接种针在单个噬菌斑

中刺一下，小心采取噬菌体，接入含有大肠杆菌的液体培养基内。于37℃培养。

⑤ 待管内菌液完全溶解后，过滤除菌，即得到纯化的噬菌体。

五、实训记录

绘图表示平板上出现的噬菌斑。

【操作技巧提示】

1. 预先做实验，比例要适当

以上①、②、③三个步骤，目的是在平板上得到单个噬菌斑，能否达到目的，决定于所分离得到的噬菌体滤液的浓度和所加滤液的量，最好在做无菌实验的同时，由教师先做预备实验，若平板上的噬菌体连成一片，则需减少接种量（少于一环）或增加液体培养基的量；若噬菌斑太少，则增加接种量。

2. 若要效价高，反复多培养

刚分离纯化得到的噬菌体往往效价不高，需要进行增殖。将纯化了的噬菌体滤液与液体培养基按1∶10的比例混合，再加入大肠杆菌悬液适量（可与噬菌体滤液等量或1/2的量），培养，使增殖，如此重复移种数次，最后过滤，可得到高效价的噬菌体制品。

【案例介绍】

案例：某次实训操作中，取生活污水排放口的污水进行噬菌体的分离纯化实验，在分离操作之后，平板上几乎没有观察到噬菌斑，同学疑惑不解，指导老师为同学解答了疑问，同时提出了解决问题的方法。

解析：噬菌斑的数量主要取决于噬菌体与敏感菌的比例，噬菌斑太少说明噬菌体的浓度或者接种量偏小。同学们可以适当增加生活污水的量或者增加噬菌体滤液的接种量，就可以观察到噬菌斑了。

【思考题】

1. 在固体培养基平板上为什么能形成噬菌斑？
2. 若要分离化脓性细菌的噬菌体，取什么样品材料最容易得到？
3. 试比较分离纯化噬菌体与分离纯化细菌、放线菌等在基本原理和具体方法上的异同。
4. 新分离得到的噬菌体滤液要证实确实有噬菌体存在，除本实验用的平板法观察噬菌斑的存在外，还可以用什么方法？如何证明？

实训二 噬菌体效价的测定

一、实训目标

学习噬菌体效价测定的基本原理和方法。

噬菌体的效价就是1mL培养液中所含活噬菌体的数量。效价测定的方法一般应用双层琼脂平板法。由于含有特异宿主细菌的琼脂平板上，一个噬菌体产生一个噬菌体斑，因此，能进行噬菌体的计数。

二、基础知识

噬菌体属于细菌病毒，它不具备完整的细胞结构，只能通过寄主细胞完成自我复制。因此，人类只有通过电子显微镜才可观察到它们的形态结构。但由于噬菌体侵染细菌细胞后，可导致寄主细胞裂解死亡，并在琼脂培养基表面形成噬菌斑，所以人们可以此来判断噬菌体的存在。

当烈性噬菌体侵染敏感细菌后，会迅速引起敏感细菌裂解，释放出大量子代噬菌体，然后它们再扩散和侵染周围细胞，结果就会在菌苔上形成一个具有一定形状、大小、边缘和透明度的肉眼可见噬菌斑（plague）。

噬菌体的效价即1mL样品中所含侵染性噬菌体的粒子数。其测定常用双层琼脂平板法。由此得到的噬菌斑形态、大小较一致且清晰度高，计算准确。根据不同稀释度平板上出现的噬菌斑数目，即可算出原液噬菌体的效价。

双层琼脂平板的配制方法为：底层平板（1.5%～2%琼脂的LB培养基10mL），将适当稀释的噬菌体与培养至对数期的受体菌混合，保温吸附，加入45℃左右的半固体琼脂糖，迅速混匀铺平板作为上层。

计算公式：噬菌体效价（pfu/mL）=噬菌斑数×稀释倍数×10（这里的10为换算单位）

三、实训器材

1. 菌种

大肠杆菌。

2. 试剂

大肠杆菌噬菌体（10^{-2}稀释液），装有0.9mL液体培养基的小试管4支，牛肉膏蛋白胨平板（10mL培养基，2%琼脂，作底层平板用）5个，含4mL琼脂培养基的试管（0.7%琼脂，作上层培养基用）5管。

3. 器材

培养皿、无菌吸管、灭菌小试管、恒温水浴箱。

四、实训操作过程

1. 稀释噬菌体

① 将4支含有0.9mL液体培养基的试管分别标写10^{-3}、10^{-4}、10^{-5}和10^{-6}。

② 用1mL无菌吸管吸0.1mL 10^{-2}大肠杆菌噬菌体，注入10^{-3}的试管中，旋摇试管，使混匀。

③ 用另一支无菌吸管吸取0.1mL 10^{-3}大肠杆菌噬菌体，注入10^{-4}的试管中，旋摇试管，使混匀。余类推，稀释到10^{-6}。

2. 噬菌体与菌液的混合

① 将5支灭菌空试管分别标写10^{-4}、10^{-5}、10^{-6}、10^{-7}和对照。

② 用吸管从10^{-3}噬菌体稀释管吸0.1mL加入10^{-4}的空试管内，用另一支吸管从10^{-4}稀释管内吸0.1mL加入10^{-5}空试管内，依此类推直至10^{-7}管。

③ 将大肠杆菌培养液摇匀，用吸管取菌液0.9mL加入对照试管内，再吸0.9mL加入10^{-7}试管，如此从最后一管加起，直至10^{-4}管，各管均加0.9mL大肠杆菌培养液。

④ 将以上试管旋摇混匀。

3. 将5管上层培养基融化，标写10^{-4}、10^{-5}、10^{-6}、10^{-7}和对照，使冷却至48℃，并放入48℃水浴箱内。

4. 混合液加入上层培养基中

分别将4管混合液和对照管对号加入上层培养基试管内。每一管加入混合液后，立即旋摇混匀。

5. 接种了的上层培养基倒入底层平板上

将旋摇均匀的上层培养基迅速对号倒入底层平板上，放在台面上摇匀，使上层培养基铺满平板。

6. 凝固后，放置37℃培养。

观察平板中的噬菌斑，将每个稀释度的噬菌斑数目记录于实验报告表格内，并选取30～

300个噬菌斑的平板计算每毫升未稀释的原液的噬菌体数（效价）。

$$噬菌体效价=噬菌斑数\times稀释倍数\times10$$

五、实训记录

记录平板中各稀释度的平均噬菌斑数于下表中：

噬菌体稀释度	对照			10^{-4}			10^{-5}			10^{-6}			10^{-7}		
	1	2	3	1	2	3	1	2	3	1	2	3	1	2	3
噬菌斑数/皿															
平均每皿噬菌斑数															

计算每毫升未稀释的原液的噬菌体效价。

【操作技巧提示】

1. 无菌操作要严格，防止杂菌来污染。
2. 倾倒平板要迅速，温度控制最重要。
3. 倒完平板要冷却，水汽太多影响大。

【案例介绍】

案例：某小组同学在测定大肠杆菌噬菌体的效价实训操作中，同一稀释度的三个平板噬菌斑的数目相差较大，同学们疑惑不解，指导老师为同学们分析了原因，同时提出了解决问题的方法。

解析：测定噬菌体效价的准确性主要取决于三个方面：①整个过程应该严格进行无菌操作，避免杂菌污染；②上层琼脂培养基的温度控制（一般为45～48℃，太高会杀死噬菌体和敏感菌，太低平板易凝）以及倾倒平板要迅速；③倒完平板要冷却到37℃，以免水汽太多影响噬菌斑计数。同学们如果注意了以上三个方面，就能保证测定的准确性了。

【思考题】

1. 什么因素决定噬菌斑的大小？
2. 准确测定噬菌体的效价，操作中需要注意什么？
3. 计算噬菌体效价时，选择30～300PFU的平板计数较好，为什么？
4. 如果在测定的平板上出现其他细菌的菌落，是否影响噬菌体效价的测定？

第三节 亚病毒

前面内容所涉及的病毒皆为经典意义的病毒，即真病毒。它们是一种极为简单的生命形式，然而却不是最简单的生命形式。目前所知的最简单的生命形式是称之为亚病毒的一类生物分子。凡在核酸和蛋白质两种成分中，只含其中之一的分子病原体，称为亚病毒（subvirus），包括类病毒、拟病毒和朊病毒3类。亚病毒的发现刷新了生命体的最低极限，并对遗传信息流的中心法则提出了挑战，对阐明某些疑难病症的病因具有重要影响，它是20世纪生命科学中的一件大事。

一、类病毒

20世纪70年代初期，美国学者Diener及其同事在研究马铃薯纺锤块茎病病原时，观察到病原具有无病毒颗粒和抗原性、对酚等有机溶剂不敏感、耐热（70～75℃）、对高速离心稳定（说明其低分子量）以及对RNA酶敏感等特点。所有这些特点表明病原并不是病毒，而是一种游离的小分子 RNA，从而提出了一个新概念——类病毒（viroid）。在这个概念提出之前，人们一直认为，由蛋白质和核酸两种生物多聚体构成的体系，是原始的生命体系，从未怀疑病毒是复杂生命体系的最低极限。

类病毒是一类能感染某些植物致病的单链闭合环状的 RNA 分子。类病毒基因组小，相对分子质量为 1×10^5。目前已测序的类病毒变异株有 100 多个，其 RNA 分子呈棒状结构，是由一些碱基配对的双链区和不配对的单链环状区相间排列而成。它们的一个共同特点就是在二级结构分子中央处有一段保守区。类病毒通常有 246～399 个核苷酸。在自然条件下，类病毒呈特殊的棍棒状二级结构，其精确结构现在还很不清楚。大约 99%的类病毒均为共价闭合环状单链结构，另一些则为带有不完全碱基对的双链分子。如马铃薯纺锤块茎类病毒（potato spindle tuber viroid ，PSTVd，Vd 是用来与病毒加以区别）是由 359 个核苷酸单位组成的一个共价闭合环状 RNA 分子，长 5～70nm（见图 4-12）。

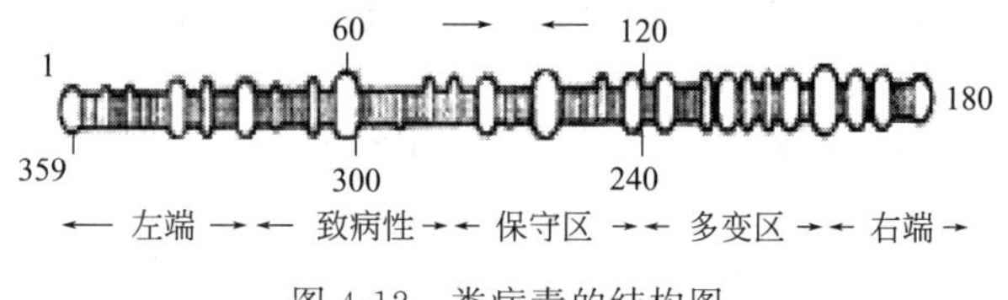

图 4-12 类病毒的结构图

类病毒能独立引起感染，在自然界中存在着毒力不同的类病毒的株系。PSTVd 的弱毒株系只减产 10%左右，而强毒株可减产 70%～80%。所有的类病毒均能通过机械损伤的途径来传播，经耕作工具接触的机械传播是在自然界中传播这种病害的主要途径。有的类病毒，如 PSTVd 还可经种子和花粉直接传播。类病毒病与病毒病在症状上没有明显的区别，病毒病大多数典型症状也可以由类病毒引起。类病毒感染后有较长的潜伏期，并呈持续性感染。

不同的类病毒具有不同的宿主范围。如对 PSTVd 敏感的寄主植物就数以百计，除茄科外，还有紫草科、桔梗科、石竹科、菊科等。柑橘裂皮类病毒（*Citrus* exocortis viroid，CEVd）的寄主范围比 PSTVd 要窄些，但也可侵染蜜柑科、菊科、茄科、葫芦科等 50 种植物。

随着研究的深入，近几年有人报道，类病毒可能在其他生命形态——人和动物等体内出现。类病毒的发现，是 20 世纪下半叶生物学上的重要事件，开阔了病毒学的视野。它不仅为进一步研究植物类病毒，而且为研究动物或者人类等可能存在的类病毒开辟了一个新方向。这对于探索生命的起源与本质等重大理论问题也具有十分重要的意义。

二、拟病毒

拟病毒（virusoid）又称类类病毒、壳内类病毒、病毒的病毒或卫星病毒，是一类包裹在真病毒粒子中的有缺陷的类病毒。拟病毒极其微小，一般仅由裸露的 RNA（300～400 个核苷酸）或 DNA 组成。被拟病毒“寄生”的真病毒又称为辅助病毒，拟病毒则成了它的“卫星”。拟病毒必须依赖辅助病毒才能复制，同时，拟病毒也可干扰辅助病毒的复制和减轻其对宿主的病害，因此正在研究将其用于生物防治中。

拟病毒首次于 1981 年在绒毛烟（*Nicotiana velutina*）的斑驳病毒（velvet tobacco mottle virus，VTMoV）中分离到。VTMoV 是一种二十面体病毒，其核心中含有大分子线状 ssRNA（RNA-1）、环状 ssRNA（RNA-2）和线状 ssRNA（RNA-3），后两者为拟病毒。实验证明，只有当 RNA-1（辅助病毒）与 RNA-2 或 RNA-3（拟病毒）合在一起时才能感染宿主。

拟病毒的辅助病毒既可以是植物病毒，也可以是动物病毒。植物病毒中的拟病毒如苜蓿暂时性条斑病毒（LTSV）、莨菪斑驳病毒（SNMV）、地下三叶草斑驳病毒（SCMoV）。动物病毒中的拟病毒如丁型肝炎病毒（hepatitis D virus），它的宿主是乙型肝炎病毒（HBV）。

三、朊病毒

朊病毒（prion，virino）又称“普列昂”或蛋白质侵染因子（prion，原是 protein infection 的缩写）。据目前所知，朊病毒是一类不含核酸的传染性蛋白质分子，因能引起宿主体内现成的同类蛋白质分子发生与其相似的构象变化，从而可使宿主致病。由于朊病毒与以往任何病毒有完全不同的成分和致病机制，故它的发现是 20 世纪生物科学包括生物化学、病原学、病理学和医学中的一件大事。

朊病毒是由美国学者 S. B. Prusiner 于 1982 年研究羊瘙痒病时发现的。由于其意义重大，故他于 1997 年获得了诺贝尔奖。至今已发现与哺乳动物脑部相关的十余种疾病都是由朊病毒引起的，诸如羊瘙痒病（scrapie in sheep，病原体为羊瘙痒病朊病毒蛋白“PrP^{Sc}”），牛海绵状脑病（bovine spongiform encephalitis，BSE；俗称“疯牛病”，即 mad cow disease，其病原体为 PrP^{BSE}），以及人的克-雅病（Creutzfeldt-Jakob disease，一种早老性痴呆病）、库鲁病（Kuru，一种震颤病）和 G-S 综合征等。这类疾病的共同特征是潜伏期长，对中枢神经的功能有严重影响。

朊病毒是一类小型蛋白质颗粒，约由 250 个氨基酸组成，大小仅为最小病毒的 1%，而且毒性很强。朊病毒与真病毒的主要区别有：①呈淀粉样颗粒状；②无免疫原性；③无核酸成分；④由宿主细胞内的基因编码；⑤抗逆性强，能耐杀菌剂（甲醛）和高温（经 120～130℃处理 4h 后仍具感染性）。

第四节　病毒与生产实践

病毒与人类实践的关系极为密切。由它们引起的宿主病害既有威胁人类健康，对畜牧业、栽培业和发酵工业不利的影响，又可利用它们进行生物防治，此外，还可利用病毒进行疫苗生产和作为遗传工程中的外源基因载体，直接或间接地为人类创造出巨大的经济效益、社会效益和生态效益。

一、发酵工业的噬菌体污染

1. 噬菌体污染的特点

噬菌体与实践的关系主要体现在对发酵工业的危害上。噬菌体会给人类造成损失，利用微生物进行发酵的工业常深受其害。例如抗生素工业、微生物农药和有机溶剂发酵等工业中，普遍存在着噬菌体的危害。目前酿酒工业中也有发现。当发酵液受噬菌体严重污染时，会出现：①发酵周期明显延长；②碳源消耗缓慢；③发酵液变清，镜检时，有大量异常菌体出现；④发酵产物的形成缓慢或根本不形成；⑤用敏感菌作平板检查时，出现大量噬菌斑；⑥用电子显微镜观察时，可见到有无数噬菌体粒子存在。当出现以上现象时，轻则延长发酵周期、影响产品的产量和质量，重则引起倒罐甚至使工厂被迫停产。这种情况在谷氨酸发酵、细菌淀粉酶或蛋白酶发酵、丙酮丁醇发酵以及各种抗生素发酵中是司空见惯的，应严加防范。

2. 噬菌体污染的防治

噬菌体的危害并非不可防治。要防治噬菌体的危害，首先是提高有关工作人员的思想认识，建立“防重于治”的观念。预防噬菌体污染的措施主要有：

① 绝不使用可疑菌种。认真检查斜面、摇瓶及种子罐所使用的菌种，坚决废弃任何可疑菌种。

② 严格保持环境卫生。

③ 绝不排放或随便丢弃活菌液。环境中存在活菌，就意味着存在噬菌体赖以增殖的大量宿主，其后果将是极其严重的。为此，摇瓶菌液、种子液、检验液和发酵后的菌液绝对不能随便丢弃或排放；正常发酵液或污染噬菌体后的发酵液均应严格灭菌后才能排放；发酵罐的排气或逃液均须经消毒、灭菌后才能排放。

④ 注意通气质量。空气过滤器要保证质量并经常进行严格灭菌，空气压缩机的取风口应设在30～40m高空。

⑤ 加强管道及发酵罐的灭菌。

⑥ 不断筛选抗性菌种，并经常轮换生产菌种。

⑦ 严格执行会客制度。

如果预防不成，一旦发现噬菌体污染时，要及时采取合理措施。例如：①尽快提取产品，如果发现污染时发酵液中的代谢产物含量已较高，则应及时提取或补加营养并接种抗噬菌体菌种后再继续发酵，以挽回损失。②使用药物抑制，目前防治噬菌体污染的药物还很有限，在谷氨酸发酵中，加入某些金属螯合剂（如0.3%～0.5%草酸盐、柠檬酸铵）可抑制噬菌体的吸附和侵入；加入1～2μg/mL金霉素、四环素或氯霉素等抗生素或0.1%～0.2%的“吐温60”、“吐温20”或聚氧乙烯烷基醚等表面活性剂均可抑制噬菌体的增殖或吸附。③及时改用抗噬菌体生产菌株。

二、噬菌体与生物防治

1. 生物防治的特点

生物防治是利用有益生物或其他生物来抑制或消灭有害生物的一种防治方法。内容包括：①利用微生物防治。常见的有应用真菌、细菌、病毒和能分泌抗生物质的抗生菌，如应用白僵菌防治马尾松毛虫（真菌）。应用苏云金杆菌各种变种制剂防治多种林业害虫（细菌），应用病毒粗提液防治蜀柏毒蛾、松毛虫、泡桐大袋蛾等（病毒）。②利用寄生性天敌防治。主要有寄生蜂和寄生蝇，最常见的有赤眼蜂、寄生蝇防治松毛虫等多种害虫，肿腿蜂防治天牛，花角蚜小蜂防治松突圆蚧。③利用捕食性天敌防治。这类天敌很多，主要为食虫、食鼠的脊椎动物和捕食性节肢动物两大类。鸟类有山雀、灰喜鹊、啄木鸟等捕食害虫的不同虫态。鼠类天敌如黄鼬、猫头鹰、蛇等，节肢动物中捕食性天敌除有瓢虫、螳螂、蚂蚁等昆虫外，还有蜘蛛和螨类。

生物防治的特点是对人畜安全，对环境没有或极少污染，有时对某些害虫可以达到长期控制的目的，而且天敌资源丰富，使用成本较低，便于利用。但缺点是杀虫作用缓慢，不如化学杀虫剂速效；多数天敌对害虫的寄生或捕食有选择性，范围较窄；天敌对多种害虫同时并发难以奏效；天敌的规模化人工养殖技术难度较大，能用于大量释放的天敌昆虫的种类不多，防治效果常受气候的影响。

2. 病毒在生物防治中的应用

（1）净化海洋环境　病毒能够感染并摧毁水中微生物群体中的细菌，从而形成海洋环境中碳循环最重要的一个环节。据估计，病毒每天能杀死20%的微生物，是摧毁有害藻类大量繁殖的主要力量，从而可以减少藻类大量繁殖对其他海洋生物的威胁。而且，病毒能够使细菌细胞中的有机分子得以释放出来，从而刺激新生细菌和海藻的生长。

（2）防治害虫　利用昆虫病毒防治害虫开始于20世纪30年代，目前已有多种昆虫病毒杀虫剂应用于生产实践。一种昆虫病毒只对一种或几种特定的昆虫有致命性。这样一来，就不会对人类还有其他生物造成危害。而且，昆虫病毒可以在土壤中保存，并随着风等自然因素扩散，从而造成病毒流行，这可以有效扩大杀虫的范围。此外，和传统的化学杀虫剂相比，昆虫病毒杀虫剂可以避免传统的化学杀虫剂对自然环境的破坏。

（3）花卉美化 植物病毒引起植株的症状是各种各样的。一般而言，患病的植株叶片皱缩、斑驳或改变颜色出现褪绿、黄化等症状，对植物的生长产生危害作用。而对某些花卉来说，正是因为病毒的侵染，在花瓣的原有颜色上产生了花斑或条纹，才使花色更加奇异别致，起到了对花卉的美化作用。

问题与讨论

1. 名词解释：真病毒、亚病毒、溶源性、溶源菌、衣壳、核衣壳、裂解量。
2. 病毒区别于其他生物的特点是什么？
3. 病毒核酸有何特点？病毒蛋白质有何功能？
4. 病毒复制周期可分为哪几个阶段？各个阶段的主要过程如何？
5. 什么是温和噬菌体和溶源菌？温和噬菌体有哪几种存在方式？溶源菌有哪些特点？
6. 病毒感染的途径有哪些？病毒感染的类型有哪些？
7. 亚病毒有哪几类？各自有何特点？

第五章　微生物的营养

【知识目标】

1. 掌握微生物生长需要的六大营养要素及微生物的营养类型。
2. 掌握营养物质进出微生物细胞的方式。
3. 掌握微生物培养基的分类。
4. 熟悉微生物培养基的配制原则。

【能力目标】

1. 学会常用培养基的配制技术。
2. 尝试微生物培养基的优化。

微生物为了生存，需要不断地从外界环境中吸收所需要的营养物质，通过新陈代谢将其转化成自身的细胞物质或代谢物，从中获取生命活动必需的能量，同时将代谢产物排出体外。

凡是能够满足微生物机体生长、繁殖和完成各种生理活动所需的物质称为营养物质（nutrient）；而微生物获得和利用营养物质的过程称为营养（nutrition）。营养物质是微生物生命活动的物质基础，没有这个基础，生命活动就无法进行。营养过程是微生物生命活动的重要特征，没有营养过程，也就没有生长。

微生物的营养是微生物生理学的重要研究领域，主要研究营养物质在微生物生命活动过程中的生理功能，以及微生物细胞从外界环境摄取营养物质的机制。

第一节　微生物的营养

微生物的营养物质应满足下列两个条件：能直接或在胞外被水解成小分子物质通过细胞膜进入细胞；进入细胞后在胞内酶体系的作用下直接或经化学变化后构成细胞的原生质和细胞结构物质，并为细胞生命活动提供能量。

一、微生物细胞的化学组成

1. 化学元素（chemical element）

微生物细胞和动植物细胞一样，也是由碳、氢、氧、氮、磷、硫、钾、镁、钙、铁、锌、锰、钠、氯、钼、硒、钴、铜、钨、镍、硼等化学元素组成。其中碳约占一般细菌细胞干重的50%，氢、氧、氮、磷、硫五种元素约占一般细菌细胞干重的47%（表5-1）。

表5-1　微生物细胞中几种主要化学元素的含量　单位：%（以干重计）

化学元素	碳	氢	氧	氮	磷	硫
细菌	50	8	20	15	3	1
霉菌	48	7	40	5	—	—
酵母菌	50	7	31	12	—	—

微生物细胞的化学元素组成从一个侧面反映了微生物生长繁殖的物质需要。虽然随着微生物种类、生理状态及环境的不同，其组成也有变化（表5-1），但通过对细胞元素组成的

分析可大体看出微生物所需的营养物质。微生物细胞的化学元素组成并不是绝对不变的，常因微生物的种类、菌龄及培养条件的不同而在一定范围内发生变化。

2. 存在形式

各种化学元素主要以有机物、无机物和水的形式存在于微生物细胞中（表 5-2）。

表 5-2 微生物细胞中主要干物质的含量 单位：%

微生物	蛋白质	碳水化合物	脂类	灰分元素
细菌	40～80	4～25	5～30	6～10
霉菌	20～40	20	8～40	7
酵母菌	40～60	25	4	7～10

（1）有机物 主要包括蛋白质、糖类、脂类、核酸、维生素以及它们的降解产物，占微生物细胞干物质的 90%以上。

（2）无机物 主要是指与有机物相结合或单独存在于细胞中的无机盐等物质。微生物细胞中的干物质有 3%～10%的无机元素。

（3）水分 水是微生物细胞的重要组成成分，是细胞维持正常生命活动所必不可少的，一般可占细胞重量的 70%～90%。水在细胞中有两种存在形式，一种是可以被微生物直接利用的游离水；另一种是与溶质或其他分子结合在一起的难以被微生物利用的结合水。

二、营养要素及其生理功能

微生物生长需要从外界获得营养物质，而这些营养物质主要以有机和无机化合物的形式为微生物所利用，也有小部分以分子态的气体形式被微生物利用。根据营养物质在微生物细胞中生理功能的不同，可将它们分为碳源、氮源、无机盐、生长因子、水和能源六大类。

1. 碳源

碳源是在微生物生长过程中为微生物提供碳素来源的营养物质。这类物质主要用于构成微生物自身的细胞物质（如糖类、蛋白质、脂类等）和代谢产物（如抗生素、氨基酸等），而且绝大部分碳源物质在细胞内生化反应过程中还能为机体提供维持生命活动所需的能源，因此碳源物质通常也是能源物质。

微生物能够利用的碳源既有简单的无机碳化合物，如 CO_2 和碳酸盐等，也有各种复杂的有机物，如糖类及其衍生物、脂类、醇类、有机酸、烃类和芳香族化合物等。甚至有些微生物还能利用酚类、氰化物、农药等有毒的化合物作为碳源使用。例如某些霉菌和诺卡菌可利用氰化物，热带假丝酵母可以分解塑料，某些梭状芽孢杆菌可以分解农药六六六，这些微生物常被用于“三废处理”、消除污染，以及生产单细胞蛋白等。因此，自然界中几乎所有的有机物即使是高度不活泼的甚至有毒的有机物都可以被微生物所分解利用。

微生物利用这些碳源物质还具有选择性，一般糖类是微生物较容易利用的良好碳源物质，但微生物对不同糖类物质的利用也有差别。例如在糖类物质利用中单糖优于双糖、已糖优于戊糖、淀粉优于纤维素、纯多糖优于杂多糖和其他聚合物；以葡萄糖和半乳糖为碳源的培养基中，大肠杆菌首先利用葡萄糖，然后利用半乳糖，前者称为大肠杆菌的速效碳源，后者称为迟效碳源。

目前实验室中最常利用的碳源物质是葡萄糖和蔗糖，工业发酵中常利用的碳源物质主要是单糖、糖蜜（制糖工业副产品）、淀粉、麸皮、米糠、酒糟等，其中淀粉是大多数微生物均可利用的碳源。此外为了节约粮食，人们已经开展了代粮发酵的科学研究，以自然界中广泛存在的纤维素、石油、CO_2、H_2 等作为碳源和能源物质来培养微生物生产各种代谢产物。

不同种类微生物利用碳源物质的能力也有较大差别。有的微生物能广泛利用各种类型的碳源物质，例如假单胞菌属（*Pseudomonas*）中的某些种可以利用多达 90 种以上的碳源物质；而有些微生物只能利用少数几种碳源物质，例如一些甲基营养型（methylotrophs）微生物只能利用甲醇或甲烷等一碳化合物作为碳源物质。

2. 氮源

氮源是在微生物生长过程中为微生物提供氮素来源的营养物质。这类物质主要用来合成微生物细胞中的含氮物质，一般不作为能源使用，除了少数自养微生物（如硝化细菌）能利用铵盐、硝酸盐同时作为氮源与能源外，还有某些厌氧微生物在缺乏碳源的厌氧条件下也可以利用某些氨基酸作为能源物质。

微生物能够利用的氮源物质包括蛋白质及其不同程度的降解产物（如蛋白胨、多肽、氨基酸等）、铵盐、硝酸盐、亚硝酸盐、分子氮、嘌呤、嘧啶、脲、胺、酰胺等。不同的微生物在氮源的利用上有很大的差别。例如大多数微生物都能利用较简单的化合态氮，如铵盐、硝酸盐、氨基酸等，其中铵盐几乎可以被所有微生物吸收利用；固氮菌能以分子氮作为唯一氮源，也能利用化合态的有机氮和无机氮。当利用无机氮化物作为唯一氮源培养微生物时，培养基会表现出生理酸性或生理碱性。例如以 $(NH_4)_2SO_4$ 等铵盐为氮源时，由于微生物吸收利用铵盐和硝酸盐的能力较强，从而导致 NH_4^+ 被利用后的培养基 pH 下降，故有“生理酸性盐”之称；以 KNO_3 为氮源时，NO_3^- 被吸收后导致培养基的 pH 升高，故有“生理碱性盐”之称；利用 NH_4NO_3 作为氮源时，可以避免 pH 急剧升降，但是 NH_4^+ 被吸收的速度快，NO_3^- 的吸收滞后，所以培养基的 pH 会先降后升。因此，培养基配方中应加入缓冲物质。

目前实验室中常用的有机氮源包括蛋白胨、牛肉浸膏、酵母浸膏等，工业发酵中常用的氮源物质是鱼粉、蚕蛹粉、黄豆饼粉、花生饼粉、玉米浆、酵母粉等。微生物对这些氮源物质的利用也具有选择性。例如，土霉素产生菌利用玉米浆比利用黄豆饼粉和花生饼粉的速度快，这是因为玉米浆中的氮源物质主要以较易吸收的蛋白质降解产物形式存在，而降解产物特别是氨基酸可以通过转氨作用直接被机体利用，而黄豆饼粉和花生饼粉中的氮主要以大分子蛋白质形式存在，需进一步降解成小分子的肽和氨基酸后才能被微生物吸收利用，因而对其利用的速度较慢。因此玉米浆为速效氮源，有利于菌体生长；黄豆饼粉和花生饼粉作为迟效氮源，有利于代谢产物的形成。在发酵生产土霉素的过程中，往往将两者按一定比例制成混合氮源，以控制菌体生长时期与代谢产物形成时期的协调，达到提高土霉素产量的目的。

3. 无机盐

无机盐为微生物生长提供除碳、氮以外的各种必需的养分，是微生物生长必不可少的一类营养物质。它在机体中的生理功能是：构成微生物细胞的组成成分；参与酶的组成；作为酶的激活剂；调节微生物细胞的渗透压、pH 值和氧化还原电位；作为某些自养微生物的能源。微生物生长所需的无机盐包括磷、硫、氯、钾、钠、镁、钙、铁、钼、锌、铜、锰、钴等元素的盐类。

磷、硫、钾、钠、镁、钙等元素的盐具有参与细胞结构物质的组成、能量转移、细胞透性调节等功能（表 5-3），故微生物对它们的需求量相对大些，为 $10^{-4}\sim10^{-3}$ mol/L，因而有宏量元素之称。

铁、钼、锌、铜、锰、钴等元素的盐类进入细胞一般参与酶的组成或使酶活化（表 5-4），微生物对它们的需求量甚少，通常为 $10^{-8}\sim10^{-6}$ mol/L（培养基中含量），因而有微量元素之称，即在微生物生长过程中起重要作用，而机体对这些元素的需要量极其微小。

表 5-3 宏量元素的生理功能

元素	提供形式	生理功能
磷	KH_2PO_4，K_2HPO_4	核酸、核蛋白、磷脂、辅酶及ATP等高能分子的成分，作为缓冲系统调节培养基pH
硫	$(NH_4)_2SO_4$，$MgSO_4$	含硫氨基酸（半胱氨酸、甲硫氨酸等）、维生素的成分，谷胱甘肽可调节胞内氧化还原电位
钾	KH_2PO_4，K_2HPO_4	某些酶的辅因子，维持细胞渗透压，某些嗜盐细菌核糖体的稳定因子
钠	NaCl	细胞运输系统组分，维持细胞渗透压，维持某些酶的稳定性
镁	$MgSO_4$	己糖磷酸化酶、异柠檬酸脱氢酶、核酸聚合酶等活性中心组分，叶绿素和菌绿素成分
钙	$CaCl_2$，$Ca(NO_3)_2$	某些酶的辅因子，维持酶（如蛋白酶）的稳定性，芽孢和某些孢子形成，建立细菌感受态

表 5-4 微量元素的生理功能

元素	生理功能
铁	细胞色素及某些酶的组成成分，某些铁细菌的能源物质，合成叶绿素、白喉毒素的成分
锌	RNA和DNA聚合酶的成分；乙醇及乳酸脱氢酶等的活性基的成分；肽酶、脱羧酶的辅助因子
铜	细胞色素氧化酶、抗坏血酸氧化酶、酪氨酸酶等的组成成分
锰	黄嘌呤氧化酶的组成成分；对许多酶有活化作用
钴	维生素 B_{12} 等的成分；肽酶的辅助因子
钼	硝酸还原酶、固氮酶、甲酸脱氢酶的成分
硒	甘氨酸还原酶、甲酸脱氢酶等的成分

如果微生物在生长过程中缺乏微量元素，会导致细胞生理活性降低甚至停止生长。微量元素通常混杂在天然有机营养物、无机化学试剂、自来水、蒸馏水以及普通玻璃器皿中，如果没有特殊原因，在配制培养基时没有必要另外加入微量元素。另外，许多微量元素是重金属，如果过量就会对机体产生毒害作用，而且单独一种微量元素过量产生的毒害作用更大，因此要将培养基中微量元素的量控制在正常范围内，并注意各种微量元素之间保持恰当比例。

4. 生长因子

生长因子通常指那些微生物生长所必需而且需要量很小，但微生物自身不能合成或合成量不足以满足机体生长需要的有机化合物。各种微生物需要的生长因子的种类和数量是不同的。不仅如此，同种微生物对生长因子的需求也会随着环境条件的变化而改变，这些环境条件主要指培养基的化学组成、培养基的pH值、通气条件、培养温度等。例如鲁氏毛霉在厌氧条件下生长时需要维生素 B_1 与生物素，而在好氧条件下生长时自身能合成这两种物质，不需外加这两种生长因子。

不同微生物合成生长因子的能力不同。自养微生物和某些异养微生物（如大肠杆菌）不需外源生长因子也能生长；各种动物致病菌及乳酸细菌等许多微生物需要多种生长因子；有的微生物不但不需要供给，而且在代谢活动中能分泌大量的维生素等生长因子。

（1）维生素　维生素是最早发现的生长因子，目前发现许多微生物需要外界提供维生素才能生长。维生素在机体中所起的作用主要是作为酶的辅基或辅酶参与新陈代谢，需要量很少，其浓度范围为 $1\sim50\mu g/L$，甚至更低。一些重要维生素的生理功能见表5-5。

表 5-5 几种维生素的生理功能

维生素	生理功能
硫胺素（维生素 B_1）	焦磷酸硫胺素是脱羧酶、转醛酶、转酮酶的辅基
核黄素（维生素 B_2）	黄素核苷酸FMN和FAD的前体，它们构成黄素蛋白的辅基，与氢的转移有关
烟酸（维生素 B_5）	NAD和NADP的前体，是脱氢酶的辅酶，参与递氢过程以及氧化还原反应
吡哆醇（维生素 B_6）	磷酸吡哆醛是氨基酸消旋酶、转氨酶与脱羧酶的辅基，参与氨基酸的消旋、脱羧和转氨
泛酸	辅酶A的前体，乙酰载体的辅基，转移酰基，参与糖和脂肪酸的合成
叶酸	辅酶F（四氢叶酸），参与一碳基的转移，与合成嘌呤、嘧啶、核苷酸、丝氨酸和甲硫氨酸有关
生物素（维生素H）	各种羧化酶的辅基，在 CO_2 固定、氨基酸和脂肪酸合成及糖代谢中起作用
维生素 B_{12}	辅酶维生素 B_{12} 参与某些化合物的重组反应，与甲硫氨酸的合成有关
维生素K	甲基醌类的前体，起电子载体作用，促进合成凝血酶原

（2）氨基酸 微生物生长需要L-氨基酸，因为L-氨基酸是组成蛋白质和酶结构物质的主要成分，故需要量较大。其浓度范围为20～50μg/mL，比维生素的需要量大几千倍。氨基酸在不同微生物中的合成能力相差很大。有些细菌如大肠杆菌能合成自身所需要的全部氨基酸；有些细菌合成氨基酸的能力极弱，如肠膜明串珠菌需要补充17种氨基酸和多种维生素才能生长。一般地说，革兰阴性菌合成氨基酸的能力比革兰阳性菌强。

（3）嘌呤和嘧啶 在微生物机体内的作用主要是作为酶的辅酶或辅基。嘌呤和嘧啶进入细胞后必须转变为核苷和核苷酸才能被利用。某些细菌特别是乳酸细菌的生长需要嘌呤和嘧啶，以合成核苷酸。微生物生长旺盛时需要嘌呤和嘧啶的浓度为10～20μg/mL。有些微生物不仅缺乏合成嘌呤和嘧啶的能力，而且不能把它们正常结合到核苷酸上。因此，这类微生物需要供给核苷或核苷酸才能正常生长。

5. 水

水是微生物生长所必不可少的基本条件。水在细胞中的生理功能主要有：起到溶剂与运输介质的作用，营养物质的吸收与代谢产物的分泌必须以水为介质才能完成；参与细胞内一系列化学反应，如蓝细菌利用水作为CO_2的还原剂；维持蛋白质、核酸等生物大分子稳定的天然构象；因为水的比热容高，是热的良好导体，能有效地吸收代谢过程中产生的热并及时地将热迅速散发出体外，从而有效地控制细胞内温度的变化；保持充足的水分是细胞维持自身正常形态的重要因素；微生物通过水合作用与脱水作用控制由多亚基组成的结构，如酶、微管、鞭毛及病毒颗粒的组装与解离等。

试验证明，缺水比饥饿更容易导致微生物死亡。如果细胞中水分稍有缺少就会影响整个机体的代谢。

微生物生长的环境中水的有效性常以水活度值α_w表示，水活度值是指在一定的温度和压力条件下，溶液的蒸气压力与同样条件下纯水蒸气压力之比，即：$\alpha_w = p_{溶液}/p_{纯水}$。纯水α_w为1.00，溶液中溶质越多，α_w越小。微生物一般在α_w为0.60～0.99的条件下生长。一般来说，细菌生长最适α_w较酵母菌和霉菌高，而嗜盐微生物生长最适α_w则较低。

6. 能源

凡是能为微生物生命活动提供最初能量来源的营养物或辐射能称为能源。微生物的能源谱如下：

能源
- 化合物
  - 有机物：化能异养微生物的能源（同碳源）
  - 无机物：化能自养微生物的能源（不同于碳源）
- 辐射能：光能自养和光能异养微生物的能源

各种异养微生物的能源就是其碳源，而能作化能自养微生物能源的物质都是一些还原态的无机物质，例如NH_4^+、NO_2^-、S、H_2S、H_2和Fe^{2+}等，能氧化利用这些物质的微生物都是细菌，如硝化细菌、硫化细菌等。

在提到能源时，很容易看到一种营养物常有一种以上营养要素功能的例子，即除单功能营养物外，还存在双功能、三功能营养物的情况。例如，辐射能是单功能的，还原态无机养料常是双功能（如NH_4^+既是硝酸细菌的能源，又是其氮源）甚至还是三功能（作为某些厌氧菌的能源、氮源、碳源）的营养物；有机物常有双功能或三功能作用，例如“N·C·H·O”类营养物常是异养微生物的能源、碳源兼氮源。

三、微生物的营养类型

微生物的营养类型比较复杂，根据所需碳源的性质，可分为自养型和异养型。自养型微生物能以CO_2作为唯一碳源或主要碳源，而异养型微生物只有当有机物存在时才能生长。根据氢供体的性质，微生物又可分为无机营养型和有机营养型，前者还原CO_2时的氢供体是无机物，后者的氢供体是有机物。由于氢供体与基本碳源的性质一致，这两种分类的结果是相同的。根据所需能源的不同，自养型微生物和异养型微生物又都可以分为化能营养型和光能营养型（表 5-6）。这样，微生物的营养类型可以分为光能无机营养型、光能有机营养型、化能无机营养型、化能有机营养型四大类。

表 5-6 微生物的营养类型

营养类型	能源	氢供体	基本碳源	实 例
光能无机营养型(光能自养型)	光能	无机物	CO_2	蓝细菌、紫硫细菌、绿硫细菌、藻类
光能有机营养型(光能异养型)	光能	有机物	CO_2 及简单有机物	红螺菌属的细菌(即紫色无硫细菌)
化能无机营养型(化能自养型)	无机物①	无机物	CO_2	硝化细菌、硫化细菌、铁细菌、氢细菌、硫黄细菌等
化能有机营养型(化能异养型)	有机物	有机物	有机物	绝大多数原核微生物和全部真核微生物

① NH_4^+、NO_2^-、S、H_2S、H_2、Fe^{2+} 等。

光能自养型和光能异养型微生物可利用光能生长，在地球早期生态环境的演化过程中起重要作用；化能自养型微生物广泛分布于土壤及水环境中，参与地球物质循环；化能异养型微生物的有机物通常既是碳源也是能源。目前已知的大多数细菌、真菌、原生动物都是化能异养型微生物。

1. 化能异养微生物

化能异养型又称化能有机营养型，这类微生物以有机物作碳源，利用有机物氧化过程中的氧化磷酸化产生的 ATP 为能源生长，因此，有机物既是碳源又是能源。目前已知的微生物尤其是工业上应用的微生物绝大多数都属于此种类型，并且已知的所有致病微生物都属于此种类型。

根据化能异养型微生物利用的有机物性质的不同，又可将它们分为腐生型和寄生型两类，前者可利用无生命的有机物（如动植物尸体和残体）作为碳源，后者则寄生在活的寄主机体内吸取营养物质，离开寄主就不能生存。在腐生型和寄生型之间还存在一些中间类型，如兼性腐生型和兼性寄生型。寄生菌和兼性寄生菌大多数是有害微生物，可引起人、畜、禽、农作物的病害。腐生菌虽不致病，但可使食品、粮食和衣物、饲料，甚至工业品发霉变质，有的还产生毒素，引起食物中毒。

2. 化能自养微生物

化能自养型又称化能无机营养型，这类微生物能利用无机物氧化时释放出的化学能作能源，以 CO_2 或碳酸盐作为唯一或主要碳源，以 H_2、H_2S、NH_4^+、Fe^{2+} 或 NO_2^- 等为电子供体，使 CO_2 还原为细胞物质。

硫化细菌、硝化细菌、氢细菌和铁细菌等均属于这类微生物。例如氧化亚铁硫杆菌具有将硫或硫代硫酸盐氧化生成硫酸和将亚铁氧化成高铁的能力，已用于尾矿或低品矿藏中铜等金属元素的浸出。还有存在于含铁量高的酸性水中的铁细菌也能通过铁的氧化获得能量，将亚铁离子氧化成高铁离子，放出能量。

由于这种营养类型的微生物生活在无机养料和黑暗的环境中，故又有化能矿质营养型之称。

3. 光能自养微生物

光能自养型又称光能无机营养型，这类微生物能以 CO_2 作为唯一碳源或主要碳源并利用光能生长，能以硫化氢、硫代硫酸钠或其他无机硫化物等还原态无机化合物作为氢供体，使 CO_2 还原成细胞物质。

蓝细菌、紫硫细菌、绿硫细菌属于这种营养类型。它们含有叶绿素或细菌叶绿素等光合色素，可将光能转变成化学能（ATP）供机体直接利用。蓝细菌与高等绿色植物一样含有叶绿素能进行光合作用，在光存在的条件下以水为氢供体，同化 CO_2，并释放出 O_2。

$$H_2O+CO_2 \xrightarrow[\text{叶绿素}]{\text{光}} [CH_2O]+O_2$$

紫硫细菌和绿硫细菌含细菌叶绿素，以 H_2S、S 和 $Na_2S_2O_3$ 等还原态硫化物作为氢供体，还原 CO_2 的同时析出硫元素，进行不放氧的光合作用。它们的光合作用是在严格厌氧的条件下进行的。

4. 光能异养微生物

光能异养型又称光能有机营养型，这类微生物含有光合色素，需要以简单有机物作碳源和氢供体，利用光能将 CO_2 还原成细胞物质。人工培养此类细菌常常需要提供外源生长因子。

红螺菌属中的一些细菌就属这种营养类型。它们在含有机质、无机硫化物和有光、缺氧的条件下，能利用有机酸、醇等简单有机物作氢供体，使 CO_2 还原并积累其他有机物。

光能异养型微生物虽然能利用 CO_2，但必须要在有机物同时存在的条件下才能生长，因此，光能异养型与光能自养型微生物的主要区别在于氢供体和电子供体的来源不同。

以上四种营养类型之间的界线并非绝对的，异养型微生物并非绝对不能利用 CO_2，在有机物存在的情况下也可将 CO_2 同化为细胞物质；同样，自养型微生物也并非不能利用有机物进行生长。例如紫色非硫细菌在没有有机物时可以同化 CO_2，为自养型微生物；而当有机物存在时，它又可以利用有机物进行生长，此时它为异养型微生物。另外，有些微生物在不同生长条件下生长时，其营养类型也会发生改变。例如，红螺菌在光照和厌氧条件下可利用光能生长，为光能营养型微生物；而在黑暗与好氧条件下，依靠有机物氧化产生的化学能生长，则为化能营养型微生物。以上情况说明，微生物在自养型和异养型之间、光能型和化能型之间存在着中间过渡类型，这些营养类型之间的可变性往往有利于提高微生物对环境条件变化的适应能力。

第二节 营养物质进入细胞的方式

由于微生物没有专门的摄食和排泄器官，就只能通过细胞表面的渗透屏障进行物质交换。所有微生物都具有一种保护机体完整性且能限制物质进出细胞的渗透屏障，渗透屏障主要由细胞膜、细胞壁、荚膜及黏液层等组成。荚膜与黏液层的结构较为疏松，对细胞吸收营养物质影响较小。细胞壁对营养物质的吸收有一定的影响，能阻挡分子过大的溶质进入。与细胞壁相比，细胞膜在控制物质进入细胞的过程中起着更为重要的作用。细胞膜是控制营养物质进入和代谢产物排出的主要屏障，一般水溶性和脂溶性的小分子物质可被微生物直接吸收利用；而大分子的营养物质如多糖、蛋白质、核酸、脂肪等，必须经相应的胞外酶水解成小分子物质后，才能被微生物细胞吸收利用。

影响营养物质进入细胞的因素主要有：

① 营养物质的性质 包括分子大小、电荷、结构、溶解性等。

② 微生物所处的环境条件 即温度、pH、离子强度、渗透压、氧分压、表面活性剂等。

③ 微生物细胞的透过屏障 如种类、表现形态、菌龄、生理状态及代谢活性等。

根据物质运输过程中的特点，可将营养物质进入细胞的方式分为单纯扩散、促进扩散、主动运输与膜泡运输四种方式。

一、单纯扩散

单纯扩散又称为被动扩散，是一种最简单的物质跨膜运输方式，也是一种纯粹的物理扩散作用。此种运输方式的推动力是细胞内外被运输物质的浓度梯度。细胞质膜是一种半透膜，营养物质通过细胞质膜中的含水小孔，由高浓度的一侧向低浓度的一侧扩散，直到细胞质膜内外的浓度相等为止（图 5-1）。由于进入细胞的营养物质不断被消耗，使细胞内始终保持较低的浓度，因此胞外营养物质能源源不断地通过单纯扩散进入细胞。

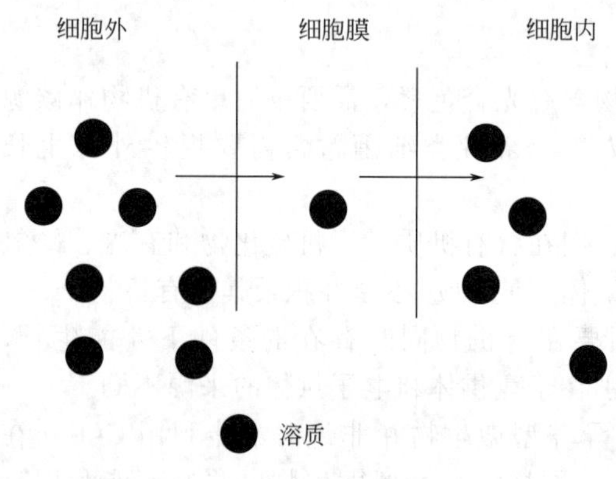

图 5-1 单纯扩散示意图

单纯扩散主要有以下几个方面的特点：属于一种非特异性的扩散，细胞质膜上的含水小孔的大小和形状对被运输物质的分子大小有一定的选择性；物质在运输过程中，既不与细胞质膜上的分子发生反应，物质本身的分子结构也不发生改变；营养物质的吸收过程既不消耗能量，也不需要细胞膜上的载体蛋白的参与；营养物质不能逆浓度运输；物质扩散的速率随细胞质膜内外营养物质浓度差的降低而减小，因此，扩散速度慢。

影响单纯扩散的因素主要是被吸收营养物质的浓度差、分子大小、溶解性、极性、pH、温度等。一般来说，相对分子质量小、脂溶性强、极性小、温度高时营养物质容易吸收，反之则不容易吸收。

此种物质运输方式不是微生物吸收营养物质的主要方式。因为细胞既不能通过这种运输方式来选择必需的营养成分，也不能将稀溶液中的溶质分子进行逆浓度运送来满足细胞的需要，扩散速度又慢。故单纯扩散仅限于吸收小分子物质，如水、溶于水的气体（如 O_2、CO_2）和小的极性分子（如尿素、乙醇、甘油、脂肪酸、苯等）以及某些氨基酸、离子等少数几种物质。

二、促进扩散

促进扩散又称为协助扩散，也是一种被动的物质跨膜运输方式，多见于真核生物中。其特点是：在运输过程中不消耗能量；参与运输的物质本身的分子结构不发生变化；不能进行逆浓度运输；运输速率与膜内外物质的浓度差成正比。

促进扩散与单纯扩散的主要区别是：通过促进扩散进行跨膜运输的物质需要借助于载体蛋白（位于细胞质膜上的蛋白质）的"渡船"作用，才能将营养物质从细胞膜外运至细胞内（图 5-2）。并且在载体蛋白的协助下，促进扩散要比单纯扩散速度快，提前达到平衡。

载体蛋白的运输机制是：被运输物质与相应载体蛋白之间存在一种亲和力，这种亲和力在细胞质膜内外的大小不同，造成亲和力大小变化的原因是载体蛋白分子构象的改变。营养物质与相应载体在胞外亲和力高，易于结合；进入细胞后构象改变亲和力降低，将携带的营养物质释放出来，使营养物质穿过细胞膜进入细胞。

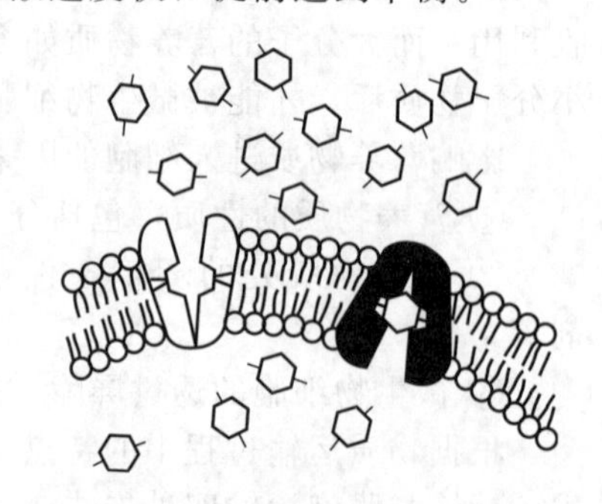

图 5-2 促进扩散示意图

参与促进扩散的载体蛋白能促进物质进行跨膜运输，载体本身在这个过程中也不发生化学变化，而且在促进扩散中这些蛋白质只影响物质的运输速率，并不改变该物质在膜内外形成的动态平衡状态。被运输物质在膜内外浓度差越大，促进扩散的速率越快，但是当被运输物质浓度过高而使载体蛋白饱和时，运输速率就不再增加，这些性质都类似于酶的作用特征，因此载体蛋白也称为渗透酶，并且大多是诱导酶。

通过促进扩散进入细胞的营养物质主要有氨基酸、单糖、维生素及无机盐等。一般微生物通过专一的载体蛋白运输相应的物质，但也有微生物对同一物质的运输由几种载体蛋白来完成，例如酿酒酵母有三种不同的载体蛋白来完成葡萄糖的运输，鼠伤寒沙门菌利用四种不同的载体蛋白运输组氨酸。另外，某些载体蛋白可同时完成几种物质的运输，例如大肠杆菌可通过一种载体蛋白完成亮氨酸、异亮氨酸和缬氨酸的运输，但这种载体蛋白对这三种氨基酸的运输能力有差别。

三、主动运输

对大多数微生物而言，环境中的盐和其他营养物质浓度总是低于细胞内的浓度。因此，这些营养物质的摄取必须逆浓度梯度而“抽”到细胞内，这个过程就需要能量和载体的参与。将营养物质逆浓度梯度从胞外运到细胞内，并在细胞内富集的过程就是主动运输的过程。

主动运输是微生物吸收营养物质的主要运输方式。主动运输与促进扩散类似之处在于物质运输过程中同样需要载体蛋白，载体蛋白通过构象变化而改变与被运输物质之间的亲和力大小，使两者之间发生可逆性结合与分离，从而完成相应物质的跨膜运输；区别在于主动运输过程中的载体蛋白构象变化需要消耗能量，而且可以进行逆浓度运输。

在主动运输过程中，运输物质所需能量来源不同。好氧型微生物与兼性厌氧微生物直接利用呼吸能，厌氧型微生物利用化学能（ATP)，光合微生物利用光能，嗜盐细菌通过紫膜利用光能。

主动运输的具体方式有多种，下面主要介绍简单主动运输和基团转位两种运输机制。

1. 简单主动运输

简单主动运输是指在消耗呼吸能、化学能或光能等代谢能的同时，实现营养物质在细胞内的富集过程，并且营养物质在运输前后不发生任何化学变化。简单主动运输是微生物营养物质的主要运输方式，大肠杆菌对乳糖的吸收就是主动运输的典型例证。乳糖先在膜外表面与其载体——半乳糖苷渗透酶特异性结合，运到膜的内表面，在消耗能量的同时，酶的构型发生变化，对乳糖的亲和力下降而将其释放，乳糖在胞内得到富集。如果加入能量生成的抑制剂，即阻断了呼吸链，细胞对乳糖的吸收就会停止。这时，半乳糖苷渗透酶在膜内外对半乳糖苷的亲和力相同，只能进行促进扩散。

简单主动运输过程中往往偶联其他物质的运输（图 5-3)，主要包括以下三种方式：①单向运输，是指载体蛋白只是单纯地将某种营养物质从膜的一侧运输到另一侧所形成的运输体系，运输的结果通常导致胞内阳离子（如 K^{+}）的积累或阴离子浓度的降低，该载体蛋白称为单向载体蛋白。②同向运输，是指两个不同的分子或离子被同一载体蛋白以同样方向同时或相继运输的系统，该蛋白称为同向载体蛋白，例如在大肠杆菌中，通过这种方式运输的物质主要有丙氨酸、丝氨酸、甘氨酸、半乳糖、岩藻糖、葡萄糖醛酸及某些阴离子（如 HPO_4^{2-}）。③逆向运输，是指两个不同分子或离子被同一载体以相反方向同时或相继运输的系统，相应的蛋白称为逆向载体蛋白。通过同向运输和逆向运输进行的物质运输统称为协同运输。

许多主动运输系统是被离子梯度中储存的能量驱动，而不是直接靠 ATP 水解而获能的。所有功能都是由同向运输或者逆向运输的协同系统来完成的。在细菌中，许多主动运输系统都是与 H^{+} 协同运输的。例如，大多数糖和氨基酸进入细菌细胞的主动运输是由跨膜 H^{+} 梯度驱动的，半乳糖苷渗透酶运输乳糖是与 H^{+} 同向协同作用的结果，即每运入一个乳糖分子就有一个质子同时运入。

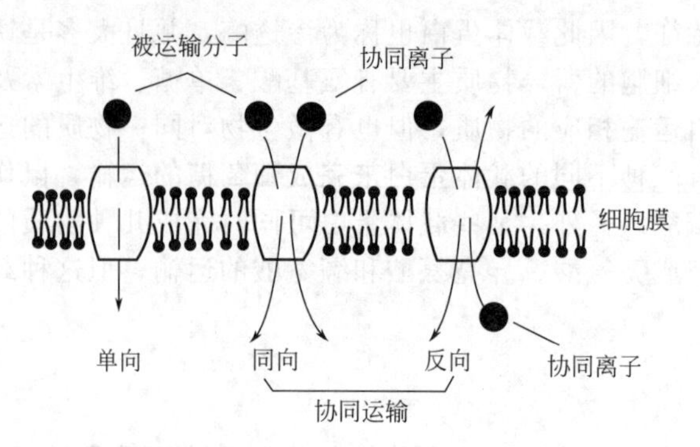

图 5-3 载体蛋白运输示意图

2. 基团转位

基团转位是被运输的底物分子在膜内经受了共价修饰改变后进入细胞质的输送过程。由于在运输过程中消耗了磷酸烯醇式丙酮酸（PEP）的高能磷酸键，因此基团转位属于另一种类型的主动运输。基团转位与其他主动运输方式的不同之处在于它通过一个复杂的运输系统来完成物质的运输，并且物质在运输过程中发生了化学变化。除此以外，其他方面都与主动运输一样，需要载体蛋白和能量的参与。

金黄色葡萄球菌对乳糖和大肠杆菌对葡萄糖的吸收研究结果表明，这些糖在运输过程中发生了磷酸化作用，并以磷酸糖的形式存在于细胞质中。磷酸糖可以立即进入细胞的合成或分解代谢。进一步研究的结果表明，磷酸糖中的磷酸来自磷酸烯醇式丙酮酸（PEP）。因此，又将基团转位的运输方式称为磷酸烯醇式丙酮酸-磷酸糖转移酶运输系统（PTS），简称磷酸转移酶系统。这种运输系统十分复杂，一般由 4 种不同的蛋白质组成：酶Ⅰ、酶Ⅱ、酶Ⅲ（又称因子Ⅲ）和 HPr。HPr 是一种低相对分子质量的可溶性热稳载体蛋白质。酶Ⅰ和 HPr 是两种非特异性的细胞质蛋白，主要起能量传递作用，在所有以基团转位方式运输糖的系统里，它们都起作用。而酶Ⅲ与酶Ⅱ对糖有特异性，酶Ⅲ只在少数几种细菌中发现。酶Ⅱ是一类结合在膜上的特异性酶，为诱导酶，对特定的糖起作用。

在 PTS 运输系统中，除酶Ⅱ位于细胞质膜上外，其余 3 种成分都存在于细胞质中。在糖的运输过程中，磷酸烯醇式丙酮酸上的磷酸通过酶Ⅰ、HPr 和酶Ⅲ逐步磷酸化，最后在酶Ⅱ的作用下，酶Ⅲ所携带的磷酸交给糖，生成磷酸糖释放于细胞质中（图 5-4）。

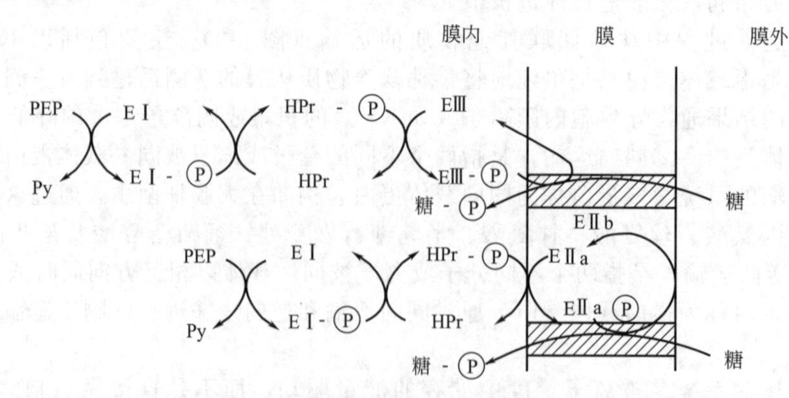

图 5-4 磷酸转移酶系统输送糖示意图

EⅠ—酶Ⅰ；EⅡ—酶Ⅱ；EⅢ—酶Ⅲ；PEP—磷酸烯醇式丙酮酸；HPr—热稳定性蛋白；Py—丙酮酸

基团转位存在于厌氧型和兼性厌氧型细菌中，主要用于糖及其衍生物、脂肪酸、核苷酸、碱基等的运输。目前尚未在好氧型细菌及真核生物中发现这种运输方式，也未发现氨基酸通过这种方式进行运输。

除上述两种主要的主动运输方式外，在微生物中还存在一些其他的主动运输方式，如ABC（ATP binding cassette transporter）运输系统。至今在原核微生物中发现的ABC运输系统已超过200种。它包含三个组成部分：周质结合蛋白、跨膜输送蛋白和ATP水解蛋白。细菌可以通过这种方式来运输糖类、氨基酸和维生素 B_{12} 等。

表5-7所列为四种营养物质运输方式的比较。

表5-7　四种营养物质运输方式的比较

比较项目	单纯扩散	促进扩散	简单主动运输	基团转位
特异载体蛋白	无	有	有	有
溶质运输速度	慢	快	快	快
溶质运输方向	由浓至稀	由浓至稀	由稀至浓	由稀至浓
平衡时胞内外浓度	相等	相等	内侧浓度高	内侧浓度高
运输的溶质分子	无特异性	有特异性	有特异性	有特异性
能量消耗	不需要	不需要	需要	需要
运输前后溶质分子	不变	不变	不变	改变
载体饱和效应	无	有	有	有
运输对象	H_2O、O_2、CO_2、甘油、乙醇、某些氨基酸、盐类、脂肪酸等	一些无机盐、糖及维生素等	氨基酸，乳糖、半乳糖等糖类，K^+、Ca^{2+} 等无机离子	葡萄糖、果糖、甘露糖、嘌呤、核苷、脂肪酸等

四、膜泡运输

膜泡运输主要存在于原生动物（特别是变形虫）中，是这类微生物的一种营养物质的运输方式。变形虫通过趋向性运动靠近营养物质，并将该物质吸附到膜表面，然后在该物质附近的细胞膜开始内陷，逐步将营养物质包围，最后形成一个含有该营养物质的膜泡，然后膜泡离开细胞膜而游离于细胞质中，营养物质通过这种运输方式由胞外进入胞内。如果膜泡中包含的是固体营养物质，则将这种营养物质运输方式称为胞吞作用；如果膜泡中包含的是液体，则称之为胞饮作用。通过胞吞作用（或胞饮作用）进行的营养物质膜泡运输一般分为五个时期（图5-5），即吸附期、膜伸展期、膜泡迅速形成期、附着膜泡形成期和膜泡释放期。

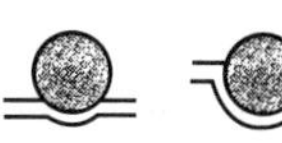

图5-5　膜泡运输示意图

此种运输方式的专一性不强，摄入的营养物质逐步被胞内酶分解利用。

第三节　微生物培养基

培养基是人工配制的适合微生物生长繁殖或产生代谢产物的营养基质。生产实践中，配制合适的培养基是一项最基本的工作，它是科学研究、发酵生产微生物制品等方面重要的基础。培养基应具有的共性为：

① 单位体积的培养基应能以最高产率生产所需产物。

② 能以最高速率稳定地合成所需产物。

③ 培养基成分应价格便宜，易于就地取材。

④ 培养基有利于通风搅拌、分离提取和废物处理等。

一、配制培养基的原则

1. 目的明确

配制培养基首先要明确培养目的，要培养什么微生物？是为了得到菌体还是代谢产物？

是用于实验室作科学研究还是用于大规模的发酵生产？根据不同的目的，配制不同的培养基。

由于微生物营养类型复杂，不同微生物有不同的营养需求，因此首先要根据不同微生物的营养需求配制针对性强的培养基。例如，培养自养型微生物的培养基完全可以由简单的无机物组成；而培养异养型微生物则需要在培养基中添加有机物。另外，不同类型异养型微生物的营养要求差别也很大，其培养基组成也相差很远。例如，培养大肠杆菌的培养基组成比较简单，而培养肠膜明串珠菌需要在培养基中添加的生长因子多达 33 种，因此通常采用天然有机物来为它提供生长所需的生长因子。

就微生物主要类型而言，有细菌、放线菌、酵母菌、霉菌、原生动物、藻类及病毒之分，培养它们所需的培养基各不相同。在实验室中常用牛肉膏蛋白胨培养基（或简称普通肉汤培养基）培养细菌；用高氏 1 号合成培养基培养放线菌；培养酵母菌一般用麦芽汁培养基，这种培养基是用组成复杂的麦芽粉作原料，它能为酵母菌提供足够的营养物质；培养霉菌则一般用查氏合成培养基。

就培养微生物的目的而言，如果为了获得菌体，则培养基的营养成分特别是含氮量应高些，以利菌体蛋白质的合成；如果为了获得代谢产物，则要考虑微生物的生理和遗传特性，以及代谢产物的化学组成，一般要求碳氮比（C/N）应高些，使微生物不至于生长过旺，有利于代谢产物的积累。另外，有些代谢产物的生产中还要加入作为它们组成部分的元素或前体物质，如生产维生素 B_{12}时要加入钴盐，在金霉素生产中要加入氯化物，生产苄青霉素时要加入其前体物质苯乙酸。

2. 营养协调

营养物质浓度过低不能满足微生物生长的需要；浓度过高时则可能抑制微生物的生长。例如，金属离子是微生物生长所不可缺少的矿质元素，但浓度过大（特别是重金属离子），反而起到抑菌或杀菌作用。因此，微生物只有在营养物质浓度适当时才能生长良好。此外，各营养物质之间的配比，特别是 C/N 直接影响微生物的生长繁殖和代谢产物的积累。碳氮比一般指培养基中元素碳和元素氮的比值，有时也指培养基中还原糖与粗蛋白的含量之比。不同的微生物需要不同的营养物质配比，一般细菌和酵母菌细胞 C/N 约为 5/1，霉菌细胞约为 10/1。所以霉菌培养基的 C/N 应较大，适宜在富含淀粉的培养基上生长；细菌、酵母菌的培养基的 C/N 应较小，要求有较丰富的氮源物质。

在微生物发酵生产中，各营养物质的配比直接影响发酵产量。例如，在抗生素发酵生产中，可通过调节培养基中速效氮源（或速效碳源）与迟效氮源（或迟效碳源）之比来控制菌体生长与抗生素合成。使用矿质元素时，各离子间的比例必须适当，避免单盐离子产生的毒害作用。又如，一种氨基酸含量过多，会发生氨基酸不平衡，抑制对其他氨基酸的吸收。因此，添加生长因子必须比例适当，以保证微生物对各生长因子的平衡吸收。

3. 条件控制

（1）控制培养基的 pH 值　各类微生物生长繁殖或产生代谢产物的最适 pH 各不相同，一般细菌与放线菌适于在 pH7.0～7.5 范围内生长，酵母菌和霉菌通常在 pH4.0～6.0 范围内生长，放线菌适宜在 pH7.5～8.5 的范围内生长。

在微生物生长繁殖和代谢过程中，由于营养物质被分解利用和代谢产物的形成与积累，会导致培养基 pH 发生变化，若不对培养基 pH 条件进行控制，往往导致微生物生长速度下降或代谢产物产量下降。因此，为了维持培养基 pH 的相对恒定，通常在培养基中加入 pH 缓冲剂。常用的缓冲剂是一氢和二氢磷酸盐（如 K_2HPO_4 和 KH_2PO_4）组成的混合物。K_2HPO_4 溶液呈碱性，KH_2PO_4 溶液呈酸性，两种物质的等量混合溶液的 pH 为 6.8。当培养基中酸性物质积累导致 H^+ 浓度增加时，H^+ 与弱碱性盐结合形成弱酸性化合物，培养基

pH 不会过度降低；如果培养基中 OH^- 浓度增加，OH^- 则与弱酸性盐结合形成弱碱性化合物，培养基 pH 也不会过度升高。

$$K_2HPO_4 + H^+ \longrightarrow KH_2PO_4 + K^+$$

$$KH_2PO_4 + K^+ + OH^- \longrightarrow K_2HPO_4 + H_2O$$

但 K_2HPO_4/KH_2PO_4 缓冲系统只能在一定的 pH 范围（pH6.4～7.2）内起调节作用。有些微生物，如乳酸菌能大量产酸，上述缓冲系统就难以起到缓冲作用，此时可在培养基中添加难溶的碳酸盐（如 $CaCO_3$）来进行调节，$CaCO_3$ 难溶于水，不会使培养基 pH 过度升高，但它可以不断中和微生物产生的酸，同时释放出 CO_2，将培养基 pH 控制在一定范围内。对于能产生大量酸或碱的微生物，使用缓冲剂和碳酸盐都不足以解决问题，这就需要在培养过程中不断添加酸或碱来调节。

（2）调节氧化还原电位 就像微生物与 pH 的关系那样，各种微生物对培养基的氧化还原电位也有不同的要求。一般地说，适宜于好氧微生物生长的 E_h（氧化还原势）值为 +0.3～+0.4V，它们在 E_h 值为 +0.1V 以上的环境中均能生长；兼性厌氧微生物在 E_h 值为 +0.1V 以上时进行好氧呼吸，在 +0.1V 以下时进行厌氧发酵；厌氧微生物只能在 +0.1V以下生长。E_h 值与氧分压和 pH 有关，也受某些微生物代谢产物的影响。在 pH 相对稳定的条件下，可通过增加通气量（如振荡培养、搅拌）或加入氧化剂提高培养基的氧分压，从而增加 E_h 值；在培养基中加入抗坏血酸（维生素 C）、硫化钠、半胱氨酸、谷胱甘肽、二硫苏糖醇和铁屑等还原性物质可降低 E_h 值。因此，培养好氧性微生物时为了增加 E_h 值必须保证氧的供应，需要采用专门的通气措施；而培养厌氧微生物时又必须除去 O_2 以降低 E_h 值，因为氧对它们有害。

（3）调节渗透压 多数微生物能忍受渗透压较大幅度的变化。一般情况下，等渗溶液适宜微生物的生长，高渗溶液会使细胞发生质壁分离，而低渗溶液则会使细胞吸水膨胀，对细胞壁脆弱或丧失的各种缺壁细胞（如原生质体、球状体、支原体）来说，在低渗溶液中还会破裂。因此，配制培养基时要注意渗透压的大小，要掌握好营养物质的浓度。常在培养基中加入适量的 NaCl 以提高渗透压。

4. 经济节约

配制培养基还应遵循经济节约的原则，尽量选用价格便宜、来源方便的原料。特别是在工业发酵中，培养基用量大，要降低产品成本就更应注意这一点。例如废糖蜜（制糖工业中含有蔗糖的废液）、乳清废液（乳制品工业中含有乳糖的废液）、豆制品工业废液、纸浆废液（造纸工业中含有戊糖、己糖、短小纤维的亚硫酸纸浆）、各种发酵废液及酒糟、酱渣等发酵废弃物，还有大量的农副产品如麸皮、米糠、玉米浆、豆饼、花生饼、花生麸等都可以作为发酵工业的良好原料。

二、培养基的分类及应用

培养基的种类繁多，根据培养基组成、物理状态、功能和用途可将培养基分成多种类型。

1. 依据培养基组成分类

根据培养基组成物质的成分不同可分为天然培养基、合成培养基和半合成培养基三类。

（1）天然培养基 是由化学成分还不清楚或化学成分不恒定的天然有机物配制而成的培养基，也称非化学限定培养基。这类培养基的优点是配制方便、营养丰富、价格便宜，特别适宜于工业生产上大规模培养微生物和生产微生物产品。缺点是其成分不清楚，营养成分难控制，做精细的科学实验结果重复性差。牛肉膏蛋白胨培养基、马铃薯培养基和麦芽汁培养基就属于此类培养基。

常用的天然有机营养物质包括牛肉浸膏、蛋白胨、酵母浸膏、豆芽汁、玉米粉、土壤浸液、麸皮、牛奶、血清、稻草浸汁、胡萝卜汁、椰子汁等。现将配制天然培养基的几种常用原料的特性列于表5-8。

表5-8 配制天然培养基的几种常用原料的特性

原料	制造方法	主要成分
牛肉浸膏	瘦牛肉加热抽提并浓缩而成的膏状物	富含水溶性的糖类、有机氮化合物、维生素和无机盐等
蛋白胨	将肉、酪素或明胶等蛋白质经酸或蛋白酶水解、干燥而成的粉末状物质	富含有机氮化合物，也含有一些维生素和糖类
酵母浸膏	由酵母细胞水提取物浓缩而成的膏状物或粉末型制品	富含B族维生素，也含丰富的有机氮化合物和碳水化合物
甘蔗糖蜜	制糖厂除去糖结晶后的废液，呈棕黑色	富含蔗糖和其他糖类化合物，也含有机氮化合物和一些有机物

（2）合成培养基　是由化学成分完全了解的物质配制而成的培养基，也称化学限定培养基，高氏1号培养基和查氏培养基就属于此种类型。配制合成培养基时重复性强，但与天然培养基相比其成本较高，微生物在其中生长速度较慢，一般适于在实验室用来进行有关微生物营养需求、代谢、分类鉴定、生物量测定、菌种选育及遗传分析等方面的研究工作。

（3）半合成培养基　在天然培养基的基础上适当加入已知成分的无机盐类，或在合成培养基的基础上添加某些天然成分，如马铃薯等，使之更充分满足微生物对营养的要求。由于多数微生物均能在此类培养基上生长，加上配制方便、成本低，所以生产或实验时经常采用此类培养基。

2. 依据物理状态分类

根据培养基的物理状态可分为固体培养基、半固体培养基和液体培养基。

（1）固体培养基　在液体培养基中加入一定量的凝固剂，使其成为固体状态即为固体培养基。将微生物细胞接种到固体培养基上培养，它的所有后代都聚集在一起，形成一定状态的菌落或菌苔，并表现出其他特定的培养特征。在实验室中，固体培养基常用来进行微生物的分离、鉴定、活菌计数及菌种保藏等。

常用的凝固剂有琼脂、明胶和硅胶。琼脂是由藻类（海产石花菜）中提取的一种高度分支的复杂多糖，其化学成分是多聚半乳糖硫酸酯，它没有营养价值，绝大多数微生物都不能分解利用，在一般微生物生长温度范围内呈固态，透明、黏着力强，经过高温灭菌也不破坏，正是因为琼脂具有这些优良特性，使之成为制备固体培养基的最理想凝固剂。需要注意的是，液态的琼脂培养基在45℃时固化，而固态的琼脂培养基在近100℃才融化。配制固体培养基琼脂的用量为1.2%～2.0%。明胶是最早用来作为凝固剂的物质，是由胶原蛋白制备得到的产物，但由于其凝固点（24℃）太低，易被许多微生物分解液化，目前已较少作为凝固剂。硅胶是由无机的硅酸钠（Na_2SiO_3）及硅酸钾（K_2SiO_3）被盐酸及硫酸中和时凝聚而成的胶体，它不含有机物，适合配制分离与培养自养型微生物的培养基。用水玻璃（硅酸钠）与盐酸先制作好无菌凝胶，然后加入无菌营养液，可得到硅胶固化的固体培养基。

一些由天然固体基质制成的培养基也属于固体培养基。例如由马铃薯块、胡萝卜条、小米、麸皮及米糠等制成的固体状态培养基，白酒生产中的酒曲，生产食用菌的棉子壳麸皮培养基等。

（2）液体培养基　未加任何凝固剂、呈液态的培养基称为液体培养基。液体培养基组分均匀，微生物能充分接触和利用培养基各部分的养料，它适用于大规模的工业生产和实验室内进行微生物生理代谢等基本理论的研究工作。液体培养基发酵率高，操作方便。

（3）半固体培养基　在液体培养基中加入少量（0.2%～0.7%）的琼脂制成半固体状态的培养基。半固体培养基常用于观察细菌的运动特征、菌种保藏、厌氧菌培养、菌种鉴定和噬菌体效价的测定等方面。

3. 依据功能划分

根据培养基的特殊用途可分为基础培养基、加富培养基、选择培养基和鉴别培养基。

（1）基础培养基 是含有一般微生物生长繁殖所需的基本营养物质的培养基。尽管不同微生物的营养需求各不相同，但大多数微生物所需的基本营养物质是相同的。牛肉膏蛋白胨培养基是最常用的基础培养基。基础培养基也可以作为一些特殊培养基的基础成分，再根据某种微生物的特殊营养需求，在基础培养基中加入所需营养物质。

（2）选择培养基 是用来将某种或某类微生物从混杂的微生物群体中分离出来的培养基。根据不同种类微生物的特殊营养需求或对某种化学物质的敏感性不同，在培养基中加入相应的特殊营养物质或化学物质，以抑制其他微生物的生长，达到分离所需微生物的目的。

一种类型的选择培养基是依据某些微生物的特殊营养需求设计的，例如，利用以纤维素或石蜡油作为唯一碳源的选择培养基，可以从混杂的微生物群体中分离出能分解纤维素或石蜡油的微生物。另一类选择培养基是在培养基中加入某种化学物质，这种化学物质没有营养作用，对所需分离的微生物无害，但可以抑制或杀死其他微生物。例如，在培养基中加入数滴10％酚可以抑制细菌和霉菌的生长，从而由混杂的微生物群体中分离出放线菌；在培养基中加入孟加拉红、青霉素、四环素或链霉素，可以抑制细菌和放线菌生长，而将酵母菌和霉菌分离出来。

（3）加富培养基 又称营养培养基，即在基础培养基中加入某些特殊营养物质制成的一类营养丰富的培养基，这些特殊营养物质包括血液、血清、酵母浸膏、动植物组织液等。加富培养基主要用来培养营养要求比较苛刻的异养型微生物，也可以用来富集和分离某种微生物。这是因为加富培养基含有某种微生物所需的特殊营养物质，该种微生物在这种培养基中较其他微生物生长速度快，逐渐富集进而取得优势，逐步淘汰其他微生物，从而达到分离该种微生物的目的。

加富培养基与选择培养基的区别在于：加富培养基是用来增加所要分离的微生物的数量，使其形成生长优势，从而分离到该种微生物；选择培养基则一般是抑制不需要的微生物的生长，使所需要的微生物增殖，从而达到分离所需微生物的目的。

（4）鉴别培养基 根据微生物的代谢特点，在培养基中加入某种特殊化学物质，由于微生物在培养基中生长后能产生某种代谢产物，而这种代谢产物可以与培养基中的特殊化学物质发生特定的化学反应，产生明显的特征性变化，由此将不同微生物加以区别的培养基称为鉴别培养基。例如用以观察饮用水中是否含有肠道致病菌的伊红美蓝培养基，常用于区别大肠杆菌和产气杆菌。大肠杆菌发酵乳糖产生有机酸，能使伊红美蓝结合成黑色化合物。所以，在这种培养基上生长的大肠杆菌菌落呈紫黑色并有金属光泽，菌落较小；产气杆菌不能发酵乳糖，不产酸，菌落较大，呈棕色。

鉴别培养基主要用于微生物的快速分类鉴定，以及分离和筛选产生某种代谢产物的微生物菌种。常用的一些鉴别培养基有：明胶培养基可以检查微生物能否液化明胶；硝酸盐肉汤培养基可检查微生物中是否具有硝酸盐还原作用；醋酸铅培养基用来检查微生物是否产生H_2S气体等。

按用途划分的培养基除上述四种主要类型外，还有很多种。例如：分析培养基常用来分析某些化学物质（抗生素、维生素）的浓度，还可用来分析微生物的营养需求。还原性培养基专门用来培养厌氧型微生物。组织培养物培养基含有动、植物细胞，用来培养病毒、衣原体、立克次体及某些螺旋体等专性活细胞寄生的微生物。

4. 依据工业用途分类

（1）种子培养基 为了在较短的时间内获得数量较多的强壮而整齐的种子细胞，要采用种子培养基。一般要求营养丰富、全面，氮源、维生素的比例应较高，碳源比例应较低。同时应尽量考虑各种营养成分的特性，使 pH 在培养过程中能稳定在适当的范围内，以有利菌种的正常生长和发育。有时，还需要加入使菌种能适应发酵条件的基质。

(2) 发酵培养基 生产中用于供菌种生长繁殖并积累发酵产物的培养基。一般用量较大，配料较粗。由于产物分子中往往以碳成分为主，所以发酵培养基中碳源含量往往高于种子培养基。若产物含氮量高，则要相应增加氮源。由于大规模生产时碳、氮源用量大，故要求原料应来源充足、成本低廉。发酵培养基不仅要根据发酵工艺的要求配制，还要考虑下游的分离提取工艺的方便。

(3) 菌种保藏培养基 一般根据微生物的种类和营养要求选择适宜的保藏培养基。如细菌常用营养琼脂培养基；酵母菌常用麦芽汁琼脂培养基；霉菌常用查氏培养基；放线菌常用高氏 1 号培养基。氨基酸高产菌株的保藏培养基一定要营养丰富，尤其是所缺陷的营养物要充足；若高产菌株为某氨基酸结构类似物的抗性突变株，则要在培养基中同时添加适量的该结构类似物；若高产菌株对某抗生素具有抗性，可以在保藏培养基中添加一定量的该抗生素。

实训一 常用培养基的配制

一、实训目标

1. 明确微生物细胞的化学组成、营养物质和营养类型，掌握斜面培养基的配制原理。

2. 通过对基础培养基的配制，掌握配制培养基的一般方法和步骤。

二、基础知识

培养基就是人工配制的供微生物或动植物细胞生长、繁殖、代谢和合成所需产物的营养物质和原料，当然，除此之外，培养基也为微生物等提供合适的生长环境条件。常用的培养基都必须满足或符合一些基本要求，包括含有作为合成细胞成分的原料、满足生化反应的条件以及一定的 pH 等。因此，培养基的组成和配比是否恰当对微生物的生长、繁殖、产物的形成、提取分离工艺的选择、产品质量和产量等都有很大的影响。优良的培养基可以充分发挥微生物细胞的生物合成能力，产生最好的效果。

牛肉膏蛋白胨培养基是一种应用最广泛和最普通的细菌培养基。由于这种培养基中含有一般细菌生长繁殖所需要的最基本的营养物质，所以可供作微生物生长繁殖之用。此种培养基含有牛肉膏、蛋白胨和 NaCl，其中牛肉膏为微生物提供碳源、能源、磷酸盐和维生素，蛋白胨主要提供氮源和维生素，而 NaCl 提供无机盐。在配制固体培养基时还要加入一定量琼脂作凝固剂。

高氏 1 号培养基是用来培养和观察放线菌形态特征的合成培养基。如果加入适量的抗菌药物（如各种抗生素等），则可用来分离各种放线菌。此合成培养基的主要特点是含有多种化学成分已知的无机盐，这些无机盐可能相互作用而产生沉淀。因此在混合培养基成分时，一般是按配方的顺序依次溶解各成分，甚至有时还需要将两种或多种成分分别灭菌，使用时再按比例混合。

马铃薯培养基是一种被广泛用于培养酵母菌和霉菌的半合成培养基，简称 PDA 培养基。此种培养基有时也可以用来培养放线菌。

为防止培养基中微生物生长繁殖而消耗养分，改变培养基的成分和酸碱度而带来不利影响，配制好的培养基必须立即灭菌。如果不能及时灭菌，应暂存冰箱内。

三、实训器材

1. 溶液或试剂

牛肉膏，蛋白胨，可溶性淀粉，葡萄糖，蔗糖，黄豆芽，琼脂，孟加拉红，链霉素，

K_2HPO_4，KNO_3，$MgSO_4$，$FeSO_4$，$NaNO_3$，NaCl，KCl，1mol/L NaOH，1mol/L HCl，蒸馏水。

2. 器材

试管，三角瓶，烧杯，量筒，玻棒，漏斗，吸管，培养基分装器，天平，牛角匙，电炉，高压蒸汽灭菌锅，pH 试纸，棉花，牛皮纸，记号笔，麻绳，纱布等。

四、实训操作过程

1. 称量

培养细菌用牛肉膏蛋白胨培养基，培养放线菌用高氏 1 号培养基，培养霉菌用查氏培养基，培养酵母菌用豆芽汁蔗糖培养基。按培养基配方（见附录）依次准确地称取各成分放入烧杯中。牛肉膏常用玻棒挑取，放在小烧杯或表面皿中称量，用热水溶化后倒入烧杯。也可放在称量纸上，称量后直接放入水中，这时如稍微加热，牛肉膏便会与称量纸分离，然后立即取出纸片。

2. 溶化

在上述烧杯中先加入少于所需要的水量，用玻棒搅匀，在石棉网上加热使其溶解，或在磁力搅拌器上加热溶解。将药品完全溶解后，补充水到所需的总体积，如果配制固体培养基，则将称好的琼脂放入已溶的药品中，再加热融化，最后补足所损失的水分。

3. 调 pH

在未调 pH 前，先用精密 pH 试纸测量培养基的原始 pH，如果偏酸，用滴管向培养基中逐滴加入 1mol/L NaOH，边加边搅拌，并随时用 pH 试纸测其 pH，直至 pH 达到相应要求。反之，用 1mol/L HCl 进行调节。

对于有些要求 pH 较精确的微生物，其 pH 的调节可用酸度计进行（使用方法可参考有关说明书）。

4. 过滤

趁热过滤。液体培养基可用滤纸过滤，固体培养基可用 4 层纱布过滤，以利结果的观察。供一般使用的培养基，无特殊要求，该步骤可省略。

5. 分装

按实验要求，可将配制的培养基分装入试管内或三角烧瓶内。

（1）液体分装　分装高度以试管高度的 1/4 左右为宜。分装三角瓶的量则根据需要而定，一般以不超过三角瓶容积的一半为宜，如果是用于振荡培养用，则根据通气量的要求酌情减少；有的液体培养基在灭菌后，需要补加一定量的其他无菌成分，如抗生素等，则装量一定要准确。

（2）固体分装　分装试管，其装量不超过管高的 1/5，灭菌后制成斜面。分装三角烧瓶的量以不超过三角烧瓶容积的一半为宜。

（3）半固体分装　试管一般以试管高度的 1/3 为宜，灭菌后垂直待凝。

6. 包扎

培养基分装完毕后，在试管口或三角烧瓶口上塞上棉塞（或泡沫塑料塞、硅胶塞等）或 8 层纱布，以阻止外界微生物进入培养基内造成污染，并保证有良好的通气性能［棉塞制作方法附本实验后面（图 5-8）］。要使棉塞总长的 2/3 塞入管口或瓶口内（图 5-6），以防止棉塞脱落。加塞后，将全部试管用麻绳捆好，再在棉塞外包一层牛皮纸，以防止灭菌时冷凝水润湿棉塞，其外再用一道麻绳扎好。用记号笔注明培养基名称、

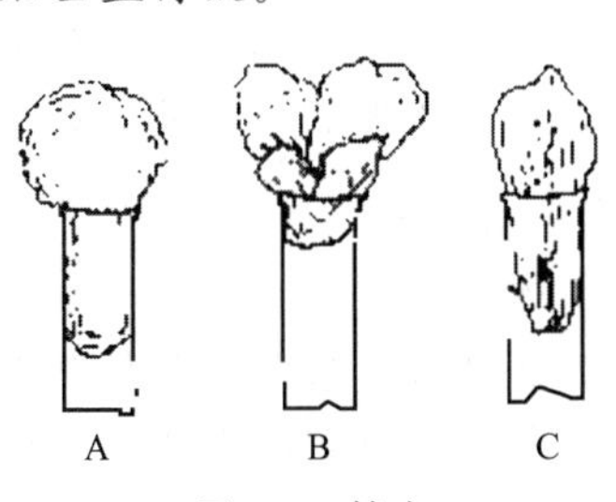

图 5-6　棉塞

A 正确；B，C 不正确

组别、配制日期。三角烧瓶加塞后，外包牛皮纸，用麻绳以活结形式扎好，使用时容易解开，同样用记号笔注明培养基名称、组别、配制日期。

7. 灭菌

将包扎好的培养基按各自所需的灭菌时间和温度进行高压蒸汽灭菌或其他方法灭菌。如因特殊情况不能及时灭菌，则应放入冰箱内做短期保存。

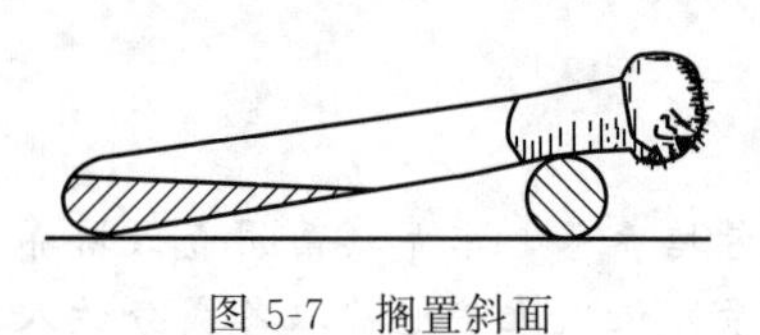

图 5-7 搁置斜面

制作斜面的培养基灭菌后，待其冷至50℃左右（以防斜面上冷凝水太多），将试管口端搁在玻棒或其他合适高度的器具上，搁置的斜面长度以不超过试管总长的一半为宜（图 5-7）。

8. 无菌检查

将灭菌培养基放入37℃的温室中培养24～48h，以检查灭菌是否彻底。

五、实训记录

将培养基配制情况记录于下表，并分析其中的碳源、氮源、能源、无机盐及维生素的来源。

序号	培养基名称	配方及配制过程	配置时间	灭菌情况	无菌检查情况
1					
2					
3					

【操作技巧提示】

1. 蛋白胨很易吸湿，在称取时动作要迅速。另外，称药品时严防药品混杂，一把牛角匙用于一种药品，或称取一种药品后，洗净，擦干，再称取另一药品。瓶盖也不要盖错。

2. 在琼脂融化过程中，应控制火力，以免培养基因沸腾而溢出容器。同时需不断搅拌，以防琼脂糊底烧焦。配制培养基时，不可用铜或铁锅加热融化，以免铜、铁离子进入培养基中，影响细菌生长。

3. pH不要调过头，以避免回调而影响培养基内各离子的浓度。配制pH低的琼脂培养基时，若预先调好pH并在高压蒸汽下灭菌，则琼脂因水解不能凝固。因此，应将培养基的成分和琼脂分开灭菌后再混合，或在中性pH条件下灭菌，再调整pH。

4. 分装过程中，注意不要使培养基沾在管（瓶）口上，以免沾污棉塞而引起污染。

5. 高氏1号培养基中的磷酸盐和镁盐相互混合时易产生沉淀，因此在混合培养基成分时，一般是按配方的顺序依次溶解各成分。

【案例介绍】

案例：实训中某同学在配制牛肉膏蛋白胨培养基斜面时发现，斜面经过灭菌后凝固性不好，并且培养基中还存在隐约可见的条状物，造成配制好的斜面均不能使用。

解析：通常固体培养基的琼脂添加量在1.5%～2%，造成上述现象的原因可能是由于琼脂的添加量不足。如果琼脂的添加量足够并且在培养基中还看到条状物，说明琼脂没有完全溶解在培养基中，因此造成凝固性不好。另外，已经灭过菌的培养基不能反复加压灭菌，否则也会造成琼脂的凝固性变差。

【思考题】

1. 配制培养基的操作过程中应注意些什么？关键操作是什么？

2. 培养基配好后，为什么须立即灭菌？如何检查灭菌后的培养基是无菌的？

3. 配制培养基时为什么要调节 pH？

附：棉塞的制作方法

制作棉塞时要求棉塞形状、大小、松紧与管口或瓶口完全适合。过紧影响空气流通，操作不便；过松则达不到滤菌效果。棉花要选纤维较长的，一般不用脱脂棉，因易吸湿造成污染，价格也较贵。应选用大小、薄厚适中的普通棉花一块，铺展于左手拇指和食指扣成的团孔上，用右手食指将棉花从中央团孔中制成棉塞。然后直接压入试管或三角瓶口。也可借用玻璃棒塞入，也可用折叠卷塞法制作棉塞（图 5-8）。

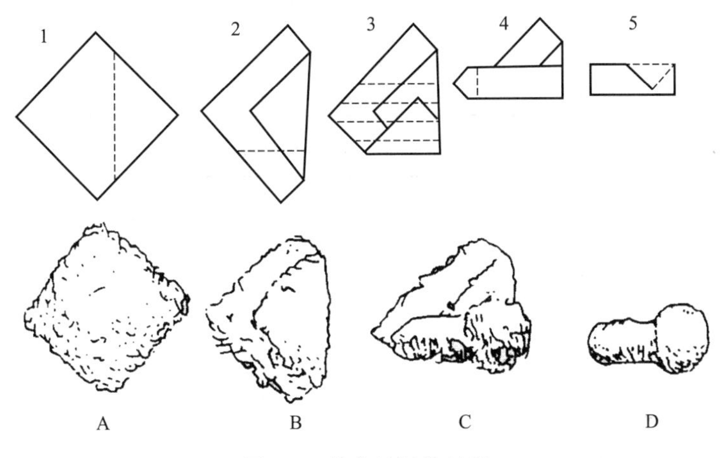

图 5-8 棉塞的制作过程

实训二 产淀粉酶枯草芽孢杆菌的培养基优化

一、实训目标

1. 掌握微生物培养基的优化方法。

2. 学会对已确定菌种制定实验室发酵工艺。

二、基础知识

目前，工业生产上主要是利用微生物的液体深层通风发酵法，进行大规模生产 α-淀粉酶。我国从 1965 年开始应用枯草芽孢杆菌 BF-7658 生产 α-淀粉酶，当时仅无锡酶制剂厂独家生产。现在国内生产酶制剂的厂家已发展到上千个，其中约有近一半的工厂生产 α-淀粉酶，总产量上万吨。目前工业化生产所使用的菌株大多是由野生菌株经过多次诱变的突变株。

本实验拟采用枯草芽孢杆菌，在正交试验方案设计的各发酵培养基上生产 α-淀粉酶，通过测定 α-淀粉酶活力的大小确定最佳培养基的组成。

酶活力的定义为：1mL 酶液于 60℃，pH4.8 条件下，1h 液化 1g 可溶性淀粉为 1 个酶活力单位。

三、实训器材

1. 菌种

枯草芽孢杆菌。

2. 发酵培养基

葡萄糖，蛋白胨，K_2HPO_4，酵母膏，$MgSO_4$（2%），pH5.5～6.5，蒸馏水。

3. 试剂

2%可溶性淀粉，标准糊精液，标准碘液，比色稀碘液，pH6.0缓冲液。

4. 器材

三角瓶，烧杯，玻棒，小刀，吸管，天平，牛角匙，电炉，pH试纸，棉花，牛皮纸，记号笔，麻绳，纱布，超净工作台，恒温培养箱，摇床，酸度计，高压蒸汽灭菌锅等。

四、实训操作过程

① 培养基的配制　按表5-9、表5-10配方配制培养基。

表5-9　正交表试验设计

因素水平	葡萄糖	蛋白胨	酵母膏	KH_2PO_4
1	3.0	0.0	0.0	0.0
2	4.0	1.0	0.5	0.5
3	5.0	2.0	1.0	1.0

表5-10　正交表实验方案

编号	葡萄糖	蛋白胨	酵母膏	KH_2PO_4
1	(1)	(1)	(1)	(1)
2	(1)	(2)	(2)	(2)
3	(1)	(3)	(3)	(3)
4	(2)	(1)	(2)	(3)
5	(2)	(2)	(3)	(1)
6	(2)	(3)	(1)	(2)
7	(3)	(1)	(3)	(2)
8	(3)	(2)	(1)	(3)
9	(3)	(3)	(2)	(1)

② 将上述培养基配制好以后，每250mL三角瓶装入培养基100mL，于121℃下灭菌30min，冷却。

③ 冷却后接种（接种量为10%），置于37℃摇床中进行培养。

④ 每隔4h取样，测定发酵培养液的OD值和酶活性，并做记录。

a. OD值的测定　将每隔4h取样的培养液摇匀后于560nm波长、1cm比色皿中测定OD值。比色测定时，用一未接种的培养基作空白对照，并将OD值填入表中，最终确定最佳培养基的组成及发酵时间。

b. α-淀粉酶活性的测定　吸取1mL标准糊精液，转入装有3mL标准碘液的试管中，以此作为比色的标准管。向试管中加入2%可溶性淀粉20mL，再加入pH5.0的柠檬酸缓冲液5mL。在60℃水浴中平衡约5min，加入0.5mL培养液，立即计时并充分混匀。定时取出1mL反应液于预先盛有比色稀碘液的试管内（或取出0.5mL，加至预先盛有比色稀碘液的白瓷板空穴内）。当颜色反应由紫色逐渐变为棕橙色，与标准色相同时，即为反应终点，记录时间（以未发酵的培养基作为空白对照）。

五、实训记录

1. 用简图表示出枯草芽孢杆菌发酵生产α-淀粉酶的整个试验过程。
2. 将每隔4h取样所测得的发酵培养液的OD值和酶活性结果分别记录在下列各表中。

（1）生物量（OD）

编号	生物量(OD)									
	0h	4h	8h	12h	16h	20h	24h	28h	32h	36h
1										
2										
3										
4										
5										
6										
7										
8										
9										

（2）酶活性

编号	酶　活　力									
	0h	4h	8h	12h	16h	20h	24h	28h	32h	36h
1										
2										
3										
4										
5										
6										
7										
8										
9										

3. 记录所测定的发酵液α-淀粉酶活性，并根据测定结果确定最佳培养基组成和发酵时间。

【操作技巧提示】

1. 测定α-淀粉酶活性的可溶性淀粉和标准糊精液使用当天配制，并注意防腐和低温保存。

2. α-淀粉酶酶活力测定方法根据国家标准局发布的方法（国家标准局颁布的GB 8275—87，1988—0201）进行实施。

【案例介绍】

案例：实训中A同学发现2号试样培养到12h后，培养液浊度明显增加，其OD值比同时段其他试验品都高，但其酶活力测定值增加不明显。B同学发现除了1号试样不变化外，其他发酵试样同时段的培养物浊度相似，并且酶活力测定值也相近。

解析：通过A同学的实验现象，说明增加的菌体浓度中有一部分没有生产α-淀粉酶，如果A同学在取样过程中污染了试样，造成染菌，就会出现菌体浓度升高而生产淀粉酶不增加的现象。B同学的实验现象说明培养基的营养物质组成对菌体的生长是没有影响的，这种情况出现意味着所有试样瓶中的营养物质都是过量的，也就是说对于每一个试样接种量都是不足的，才造成同时段的培养物浊度相似、酶活力相近。

【思考题】

1. 发酵生产α-淀粉酶除了采用枯草芽孢杆菌外，还有哪些菌种可采用？

2. 若要发酵生产耐高温α-淀粉酶，可采用哪些菌种？你能否拟定出实验方案？

3. 你认为可采用哪些方法从发酵液中提取α-淀粉酶？

问题与讨论

1. 什么叫微生物的营养？什么叫微生物的营养物质？微生物的营养物质有哪些生理功能？

2. 什么是碳源？它有什么作用？常用的微生物碳源物质有哪些？异养微生物和自养微生物最适宜的碳源是什么？

3. 什么是氮源？它有什么作用？常用的微生物氮源物质有哪些？

4. 什么叫能源？异养微生物的能源物质与自养微生物是否相同？为什么？

5. 什么是生长因子？它包括哪几类物质？它们的作用是什么？是否任何微生物都需要生长因子？如何满足微生物对生长因素的需要？

6. 什么叫微量元素？举例说明它们在生理上的重要性。

7. 各举一例说明什么叫单功能营养物、双功能营养物和多功能营养物？

8. 微生物的营养类型有哪几种？划分的依据是什么？举出各种营养类型的几个代表菌。

9. 为什么微生物的营养类型多种多样，而动、植物营养类型则相对单一？

10. 营养物质进入细胞的方式有哪几种？各有何特点？试比较它们的异同。

11. 什么叫培养基？配制培养基时应考虑哪些原则？

12. 在设计一种新培养基之前，为什么要遵循“目的明确”的原则？试举例说明。

13. 为什么说在设计大生产用的发酵培养基时必须时刻牢记经济节约的原则？

14. 用于固体培养基中的凝固剂有哪几种？它们各有什么优缺点？为什么一般以琼脂为最好？

15. 各举一例说明什么是选择培养基？什么是鉴别培养基？它们在微生物学工作中有何重要性？并分析其原理。

第六章　微生物的生长及控制

【知识目标】

1. 掌握细菌的群体生长规律。
2. 掌握对有害微生物的控制方法。

【能力目标】

1. 熟练进行微生物的接种、分离与纯化。
2. 熟练进行无菌操作。
3. 熟练进行微生物的培养、计数及测量。
4. 熟练进行灭菌操作。

微生物生长是代谢的结果。当同化作用超过异化作用，细胞物质量增加，个体重量和体积增大，就是生长。个体数量的增多称为繁殖。生长是繁殖的基础，繁殖则是生长的结果。单细胞微生物如细菌、酵母菌的个体细胞的增大即细胞物质的增加是有限度的，细胞长大到一定程度就开始分裂繁殖，菌体数量增多。细菌旺盛生长时几十分钟就可繁殖一代，因此它们的生长往往是通过繁殖表现出来的，本质上是以群体细胞数目增加为生长标志。丝状微生物如放线菌、霉菌的生长主要表现为菌丝的伸长和分枝，通常以菌丝的体积和重量增长（细胞物质量的增加）来衡量生长状况。

微生物的旺盛生长需要有合适的营养物质和外界环境条件。外界环境条件有最低、最适和最高界线之分。低于最低或高于最高值时，微生物的生长将受到抑制或致死，只有在最适条件下微生物才会快速协调地生长繁殖。

第一节　微生物生长的测定

微生物特别是单细胞微生物，体积很小，个体生长很难测定，而且也没有什么实际应用价值。因此，测定它们的生长不是依据个体的大小，而是测定群体的增加量，即群体的生长。微生物生长情况可以通过测定单位时间里微生物数量或生物量的变化来评价。通过微生物生长的测定可以客观地评价培养条件、营养物质等对微生物生长的影响，或评价不同的抗菌物质对微生物产生抑制（或杀死）作用的效果，或客观地反映微生物生长的规律。因此微生物生长的测定在理论上和实践上有着重要的意义。微生物生长的测定主要有计数法和生长量法两种。

一、繁殖数的测定

1. 直接计数法

（1）血球计数法　本法仅适用于单细胞的微生物类群。测定时需用细菌计数器（petroff-Hausser counter）或血球计数板（适用于酵母、真菌孢子等），具体做法是取定容稀释的单细胞微生物（细菌）悬液放置在计数板上，在显微镜下计数一定体积中的平均细胞数，换算出供试样品的细胞数。计数板是一块特制的载玻片，上面有一个特定面积 $1mm^2$ 和高 0.1mm 的计数室，在 $1mm^2$ 的面积里又被刻划成 25 个（或 16 个）中格，每个中格进一步划分成 16 个（或 25 个）小格，但计数室都是由 400 个小格组成。

将稀释的样品滴在计数板上，盖上盖玻片，然后在显微镜下计算4～5个中格的细菌数，并求出每个小格所含细菌的平均数，再按公式（6-1）求出每毫升样品所含的细菌数。

$$每毫升原液所含细菌数=每小格平均细菌数\times400\times10000\times稀释倍数 \quad (6-1)$$

但应注意，用于直接测数的菌悬液浓度一般不宜过低或过高；活跃运动的细菌应先用甲醛杀死或适度加热停止其运动。本法的优点是快捷简便、容易操作，缺点是难于区分死活细胞及形状与微生物类似的杂质。为解决这一矛盾，已有用特殊染料作活菌染色后再用光学显微镜计数的方法，例如用美蓝液对酵母菌染色后，其活细胞为无色，而死细胞则为蓝色，故可作分别计数；又如，细菌经吖啶橙染色后，在紫外光显微镜下可观察到活细胞发出橙色荧光，而死细胞则发出绿色荧光，因而也可作活菌和总菌计数。

（2）涂片染色法　用镜台测微尺计算出视野面积；取0.1mL菌液涂于1cm^2面积上，计数后代用公式：每毫升原菌液含菌数=视野中平均菌数×涂布面积/视野面积×100×稀释倍数。此法可同时计数不同微生物的菌数，适于土壤、牛奶中的细菌计数。

（3）电子计数器法　在计数器中放有电解质及两个电极，将电极一端放入带微孔的小管，通电抽真空，使含有菌体的电解质从小孔进入管内。当细胞通过小孔时，电阻增大，电阻增大会引起脉冲变化，则每个细胞通过时均被记录下来。因样品的体积已知，故可以计算菌体的浓度，同时菌体的大小与电阻的大小成正比。该方法方便、快捷，但不能测定含有颗粒的菌液，对链状菌和丝状菌无效。

（4）比例计数法　这是一种粗放的计数方法。将已知颗粒（例如霉菌的孢子或红细胞等）浓度的液体与待测细胞浓度的菌液按一定比例均匀混合，然后镜检各自的数目，求出未知菌液中的细胞浓度。

2. 间接计数法

（1）比浊法　这是测定悬液中细胞数的快速方法。其原理是根据在一定的浓度范围内，菌悬液的微生物细胞浓度与液体的光密度成正比，与透光度成反比。菌数越多，透光量越低。因此，可使用光电比色计测定，通过测定菌悬液的光密度或透光率反映细胞的浓度。由于细胞浓度仅在一定范围内与光密度呈直线关系，因此待测菌悬液的细胞浓度不应过低或过高，培养液的色调也不宜过深，颗粒性杂质的数量应尽量减少。本法常用于观察和控制在培养过程中微生物菌数的消长情况。如细菌生长曲线的测定和发酵罐中细菌生长量的控制等。同时菌悬液浓度必须在10^7个/mL以上才能显示可信的浑浊度。其优缺点与直接测数法相同。

（2）稀释平板计数法　在大多数的研究和生产活动中，人们往往更需要了解活菌数的消长情况。从理论上讲，在高度稀释条件下每一个活的单细胞均能繁殖成一个菌落，即“菌落形成单位”（colony forming unit，cfu），培养皿上形成的cfu乘上稀释度就可推算出菌样中所含的活菌数。本法是迄今仍广泛采用的主要活菌计数方法，具体分为平板涂布法和浇注法。浇注法是将待测样品经一系列10倍稀释，然后选择三个适当稀释度的菌液，分别取0.2mL放入无菌平皿，再倒入适量的已熔化并冷至45℃左右的培养基，与菌液混匀，冷却，待凝固后，放入适宜温度的培养箱或温室培养，长出菌落后，计数，按公式（6-2）计算出原菌液的含菌数。

$$每毫升原菌液活菌数=同一稀释度三个以上重复平皿菌落平均数\times稀释倍数\times5 \quad (6-2)$$

平板涂布法是将稀释的菌液取0.2mL加到已制备好的平板上，然后用无菌涂棒将菌液涂布在整个平板表面，放入适宜温度下培养，计算菌落数，再按公式（6-2）计算出每毫升原菌液所含的活菌总数。

此法会因操作不熟练造成污染，或因培养基温度过高损伤细胞等原因造成结果不稳定，操作较烦琐，培养时间也较长，而且在混合微生物样品中只能测定占优势并能在供试培养基上生长的类群。尽管如此，由于该方法能测出样品中微量的菌数，仍是教学、科研和生产上常用的一种测定细菌数的有效方法。土壤、水、牛奶、食品和其他材料中所含细菌、酵母、芽孢与孢子等的数量均可用此法测定。但本法不适于测定样品中丝状体微生物，例如放线菌或丝状真菌或丝状蓝细菌等的营养体等。

(3) 液体培养稀释计数法（最大或然数计数法） 最大或然数（most probable number，MPN）计数又称稀释培养计数，是将待测菌液经多次10倍稀释后，一定量菌液中细菌可以极少或无菌，然后每个稀释度取3～5次重复接种于适宜的液体培养基中。培养后，将有菌液生长的最后3个稀释度（即临界级数）中出现细菌生长的管数作为数量指标，由最大或然数表中查出近似值，再乘以数量指标第一位数的稀释倍数，即为原菌液中的含菌数。

MPN计数适用于测定在一个混杂的微生物群落中虽不占优势，但却具有特殊生理功能的类群。其特点是利用待测微生物的特殊生理功能的选择性来摆脱其他微生物类群的干扰，并通过该生理功能的表现来判断该类群微生物的存在和丰度。本法特别适合于测定土壤微生物中的特定生理群（如氨化、硝化、纤维素分解、固氮、硫化和反硫化细菌等）的数量和检测污水、牛奶及其他食品中特殊微生物类群（如大肠菌群）的数量，缺点是只适于进行特殊生理类群的测定，结果也较粗放，只有在因某种原因不能使用平板计数时才采用。

(4) 薄膜过滤计数法 常用微孔薄膜过滤法测定空气和水中的微生物数量。将一定量的样品通过薄膜后，菌体便被阻留在滤膜上，取下薄膜放在培养基上培养。计算其上的菌落数，即可求出样品中的含菌数。此法适用于测定量大、含菌浓度很低的流体样品，如水、空气等。

二、生长量法

1. 直接测定法（细胞干重法）

将单位体积的微生物培养液经离心或过滤后收集，并用清水反复洗涤菌体，经常压或真空干燥，干燥温度常采用105℃、100℃或红外线烘干，也可在较低温度（80℃或40℃）下真空干燥，然后精确称重，即可计算出培养物的总生物量。过滤时丝状真菌用滤纸过滤，细菌用醋酸纤维膜等进行过滤。

在琼脂平板培养基上培养的菌体经短时间高温待琼脂融化后滤出真菌菌丝，洗净、烘干后测干重。一般细菌每1mg干重约等于4～5mg湿菌鲜重和相当于$(4\sim5)\times10^9$个细胞。本法适宜于含菌量高，不含或少含非菌颗粒性杂质的环境或培养条件。

2. 间接测定法

(1) 总氮量测定法 蛋白质是生物细胞的主要成分，核酸及类脂等中也含有一定量的氮素。已知细菌细胞干重的含氮量一般为12%～15%，酵母菌为7.5%，霉菌为6.0%。因此只要用化学分析方法（如用硫酸、高氯酸、碘酸或磷酸等消化法）测出待测样品的含氮量，也能推算出细胞的生物量。本方法适用于在固体或液体条件下微生物总生物量的测定，但需充分洗涤菌体以除去含氮杂质，缺点是操作程序较复杂，一般很少采用。

(2) DNA含量测定法 微生物细胞中的DNA含量虽然不高（如大肠杆菌占3%～4%），但由于其含量较稳定，有人估算出每一个细菌细胞平均含DNA 8.4×10^{-5}ng，因而也可以根据分离出样品中的DNA含量来计算微生物的生物量。

(3) ATP含量测定法 一种特定的微生物，每一个细胞中的ATP浓度几乎是一个常数，所以测定这种微生物的ATP含量，即可知其细胞数。

(4) 代谢活性法 有人曾根据微生物的生命活动强度来估算其生物量。如测定单位体积培养物在单位时间内消耗的营养物或O_2的数量，或者测定微生物代谢过程中的产酸量或CO_2量等，均可以在一定程度上反映微生物的生物量。

3. 菌丝长度测定

将真菌接种在固体培养基的平皿中央，定时测定菌落的直径或面积，直到菌落覆盖整个平皿。缺点：不能反映菌丝的纵向生长，不能计算菌落的厚度和培养基中的菌丝。接种量也能影响结果，不能反映菌丝的总量。也可用U形管培养法，此法操作方便不易污染，但通气不良。该法适用于对丝状真菌生长长度的测定。

4. 细胞堆积体积测定

将细胞悬浮液装入毛细沉淀管内，离心，根据堆积体积计算含菌量。该法快速、简便，培养液中如有其他固体颗粒，则误差较大。也可以用有刻度的离心管离心，通过所得的沉淀体积推算出细胞的质量。

5. 快速测定方法

随着科学技术的发展，出现了一些微型、快速、商品化的方法。例如用于菌落计数的小型纸片或密封琼脂板。原理是利用加在培养基中的活菌指示剂TTC(2,3,5-氯化三苯基四氮唑)，它可使菌落在很微小时就染成易于辨认的玫瑰色。用刻度吸管取一定的样品液于滤纸上或浸取样品液，置于密封包装袋中，经短期培养，在滤纸上就会出现一定密度的玫瑰红色微小菌落。计数小红点可计算出样品的含菌量。此外，还有DNA指纹技术和PCR扩增等快速测定方法。

测定微生物的生长量，在理论和实践上都十分重要。当我们要对细菌在不同培养基中或不同条件下的生长情况进行评价或解释时，就必须用数量来表示它的生长。例如可以通过细菌生长的快慢来判断某一条件是否适合。生长快的细胞，最终的总收获量可能没有另一些条件下的收获量大。在另一些条件下，生长速率虽然较低，但它却可在一段时间内不断增加。因此，只有具备了有关生长的定量知识，才能在实际应用中作出正确的选择，以利于科研和生产活动的进一步开展。

实训一　微生物细胞计数

任务　细菌的平板菌落计数

一、实训目标

1. 学习平板菌落计数法的基本原理和方法。
2. 测定大肠杆菌悬液中的菌数。

二、基础知识

平板计数法是一种应用广泛的微生物生长繁殖的测定方法，其特点是能测出样品中的活菌数，又称活菌计数法。其原理是根据微生物在固体培养基上所形成的一个菌落是由一个单细胞繁殖而成的现象进行的，也就是一个菌落即代表一个细胞；其操作要点是先将待测定的微生物样品按比例作一系列稀释后，再吸取一定量某几档稀释度的菌液于无菌培养皿中（或平板培养基的表面），并及时倒入融化且冷却至45℃左右的培养基，立即充分摇匀，平置待凝（或用涂布棒将平板表面的菌液及时涂布均匀）。经培养后，将各平板中计得的菌落数乘以稀释倍数，即可测知单位体积的原始菌样中所含的活菌数。由于平板上的每一个单菌落都是从原始样品液中的各个单细胞（或孢子）发展而来的，故必须使样品中的细胞（或孢子）充分分散均匀，且每个平板上所形成的菌落数也必须控制适当，一般以30～50个为宜。稀释平板计数法一般用于某些产品检定（如根瘤菌剂）、生物制品检验、土壤含菌量测定及食品、水源的污染程度的检验。

三、实训器材

1. 菌种

大肠杆菌菌悬液。

2. 试剂

牛肉膏蛋白胨培养基。

3. 器材

1mL无菌吸管、无菌平皿、盛有无菌水的试管、试管架、记号笔、恒温箱等。

四、实训操作过程

1. 编号

取无菌平皿9套，分别用记号笔标明10^{-4}、10^{-5}、10^{-6}（稀释度）各3套。另取6支盛有4.5mL无菌水的试管，依次标示10^{-1}、10^{-2}、10^{-3}、10^{-4}、10^{-5}、10^{-6}。

2. 稀释

用1mL无菌吸管吸取1mL已充分混匀的大肠杆菌菌悬液（待测样品），精确地放0.5mL至10^{-1}的试管中，此即为10倍稀释。将多余的菌液放回原菌液中。

将10^{-1}试管置试管振荡器上振荡，使菌液充分混匀。另取一支1mL吸管插入10^{-1}试管中来回吹吸菌悬液三次，进一步将菌体分散、混匀。吹吸菌液时不要太猛太快，吸时吸管伸入管底，吹时离开液面，以免将吸管中的过滤棉花浸湿或使试管内液体外溢。用此吸管吸取10^{-1}菌液1mL，精确地放0.5mL至10^{-2}试管中，此即为100倍稀释。其余依此类推。

放菌液时吸管尖不要碰到液面，即每一支吸管只能接触一个稀释度的菌悬液，否则稀释不精确，结果误差较大。

3. 取样

用三支1mL无菌吸管分别吸取10^{-4}、10^{-5}和10^{-6}的稀释菌悬液各1mL，对号放入编好号的无菌平皿中，每个平皿放0.2mL（其余0.8mL弃去，减少因每次移液量较少造成的系统误差）。

不要用1mL吸管每次只靠吸管尖部吸0.2mL稀释菌液放入平皿，这样容易加大同一稀释度几个重复平板间的操作误差。

4. 倒平板

尽快向上述盛有不同稀释度菌液的平皿中倒入融化后冷却至45℃左右的牛肉膏蛋白胨培养基约15mL/平皿，置水平位置迅速旋动平皿，使培养基与菌液混合均匀，而又不使培养基荡出平皿或溅到平皿盖上。

由于细菌易吸附到玻璃器皿表面，所以菌液加入到培养皿后，应尽快倒入融化并已冷却至45℃左右的培养基，立即摇匀，否则细菌将不易分散或使长成的菌落连在一起，影响计数。

待培养基凝固后，将平板倒置于37℃恒温培养箱中培养。

5. 计数

培养48h后，取出培养平板，算出同一稀释度三个平板上的菌落平均数，并按公式（6-3）进行计算。

每毫升中菌落形成单位(cfu)＝同一稀释度三次重复的平均菌落数×稀释倍数×5　(6-3)

一般选择每个平板上长有30～300个菌落的稀释度计算每毫升的含菌量较为合适。同一稀释度的三个重复对照的菌落数不应相差很大，否则表示试验不精确。实际工作中同一稀释度重复对照平板不能少于三个，这样便于数据统计，减少误差。由10^{-4}、10^{-5}、10^{-6}三个稀释度计算出的每毫升菌液中菌落形成单位数也不应相差太大。

平板菌落计数法所选择倒平板的稀释度是很重要的。一般以三个连续稀释度中的第二个稀释度倒平板培养后所出现的平均菌落数在50个左右为好，否则要适当增加或减少稀释度加以调整。

平板菌落计数法的操作除上述倾注倒平板的方式以外，还可以用涂布平板的方式进行。二者操作基本相同，所不同的是后者先将牛肉膏蛋白胨培养基融化后倒平板，待凝固后编号，并于37℃左右的温箱中烘烤30min，或在超净工作台上适当吹干，然后用无菌吸管吸取稀释好的菌液对号接种于不同稀释度编号的平板上，并尽快用无菌玻璃涂棒将菌液在平板上涂布均匀，平放于实验台上20～30min，使菌液渗入培养基表层内，然后倒置于37℃的恒温箱中培养24～48h。

涂布平板用的菌悬液量一般以0.1mL较为适宜，如果过少菌液不易涂布开，过多则在涂布完成后或在培养时菌液仍会在平板表面流动，不易形成单菌落。

五、实训记录

将实验结果记录于下表：

稀释度	10^{-4}				10^{-5}				10^{-6}			
菌落形成单位(cfu)数/平板	1	2	3	平均	1	2	3	平均	1	2	3	平均
每毫升中的菌落形成单位(cfu)数												

【操作技巧提示】

1. 稀释菌液加入培养皿时，要“对号入座”。

2. 不要直接取用来自冰箱的稀释液。

3. 每只移液管只能接触一个稀释度的菌液，每次移液前，都必须来回吸几次，使菌液充分混匀，吹吸菌液时不要太猛太快，吸时吸管伸入管底，吹时离开液面，以免将吸管中的过滤棉花浸湿或使试管内液体外溢。

4. 放菌液时吸管尖不要碰到液面，即每一支吸管只能接触一个稀释度的菌悬液，否则稀释不精确，结果误差较大。

5. 样品加入培养皿后要尽快倒入融化并冷却至45℃左右的培养基，立即摇匀，否则菌体常会吸附在皿底，不易分散成单菌落，因而影响计数的准确性。

6. 涂布平板用的菌悬液量一般以0.1mL较为适宜，如果过少菌液不易涂布开，过多则在涂布完成后或在培养时菌液仍会在平板表面流动，不易形成单菌落。

【案例介绍】

案例：某小组同学在做土壤微生物的平板菌落计数实训操作时，同一稀释度的三个平板菌落数目相差较大，同学们疑惑不解，指导老师为同学们分析了原因，同时提出了解决问题的方法。

解析：平板菌落计数的误差主要取决于每一稀释度的菌液混合均匀程度以及菌体在培养基中的分散程度，在操作时要注意：①每只移液管只能接触一个稀释度的菌液，每次移液前，都必须来回吹吸三次，使菌液充分混匀；②样品加入培养皿后要尽快倒入融化并冷却至45℃左右的培养基，并立即摇匀。

【思考题】

1. 为什么融化后的培养基要冷却至45℃左右才能倒平板？

2. 要使平板菌落计数准确，需要掌握哪几个关键操作环节？为什么？

3. 试比较平板菌落计数法和显微镜下直接计数法的优缺点。

4. 当你的平板上长出的菌落不是均匀分散而是集中在一起时，你认为问题出在哪里？

5. 用倒平板法和涂布法计数，其平板上长出的菌落有何不同？为什么要培养较长时间（48h）后观察结果？

实训二 酵母菌的血球计数板计数

一、实训目标

1. 了解血球计数板的构造、计数原理和使用方法。

2. 学会用血球计数板对酵母细胞进行计数。

二、基础知识

利用血球计数板在显微镜下直接计数，是一种常用的微生物计数方法。此法的优点是直观、快速。将经过适当稀释的菌悬液（或孢子悬液）放在血球计数板载玻片与盖玻片之间的计数室中，在显微镜下进行计数。由于计数室的容积是一定的（$0.1mm^3$），所以可以根据在显微镜下观察到的微生物数目来换算成单位体积内的微生物总数目。由于此法计得的是活菌体和死菌体的总和，故又称为总菌计数法。

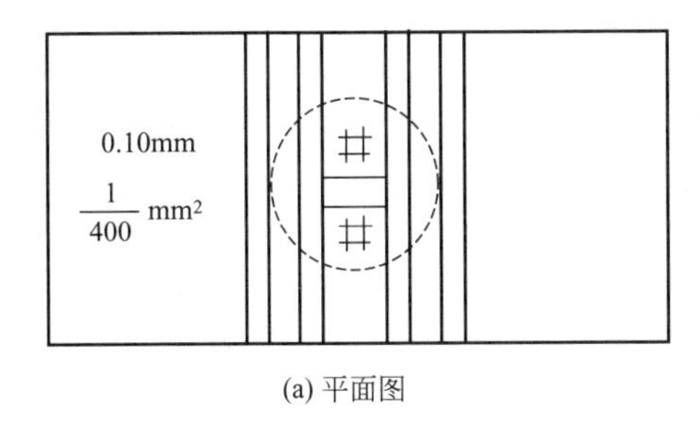

(a) 平面图

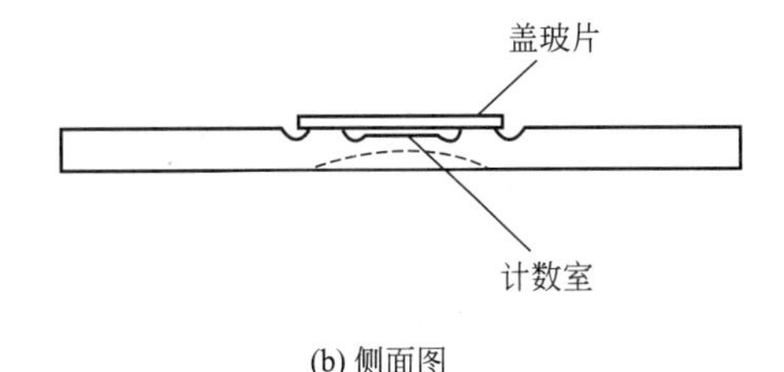

(b) 侧面图

图 6-1 血球计数板构造（一）

血球计数板（图 6-1、图 6-2）通常是一块特制的载玻片，其上由四条槽构成三个平台。中间的平台又被一短横槽隔成两半，每一边的平台上各刻有一个方格网，每个方格网共分九个大方格，中间的大方格即为计数室，微生物的计数就在计数室中进行。

计数室的刻度一般有两种规格，一种是一个大方格分成 16 个中方格，而每个中方格又分成 25 个小方格；另一种是一个大方格分成 25 个中方格，而每个中方格又分成 16 个小方格。但无论是哪种规格的计数板，每一个大方格中的小方格数都是相同的，即 16×25＝400 小方格。

每一个大方格边长为 1mm，则每一大方格的面积为 $1mm^2$，盖上盖玻片后，载玻片与盖玻片之间的高度为 0.1mm，所以计数室的容积为 $0.1mm^3$。在计数时，通常数五个中方格的总菌数，然后求得每个中方格的平均值，再乘上 16 或 25，就得出一个大方格中的总菌数，然后再换算成 1mL 菌液中的总菌数。

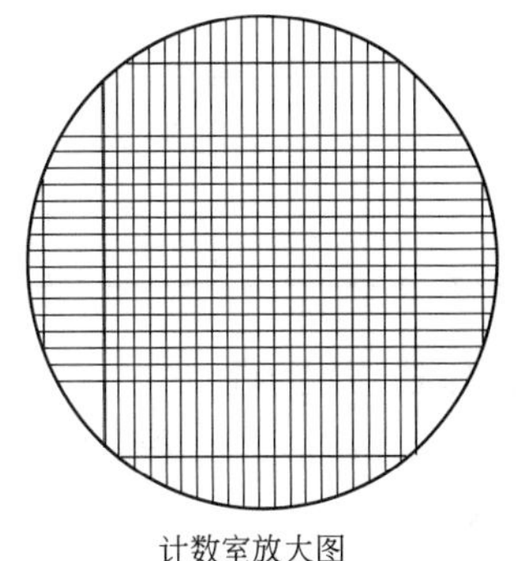

计数室放大图

图 6-2 血球计数板构造（二）

放大后的方格网，中间大方格为计数室

设五个中方格中的总菌数为 A，菌液稀释倍数为 B，如果是 25 个中方格的计数板，则

1mL 菌液中的总菌数(个)$=A/5\times25\times10\times10^3\times B=50000A\times B$ (6-4)

同理，如果是16个中方格的计数板，

1mL 菌液中的总菌数(个)$=A/5\times16\times10\times10^3\times B=32000A\times B$ (6-5)

三、实训器材

1. 菌种

酿酒酵母。

2. 器材

血球计数板、显微镜、盖玻片、无菌毛细滴管。

四、实训操作过程

1. 稀释

将酿酒酵母菌悬液进行适当稀释，菌液如不浓，可不必稀释。

2. 镜检计数室

在加样前，先对计数板的计数室进行镜检。若有污物，则需清洗后才能进行计数。

3. 加样品

将清洁干燥的血球计数板盖上盖玻片，再用无菌的细口滴管将稀释的酿酒酵母菌液由盖玻片边缘滴一小滴（不宜过多），让菌液沿缝隙靠毛细渗透作用自行进入计数室，一般计数室均能充满菌液。注意不可有气泡产生。

4. 显微镜计数

静置5min后，将血球计数板置于显微镜载物台上，先用低倍镜找到计数室所在位置，然后换成高倍镜进行计数。在计数前若发现菌液太浓或太稀，需重新调节稀释度后再计数。一般样品稀释度要求每小格内约有5～10个菌体为宜。每个计数室选5个中格（可选4个角和中央的中格）中的菌体进行计数。位于格线上的菌体一般只数上方和右边线上的。如遇酵母出芽，芽体大小达到母细胞的一半时，即作两个菌体计数。计数一个样品要从两个计数室中计得的值来计算样品的含菌量。

5. 清洗血球计数板

使用完毕后，将血球计数板在水龙头上用水柱冲洗，切勿用硬物洗刷，洗完后自行晾干或用吹风机吹干。镜检，观察每小格内是否有残留菌体或其他沉淀物。若不干净，则必须重复洗涤至干净为止。

五、实训记录

将结果记录于下表中。A 表示五个中方格中的总菌数；B 表示菌液稀释倍数。

计数室	各中格中菌数					A	B	两室平均值	菌数/mL
	1	2	3	4	5				
第一室									
第二室									

【操作技巧提示】

1. 样品的浓度要适中，太浓则不易计数，太稀也会导致计数不准确。另外，稀释时要精确。

2. 样品稀释后要摇匀，否则计数板每个格内的细菌数量分布不均，会造成较大误差。

3. 加样品时，用无菌的细口滴管将稀释的菌液由盖玻片边缘滴一小滴（不宜过多），让菌液沿缝隙靠毛细渗透作用自行进入计数室，一般计数室均能充满菌液。注意不可有气泡产生。

4. 实验中进行显微计数时应先在低倍镜下寻找大方格的位置，找到计数室后将其移至视野中央，再换高倍镜观察和计数。

5. 一般样品稀释度要求每小格内有5～10个菌体为宜。每个计数室选5个中格（可选4个角和中央的中格）中的菌体进行计数。

6. 计数时，位于格线上的菌体一般只数上方和右边线上的。如遇酵母出芽，芽体大小达到母细胞的一半时，即作两个菌体计数。

【案例介绍】

案例：某小组同学在进行酿酒酵母的血球计数实训操作中，同一组中三位同学计数差别较大，指导老师为同学们分析了原因，并提出了解决问题的方法。

解析：师生经讨论发现，小组中不同学生计数差别较大的原因是：①计数室中存在小亮点，有的同学没有将其计入，而有的做了计数；②计数时对于位于格线上的菌体的处理不同；③对于出芽的酵母，处理方式不同。应做如下要求：①计数室中的小亮点是气泡，加样品时小心不能加入气泡；②位于格线上的菌体一般只数上方和右边线上的；③如遇酵母出芽，芽体大小达到母细胞的一半时，即作两个菌体计数。

【思考题】

1. 根据实验体会，说明用血球计数板计数的误差主要来自哪些方面？应如何减少误差，力求准确？

2. 某单位要求知道一种干酵母粉中的活菌存活率，请设计1～2种可行的检测方法。

实训三　微生物生物量的测定

一、实训目标

1. 学习微生物生物量的测定方法。

2. 用湿重法和干重法测定霉菌的生物量。

二、实训器材

1. 菌种

产黄青霉。

2. 试剂

PDA培养基。

3. 器材

分析天平、定量滤纸、水浴恒温摇床、电热鼓风干燥箱。

三、实训操作过程

将产黄青霉接种于适宜液体培养基中，28℃振荡培养5～7d，取定量滤纸两张（质量、大小相同），分别在分析天平上称重（a_1 和 a_2）。取其中一张定量滤纸（a_1）将霉菌培养物进行过滤，收集菌体，沥干后称重（b），然后置于80℃干燥箱中烘干至恒重（c）。取另一定量滤纸（a_2），用滤液润湿，沥干后称重（d）。

四、实训记录

按下列公式分别计算出产黄青霉的生物量：

$$菌体的湿重=(b-a_1)-(d-a_2) \quad (6\text{-}6)$$

$$菌体的干重=(c-a_1) \quad (6\text{-}7)$$

【操作技巧提示】

1. 菌种数量要适宜，量少导致误差大。

2. 对照滤纸要沥干，时间条件要一致。

【案例介绍】

案例：某小组同学在进行产黄青霉生物量测定实训操作时，在测定菌体湿重时将培养物过滤之后沥干称重，减掉对照滤纸重量后，发现菌体的湿重为负值。指导老师为同学们分析了原因，同时提出了解决问题的方法。

解析：导致实验结果出现负值的原因主要有两个：一是菌种数量太低，导致菌种生物量过低，误差增大；二是对照滤纸没有沥干或者沥干时间比实验滤纸少。因此，应该增大菌种的接种量或适当延长培养时间，同时应该使对照滤纸和实验滤纸的实验条件尽可能一致。

【思考题】

1. 你认为如何提高测定产黄青霉生物量的准确度？

2. 如何判断菌体是否烘干到恒重？

第二节 微生物的培养

微生物各种功能的发挥是靠“以数取胜”或“以量取胜”的。一个良好的微生物培养装置和适宜的培养条件是获得足够数量微生物的前提。而一个良好的微生物培养装置的基本条件是：按微生物的生长规律进行科学的设计，能在提供丰富而均匀营养物质的基础上，保证微生物获得适宜的温度和良好的通风条件（只有厌氧菌除外），此外，还要为微生物提供一个适宜的物理化学条件和严防杂菌的污染等。以下就实验室和生产实践中的一些较有代表性的好氧微生物培养方法作一简要介绍。

一、实验室培养法

1. 固体培养法

主要用试管斜面（test-tube slant）、培养皿琼脂平板（agar plate）及较大型的克氏扁瓶（kolle flask）、茄子瓶等进行培养。

2. 液态培养法

实验室中常用的液态培养法有以下几类。

（1）试管液态培养　装液量可多可少。此法通气效果不够理想，仅适合培养兼性厌氧菌。

（2）三角瓶浅层液态培养　在静置状态下，其通气量与装液量和通气塞的状态关系密切。此法一般仅适用兼性厌氧菌的培养。

（3）摇瓶培养　又称振荡培养。一般将三角瓶内培养液的瓶口用8层纱布包扎，以利通气和防止杂菌污染，同时减少瓶内装液量，把它放在往复式或旋转式摇床上做有节奏的振荡，以达到提供溶氧量的目的。此法最早由著名荷兰学者A. J. Kluyver发明（1933年），目前仍广泛用于菌种筛选以及生理、生化、发酵和生命科学多领域的研究工作中。

（4）小型发酵罐（benchtop fermentor）　这是一种利用现代高科技制成的实验室研究用发酵罐，体积一般为数升至数十升，有良好的通气、搅拌及其他各种必要装置，并有多种传感器（sensor）、自动记录和用计算机的调控装置。现成的商品种类很多，应用较为方便。

二、工业生产培养法

1. 固态培养法

我国人民在距今4000～5000年前，已发明了制曲酿酒。原始的曲法培养就是将麸皮、碎麦或豆饼等固态基质经蒸煮和自然接种后，薄薄地铺在培养容器表面，使微生物既可获得充足的氧气，又有利于散发热量，对真菌来说，还十分有利于产生大量孢子。

根据制曲容器的形状和生产规模的大小，可把各种制曲方法分成瓶曲、袋曲（一般用塑料袋制曲)、盘曲（用木盘制曲)、帘子曲（用竹帘子制曲)、转鼓曲（用大型木质空心转鼓横向转动制曲）和通风曲（即厚层制曲）等。其中瓶曲、袋曲形式在目前的食用菌制种和培养中仍有广泛应用。通风曲是一种机械化程度和生产效率都较高的现代大规模制曲技术，在我国酱油酿造业中广泛应用。一般是由一个面积在$10m^2$左右的水泥曲槽组成，槽上有曲架和用适当材料编织而成的筛板，其上可摊一层约30cm厚的曲料，曲架下部不断通以低温、湿润的新鲜过滤空气，以此制备半无菌状态的固体曲。

2. 液体培养法

(1) 浅盘培养（shallow pan cultivation） 这是一种用大型盘子对好氧菌进行浅层液体静置培养的方法。在早期的青霉素和柠檬酸等发酵中，均使用过这种方法，但因存在劳动强度大、生产效率低以及易污染杂菌等缺点，故未能广泛使用。

(2) 深层液体通气培养 这是一类应用大型发酵罐进行深层液体通气搅拌的培养技术，它的发明在微生物培养技术发展史上具有革命性的意义，并成为现代发酵工业的标志。

发酵罐（fermenter或fenmentor）是一种最常规的生物反应器（bioreactor)，一般是一钢质圆筒形直立容器，其底和盖为扁球形，高与直径之比一般为1∶(2～2.5)。容积可大可小，大型发酵罐一般为$50\sim500m^3$，目前世界上最大的发酵罐高度超过100m，容量达到$4000m^3$。

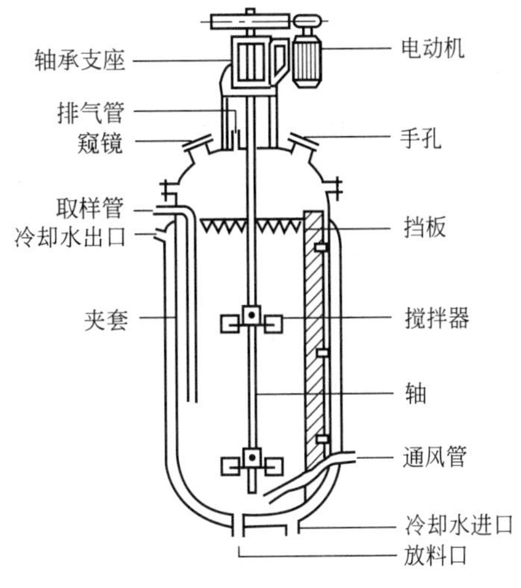

图6-3 典型发酵罐的构造示意图

发酵罐的主要作用是为微生物提供丰富、均匀的养料，良好的通气和搅拌，适宜的温度和酸碱度，并能消除泡沫和确保防止杂菌的污染等。为此，除了罐体有相应的各种结构（图6-3）外，还要有一套必要的附属装置。例如培养基配制系统，蒸汽灭菌系统，空气压缩和过滤系统，营养物流加系统，传感器和自动记录、调控系统，以及发酵产物的后处理系统（俗称“下游工程”）等。

实训四 微生物接种技术

一、实训目标

1. 掌握各种接种方法。
2. 掌握无菌操作基本环节。

二、实训器材

1. 菌种

大肠杆菌、枯草芽孢杆菌、金黄色葡萄球菌、酵母菌。

2. 试剂

牛肉膏蛋白胨固体培养基（见附录Ⅲ）。

3. 器材

接种环、玻璃棒、吸管、酒精灯、恒温培养箱。

三、实训操作过程

1. 无菌操作

培养基经高压灭菌后，用经过灭菌的工具（如接种针和吸管等）在无菌条件下接种含菌材料（如样品、菌苔或菌悬液等）于培养基上，这个过程叫做无菌接种操作。在实验室检验中的各种接种必须是无菌操作。

实验台面不论是什么材料，一律要求光滑、水平。光滑是便于用消毒剂擦洗；水平是倒琼脂培养基时利于培养皿内平板的厚度保持一致。在实验台上方，空气流动应缓慢，杂菌应尽量减少，其周围杂菌也应越少越好。为此，必须清扫室内，关闭实验室的门窗，并用消毒剂进行空气消毒处理，尽可能地减少杂菌的数量。

空气中的杂菌在气流小的情况下，随着灰尘落下，所以接种时，打开培养皿的时间应尽量短。用于接种的器具必须经干热或火焰等灭菌。接种环的火焰灭菌方法为：通常接种环在火焰上充分烧红（接种柄，一边转动一边慢慢地来回通过火焰三次），冷却，先接触一下培养基，待接种环冷却到室温后，方可用它来挑取含菌材料或菌体，迅速地接种到新的培养基上。然后，将接种环从柄部至环端逐渐通过火焰灭菌，复原。不要直接烧环，以免残留在接种环上的菌体爆溅而污染空间。平板接种时，通常把平板的面倾斜，把培养皿的盖打开一小部分进行接种。在向培养皿内倒培养基或接种时，试管口或瓶壁外面不要接触底皿边，试管或瓶口应倾斜一下在火焰上通过。

2. 接种操作

将微生物接到适于它生长繁殖的人工培养基上或活的生物体内的过程叫做接种。在实验室或工厂实践中，用得最多的接种工具是接种环、接种针。由于接种要求或方法的不同，接种针的针尖部常做成不同的形状，有刀形、耙形等。有时滴管、吸管也可作为接种工具进行液体接种。要在固体培养基表面将菌液均匀涂布时，需要用到涂布棒。

（1）斜面接种（图 6-4、图 6-5）

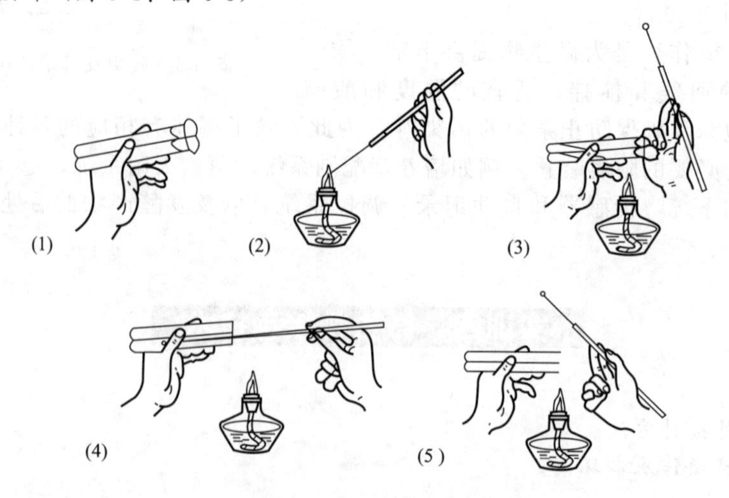

图 6-4 斜面接种示意图

① 操作前，先用 75%酒精擦手，待酒精挥发后点燃酒精灯。

② 将菌种管和斜面握在左手大拇指和其他四指之间，使斜面和有菌种的一面向上，并

处于水平位置。

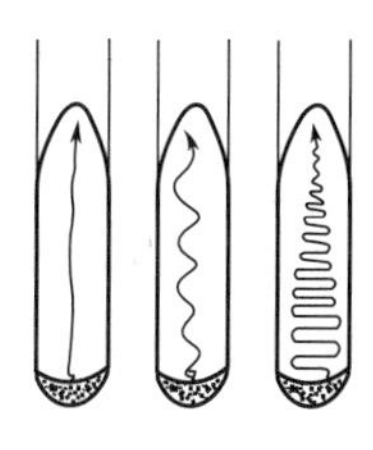
图 6-5 接种后的斜面示意图

③ 先将菌种和斜面的棉塞旋转一下，以方便接种时拔出。

④ 右手拿接种环（如握钢笔一样），在火焰上先将环端烧红灭菌，然后将有可能伸入试管其余部位也过火灭菌。

⑤ 用右手的无名指、小指和手掌将菌种管和待接斜面试管的棉花塞或试管帽同时拔出，然后让试管口缓缓过火灭菌（切勿烧得过烫）。

⑥ 将灼烧过的接种环伸入菌种管内，接种环在试管内壁或未长菌苔的培养基上接触一下，让其充分冷却，然后轻轻刮取少许菌苔，再从菌种管内抽出接种环。

⑦ 迅速将沾有菌种的接种环伸入另一支待接斜面试管。从斜面底部向上作“Z”形来回密集划线。有时也可用接种针仅在培养基的中央拉一条线来作斜面接种，以便观察菌种的生长特点。

⑧ 接种完毕后抽出接种环灼烧管口，塞上棉塞。

⑨ 将接种环烧红灭菌。放下接种环，再将棉花塞旋紧。

（2）液体接种

① 由斜面培养基接入液体培养基，此法用于观察细菌的生长特性和生化反应的测定，操作方法与前相同，但要使试管口向上斜，以免培养液流出。接入菌体后，使接种环和管内壁摩擦几下以利洗下环上菌体。接种后塞好棉塞将试管在手掌中轻轻敲打，使菌体充分分散。

② 由液体培养基接入液体培养基，菌种是液体时，接种除用接种环外尚可用无菌吸管或滴管。接种时只需在火焰旁拔出棉塞，将管口通过火焰，用无菌吸管吸取菌液注入培养液内，摇匀即可。

（3）平板接种　用无菌吸管吸取菌液注入平板后，用灭菌的玻棒在平板表面做均匀涂布。

（4）穿刺接种　把菌种接种到固体深层培养基中，此法用于嫌气性细菌接种或为鉴定细菌时观察生理性能用。

① 操作方法与上述相同，但所用的接种针应挺直。

② 将接种针自培养基中心刺入，直刺到接近管底，但勿穿透，然后沿原穿刺途径慢慢拔出（图 6-6）。

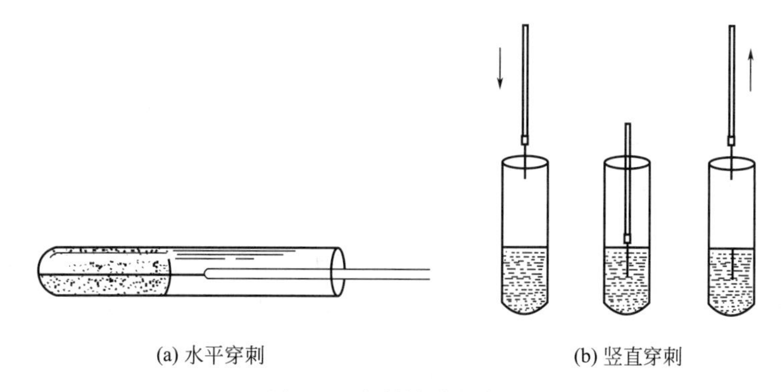
(a) 水平穿刺　(b) 竖直穿刺

图 6-6 穿刺接种示意图

四、实训记录

将实验结果绘图记录。

【操作技巧提示】

1. 接种前以酒精擦手，挥干再点酒精灯。

2. 接种前后要灼烧，充分冷却再取菌。

3. 从下往上划“Z”字，动作要轻、勿划破。

4. 平板涂布要均匀，倒置培养不能忘。

5. 穿刺接种时：直刺管底勿穿透，原路返回慢拔出。

【案例介绍】

案例：某小组同学在进行斜面划线接种实训操作时，接种后的斜面经培养48h后完全看不到菌苔，同学们疑惑不解，指导老师为同学们分析了原因，同时提出了解决问题的方法。

解析：斜面接种后完全没有长出菌苔，最大的可能性是接种环过热导致菌种被杀死。同学们充分灼烧接种环后，先让接种环在试管内壁或未长菌苔的培养基上接触一下，使其充分冷却，然后轻轻刮取少许菌苔，再从菌种管内抽出接种环。这样就能保证操作结果的准确性了。

【思考题】

1. 什么叫无菌操作？

2. 与液体培养基相比，固体培养基有什么优越性？

3. 为什么要把培养皿倒置培养？

4. 接种前和接种后为什么要灼烧接种环？

5. 为什么接种环冷却后才能用其与菌种接触？是否可以将接种环放在台子上待其冷却？你怎样才能知道它是否已经冷却？

第三节　微生物的生长规律

一、同步培养

微生物的细胞是极其微小的，因此利用单个细胞研究微生物个体生长的规律是很困难的。在分批培养中，细菌群体能以一定速率生长，但所有细胞并非同时进行分裂。也就是说，培养中的细胞不处于同一生长阶段，它们的生理状态和代谢活动也不完全一样。能使培养的微生物比较一致，生长发育在同一阶段上的培养方法叫同步培养法。利用上述实验室技术控制细胞的生长，使它们处于同一生长阶段，所有的细胞都同时分裂，这种生长方式叫同步生长；用同步培养法所得到的培养物叫同步培养（synchronous culture）或同步培养物。采用同步培养技术就可以用研究群体的方法来研究个体水平上的问题。获得同步培养的方法很多，最常用的有以下2种。

1. 机械法（又称选择法）

（1）离心沉降分离法　处于不同生长阶段的细胞，其个体大小不同，通过离心就可使大小不同的细胞群体在一定程度上分开。有些微生物的子细胞与成熟细胞大小差别较大，易于分开。然后用同样大小的细胞进行培养便可获得同步培养物（见图6-7）。

（2）膜洗脱法　共分4步：①将菌液通过硝酸纤维素薄膜，由于细菌与滤膜带有不同电荷，所以不同生长阶段的细菌均能附着于膜上；②翻转薄膜，再用新鲜培养液滤过培养；③附着于膜上的细菌进行分裂，分裂后的子细胞不与薄膜直接接触，由于菌体本身的重量，加之它所附着的培养液的重量，便下落到收集器内；④收集器在短时间内收集的细菌处于同一分裂阶段，用这种细菌接种培养，便能得到同步培养物（见图6-7）。

机械法同步培养物是在不影响细菌代谢的情况下获得的，因而菌体的生命活动较为正常。但此法有其局限性，有些微生物即使在相同的发育阶段，其个体大小也不一致，甚至差

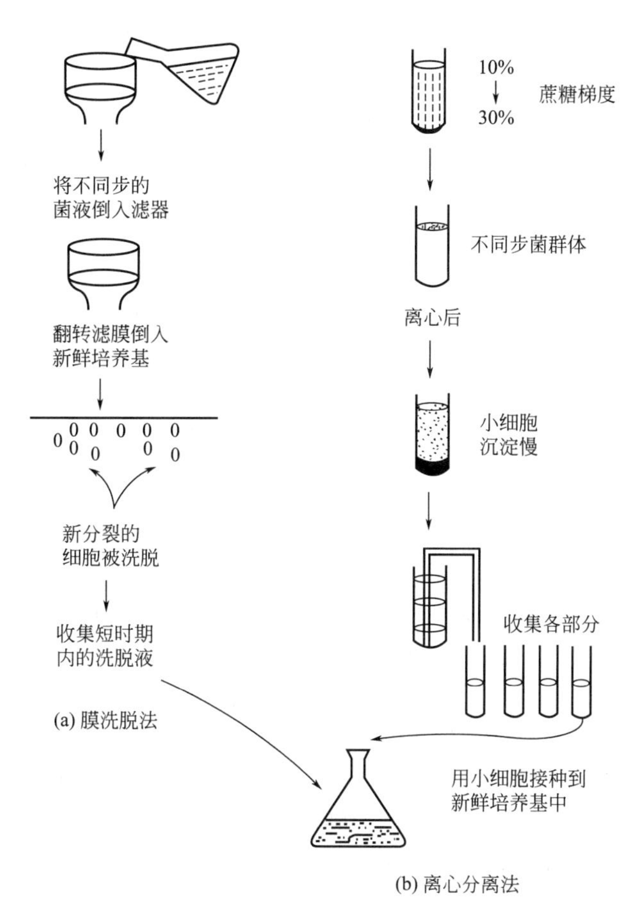

图 6-7　同步培养法

别很大，这样的微生物不宜采用这类方法。

2. 诱导法（环境条件控制法）

诱导法又称为调整生理条件的同步法，主要通过控制环境条件如温度、营养物质等来诱导同步生长。对环境条件控制获得同步细胞的机理不完全了解，这种处理可能是导致胞内某些物质合成，而这些物质的合成和积累可导致细胞分裂，从而获得同步细胞。

（1）温度调整法　最适生长温度有利于细菌生长与分裂，不适宜温度如低温不利于细菌生长与分裂。通过适宜与不适宜温度的交替处理之后，培养可获得同步细胞。将微生物的培养温度控制在接近最适温度条件下一段时间，它们将缓慢地进行新陈代谢，但又不进行分裂。换句话说，使细胞的生长在分裂前不久的阶段稍微受到抑制，然后将培养温度提高或降低到最适生长温度，大多数细胞就会进行同步分裂。人们利用这种现象已设计出多种细菌和原生动物的同步培养法。

（2）营养条件调整法　即控制营养物的浓度或培养基的组成以达到同步生长。例如限制碳源或其他营养物，使细胞只能进行一次分裂而不能继续生长，从而获得刚分裂的细胞群体，然后再转入适宜的培养基中，它们便进入了同步生长。对营养缺陷型菌株，同样可以通过控制它所缺乏的某种营养物质而达到同步化。例如大肠杆菌胸腺嘧啶（thymine）缺陷型菌株，先将其培养在不含胸腺嘧啶的培养基内一段时间，所有的细胞在分裂后，由于缺乏胸腺嘧啶，新的DNA无法合成而停留在DNA复制前期，随后在培养基中加入适量的胸腺嘧啶，于是所有的细胞都同步生长。

（3）抑制DNA合成法　DNA的合成是一切生物细胞进行分裂的前提。利用代谢抑制剂阻碍DNA合成一段时间，然后再解除抑制，也可达到同步化的目的。试验证明：甲氨蝶呤（amethopterin）、5-氟脱氧尿苷、羟基尿素、胸腺苷、脱氧腺苷和脱氧鸟苷等，对细胞DNA合成的同步化均有作用。1969年有人就进行了成功的试验：在细胞的无性繁殖系的组织培养中，用10^{-6} mol/L的甲氨蝶呤或5-氟脱氧尿苷处理培养物，在16h内可以抑制DNA的合成。这种药物主要通过抑制胸腺核苷酸合成酶而阻碍胸腺核苷酸的合成。当加入4×10^{-6} mol/L的胸腺苷至培养物中，便能解除这种抑制，细胞即可进行同步化生长。

（4）其他　在培养基中加入某种抑制蛋白质合成的物质（如氯霉素），诱导一定时间后再转到另一种完全培养基中培养；对于光合细菌可以将不同步的细菌经光照培养后再转到黑暗中培养，这样通过光照和黑暗交替培养的方式可获得同步细胞；对于不同步的芽孢杆菌培养至绝大部分芽孢形成，然后经加热处理，杀死营养细胞，最后转接到新的培养基，经培养可获得同步细胞。

诱导同步生长的环境条件多种多样。不论哪种诱导因子都必须具有以下特性：不影响微生物的生长，但可特异性地抑制细胞分裂，当移去（或消除）该抑制条件后，微生物又可立即同时出现分裂。研究同步生长诱导物的作用，将有助于揭示微生物细胞分裂的机制。

总之，机械法对细胞正常生理代谢影响很小，但对那些即使是相同的成熟细胞，其个体大小差异悬殊者也不宜采用；而诱导同步分裂虽然方法较多，应用较广，但对正常代谢有时有影响，而且对其诱导同步化的生化基础了解很少，化学诱导同步化的本质还是一个尚待研究的问题。因此，必须根据待试微生物的形态、生理性状来选择适当的方法。

应该明确，同步生长的时间因菌种和条件而变化。由于同步群体的个体差异，同步生长不能无限地维持，往往会逐渐破坏，最多能维持2～3个世代，又逐渐转变为随机生长。

二、细菌群体的生长规律——典型生长曲线

细菌在适宜的条件下若能保证养料供应和及时排出代谢产物将能以较高的速度繁殖。若以大肠杆菌每20min分裂一次的速度计算，一个细胞连续分裂48h或144代之后，可以产生2.2×10^{43}个子细胞，其质量将超过2.2×10^{25} t，约为地球质量的3680倍。显然这种条件是不可能在自然界存在的。细菌在一个有限容积的环境中不能无限制地高速生长，如以少量纯培养细菌接种有限的液体培养基，并在培养过程中定时取样测数，可以发现细菌的生长有一定的规律，若以时间为横坐标，菌数的对数为纵坐标，可以绘出一条类似于S形的曲线，这就是细菌的典型生长曲线（图6-8）。根据微生物的生长速率常数（growth rate constant），即每小时分裂次数的不同，一般可把典型生长曲线分为延迟期、对数期、稳定期和衰亡期4个时期。

1. 延迟期

延迟期又称延滞期、迟滞期、停滞期、调整期或适应期。接种到新鲜培养液中的细菌一般不立即开始繁殖，它们往往需要一些时间来进行调整以适应新环境，必须重新调整其小分子和大分子的组成，包括酶和细胞结构成分，准备细胞分裂。这个时期内的细菌细胞通常表现为个体变长、体积增大和代谢活跃，细胞内的RNA含量增加使细胞质的嗜碱性增强，并由于代谢活性的提高而使贮藏物消失；细胞对外界理化因子（如NaCl、热、紫外线、X射线等）的抵抗能力减弱。

在延迟期，细菌的增殖率与死亡率相等，均为零；菌数几乎不增加，曲线平稳。

影响细菌延迟期长短的因素很多，除菌种的遗传特性外，主要有以下3种。

（1）接种龄　指接种物或种子的生长年龄，亦即它生长到生长曲线上哪一阶段时用来作种子的。实验证明，如果以对数期的种子接种，则子代培养物的延迟期就短；反之，如果以

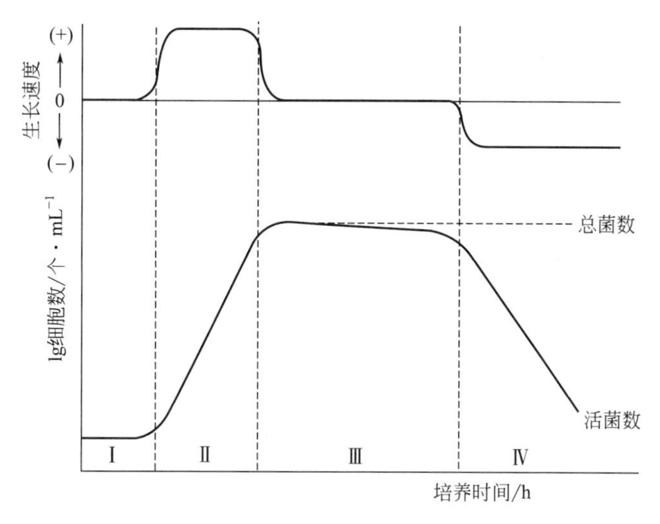

图 6-8　细菌的典型生长曲线

I—延迟期；II—对数期；III—稳定期；IV—衰亡期

延迟期或衰亡期的种子接种，则子代培养物的延迟期就长；如果以稳定期的种子接种，则延迟期居中。

（2）接种量　接种量的大小明显影响延迟期的长短。一般说来，接种量大，则延迟期短，反之则长。因此，在发酵工业上，为缩短延迟期以缩短生产周期，通常都采用较大的接种量。

（3）培养基成分　接种到营养丰富的天然培养基中的微生物，要比接种到营养单调的组合培养基中的延迟期短。所以，一般要求发酵培养基的成分与种子培养基的成分尽量接近，且应适当丰富些。

延迟期的存在会延长微生物正常的生长周期，在发酵工业中，使生产周期延长、设备的利用率降低，所以应尽量缩短延迟期。

在微生物应用实践中，除了可以通过遗传学方法改变种的遗传特性使延迟期缩短之外，还可采取用处于快速生长繁殖中的健壮菌种细胞接种、适当增加接种量、采用营养丰富的培养基、培养种子与下一步培养用的两种培养基的营养成分以及培养的其他理化条件尽可能保持一致等措施，有效地缩短延迟期。

2. 对数期

对数期又称指数期。经过对新环境的适应阶段后，细菌在这个时期内生长旺盛，代谢活力增强，分裂速度加快，菌数以几何级数增加，代时稳定，其生长曲线表现为一条上升的直线。

对数期的特点是：①生长速率常数 R 最大，因而细胞每分裂一次所需的时间——代时（generation time，G，又称世代时间或增代时间）或原生质增加一倍所需的倍增时间（doubling time）最短；②细胞进行平衡生长，故菌体各部分的成分十分均匀；③酶系活跃，代谢旺盛。

对数期的三个重要参数有：①繁殖代数 n；②生长速率常数 R；③代时 G。

假设初始时间 T_1 时的菌体浓度为 X_1，到 T_2 时菌体浓度为 X_2，则

$$n=3.322(\lg X_2-\lg X_1)$$

$$R=n/(T_2-T_1)=3.322(\lg X_2-\lg X_1)/(T_2-T_1)$$

$$G=1/R=(T_2-T_1)/3.322(\lg X_2-\lg X_1)$$

影响微生物世代时间的因素较多，主要有 4 种。

（1）菌种　不同菌种的代时差别极大。表 6-1 列出了某些代表性细菌类群在一定的培养基和温度条件下的世代时间，其中最快的是漂浮假单胞菌（*Pseudomonas natriegenes*）只要 9.8min，最慢的是梅毒密螺旋体（*Treponema pallidum*）为 33h。

表 6-1　不同细菌的代时

细　　菌	培养基	温度/℃	代时/min	细　　菌	培养基	温度/℃	代时/min
漂浮假单胞菌	肉汤	37	9.8	枯草芽孢杆菌	肉汤	25	26～32
大肠杆菌	肉汤	37	17	巨大芽孢杆菌	肉汤	30	31
蜡状芽孢杆菌	肉汤	30	18	嗜酸乳杆菌	牛乳	37	66～87
嗜热芽孢杆菌	肉汤	55	18.3	褐球固氮菌	葡萄糖	25	240
乳酸链球菌	牛乳	37	26	大豆根瘤菌	葡萄糖	25	344～461
蕈状芽孢杆菌	肉汤	37	28	结核分枝杆菌	合成	37	792～932
霍乱弧菌	肉汤	37	21～38	梅毒密螺旋体	家兔	37	1980
金黄色葡萄球菌	肉汤	37	27～30				

（2）营养成分　同一种微生物，在营养丰富的培养基中生长，其代时较短，反之较长。例如，同在 37℃下，*E. coli* 在牛奶中代时为 12.5min，而在肉汤培养基中为 17.0min。

（3）营养物浓度　营养物质的浓度也可影响微生物的生长速率和总生长量。在营养物质浓度很低的情况下，才会影响微生物的生长速率，随着营养物浓度逐步增高，生长速率不受影响，而只影响最终的菌体产量；如果进一步提高营养物的浓度，则生长速率和菌体产量两者均不受影响。凡是处于较低浓度范围内，影响生长速率和菌体产量的营养物，就称为生长限制因子（growth-limited factor），如图 6-9 所示。

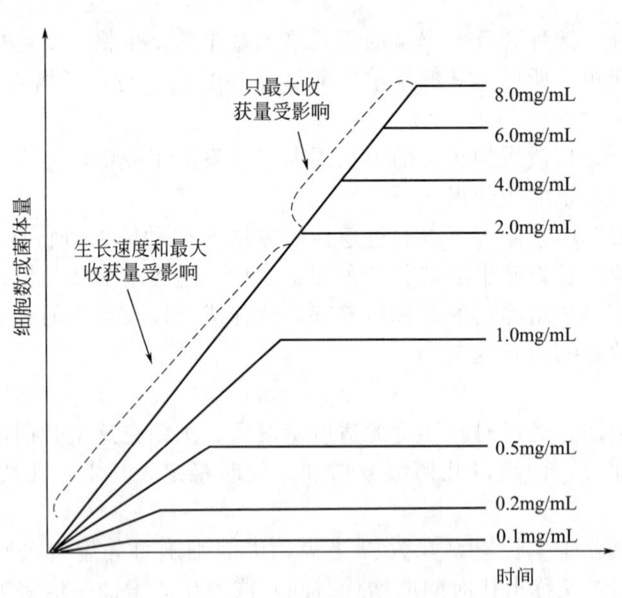

图 6-9　营养物浓度对生长速率和产量的影响

（4）培养温度　温度对微生物的生长速率有极其明显的影响。在一定范围内，生长速率与温度成正相关，见表 6-2。这一规律对发酵实践、食品保藏和夏天防范食物变质和食物中毒等都有重要的参考价值。

处于对数期的细菌细胞生长迅速，在形态、生理特性和化学组成等方面较为一致，而且菌体大小均匀，单个存在的细胞占多数，因而适于用作进行生理生化等研究的材料。由于旺盛生长的细胞对环境理化等因子的作用敏感，因而也是研究遗传变异的好材料。在微生物发酵工业中，需要选取对数期细胞作为转种或扩大培养的种子，以便缩短发酵周期和提高设备利用率。

表 6-2 *E. coli* 在不同温度下的代时

温度/℃	代时/min	温度/℃	代时/min
10	860	35	22
15	120	40	17.5
20	90	45	20
25	40	47.5	77
30	29		

3. 稳定期

在对数末期，由于营养物质（包括限制性营养物质）的逐渐消耗，有生理毒性的代谢产物在培养基中的积累及培养环境条件中 pH 和氧化还原电位等对细菌生长不利的因素的增加，使细菌的生长速度降低，增殖率下降而死亡率上升，当两者趋于平衡时，就转入稳定期。此时，活菌数基本保持稳定，生长曲线进入平坦阶段。细菌群体的活菌数在这个时期内最高，并可相对持续一定时间。进入稳定期，细胞内开始积聚糖原、异染颗粒和脂肪等内含物；芽孢杆菌一般在这时开始形成芽孢；有的微生物在这时开始以初生代谢物为前体，通过复杂的次生代谢途径合成抗生素等对人类有用的各种次生代谢物。所以，次生代谢物又称稳定期产物。细菌处于稳定期的长短与菌种特性和环境条件有关，在发酵工业中为了获得更多的菌体或代谢产物，还可以通过补料，调节 pH、温度或通气量等措施来延长稳定期。

稳定期的生长规律对生产实践有着重要的指导意义，例如，对以生产菌体或与菌体生长相平行的代谢产物（SCP、乳酸等）为目的的某些发酵生产来说，稳定期是产物的最佳收获期；对维生素、碱基、氨基酸等物质进行生物测定来说，稳定期是最佳测定期；此外，通过对稳定期到来原因的研究，还促进了连续培养原理的提出和工艺、技术的创建。

4. 衰亡期

衰亡期又称衰老期。细菌在经过稳定期后，由于营养和环境条件进一步恶化，死亡率迅速增加，以致明显超过增殖率，这时尽管群体的总菌数仍然较高，但活菌数急剧下降，其对数与时间呈反比，表现为按几何级数下降，生长曲线直线下垂，有人又称其为对数死亡期。这个时期的细胞常表现为多形态，产生许多大小或形态上变异的畸形或退化型，其革兰染色亦不稳定，许多 G^+ 细菌的衰老细胞可能表现为 G^-。

应当指出，上述细菌生长曲线仅反映它们在有限营养液中的群体生长规律，如实验室中常用的浅层液体培养和摇瓶振荡培养以及工业生产中普遍采用的发酵罐深层搅拌通气培养。正确地认识和掌握细菌群体的生长特点和规律，对于科学研究和微生物工业发酵生产具有重要意义。

三、环境条件对微生物生长的影响

影响微生物生长的外界因素很多，其一是前面讨论过的营养物质，其二是许多物理、化学因素。当环境条件改变，在一定限度内，可引起微生物形态、生理、生长、繁殖等特征的改变；当环境条件的变化超过一定极限时，则导致微生物死亡。研究环境条件与微生物之间的相互关系，有助于了解微生物在自然界中的分布与作用，也可指导人们在食品加工中有效地控制微生物的生命活动，保证食品的安全性，延长食品的货架期。

1. 氧气

氧气对微生物的生命活动有着重要影响。按照微生物与氧气的关系，可把它们分成好氧菌（aerobe）和厌氧菌（anaerobe）两大类。好氧菌中又分为专性好氧、兼性厌氧和微好氧菌；厌氧菌分为专性厌氧菌、耐氧菌。

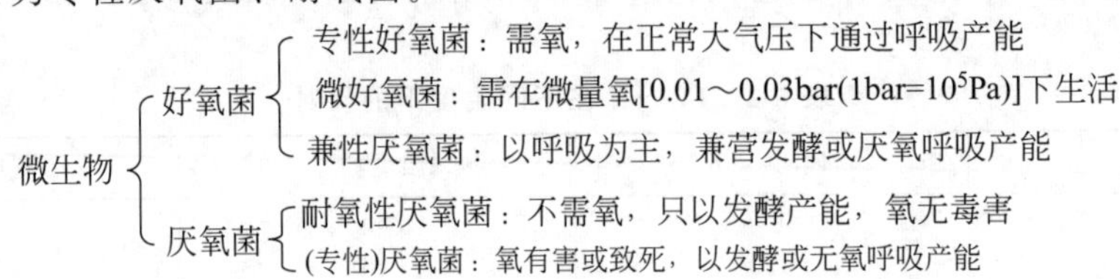

(1) 专性好氧菌（strict aerobe） 要求必须在有分子氧的条件下才能生长，有完整的呼吸链，以分子氧作为最终氢受体，细胞有超氧化物歧化酶（superoxide dismutase，SOD）和过氧化氢酶，绝大多数真菌和许多细菌都是专性好氧菌，如米曲霉、醋酸杆菌、荧光假单胞菌、枯草芽孢杆菌和蕈状芽孢杆菌等。

(2) 兼性厌氧菌（facultative aerobe） 在有氧或无氧条件下都能生长，但有氧的情况下生长得更好；有氧时进行呼吸产能，无氧时进行发酵或无氧呼吸产能；细胞含 SOD 和过氧化氢酶。许多酵母菌和许多细菌都是兼性厌氧菌。例如酿酒酵母、大肠杆菌和普通变形杆菌等。

(3) 微好氧菌（microaerophilic bacteria） 只能在较低的氧分压（0.01～0.03bar，正常大气压为 0.2bar）下才能正常生长的微生物，也通过呼吸链以氧为最终氢受体而产能。例如霍乱弧菌、一些氢单胞菌、拟杆菌属和发酵单胞菌属。

(4) 耐氧性厌氧菌（aerotolerant anaerobe） 一类可在分子氧存在时进行厌氧呼吸的厌氧菌，即它们的生长不需要氧，但分子氧存在对它们也无毒害。它们不具有呼吸链，仅依靠专性发酵获得能量。细胞内存在 SOD 和过氧化物酶，但没有过氧化氢酶。一般乳酸菌多数是耐氧菌，如乳链球菌、乳酸乳杆菌、肠膜明串珠菌和粪链球菌等，乳酸菌以外的耐氧菌如雷氏丁酸杆菌。

(5) 厌氧菌（anaerobe） 厌氧菌的特征是：分子氧存在对它们有毒，即使是短期接触空气，也会抑制其生长甚至死亡；在空气或含 10% CO_2 的空气中，它们在固体或半固体培养基的表面上不能生长，只能在深层无氧或低氧化还原势的环境下才能生长；其生命活动所需能量是通过发酵、无氧呼吸、循环光合磷酸化或甲烷发酵等提供；细胞内缺乏 SOD 和细胞色素氧化酶，大多数还缺乏过氧化氢酶。常见的厌氧菌有罐头工业的腐败菌如肉毒梭状芽孢杆菌、嗜热梭状芽孢杆菌、拟杆菌属、双歧杆菌属以及各种光合细菌和产甲烷菌等。一般绝大多数微生物都是好氧菌或兼性厌氧菌。厌氧菌的种类相对较少，但近年来已发现越来越多的厌氧菌。

关于厌氧菌的氧毒害机理曾有学者提出过，直到 1971 年在提出 SOD 的学说后，有了进一步的认识。他们认为，厌氧菌缺乏 SOD，因此易被生物体内产生的超氧化物阴离子自由基毒害致死。

如图 6-10 所示为五类与氧关系不同的微生物在半固体琼脂柱中的生长状态（模式图）。

2. 温度

温度是影响微生物生长繁殖最重要的因素之一。温度对微生物生长的影响具体表现在：①影响酶活性，微生物生长过程中所发生的一系列化学反应绝大多数是在特定酶催化下完成的，每种酶都有最适的酶促反应温度，温度变化影响酶促反应速率，最终影响细胞物质合成；②影响细胞质膜的流动性，温度高流动性大，有利于物质的运输，温度低流动性降低，不利于物质运输，因此温度变化影响营养物质的吸收与代谢产物的分泌；③影响物质的溶解度，物质只有溶于水才能被机体吸收或分泌，除气体物质以外，温度上升物质的溶解度增加、温度降低物质的溶解度降低，最终影响微生物的生长。

在一定温度范围内，机体的代谢活动与生长繁殖随着温度的上升而增加，当温度上升到一定程度，开始对机体产生不利的影响，如再继续升高，则细胞功能急剧下降以至死亡。从

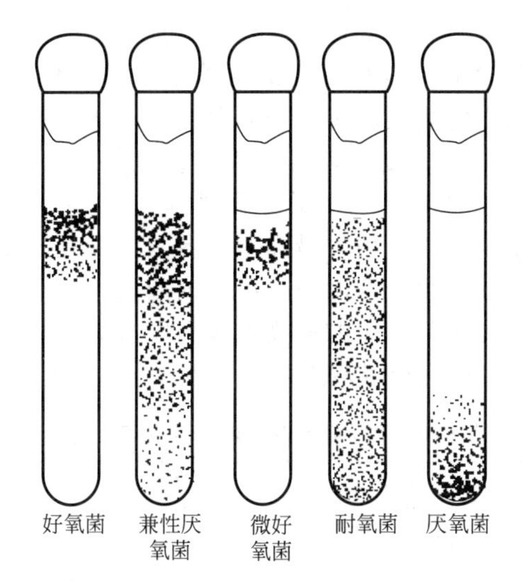

图 6-10　五类与氧关系不同的微生物在半固体琼脂柱中的生长状态（模式图）

微生物整体来看，生长的温度范围一般在－10～100℃；极端下限为－30℃，极端上限为105～300℃，但对于特定的某一种微生物，只能在一定温度范围内生长，在这个范围内，每种微生物都有自己的生长温度三基点，即最低生长温度、最适生长温度、最高生长温度。处于最适生长温度时，生长速度最快，代时最短；低于最低生长温度时，微生物不生长，温度过低，甚至会死亡；超过最高生长温度时，微生物不生长，温度过高，甚至会死亡，如图6-11所示。

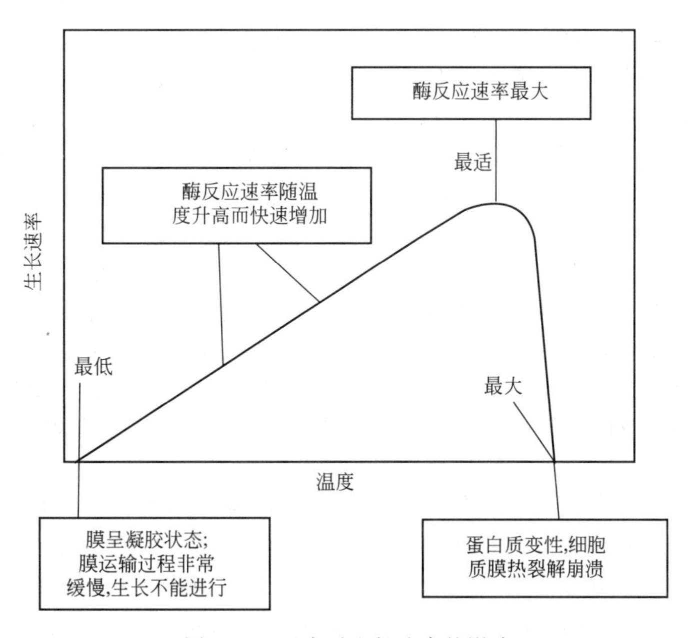

图 6-11　温度对生长速率的影响

最低生长温度是指微生物能进行繁殖的最低温度界限。处于这种温度条件下的微生物生长速率很低，如果低于此温度则生长完全停止。不同微生物的最低生长温度不一样，这与它们的原生质物理状态和化学组成有关系，也可随环境条件而变化。

最适生长温度是指某菌分裂代时最短或生长速率最高时的培养温度。但是，同一微生物，不同的生理生化过程有着不同的最适温度，也就是说，最适生长温度并不等于生长量最高时的培养温度，也不等于发酵速度最高时的培养温度或累积代谢产物量最高时的培养温度，更不等于累积某一代谢产物量最高时的培养温度。因此，生产上要根据微生物不同生理代谢过程温度的特点，采用分段式变温培养或发酵。例如，嗜热链球菌的最适生长温度为37℃，最适发酵温度为47℃，累积产物的最适温度为37℃。

最高生长温度是指微生物生长繁殖的最高温度界限。在此温度下，微生物细胞易于衰老和死亡。微生物所能适应的最高生长温度与其细胞内酶的性质有关。例如细胞色素氧化酶以及各种脱氢酶的最低破坏温度常与该菌的最高生长温度有关。

微生物按其生长温度范围可分为低温微生物、中温微生物和高温微生物三种类型（表6-3）。

表6-3 不同温型微生物的生长温度范围

微生物类型		生长温度范围/℃			分布区域
		最低	最适	最高	
嗜冷微生物	专性嗜冷型	－12	5～15	15～20	两极地区
	兼性嗜冷型	－5～0	10～20	25～30	海水及冷藏食品
嗜温微生物	室温型	10～20	20～35	35～40	腐生菌
	体温型	10～20	35～40	40～45	寄生菌
嗜热微生物	嗜热型	45	55～65	80	温泉、堆肥、土壤表层
	嗜高温型	65	80～90	100以上	火山口附近

（1）低温型微生物　又称嗜冷微生物，可在较低的温度下生长。它们常分布在地球两极地区的水域和土壤中，即使在其微小的液态水间隙中也有微生物的存在。常见的产碱杆菌属、假单胞菌属、黄杆菌属、微球菌属等常使冷藏食品腐败变质。有些肉类上的霉菌在－10℃仍能生长，如芽枝霉；荧光极毛菌可在－4℃生长，并造成冷冻食品变质腐败。

低温也能抑制微生物的生长。在0℃以下，菌体内的水分冻结，生化反应无法进行而停止生长。有些微生物在冰点下就会死亡，主要原因是细胞内水分变成了冰晶，造成细胞脱水或细胞膜物理损伤。因此，生产上常用低温保藏食品，各种食品的保藏温度不同，分为寒冷温度、冷藏温度和冻藏温度。

（2）中温型微生物　绝大多数微生物属于这一类。最适生长温度在20～40℃之间，最低生长温度10～20℃，最高生长温度40～45℃。它们又可分为室温型和体温型微生物。体温型微生物多为人及温血动物的病原菌，它们生长的极限温度范围在10～45℃，最适生长温度与其宿主体温相近，在35～40℃之间，人体寄生菌为37℃左右。引起人和动物疾病的病原微生物、发酵工业应用的微生物菌种以及导致食品原料和成品腐败变质的微生物，都属于这一类群的微生物。因此，它们与食品工业的关系密切。

（3）高温型微生物　它们适于在45～50℃以上的温度中生长，在自然界中的分布仅局限于某些地区，如温泉、日照充足的土壤表层、堆肥、发酵饲料等腐烂有机物中，如堆肥中温度可达60～70℃。能在55～70℃中生长的微生物有芽孢杆菌属（*Bacillus*）、梭状芽孢杆菌（*Clostridium*）、嗜热脂肪芽孢杆菌（*Bac. stearothermophilus*）、高温放线菌属（*Thermoactinomyces*）、甲烷杆菌属（*Methanobacterium*）等；温泉中的细菌；其次是链球菌属和乳杆菌属。有的可在近于100℃的高温中生长。这类高温型的微生物给罐头工业、发酵工业等带来了一定的处理难度。

3. pH值

微生物生长的pH值范围极广，一般在pH2～8之间，有少数种类还可超出这一范围，事实上，绝大多数种类都生长在 pH5～9 之间。

不同的微生物都有其最适生长 pH 值和一定的 pH 范围，即最高、最适与最低三个数值（见表 6-4），在最适 pH 范围内微生物生长繁殖速度快，在最低或最高 pH 值的环境中，微生物虽然能生存和生长，但生长非常缓慢而且容易死亡。一般霉菌能适应的 pH 值范围最大，酵母菌适应的范围较小，细菌最小。霉菌和酵母菌生长最适 pH 值都在 5～6，而细菌的生长最适 pH 值在 7 左右。一些最适生长 pH 值偏于碱性范围内的微生物，有的是嗜碱性，称嗜碱性微生物（basophile），如硝化菌、尿素分解菌、根瘤菌和放线菌等；有的不一定要在碱性条件下生活，但能耐较碱的条件，称耐碱微生物（basotolerant microorganism），如若干链霉菌等。生长 pH 值偏于酸性范围内的微生物也有两类，一类是嗜酸微生物（acidophile），如硫杆菌属等，另一类是耐酸微生物（acidotolerant microorganism），如乳酸杆菌、醋酸杆菌、许多肠杆菌和假单胞菌等。绝大多数细菌和一部分真菌最适 pH 值范围则为中性。

表 6-4 不同微生物生长的 pH 范围

微生物	pH 值		
	最低	最适	最高
氧化硫杆菌	0.5	2.0～3.5	6.0
嗜酸乳杆菌	4.0～4.6	5.8～6.6	6.8
大豆根瘤菌	4.2	6.8～7.0	11.0
圆褐固氮菌	4.5	7.4～7.6	9.0
硝化单胞菌	7.0	7.8～8.6	9.4
醋化醋杆菌	4.0～4.5	5.4～6.3	7.0～8.0
金黄色葡萄球菌	4.2	7.0～7.5	9.3
泥生绿菌	6.0	6.8	7.0
水生栖热菌	6.0	7.5～7.8	9.5
黑曲霉	1.5	5.0～6.0	9.0
一般放线菌	5.0	7.0～8.0	10.0
一般酵母菌	3.0	5.0～6.0	8.0

不同的微生物有其最适的生长 pH 范围，同一微生物在其不同的生长阶段和不同的生理、生化过程中也要求不同的最适 pH 值，这对发酵工业中 pH 值的控制、积累代谢产物特别重要。例如，黑曲霉最适生长 pH 值为 5.0～6.0，在 pH2.0～2.5 范围有利于产柠檬酸，在 pH7.0 左右时，则以合成草酸为主。又如丙酮丁醇梭菌的最适生长繁殖的 pH 值为 5.5～7.0，在 pH 4.3～5.3 范围内发酵生产丙酮丁醇，抗生素生产菌也是最适生长的 pH 值与最适发酵的 pH 值不一致。

微生物在其代谢过程中，细胞内的 pH 值相当稳定，一般都接近中性，保护了核酸不被破坏和酶的活性。但微生物会改变环境的酸碱度，使培养基的初始 pH 值变化，发生的原因主要有：①糖类和脂肪代谢产酸；②蛋白质代谢产碱，以及其他物质代谢产生酸碱。

在发酵工业中，及时地调整发酵液的 pH 值，有利于积累代谢产物是生产中的一项重要措施，方法如下：

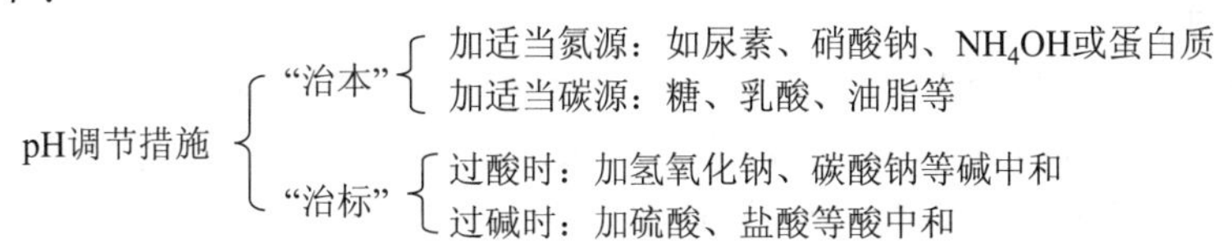

4. 渗透压

大多数微生物适于在等渗的环境中生长，若置于高渗溶液（如20%NaCl）中，水将通过细胞膜进入细胞周围的溶液中，造成细胞脱水而引起质壁分离，使细胞不能生长甚至死亡；若将微生物置于低渗溶液（如0.01%NaCl）或水中，外环境中的水从溶液进入细胞内引起细胞膨胀，甚至破裂致死。

一般微生物不能耐受高渗透压，因此，食品工业中利用高浓度的盐或糖保存食品，如腌渍蔬菜、肉类及果脯蜜饯等，糖的浓度通常在50%～70%、盐的浓度为5%～15%，由于盐的分子量小，并能电离，在二者百分浓度相等的情况下，盐的保存效果优于糖。有些微生物耐高渗透压的能力较强，如发酵工业中的鲁氏酵母，另外，嗜盐微生物（如生活在含盐量高的海水、死海中）可在15%～30%的盐溶液中生长。

实训五　细菌生长曲线的测定

一、实训目标

1. 了解大肠杆菌的生长曲线特征和繁殖规律。
2. 学习光电比浊法测量细菌数量的方法。

二、基础知识

生长曲线是单细胞微生物在一定环境条件下于液体培养时所表现出的群体生长规律。测定时一般将一定数量的微生物纯菌种接种到一定体积的已灭菌的适宜新鲜培养液中，在适温条件下培养，定时取样测定培养液中菌的数量，以菌数的对数为纵坐标，生长时间为横坐标，绘制得到生长曲线。不同的微生物其生长曲线不同，同一微生物在不同培养条件下其生长曲线亦不同。但单细胞微生物的生长曲线规律基本相同，生长曲线一般分为延滞期、对数期、稳定期和衰亡期四个时期。测定一定培养条件下的微生物生长曲线对科研和实际生产有一定的指导意义。

测定生长曲线时需要对生长的单细胞微生物定时取样计数，对于酵母细胞和比较大的细菌细胞可采用血球计数板计数法计数，亦可采用比浊法计数，但对于小的细菌细胞一般采用比浊法。

比浊法是根据培养液中菌细胞数与浑浊度成正比，与透光度成反比的关系，利用光电比色计测定菌悬液的光密度值（OD值），以OD值来代表培养液中的浊度即微生物量，然后以培养时间为横坐标，以菌悬液的OD值为纵坐标绘出生长曲线。此方法所需设备简单，操作简便、迅速。

三、实训器材

1. 菌种

培养18～20h的大肠杆菌培养液。

2. 试剂

牛肉膏蛋白胨液体培养基。

3. 器材

722型光电比色计或752型紫外分光光度计、灭菌移液管或滴管、无菌大试管、水浴恒温摇床。

四、实训操作过程

1. 调节光电比色计的波长至420nm处，开机预热10～15min。
2. 以未接种的培养液校正比色计的零点（注意以后每次测定均需重新校正零点）。
3. 取13支无菌大试管，用记号笔标明时间0、1.5h、3h、4h、6h、8h、10h、12h、

14h、16h、18h、20h、24h。

4. 用5mL吸管吸取2.5mL大肠杆菌培养液，放入装有60mL牛肉膏蛋白胨培养基的三角瓶中，混匀后分别吸取5mL放入已编号的11支大试管中。

5. 将13支试管置于水浴恒温摇床上，37℃振荡培养。分别在0、1.5h、3h、4h、6h、8h、10h、12h、14h、16h、18h、20h、24h取出，放入冰箱中贮存，最后一起比浊测定。

6. 以未接种的培养液作空白，选用540～560nm波长进行光电比浊测定。从最稀浓度的菌悬液开始依次测定。对浓度大的菌悬液用未接种的牛肉膏蛋白胨培养基适当稀释后再测定，使其光密度值在0.1～0.65之内，记录OD值。

五、实训记录

将实验结果填入下表：

时间/h	对照	0	1.5	3	4	6	8	10	12	14	16	18	20	24
光密度值(OD)														

1. 以培养时间为横坐标，菌数的对数值为纵坐标，绘出大肠杆菌的生长曲线图。
2. 在生长曲线上标出四个时期的位置及名称。

【操作技巧提示】

1. 测定OD值时，要求从低浓度到高浓度测定。
2. 严格控制培养时间。
3. 固定参比杯，不要旋动波长旋钮，每组固定同一台分光光度计、固定同一取液器。

【案例介绍】

案例：某小组同学在细菌生长曲线测定实训操作时，根据绘出的大肠杆菌生长曲线图计算得到大肠杆菌代时的实验值比理论值偏高，同学们疑惑不解，指导老师为同学们分析了原因。

解析：经查资料得，大肠杆菌理论代时为37℃时18min，实验测得代时长于理论值的原因为：理论代时是在理想的培养条件下测得，糖分、氧气等营养物质供应充足，细菌生长状况良好，之前的分裂次数较少。实际实验条件与理论值条件存在差距。如培养过程中不补料，营养物质有限；单纯的振荡不能保证体系中有足够的溶解氧；对培养液的pH值、氧化还原电势也未加以控制；以及测量过程中温度不能保持稳定等。

【思考题】

1. 为什么说用比浊法测定细菌的生长只是表示细菌的相对生长状况？
2. 如果用活菌计数法制作生长曲线，你认为会有什么不同？两者各有什么缺点？
3. 次生代谢产物的大量积累在哪个时期？根据细菌生长繁殖的规律，采用哪些措施可使次生代谢产物积累更多？

实训六　环境因素对微生物的影响

一、实训目标

1. 了解某些物理因素、化学因素和生物因素影响微生物生长的原理，并掌握检验方法。
2. 观察各因素对微生物生长抑制的强弱。

二、基础知识

1. 温度对微生物的影响

微生物生长需要一定的温度条件，不同的微生物各有其不同的生长温度范围。在生长温度范围内有最高、最适、最低三种生长温度。如果超过最低和最高生长温度时，微生物均不能生长，或处于休眠状态，甚至死亡。

2. 紫外线对微生物的影响

紫外线对微生物有明显的致死作用，波长260nm左右的紫外线具有最高的杀菌效应。紫外线对细菌生长的影响是随着紫外线对微生物照射剂量、照射时间及照射距离的不同，对微生物的生理活动也相应地产生了不同的效果。剂量高、时间长、距离短时就易杀死它们，剂量低、时间短、距离长时就会有少量个体残存下来。其中一些个体的遗传特性发生变异。可以利用这种特性来进行灭菌和菌种选育工作。

细胞中的核酸等物质对紫外线的吸收能力特强，吸收的能量能破坏DNA的结构，抑制DNA的复制，轻则诱使细胞发生变异，重则导致死亡。经紫外线照射后受损害的细胞，如立即暴露在可见光下，则有一部分仍可恢复正常活力，称为光复活现象。

紫外线虽有较强的杀菌力，但穿透力弱，即使一薄层黑纸，就能将大部分紫外线滤除。

3. 化学药剂对微生物的影响

一些化学药剂对微生物生长有抑制或杀死作用，因此在实验室中及生产上常利用某些化学药剂进行灭菌或消毒。不同化学药剂对不同微生物的杀菌能力并不相同。而一种化学药剂对不同微生物的杀菌效果也不一致。因此，使用化学药剂进行消毒或灭菌时，应注意药品的浓度及使用时其他因素的干扰和影响。

4. 抗生素对微生物的影响

某些微生物，特别是放线菌，在生命活动过程中产生了一些对其本身无害而能抑制或杀死另外一些微生物的特异性的代谢产物，这些特异性代谢产物称为抗生素。产生抗生素的微生物称为抗生菌。

抗生素在极低浓度下即能抑制或杀死某些微生物。在抗生菌的筛选中常以其对某些微生物产生的拮抗作用所形成的抑菌圈的大小来衡量抗生菌作用的强弱和抗生素的有效浓度。

三、实训器材

1. 菌种

枯草杆菌（*Bacillus subtilis*）斜面；灵杆菌（*Bacterium prodigiosum*）菌液；黑曲霉（*Aspergillus niger*）；细黄链霉菌“5406”[*Streptomyces microflavus*（5406）]；金黄色葡萄球菌（*Staphylococcus aureus*）斜面。

2. 培养基

牛肉膏蛋白胨斜面培养基、牛肉膏蛋白胨琼脂培养基（10mL）、马铃薯蔗糖培养基（10mL）、淀粉琼脂培养基（10mL）。

3. 其他

无菌培养皿、无菌三角玻棒、无菌五角星黑纸、无菌水（5mL），0.6cm无菌圆形滤纸、镊子。

4. 供试药剂

2.5%碘酒，75%酒精，0.1%$HgCl_2$，5%石炭酸。

四、实训操作过程

1. 温度对微生物的影响

① 每组取牛肉膏蛋白胨细菌斜面培养基6支，贴上标签，注明班级、组号、培养温度等。

② 在无菌操作下，用枯草杆菌斜面菌种进行斜面接种。

③ 各取2支标记28℃、60℃、4℃（冰箱）分别放入相应温度下培养，48h后观察记录

并做实验报告。

2. 紫外线对微生物的影响

① 将牛肉膏蛋白胨琼脂培养基按无菌操作制成平板1副，用无菌移液管吸取0.1mL灵杆菌（或培养8h的金黄色葡萄球菌）菌液于平板上，用无菌三角玻棒涂均匀。

② 在皿底部贴上标签，注明组号、班级、处理，再移至无菌室内，打开皿盖，将无菌五角星黑纸放置于平板，在距离紫外灯30cm处照射20min，去除黑纸，加上皿盖（图6-12）。

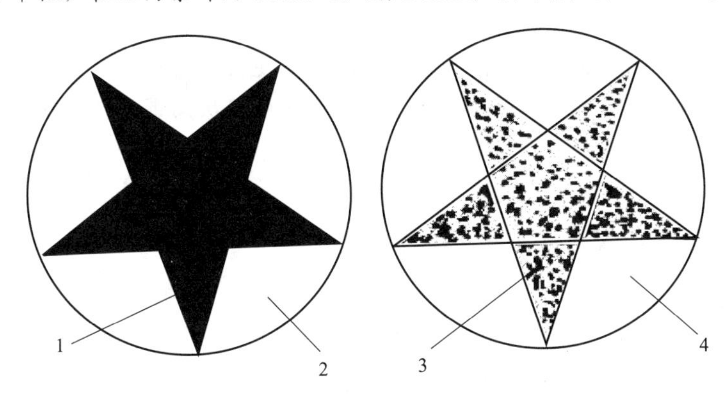

图6-12 紫外线对微生物生长的影响试验

1—挡紫外线照射的黑纸；2—紫外线直接照射处；3—培养后细菌生长；4—培养后细菌不生长

③ 于28～30℃温箱中倒置培养48h后记录结果。

3. 化学药剂对微生物的影响

① 每组备无菌培养皿两副，在皿底注明处理方法及菌种名称。

② 取枯草杆菌和金黄色葡萄球菌各1支，各注入4mL无菌水，以无菌操作用接种环将菌苔刮下，制成菌悬液。

③ 用无菌吸管各吸取枯草杆菌和金黄色葡萄球菌0.2mL于相应的培养皿中。

④ 将已融化冷却至50℃左右的细菌培养基（不烫手为宜）分别倒入上述的培养皿中，混匀后凝固成平板。

⑤ 用镊子将备滴有两滴0.1%$HgCl_2$、2.5%碘酒、75%酒精、5%石炭酸的小圆形滤纸片放于每一平板上，盖上皿盖于28～30℃的温箱中培养48h后记录结果。

⑥ 如果有抑制作用，则滤纸片四周出现无菌生长的抑菌圈，圈的大小可表示消毒剂抑菌的强弱（图6-13）。

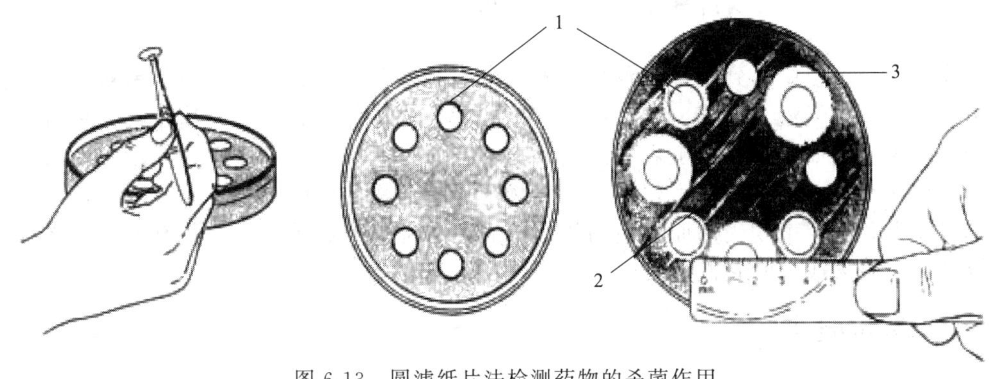

图6-13 圆滤纸片法检测药物的杀菌作用

1—滤纸片；2—有菌区；3—抑菌区

4. 抗生素对微生物的影响

① 将枯草杆菌斜面和黑曲霉斜面各用4mL无菌水，以无菌操作法制成菌悬液备用。

② 取两副无菌培养皿，皿底贴上标签，注明组别及处理，各自用无菌吸管吸取上述菌悬液各1mL，分别加入相应培养皿内。

③ 取已融化并已保持在50℃左右的细菌和真菌培养基各1管，倒入相应的培养皿中，轻轻摇匀，制成含菌平板。

④ 用无菌打孔器在长有“5406”放线菌的培养皿中无菌操作垂直钻取连有培养基的菌块。

⑤ 用灭菌镊子将“5406”菌块移至平板上，每个平板放四块。

⑥ 培养皿正放在28～30℃温箱中培养2～3d，观察菌块周围的透明圈（抑菌圈）大小，并写实验报告。

五、实训记录

将所观察到的实验现象记录下来并分析原因。

【操作技巧提示】

1. 器材、药剂皆无菌，避免干扰效果好。
2. 紫外照射不加盖，照射之后黑纸包。

【案例介绍】

案例：某小组同学在进行紫外线对微生物的影响实训操作时，照射后的平板经培养48h后在五角星黑纸之外的区域仍然可以看到菌苔，同学们疑惑不解，指导老师为同学们分析了原因，同时提出了解决问题的方法。

解析：紫外线虽有较强的杀菌力，但穿透力弱，即使一薄层黑纸，就能将大部分紫外线滤除。经紫外线照射后受损害的细胞，如立即暴露在可见光下，则有一部分仍可恢复正常活力，称为光复活现象。五角星黑纸遮盖的区域可以阻挡紫外线照射，因此细胞可以正常生长，而五角星黑纸之外的区域仍然可以看到菌苔，则主要是由于光复活现象。同学们可以在紫外线照射之后马上盖上皿盖，并用黑纸包裹好平板，再放入恒温箱培养，这样就能保证操作结果的准确性了。

【思考题】

请列举5种化学因素和2种物理因素对微生物生长的抑制作用及其机理。

第四节 有害微生物的控制

在我们周围环境中，到处都有各种各样的微生物生存着，其中有一部分是对人类有害的微生物，它们通过气流、水流、接触和人工接种等方式，传播到合适的基质或生物对象上而造成种种危害。例如，食品或工农业产品的霉腐变质；实验室中的微生物、动植物组织或细胞纯培养物的污染；培养基、生化试剂、生物制品或药物的染菌、变质；发酵工业中的杂菌污染；以及人和动、植物受病原微生物的感染而患各种传染病等。对这些有害微生物必须采取有效措施来杀灭或抑制它们。

一、几个基本概念

1. 灭菌

采用强烈的理化因素使任何物体内外部的一切微生物永远丧失其生长繁殖能力的措施，称为灭菌，例如高温灭菌、辐射灭菌等。灭菌实质上还可分为杀菌和溶菌两种，前者指菌体虽死，但形体尚存；后者则指菌体被杀死后，其细胞因发生自溶、裂解等而消失的现象。

2. 消毒

消毒是一种采用较温和的理化因素，仅杀死物体表面或内部一部分对人体或动、植物有害的病原菌，而对被消毒的对象基本无害的措施。例如一些常用的对皮肤、水果、饮用水进行药剂消毒的方法，对啤酒、牛奶、果汁和酱油等进行消毒处理的巴氏消毒法等。

3. 防腐

防腐就是利用某种理化因素完全抑制霉腐微生物的生长繁殖，即通过制菌作用防止食品、生物制品等对象发生霉腐的措施。防腐的方法很多，原理各异，日常生活人们常采用干燥、低温、盐腌或糖渍、隔氧等防腐措施来保藏食品。

4. 化疗

化疗即化学治疗，是指利用具有高度选择毒力的化学物质对生物体内部被微生物感染的组织或病变细胞进行治疗，以杀死组织内的病原微生物或病变细胞，但对机体本身无毒害作用的治疗措施。用于化学治疗目的的化学物质称为化学治疗剂，包括磺胺类等化学合成药物、抗生素、生物药物素和若干中草药中的有效成分等。

值得注意的是，理化因子对微生物生长是起抑菌作用还是杀菌作用并不是很严格分开的。因为理化因子的强度和浓度不同，作用效果也不同，例如有些化学物质低浓度时有抑菌作用，高浓度时则有杀菌作用，即使同一浓度，作用时间长短不同，效果也不一样；另外，不同微生物对理化因子作用的敏感性不同，就是同一种微生物，所处的生长时期不同，对理化因子的敏感性也不同。

二、控制微生物的物理方法

控制微生物的物理因素主要有温度、辐射、过滤、渗透压、干燥和超声波等，它们对微生物的生长具有抑制或杀灭作用。

1. 高温灭菌

当环境温度超过微生物的最高生长温度时，将引起微生物死亡。高温致死微生物主要是引起蛋白质和核酸不可逆地变性；破坏细胞的组成；热溶解细胞膜上类脂质成分形成极小的孔，使细胞的内容物泄漏。

利用温度进行杀菌的定量指标有两种：①热死时间，指在某一温度下，杀死某微生物的水悬浮液群体所需的最短时间。②热死温度，指在一定时间内（一般为 10min），杀死某微生物的水悬浮液群体所需的最低温度。

高温灭菌的方法分干热灭菌和湿热灭菌两类。

（1）干热灭菌法　干热灭菌是通过灼烧或烘烤等方法杀死微生物，包括烘箱热空气法和火焰灼烧法。

① 烘箱热空气法　将灭菌物品置于鼓风干燥箱内，在 160～170℃下维持 2～3h，即可达到彻底灭菌的目的。如果处理物品体积较大，传热较差，则需适当延长灭菌时间。干热可使细胞膜、蛋白质变性和原生质干燥，并可使各种细胞成分发生氧化变质。此法适用于培养皿、玻璃、陶瓷器皿、金属用具等耐高温物品的灭菌。优点是灭菌后物品是干燥的。

② 火焰灼烧法　火焰灼烧是一种最彻底的干热灭菌法，可是因其破坏力很强，故应用范围仅限于接种环、接种针、金属小工具、试管口、三角瓶口的灭菌或带病原菌的材料、动物尸体的烧毁等。

（2）湿热灭菌（消毒）法　湿热灭菌是指用一定温度的热蒸汽进行灭菌。在同样温度和相同作用时间的情况下，湿热灭菌效率比干热灭菌高，其原因有以下几点：①在湿热条件下，菌体蛋白易凝固。如卵蛋白含水量为 50%时，30min 内凝固所需温度为 50℃；含水量为18%时，凝固所需温度为80～90℃；含水量为0时，凝固所需温度为160～170℃。②热蒸汽的穿透力强，杀菌效果好。③热蒸汽在菌体表面凝结为水时放出潜热，每克水汽在100℃变为水时，放出2253J的热量，从而可提高灭菌温度。

湿热灭菌法的种类很多，主要有以下几类。

① 常压法

a. 巴氏消毒法　因最早由法国微生物学家巴斯德用于果酒消毒，故得名。这是一种专用于牛奶、啤酒、果酒或酱油等不宜进行高温灭菌的液态风味食品或调料的低温消毒法。此法可杀灭物料中的无芽孢病原菌，又不影响其原有风味。巴氏消毒法是一种低温湿热消毒法，处理温度变化很大，一般在60～85℃处理15s至30min。具体方法可分为两类：第一类是经典的低温维持法，例如用于牛奶消毒只要在63℃下维持30min即可；第二类是较现代的高温瞬时法，用此法进行牛奶消毒时只要在72℃保持15s即可。

b. 煮沸消毒法　在沸水中处理约30min，欲杀死芽孢需处理2～3h，它适用于一般食品、衣物、瓶子、器材（皿）等的消毒。

c. 间歇灭菌法　又称分段灭菌法或丁达尔灭菌法。具体方法是：将待灭菌物品置于蒸锅（蒸笼）内常压下蒸煮30～60min，以杀死其中的微生物营养细胞，冷后置于一定温度（28～37℃）下培养过夜，促使第一次蒸煮中未被杀死的芽孢或孢子萌发成营养细胞，再用同样的方法处理，如此反复进行3次，可杀灭所有的营养细胞和芽孢、孢子，达到彻底灭菌的目的。此方法既麻烦又费时，一般适用于有些不宜用高压蒸汽灭菌的物品，如某些糖、明胶及牛奶培养基等。

② 加压法

a. 常规加压蒸汽灭菌法　一般称作“高压蒸汽灭菌法”。这是一种利用高温（而非压力）进行湿热灭菌的方法，优点是操作简便、效果可靠，故被广泛使用。其原理是：将待灭菌的物件放置在盛有适量水的专用加压灭菌锅（或家用压力锅）内，盖上锅盖，并打开排气阀，通过加热煮沸，让蒸汽驱尽锅内原有的空气，然后关闭锅盖上的阀门，再继续加热，使锅内蒸气压逐渐上升，随之温度也相应上升至100℃以上。为达到良好的灭菌效果，一般要求温度应达到121℃，时间维持15～20min。有时为防止培养基内葡萄糖等成分的破坏，也可采用在较低温度（115℃）下维持35min的方法。加压蒸汽灭菌法适合于一切微生物学实验室、医疗保健机构或发酵工厂中对培养基及多种器材或物料的灭菌。

b. 连续加压蒸汽灭菌法　在发酵行业也称“连消法”。此法仅用于大型发酵厂的大批培养基灭菌。主要操作原理是让培养基在管道的流动过程中快速升温、维持和冷却，然后流进发酵罐。培养基一般加热至135～140℃下维持5～15s。优点为：ⓐ采用高温瞬时灭菌，既彻底地灭了菌，又有效地减少了营养成分的破坏，从而提高了原料的利用率和发酵产品的质量和产量。在抗生素发酵中，它可比常规的“实罐灭菌”（121℃，30min）提高产量5%～10%。ⓑ由于总的灭菌时间比分批灭菌法明显减少，故缩短了发酵罐的占用时间，提高了它的利用率。ⓒ由于蒸汽负荷均衡，故提高了锅炉的利用效率。ⓓ适宜于自动化操作，降低了操作人员的劳动强度。

2. 辐射

辐射是以电磁波的方式通过空间传递的一种能量形式。电磁波携带的能量与波长有关，波长愈短，能量愈高。不同波长的辐射对微生物生长的影响不同。

（1）强可见光　可见光的波长为397～800nm，它是光能自养和光能异养型微生物的唯一或主要能源。强烈的可见光可引起微生物的死亡，这是由于光氧化作用所致。当光线被细胞内的色素吸收，在有氧时，引起一些酶或其他光敏感成分失去活性。在无氧条件下，不发生光氧化作用，吸收的光不会造成细胞损伤。

在细胞悬液内，加入少量染色剂，如甲苯胺蓝、曙红或亚甲基蓝等，经过这些染料处理的细胞，对可见光产生高度敏感性，在可见光下照射几分钟后，即可引起菌体死亡，而在黑暗中它们仍可以继续生长。在低浓度染色剂中可见光对细菌的破坏作用称为光动力作用，其原因是染色剂诱使细胞吸收可见光中某些波长的光线而导致细胞死亡。

（2）紫外线 紫外线（UV）的波长范围是100～400nm，其中200～300nm的紫外线杀菌作用最强。紫外线具有杀菌作用主要是因为它可以被蛋白质（约280nm）和核酸（约260nm）吸收，使其变性失活。紫外线可以使细胞核酸和原生质发生光化学反应，导致相邻的胸腺嘧啶（T）形成二聚体，形成嘧啶水合物和使DNA发生断裂和交联，从而干扰核酸的复制，进而导致微生物的变异和死亡。紫外线还可使空气中的分子氧变为臭氧，分解放出氧化能力极强的新生态［O］，破坏细胞物质的结构，使菌体死亡。

紫外线的作用效果取决于微生物类群、生理状态和照射剂量。一般多倍体、有色细胞、干燥细胞、分生孢子或芽孢比单倍体、无色细胞、湿细胞和营养细胞的抗性要强。紫外线的穿透能力很弱，多用作空气或器皿的表面灭菌及微生物育种的诱变剂。在照射后为避免发生光复活现象，紫外线照射及随之要进行的分离培养工作应在黑暗条件下进行。

（3）电离辐射 包括X射线、γ射线、α射线和β射线等。它们的共同特点是波长短，穿透力强，能量高，效应无专一性，作用于一切细胞成分。电离辐射能使被照射的物质分子发生电离作用而产生自由基，自由基能与细胞内的大分子化合物作用使之变性失活。α射线是带正电的氦核流，有很强的电离作用，但穿透能力很弱。β射线是带负电荷的电子流，穿透力虽大，但电离辐射作用弱。γ射线是某些放射性同位素如^{60}Co发射的高能辐射，能致死所有微生物。已有专门用于不耐热的大体积物品消毒的γ射线装置。

3. 过滤作用

高压蒸汽灭菌可以除去液态培养基中的微生物，但对于空气和不耐热的液体培养基的灭菌是不适宜的，为此可采用过滤除菌的方法。过滤除菌有以下三种类型。第一种最早使用的是在一个容器的两层滤板中填充棉花、玻璃纤维或石棉，灭菌后空气通过它就可以达到除菌的目的。为了缩小这种滤器的体积，后来改进为在两层滤板之间放入多层滤纸，灭菌后使用也可以达到除菌的作用，这种除菌方式主要用于发酵工业。

第二种是膜滤器，它是由醋酸纤维素或硝酸纤维素制成的较坚韧的具有微孔（0.22～0.45μm）的膜，灭菌后使用，液体培养基通过它就可将细菌除去，由于这种滤器处理量比较小，主要用于科研。

第三种是核孔滤器，它是由用核辐射处理得很薄的聚碳酸胶片（厚10μm）再经化学蚀刻而制成。辐射使胶片局部破坏，化学蚀刻使被破坏的部位成孔，而孔的大小则由蚀刻溶液的强度和蚀刻的时间来控制。溶液通过这种滤器就可以将微生物除去，这种滤器也主要用于科学研究。

4. 渗透压

一般微生物都不耐高渗透压，微生物在高渗环境中，水从细胞中流出，使细胞脱水。盐腌制咸肉或咸鱼，糖浸果脯或蜜饯等均是利用此法保存食品的。

5. 干燥

干燥的主要作用是抑菌，使细胞失水，代谢停止，也可引起某些微生物死亡。干果、稻谷、奶粉等食品通常采用干燥法保存，防止腐败。不同微生物对干燥的敏感性不同，革兰阴性菌如淋病球菌对干燥特别敏感，失水几小时便死去；链球菌用干燥法保存几年也不会丧失其致病性。休眠孢子抗干燥能力很强，在干燥条件下可长期不死，故可用于菌种保藏。

6. 超声波

超声波（振动频率超过20000Hz的声波）具有强烈的生物学作用。它致死微生物主要是通过探头的高频振动引起周围水溶液的高频振动，当探头和水溶液的高频振动不同步时能在溶液内产生“空穴”（真空区），只要菌体接近或进入空穴，由于细胞内外压力差，将会导致细胞破裂，细胞内含物外泄而死亡。此外，超声波振动，机械能转变为热能，使溶液温度升高，细胞发生热变性，抑制或杀死微生物。科研中常用此法破碎细胞，研究其组成、结构等。超声波的破碎效果与处理功率、频率、次数、时间、微生物类型及其生理状态等因素有关。一般球菌的抗性比杆菌强，病毒由于颗粒小结构简单，对超声波也有较强的抗性。芽孢的抗逆性强，几乎不受超声波处理的影响。

三、化学方法

许多化学药剂可抑制或杀灭微生物，因而被用于微生物生长的控制。化学药剂包括表面消毒剂和化学治疗剂两大类，其中化学治疗剂按其作用和性质又可分为抗代谢物和抗生素。

在评价各种化学药剂的药效和毒性时，经常采用以下 3 种指标：①最低抑制浓度（minimum inhibitory concentration，MIC），是评定某化学药物药效强弱的指标，指在一定条件下，某化学药剂抑制特定微生物的最低浓度；②半致死剂量（50% lethal dose，LD_{50}），是评定某药物毒性强弱的指标，指在一定条件下，某化学药剂能杀死 50%试验动物时的剂量；③最低致死剂量（minimum lethal dose，MLD），是评定某化学药物毒性强弱的另一指标，指在一定条件下，某化学药物能引起试验动物群体 100%死亡率的最低剂量。

1. 表面消毒剂

表面消毒剂是指对一切活细胞都有毒性，不能用作活细胞或机体内治疗用的化学药剂。表面消毒剂的种类很多，它们的杀菌强度虽然各不相同，但几乎都有一个共同规律，即当其处于低浓度时，往往会对微生物的生命活动起刺激作用，随着浓度的递增，相继表现为抑菌和杀菌作用，因而形成一个连续的作用谱。

为比较各种表面消毒剂的相对杀菌强度，学术界常采用在临床上最早使用的一种消毒剂——石炭酸作为比较的标准，并提出石炭酸系数（phenol coefficient，PC）这一指标，它是指在一定时间内，被试药剂能杀死全部供试菌的最高稀释度与达到同效的石炭酸的最高稀释度之比。一般规定处理的时间为 10min，常用的供试菌有 3 种，它们是金黄色葡萄球菌（代表 G^+ 菌）、伤寒沙门菌（代表 G^- 菌）和铜绿假单胞菌（系一种抗性较强的 G^- 菌）。例如，某药剂以 1∶300 的稀释度在 10min 内杀死所有的供试菌，而达到同效的石炭酸的最高稀释度为 1∶100，则该药剂的石炭酸系数等于 3。由于化学消毒剂的种类很多（表 6-5），杀菌机制各不相同，故石炭酸系数仅有一定的参考价值。

2. 抗代谢物

抗代谢物又称代谢拮抗物或代谢类似物，是指一类在化学结构上与细胞内必要代谢物的结构相似，并可干扰正常代谢活动的化学药物。由于它们具有良好的选择毒力，因此是一类重要的化学治疗剂。它们的种类很多，都是有机合成药物，如磺胺类（叶酸对抗物）、6-巯基嘌呤（嘌呤对抗物）、5-甲基色氨酸（色氨酸对抗物）和异烟肼（吡哆醇对抗物）等。

抗代谢药物主要有 3 种作用：①与正常代谢物一起共同竞争酶的活性中心，从而使微生物正常代谢所需的重要物质无法正常合成，例如磺胺类；②“假冒”正常代谢物，使微生物合成出无正常生理活性的假产物，如 8-重氮鸟嘌呤取代鸟嘌呤而合成的核苷酸就会产生无正常功能的 RNA；③某些抗代谢物与某一生化合成途径的终产物的结构类似，可通过反馈调节破坏正常代谢调节机制，例如，6-巯基腺嘌呤核苷酸的合成。

磺胺类药物是青霉素等抗生素广泛应用前治疗多种细菌性传染病的“王牌药”，具有抗菌谱广、性质稳定、使用简便、在体内分布广等优点，在治疗由肺炎链球菌、痢疾志贺菌、金黄色葡萄球菌等引起的各种严重传染病中，疗效显著。

表 6-5　若干重要表面消毒剂及其应用

类　型	名称及使用浓度	作　用　机　制	应　用　范　围
重金属盐类	0.05%～0.1%升汞	与蛋白质的巯基结合使失活	非金属物品，器皿
	2%红汞	与蛋白质的巯基结合使失活	皮肤，黏膜，小伤口
	0.01%～0.1%硫柳汞	与蛋白质的巯基结合使失活	皮肤，手术部位，生物制品防腐
	0.1%～1%$AgNO_3$	沉淀蛋白质，使其变性	皮肤，滴新生儿眼睛
	0.1%～0.5%$CuSO_4$	与蛋白质的巯基结合使失活	杀致病真菌与藻类
酚类	3%～5%石炭酸	蛋白质变性，损伤细胞膜	地面，家具，器皿
	2%煤酚皂溶液（来苏儿）	蛋白质变性，损伤细胞膜	皮肤
醇类	70%～75%乙醇	蛋白质变性，损伤细胞膜，脱水，溶解类脂	皮肤，器械
酸类	5～10mL/m^3 醋酸（熏蒸）	破坏细胞膜和蛋白质	房间消毒（防呼吸道传染）
醛类	0.5%～10%甲醛	破坏蛋白质氢键或氨基	物品消毒，接种箱、接种室的熏蒸
	2%戊二醛（pH8 左右）	破坏蛋白质氢键或氨基	精密仪器等的消毒
气体	600mg/L 环氧乙烷	有机物烷化，酶失活	手术器械，毛皮，食品，药物
氧化剂	0.1%$KMnO_4$	氧化蛋白质的活性基团	皮肤，尿道，水果，蔬菜
	3%H_2O_2	氧化蛋白质的活性基团	污染物件的表面
	0.2%～0.5%过氧乙酸	氧化蛋白质的活性基团	皮肤，塑料，玻璃，人造纤维
	约 1mg/L 臭氧	氧化蛋白质的活性基团	食品
卤素及其化合物	0.2～0.5mg/L 氯气	破坏细胞膜、酶、蛋白质	饮水，游泳池水
	10%～20%漂白粉	破坏细胞膜、酶、蛋白质	地面，厕所
	0.5%～1%漂白粉	破坏细胞膜、酶、蛋白质	饮水，空气（喷雾），体表
	0.2%～0.5%氯胺	破坏细胞膜、酶、蛋白质	室内空气（喷雾），表面消毒
	4mg/L 二氯异氰尿酸钠	破坏细胞膜、酶、蛋白质	饮水
	3%二氯异氰尿酸钠	破坏细胞膜、酶、蛋白质	空气（喷雾），排泄物，分泌物
	2.5%碘酒	酪氨酸卤化，酶失活	皮肤
表面活性剂	0.05%～0.1%新洁尔灭	蛋白质变性，破坏膜	皮肤，黏膜，手术器械
	0.05%～0.1%度米芬	蛋白质变性，破坏膜	皮肤，金属，棉织品，塑料
染料	2%～4%龙胆紫	与蛋白质的羧基结合	皮肤，伤口

磺胺类药物能干扰细菌的叶酸合成（见图 6-14）。细菌叶酸是由对氨基苯甲酸（PABA）和二氢蝶啶在二氢蝶酸合成酶的作用下先合成二氢蝶酸，二氢蝶酸与谷氨酸经二氢叶酸合成酶的催化，形成二氢叶酸，再通过二氢叶酸还原酶的催化生产四氢叶酸。磺胺与 PABA 的化学结构相似，磺胺浓度高时可与 PABA 争夺二氢蝶酸合成酶，阻断二氢蝶酸的合成。四氢叶酸（THFA）是极重要的辅酶，在核苷酸、碱基和某些氨基酸的合成中起重要作用，缺少四氢叶酸，将阻碍转甲基反应，使代谢紊乱，抑制细菌生长。

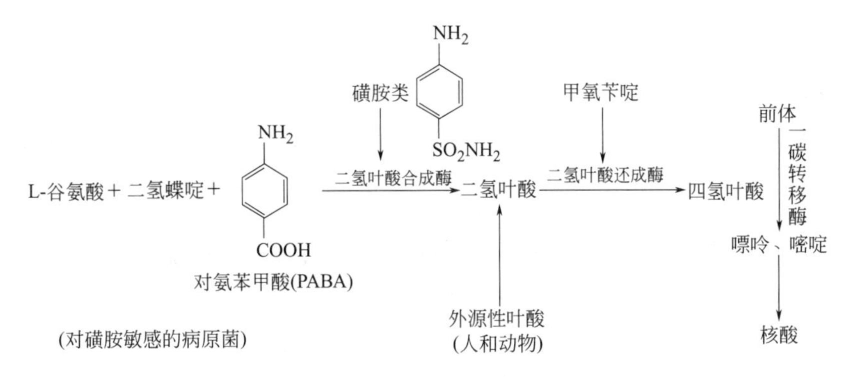

图 6-14　磺胺类药物的作用机理

磺胺类药物具有很强的选择毒力，其原因是：人体不存在二氢蝶酸合成酶、二氢叶酸合成酶和二氢叶酸还原酶，故不能利用外界提供的 PABA 自行合成四氢叶酸，即必须直接摄取现成的四氢叶酸作营养，从而对二氢蝶酸合成的竞争性抑制剂——磺胺不敏感。反之，对一些敏感的致病菌来说，凡存在二氢蝶酸合成酶即必须以 PABA 作生长因子以自行合成四氢叶酸者，则最易受磺胺所抑制。

甲氧苄二氨嘧啶（TMP）能抑制二氢叶酸还原酶，故使二氢叶酸无法还原成四氢叶酸，增强了磺胺的抑制作用，因此被称为抗菌增效剂。

磺胺药的种类很多，至今仍常用的有磺胺、磺胺胍、磺胺嘧啶、磺胺二甲嘧啶等。

3. 抗生素

抗生素是一类由微生物或其他生物生命活动过程中合成的次生代谢产物或其人工衍生物，它们在很低浓度时就能抑制或干扰它种生物（包括病原菌、病毒、癌细胞等）的生命活动，因而可用作优良的化学治疗剂。

抗生素的作用对象有一定范围，这种作用范围称为该抗生素的抗菌谱。各种抗生素有不同的制菌范围。青霉素和红霉素主要抗 G^+ 细菌；链霉素和新霉素以抗 G^- 细菌为主，也抗结核分枝杆菌；庆大霉素、万古霉素和头孢霉素兼抗 G^+ 和 G^- 细菌。

能同时抗 G^+、G^- 细菌以及立克次体和衣原体的抗生素，称广谱型抗生素。如氯霉素、四环素、金霉素和土霉素等。仅对某一类微生物有作用的抗生素（如：多黏菌素）称为窄谱抗生素。

抑制真菌的抗生素有放线菌酮、两性霉素 B、灰黄霉素和制霉菌素等。

抗生素的作用机制主要有：①抑制细胞壁的合成，如青霉素；②破坏细胞膜功能，如多黏菌素可作用于膜磷脂使膜溶解；③抑制蛋白质合成，如氯霉素、四环素、链霉素等；④干扰核酸代谢，如利福霉素、新生霉素、丝裂霉素、灰黄霉素等。

随着抗生素的广泛应用，细菌的耐药问题越来越严重。因此，在临床治疗中应注意细菌的耐药性，绝不滥用抗生素。

① 属于可用可不用的尽量不用，对于发热原因不明和病毒性疾病不可应用抗生素。

② 用一种药物能治疗的尽量避免联合用药。

③ 严格掌握适应证，用量要足够，疗程要适宜，对于慢性传染病需长期投药的可交替使用不同的敏感药物。对于耐药菌株感染的应进行药敏实验。

实训七　实验用品的包扎及棉塞的制作

一、实训目标

1. 学习实验用品的包扎技术。
2. 学习棉塞的制作技术。

二、基础知识

棉塞的作用有二：一是防止杂菌污染，二是保证通气良好。因此棉塞质量的优劣对实验结果有很大的影响。正确的棉塞要求形状、大小、松紧与试管口或三角瓶口完全适合，过紧妨碍空气流通，操作不便；过松则达不到滤菌的目的。加塞时，应使棉塞长度的 1/3 在试管口外、2/3 在试管口内（图 6-18）。做棉塞的棉花要选纤维较长的，一般不用脱脂棉做棉塞。因为它容易吸水变湿，造成污染，而且价格也贵。做棉塞过程如图 6-18 所示。

此外，现配现用的培养基和无菌水，还可使用硅胶橡胶塞或聚丙烯塑料试管帽。

在微生物实验和科研中，往往要用到通气塞。所谓通气塞就是几层纱布，一般为 8 层，相互重叠而成，或是在两层纱布间均匀铺一层棉花而成。这种通气塞通常加在装有液体培养基的三角烧瓶口上。经接种后，放在摇床上进行振荡培养，以获得良好的通气促使菌体生长或发酵。

三、实训器材

培养皿、试管、吸管、高压蒸汽灭菌锅等。

四、实训操作过程

1. 培养皿的包扎

培养皿常用旧报纸或牛皮纸紧紧包裹，一包7～10套，包好后湿热灭菌。也可用金属筒包装，包好后干热灭菌。如图6-15所示。

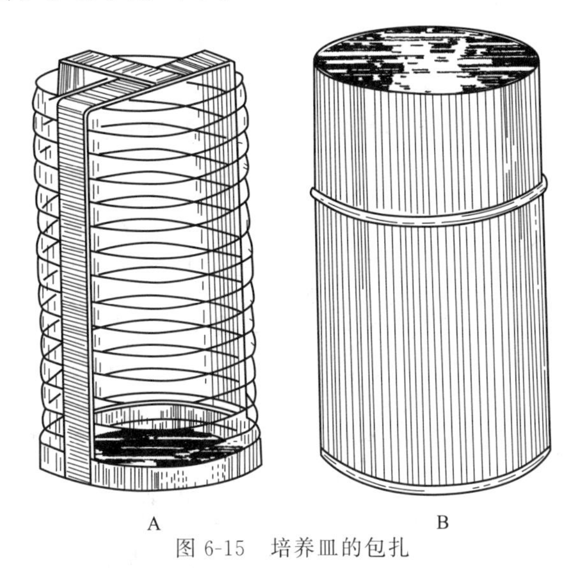

图6-15　培养皿的包扎

2. 移液管的包扎

一般单支分别包扎，包好后湿热灭菌。如图6-16所示。

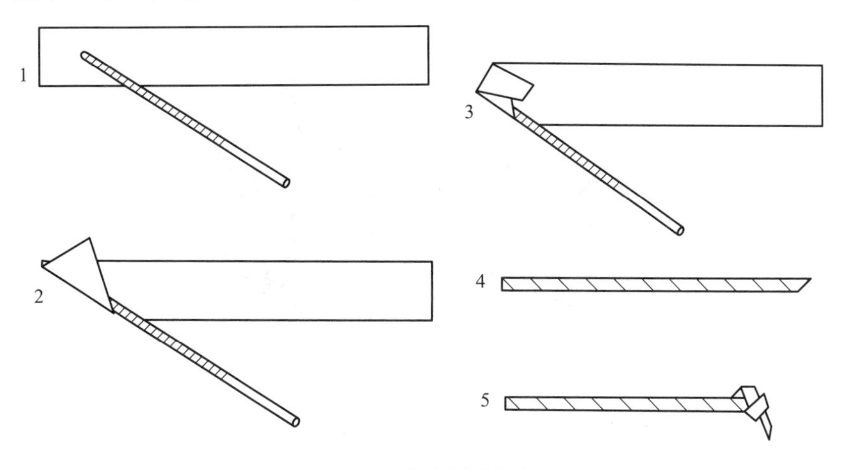

图6-16　移液管的包扎

3. 试管和三角瓶的包扎

试管口和三角瓶瓶口塞棉花塞或硅胶塞；用两层报纸包扎好（如有牛皮纸，效果更好），进行湿热灭菌；试管较多时，一般7个或10个一组，再用双层报纸包扎。如图6-17所示。

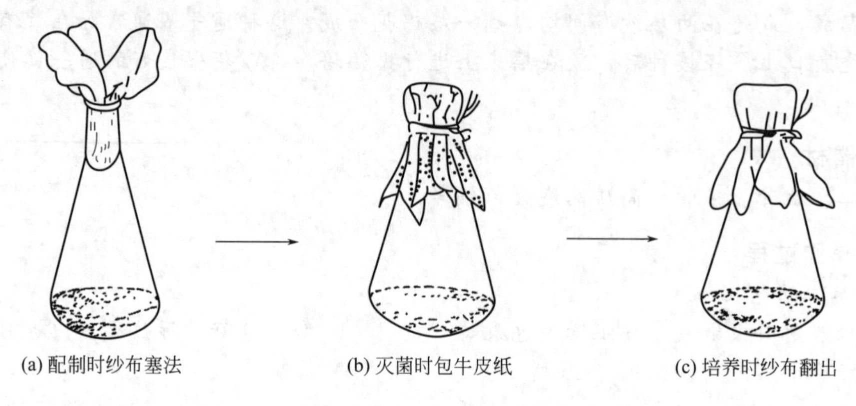

图 6-17 三角瓶的包扎

4. 棉塞的制作

棉塞的制作步骤如图 6-18 所示。棉塞的加塞方法如图 6-19 所示。

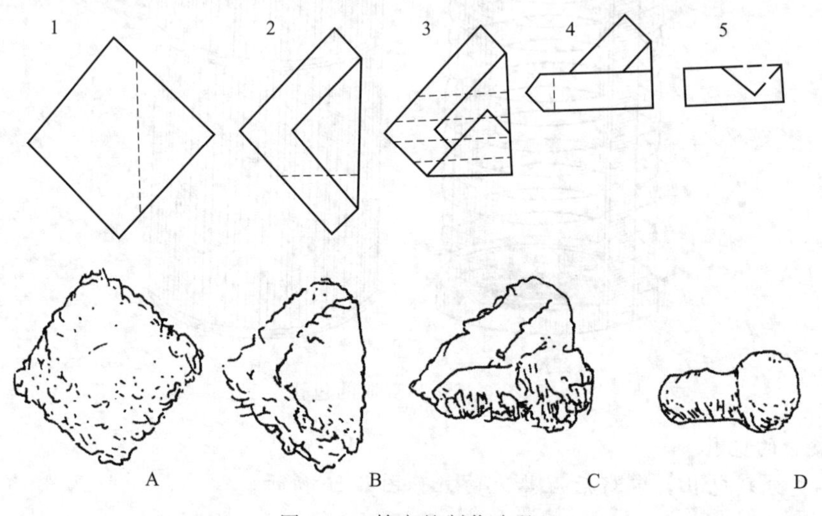

图 6-18 棉塞的制作步骤

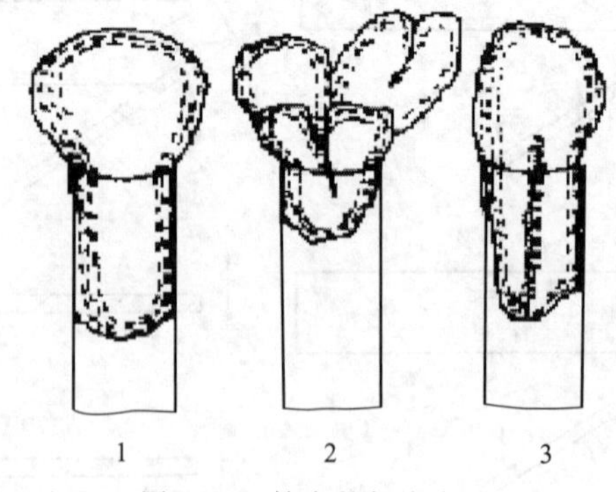

图 6-19 棉塞的加塞方法

1 为正确方法；2，3 为错误方法

【操作技巧提示】

1. 棉塞制作技巧

头大腰细身材好，一分在外两分内，大小松紧要适合，灭菌要用纸来包。

2. 实验用品包扎技巧

灭菌之前先包扎，报纸两层能吸水，若是要用牛皮纸，光滑一面朝外头。

【案例介绍】

案例：某小组同学在进行培养基制备时，将培养基装入试管后，由于担心棉塞脱落，使劲将其塞进试管，结果发现灭菌后的试管口破裂，导致培养基无法使用。指导老师为同学们分析了实验失败的原因，同时提出了解决问题的方法。

解析：在将棉塞加入试管时，如果塞入过紧，在灭菌过程中，由于棉塞受热膨胀，会导致试管口受力破裂，导致杂菌进入，实验失败。因此加棉塞时，棉塞的大小、松紧都要适宜，既不容易脱落，又不至于过紧，一般使棉塞长度的1/3在试管口外、2/3在试管口内，这样就可以了。

【思考题】

1. 为什么制作棉塞的材料不选择脱脂棉？

2. 报纸或牛皮纸在包扎中所起的作用是什么？包扎时牛皮纸哪一面朝外比较好？为什么？

实训八 灭菌操作训练

任务1 干热灭菌

一、实训目标

1. 了解干热灭菌的原理和应用范围。

2. 学习干热灭菌的操作技术。

二、基础知识

干热灭菌是利用高温使微生物细胞内的蛋白质凝固变性而达到灭菌的目的。细胞内的蛋白质凝固性与其本身的含水量有关，在菌体受热时，当环境和细胞内含水量越大，则蛋白蛋凝固就越快，反之含水量越少，凝固越慢。因此，与湿热灭菌相比，干热灭菌所需温度要高（160～170℃），时间要长（1～2h），但干热灭菌温度不能超过180℃，否则，包器皿的纸或棉塞就会烧焦，甚至引起燃烧。干热灭菌常使用电烘箱。

三、实训器材

培养皿、试管、吸管、电烘箱等。

四、实训操作过程

1. 装入待灭菌物品

将包好的待灭菌物品（培养皿、试管、吸管等）放入电烘箱内，关好箱门。物品不要摆得太挤，以免妨碍空气流通，灭菌物品不要接触电烘箱内壁的铁板，以防包装纸烤焦起火。

2. 升温

接通电源，拨动开关，打开电烘箱排气孔，旋动恒温调节器至绿灯亮，让温度逐渐上升。当温度升至100℃时，关闭排气孔。在升温过程中，如果红灯熄灭，绿灯亮，表示箱内停止加温，此时如果还未达到所需的160～170℃温度，则需转动调节器使红灯再亮，如此反复调节，直至达到所需温度。

3. 恒温

当温度升至160～170℃时，恒温调节器会自动控制调节温度，保持此温度2h。干热灭菌过程中，要严防恒温调节的自动控制失灵而造成安全事故。

4. 降温

切断电源、自然降温。

5. 开箱取物

待电烘箱内温度降到70℃以下后，打开箱门，取出灭菌物品。电烘箱内温度未降到70℃，切勿自行打开箱门，以免骤然降温导致玻璃器皿炸裂。

【操作技巧提示】

1. 物品摆放要均匀，避开铁板防烤焦。

2. 自然降温要记牢，温度不到勿开门。

【案例介绍】

案例：某小组同学在进行消毒灭菌实训操作时，对空的培养皿用报纸包扎后选择了干热灭菌法进行灭菌，由于培养皿比较多，培养皿全部堆积在一起，结果在进行无菌实验时发现部分培养皿有杂菌生长，同学们疑惑不解，指导老师为同学们分析了原因，同时提出了解决问题的方法。

解析：干热灭菌法是以干燥的热空气为介质进行灭菌的，被灭菌物品如果摆得太挤，就会妨碍空气流通，影响灭菌效果，导致灭菌不彻底，因此被灭菌物品在摆放时一定要均匀，保证空气流通。

【思考题】

1. 在干热灭菌操作过程中应注意哪些问题，为什么？

2. 为什么干热灭菌比湿热灭菌所需要的温度要高，时间要长？请设计干热灭菌和湿热灭菌效果比较实验方案。

任务2 高压蒸汽灭菌

一、实训目标

1. 了解高压蒸汽灭菌的基本原理及应用范围。

2. 学习高压蒸汽灭菌的操作方法。

二、基础知识

高压蒸汽灭菌是将待灭菌的物品放在一个密闭的加压灭菌锅内，通过加热，使灭菌锅隔套间的水沸腾而产生蒸汽。待水蒸气急剧地将锅内的冷空气从排气阀中驱尽时，关闭排气阀，继续加热，此时由于蒸汽不能溢出，而增加了灭菌锅内的压力，从而使沸点增高，得到高于100℃的温度，进而导致菌体蛋白质凝固变性而达到灭菌的目的。在同一温度下，湿热的杀菌效力比干热大。本实验使用手提式高压蒸汽灭菌锅，练习其使用方法。

三、实训器材

牛肉膏蛋白胨培养基、培养皿（6套一包），手提式高压蒸汽灭菌锅等。

四、实训操作过程

1. 首先将内层锅取出，再向外层锅内加入适量的水，使水面与三角搁架相平为宜。切勿忘记加水，同时水量不可过少，以防灭菌锅烧干而引起炸裂事故。

2. 放回内层锅，并装入待灭菌物品。注意不要装得太挤，以免妨碍蒸汽流通而影响灭菌效果。三角烧瓶与试管口端均不要与锅壁接触，以免冷凝水淋湿包口的纸而透入棉塞。

3. 加盖，并将灭菌锅盖上的排气软管插入内层锅的排气槽内。再以两两对称的方式同时旋紧相对的两个螺栓，使螺栓松紧一致，勿使漏气。

4. 用电炉或煤气加热，并同时打开排气阀，使水沸腾以排除锅内的冷空气。待冷空气完全排尽后，关上排气阀，让锅内的温度随蒸汽压力增加到逐渐上升。当锅内压力升到所需压力时，控制热源，维持压力至所需时间。本实验用 0.1MPa，121.5℃，20min 灭菌。

灭菌的主要因素是温度而不是压力。因此锅内冷空气必须完全排尽后，才能关上排气阀，维持所需压力。

5. 灭菌所需时间达到后，切断电源或关闭煤气，让灭菌锅内温度自然下降，当压力表的压力降至“0”时，打开排气阀，旋松螺栓，打开盖子，取出灭菌物品。

压力一定要降到“0”时，才能打开排气阀，开盖取物。否则就会因锅内压力突然下降，使容器内的培养基由于内外压力不平衡而冲出烧瓶口或试管口，造成棉塞沾染培养基而发生污染，甚至灼伤操作者。

6. 取出的灭菌培养基需摆斜面的则摆成斜面，然后放入 37℃温箱培养 24h，经检查若无杂菌生长，即可待用。

五、实训记录

检查培养基灭菌是否彻底。

【操作技巧提示】

用前不忘查水位，水量多少要适当；两两对称来固定，冷空气一定要排尽；自然降温最安全，到达 0 点再开阀；放掉气体再开盖，取物要防蒸汽烫。

【案例介绍】

案例：某小组同学在进行高压蒸汽灭菌实训操作时，一开始就将物品装入灭菌锅内桶，然后加上盖子固定好后开始加热，到达工作温度后保温 20min，为缩短降温时间，关闭电源后就将放气阀打开，指导老师指出了同学们在操作过程中存在的问题，并分析了原因，强调了正确的操作方法。

解析：首先，每次使用高压蒸汽灭菌锅，一定要先检查锅内的水是否合适，以水面与三角搁架相平为宜。切勿忘记加水，同时水量不可过少，以防灭菌锅烧干而引起炸裂事故。其次，要以两两对称的方式同时旋紧相对的两个螺栓，使螺栓松紧一致，勿使漏气。第三，加热之后先排气，待冷空气完全排尽后，再关上排气阀。第四，压力一定要自然降到“0”时，才能打开排气阀，开盖取物。否则就会因锅内压力突然下降，使容器内的培养基由于内外压力不平衡而冲出烧瓶口或试管口，造成棉塞沾染培养基而发生污染，甚至灼伤操作者。

【思考题】

1. 高压蒸汽灭菌开始之前，为什么要将锅内冷空气排尽？灭菌完毕后，为什么待压力降低至“0”时才能打开排气阀，开盖取物？

2. 在使用高压蒸汽灭菌锅灭菌时，怎样杜绝一切不安全的因素？

3. 灭菌在微生物实验操作中有何重要意义？

4. 黑曲霉的孢子与芽孢杆菌的孢子对热的抗性哪个较强？为什么？

任务 3 紫外线灭菌

一、实训目标

了解紫外线灭菌的原理和方法。

二、基础知识

紫外线灭菌是用紫外线灯进行的。波长为200～300nm的紫外线都有杀菌能力，其中以260nm的杀菌力最强。在波长一定的条件下，紫外线的杀菌效率与强度和时间的乘积成正比。紫外线杀菌的机理主要是因为它诱导了胸腺嘧啶二聚体的形成和DNA链的交联，从而抑制了DNA的复制。另外，由于辐射能使空气中的氧电离成［O］，再使O_2氧化生成臭氧（O_3）或使水（H_2O）氧化生成过氧化氢（H_2O_2）。O_3和H_2O_2均有杀菌作用。紫外线穿透力不大，所以，只适用于无菌室、接种箱、手术室内的空气及物体表面的灭菌。紫外线灯距照射物以不超过1.2m为宜。

此外，为了加强紫外线灭菌效果，在打开紫外线灯以前，可在无菌室内（或接种箱内）喷洒3%～5%石炭酸溶液，一方面使空气中附着有微生物的尘埃降落，另一方面也可以杀死一部分细菌。无菌室内的桌面、凳子可用2%～3%的来苏儿溶液擦洗，然后再开紫外灯照射，即可增强杀菌效果，达到灭菌目的。

三、实训器材

1. 培养基

牛肉膏蛋白胨平板。

2. 溶液或试剂

3%～5%石炭酸或2%～3%来苏儿溶液。

3. 仪器或其他用具

紫外线灯。

四、实训操作过程

1. 单用紫外线照射

① 在无菌室内或在接种箱内打开紫外线灯开关，照射30min，将开关关闭。

② 将牛肉膏蛋白胨平板盖打开15min，然后盖上皿盖。置37℃培养24h。共做三套。

③ 检查每个平板上生长的菌落数。如果不超过4个，说明灭菌效果良好，否则，需延长照射时间或同时加强其他措施。

2. 化学消毒剂与紫外线照射结合使用

① 在无菌室内，先喷洒3%～5%的石炭酸溶液，再用紫外线灯照射15min。

② 无菌室内的桌面、凳子用2%～3%来苏儿溶液擦洗，再打开紫外线灯照射15min。

③ 检查灭菌效果，方法同“单用紫外线照射③”。

因紫外线对眼结膜及视神经有损伤作用，对皮肤有刺激作用，故不能在直射紫外线灯光下工作。

五、实训记录

记录两种灭菌效果于下表中：

处理方法	平板菌落数			灭菌效果比较
	1	2	3	
紫外线照射				
3%～5%石炭酸溶液＋紫外线照射				
2%～3%来苏儿溶液＋紫外线照射				

【操作技巧提示】

1. 紫外照射要开盖，距离不超一米二。

2. 联合使用效果好，安全防护要记牢。

【案例介绍】

案例：某小组同学在进行紫外线灭菌实训操作时，没有打开培养皿的盖子就开始照射，结果与没有照射的对比平板没有太大区别，同学们疑惑不解，指导老师为同学们分析了原因，同时提出了解决问题的方法。

解析：紫外线虽有较强的杀菌力，但穿透力弱，即使一层薄纸，就能将大部分紫外线滤除。因此在进行紫外线灭菌时一定要除去培养皿的盖子，且与紫外灯的距离不能超过1.2m。

【思考题】

1. 细菌营养体细胞和细菌芽孢对紫外线的抵抗力会一样吗，为什么？
2. 你知道紫外线灯管是用什么玻璃制作的？为什么不用普通灯用玻璃？
3. 在紫外线灯下观察实验结果时，为什么要隔一块普通玻璃？

任务4　微孔滤膜过滤除菌

一、实训目标

1. 了解过滤除菌的原理。
2. 掌握微孔滤膜过滤除菌的方法。

二、基础知识

过滤除菌是通过机械作用滤去液体或气体中细菌的方法。根据不同的需要选用不同的滤器和滤板材料。微孔滤膜过滤器是由上下两个分别具有出口和入口连接装置的塑料盖盒组成，出口处可连接针头，入口处可连接针筒，使用时将滤膜装入两塑料盖盒之间，旋紧盖盒，当溶液从针筒注入滤器时，此滤器将各种微生物阻留在微孔滤膜上面，从而达到除菌的目的。根据待除菌溶液量的多少，可选用不同大小的滤器。此法除菌的最大优点是可以不破坏溶液中各种物质的化学成分，但由于滤量有限，所以一般只适用于实验室中小量溶液的过滤除菌。

三、实训器材

1. 培养基

2%葡萄糖溶液，肉汤蛋白胨平板。

2. 仪器或其他用具

注射器，微孔滤膜过滤器，0.22μm滤膜，无菌试管，镊子，玻璃刮棒。

四、实训操作过程

1. 组装、灭菌

将0.22μm孔径的滤膜装入清洗干净的塑料滤器中，旋紧压平，包装灭菌后待用（0.1MPa，121.5℃灭菌20min）。

2. 连接

将灭菌滤器的入口在无菌条件下，以无菌操作方式连接于装有待滤溶液（2%葡萄糖溶液）的注射器上，将针头与出口处连接并插入带橡胶塞的无菌试管中。

3. 压滤

将注射器中的待滤溶液加压缓缓挤入过滤到无菌试管中，滤毕，将针头拔出。

压滤时，用力要适当，不可太猛太快，以免细菌被挤压通过滤膜。

4. 无菌检查

无菌操作为：吸取除菌滤液 0.1mL 于肉汤蛋白胨平板上，涂布均匀，置 37℃温室中培养 24h，检查是否有菌生长。

5. 清洗

弃去塑料滤器上的微孔滤膜，将塑料滤器清洗干净，并换上一张新的微孔滤膜，组装包扎，再经灭菌后使用。

整个过程应在无菌条件下严格操作，以防污染，过滤时应避免各连接处出现渗漏现象。

五、实训记录

记录无菌检查结果。

【操作技巧提示】

1. 组装连接要压紧，避免渗漏及染菌。

2. 压滤宜慢不宜快，用力一定要均匀。

【案例介绍】

案例：某小组同学在进行微孔滤膜过滤除菌实训操作时，在用注射器将待滤溶液压滤到无菌试管过程中，没有注意控制力量，用力过猛过快，导致无菌检查时发现仍有细菌在平板上生长。指导老师为同学们分析了原因，同时提出了解决问题的方法。

解析：过滤除菌是通过机械作用滤去液体或气体中细菌的方法。压滤时，用力太猛太快，会导致细菌被挤压通过滤膜，造成除菌不彻底。因此压滤时一定要控制好力度，切忌过猛过快。

【思考题】

1. 你做的过滤除菌实验效果如何？如果经培养检查有杂菌生长，你认为是什么原因造成的？

2. 如果你需要配制一种含有某抗生素的牛肉膏蛋白胨培养基，其抗生素的终浓度（或工作浓度）为 50μg/mL，你将如何操作？

3. 过滤除菌应注意哪些问题？

问题与讨论

1. 微生物培养装置的类型和发展有哪些规律？

2. 现代实验室中，培养厌氧菌的“三大件”是什么？试设计一表格比较三者的特点。

3. 试述生产实践上微生物培养装置发展的几大趋势，并总结其中的一般规律。

4. 什么叫典型生长曲线？它可分为几期？划分的依据是什么？

5. 延滞期有何特点？如何缩短延滞期？

6. 对数期有何特点？处于此期的微生物有何应用？

7. 稳定期为何会到来？有何特点？

8. 什么是连续培养？有何优点？为何连续时间是有限的？

9. 说明测定微生物生长的意义、微生物生长测定方法的原理并比较各测定方法的优缺点。

10. 试分析影响微生物生长的主要因素及它们影响微生物生长繁殖的机理。

11. 试列表比较灭菌、消毒、防腐和化疗的异同，并各举若干实例。

12. 某细菌肥料是由相关的不同微生物组成的一个菌群并通过混合培养得到的一种产品。活菌数的多少是质量好坏的一个重要指标。但在质量检查中，有时数据相差很大。试分析产生这种现象的原因及如何克服。

13. 抗生素对微生物的作用机制分几类？试各举一例。

14. 细菌抗药性机理有哪些？如何避免抗药性的产生？

15. 从－196～150℃的温度范围内，对微生物学工作者关系较大的代表性温度（包括生长、抑制、消毒、灭菌、菌种保藏等）有哪些？试以表解形式进行分类、排队，并作简介。

第七章 微生物的代谢与调节

【知识目标】

1. 掌握各类微生物的产能方式及特点。
2. 熟悉微生物的固氮反应、CO_2 的固定及微生物代谢的调节控制机制。
3. 了解微生物的初级代谢、次级代谢及微生物药物的种类。

【能力目标】

1. 学会发酵型乳酸饮料的制作技术。
2. 学会测定饮用水中的大肠菌群。
3. 尝试微生物发酵法生产淀粉酶。

代谢（metabolism）是细胞内发生的各种生化反应的总称，它是生物体最基本的整个生命存在的前提，主要由分解代谢（catabolism）和合成代谢（anabolism）两个过程组成。

分解代谢与合成代谢既表现着生物体内物质分子的改变，又体现出生物体在生命活动过程中能量的变化。分解代谢是指细胞将大分子物质（营养物质或细胞物质）逐步降解成小分子物质的过程，并在这个过程中产生能量，是产能反应。合成代谢是指细胞利用简单的小分子物质合成复杂大分子的过程，在这个过程中要消耗能量，是耗能反应。合成代谢所利用的小分子物质来源于分解代谢过程中产生的中间产物或环境中的小分子营养物质。

无论是分解代谢还是合成代谢，代谢途径都是由一系列连续的酶促反应构成的，前一步反应的产物是后续反应的底物。细胞通过各种方式有效地调节相关的酶促反应，来保证整个代谢途径的协调性与完整性，从而使细胞的生命活动得以正常进行。

代谢
- 分解代谢
  - 生物大分子分解为生物小分子（物质代谢）
  - 释放能量——产能代谢（能量代谢）
- 合成代谢
  - 需要能量——耗能代谢（能量代谢）
  - 生物小分子合成为生物大分子（物质代谢）

微生物的代谢是建立在合成代谢与分解代谢、耗能代谢与产能代谢对立统一的基础上的，它们既相互联系、相互依存，又相互制约。如腺苷三磷酸（ATP）在反应中既能提供能量，而它本身合成时又需消耗能量，因此它的合成又受到能量供应的限制。总之，合成为分解准备了物质前提，外部物质变为内部物质；同时，分解为合成提供了必需的能量，内部物质又转变为外部物质。

第一节 微生物的产能代谢

产能代谢就是物质在生物体内经过一系列连续的氧化还原反应，逐步分解并释放能量的过程，这是一个分解代谢过程，也可称为生物氧化。生物氧化实际上是需氧细胞呼吸作用中的一系列氧化还原反应，又称细胞氧化或细胞呼吸，有时也称为组织呼吸。

生物氧化是在体温和近于中性 pH 及有水环境中，在一系列酶、辅酶和中间传递体的作用下逐步进行的，每一步都放出一部分的能量，这样不会因氧化过程中能量的骤然释放而损害机体，同时又可以使释放的能量得到有效的利用。生物氧化过程中释放的能量可被微生物直接利用，也可通过能量转换储存在高能化合物（如 ATP）中，以便逐步被利用，还有部分能量以热的形式被释放到环境中。真核生物细胞内的生物氧化都是在线粒体内进行的；在不含线粒体的原核生物如细菌细胞内生物氧化则在细胞膜上进行。

不同类型微生物进行生物氧化所利用的物质是不同的，异养微生物利用有机物氧化分解获得能量，自养微生物则利用无机物通过生物氧化来进行产能代谢。

一、化能异养微生物的生物氧化与产能

异养微生物氧化有机物的方式，根据氧化还原反应中电子受体的不同可分成呼吸和发酵两种类型。呼吸是多数微生物生物氧化和产能的重要方式，呼吸作用是指微生物在降解底物的过程中，将释放出的电子交给 NAD (P)$^+$、FAD 或 FMN 等电子载体，再经电子传递系统传给外源电子受体，从而生成水或其他还原型产物并释放出能量的过程。根据最终电子受体不同，呼吸作用分为有氧呼吸和无氧呼吸。其中，以分子氧作为最终电子受体的称为有氧呼吸，以氧化型化合物作为最终电子受体的称为无氧呼吸。发酵是指微生物细胞将有机物氧化释放的电子直接交给底物本身未完全氧化的某种中间产物，同时释放能量并产生各种不同的代谢产物。

呼吸作用与发酵作用的根本区别在于：呼吸作用中电子载体不是将电子直接传递给底物降解的中间产物，而是交给电子传递系统，逐步释放出能量后再交给最终电子受体。

1. 有氧呼吸

有机物代谢的基本途径就是葡萄糖的降解，下面按照生物氧化的三个阶段来分别阐述葡萄糖的能量代谢。

(1) 底物脱氢　在葡萄糖降解过程中，微生物根据胞内所具有的酶系沿一定的途径完成底物的脱氢，主要有 EMP 途径、HMP 途径、ED 途径和 TCA 循环以及 PK 途径和 HK 途径等。EMP 途径、HMP 途径、ED 途径在有氧和无氧条件都能够发生，而 TCA 循环以及葡萄糖直接氧化只能在有氧条件下进行，PK 途径只能在无氧条件下进行。

① EMP 途径 (Embden-Meyerhof pathway)　EMP 途径（图 7-1）又称糖酵解途径或二磷酸己糖途径，是绝大多数微生物共有的基本代谢途径。它是以 1 分子葡萄糖为底物，约经过 10 步反应产生 2 分子丙酮酸、2 分子 ATP 和 2 分子 NADH＋H$^+$ 的过程，可为微生物的生理活动提供 ATP 和 NADH，其中间产物还可为微生物的合成代谢提供碳骨架。

EMP 途径的总反应式为：

$$C_6H_{12}O_6 + 2NAD^+ + 2ADP + 2Pi \longrightarrow 2CH_3COCOOH + 2NADH + 2H^+ + 2ATP + 2H_2O$$

整个 EMP 途径可概括成两个阶段：一是耗能阶段，只生成 2 分子的主要中间代谢产物——3-磷酸甘油醛；二是产能阶段，合成 ATP 并形成 2 分子的丙酮酸。

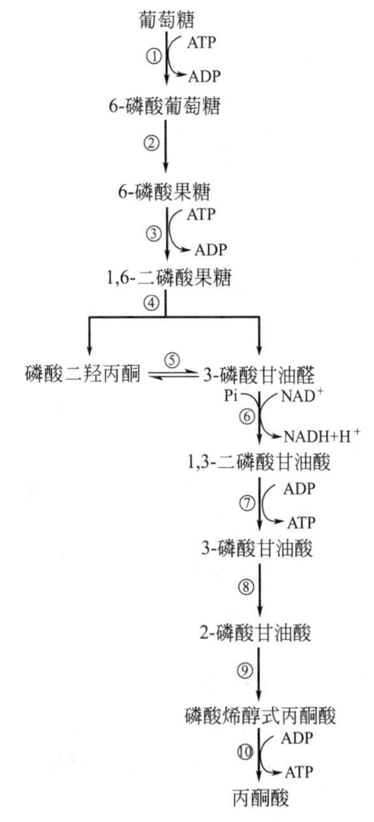

图 7-1　EMP 途径

①—己糖激酶；②—磷酸己糖异构酶；③—磷酸果糖激酶；④—果糖二磷酸醛缩酶；⑤—丙糖磷酸异构酶；⑥—脱氢酶；⑦—磷酸甘油酸激酶；⑧—磷酸甘油酸变位酶；⑨—烯醇酶；⑩—丙酮酸激酶

在 EMP 途径的第一阶段，葡萄糖在消耗 ATP 的情况下被磷酸化，形成 6-磷酸葡萄糖。6-磷酸葡萄糖

经磷酸己糖异构酶转化为6-磷酸果糖，然后通过消耗ATP和磷酸果糖激酶（EMP途径中的一个关键酶）再次被磷酸化，形成一个重要的中间产物——1,6-二磷酸果糖。1,6-二磷酸果糖再经果糖二磷酸醛缩酶（EMP途径的特征性酶）的催化裂解成2个三碳化合物——3-磷酸甘油醛和磷酸二羟丙酮。由于磷酸二羟丙酮可转化为3-磷酸甘油醛，因此，在第一阶段每个葡萄糖分子实际上已生成2分子的3-磷酸甘油醛。

在EMP途径的第二阶段，每分子3-磷酸甘油醛在脱氢酶的作用下接受无机磷酸被转化为含有高能磷酸键的1,3-二磷酸甘油酸，此过程是氧化反应，辅酶NAD^+接受氢原子形成NADH。1,3-二磷酸甘油酸再经磷酸甘油酸激酶转化为3-磷酸甘油酸，然后在变位酶的作用下转变为2-磷酸甘油酸。烯醇酶催化2-磷酸甘油酸生成含有一个高能磷酸键的磷酸烯醇式丙酮酸，最后通过丙酮酸激酶的作用产生EMP途径的关键产物——丙酮酸。

在糖酵解过程中，第一阶段消耗2分子的ATP用于糖的磷酸化，第二阶段合成4分子的ATP，因此，每氧化一个分子的葡萄糖净得2分子ATP。

由3-磷酸甘油醛转化为1,3-二磷酸甘油酸的氧化反应只有在NAD^+存在时才能进行，而细胞中的NAD^+供应是有限的，假如所有的NAD^+都转变成NADH，葡萄糖的氧化就会停止。因此，可以通过将丙酮酸进一步还原，使NADH氧化重新成为NAD^+而得以克服上面所述现象的发生。例如在酵母细胞中，丙酮酸被还原成为乙醇，并伴有CO_2的释放；而在乳酸菌细胞中，丙酮酸被还原成乳酸。

EMP途径不需要氧的参与，能够在无氧或有氧的条件下发生。在有氧条件下，该途径与TCA循环相连，丙酮酸进一步脱氢彻底氧化成CO_2和H_2O，（$NADH+H^+$）经电子传递链交给分子氧，释放能量形成ATP；而在无氧条件下，丙酮酸及其代谢产物受氢还原形成各种还原产物。

② HMP途径（hexose monophosphate pathway） HMP途径实际上是在单磷酸己糖（6-磷酸葡萄糖）基础上开始降解的，故又称为单磷酸己糖途径；又因为该途径中的3-磷酸甘油醛可以进入EMP途径，因此有时也可称为磷酸戊糖支路。HMP途径一个循环的最终结果是1分子6-磷酸葡萄糖转变成1分子3-磷酸甘油醛、3分子CO_2和6分子NADPH。

HMP途径的总反应式为：

$$6\text{葡萄糖-6-磷酸}+12NADP^+ +6H_2O \longrightarrow 5\text{葡萄糖-6-磷酸}+12NADPH+12H^+ +6CO_2+Pi$$

HMP途径（图7-2）可概括为三个阶段：a. 葡萄糖分子通过几步氧化反应产生5-磷酸核酮糖和CO_2；b. 5-磷酸核酮糖发生同分异构化分别产生5-磷酸核糖和5-磷酸木酮糖；c. 在无氧条件下产物发生碳架重排，生成己糖磷酸和丙糖磷酸，丙糖磷酸一方面可通过EMP途径转化成丙酮酸再进入TCA循环进行彻底氧化，另一方面也可通过果糖二磷酸醛缩酶和果糖二磷酸酶的作用而转化为己糖磷酸。

一般认为HMP途径不是产能途径，而是为生物合成提供大量的还原力（NADPH）和中间代谢产物。如5-磷酸核酮糖是合成核酸、某些辅酶及组氨酸的原料；NADPH是合成脂肪酸、类固醇和谷氨酸的供氢体；4-磷酸赤藓糖可用于合成芳香氨基酸如苯丙氨酸、酪氨酸、色氨酸和组氨酸等；另外，5-磷酸核酮糖还可以转化为1,5-二磷酸核酮糖，在羧化酶作用下固定CO_2，对于光能自养菌、化能自养菌具有重要意义。虽然这条途径中产生的NADPH可经呼吸链氧化产能，1mol葡萄糖经HMP途径最终可得到35mol ATP，但这不是代谢中的主要方式。因此，不能把HMP途径看作是产生ATP的有效机制。

大多数好氧和兼性厌氧微生物中都有HMP途径，而且在同一微生物中往往同时存在EMP和HMP途径，单独具有HMP途径的微生物较少见。

③ TCA循环 三羧酸（tricarboxylic acid cycle，TCA）循环也称为柠檬酸循环，为一种循环式的反应（表7-1）。

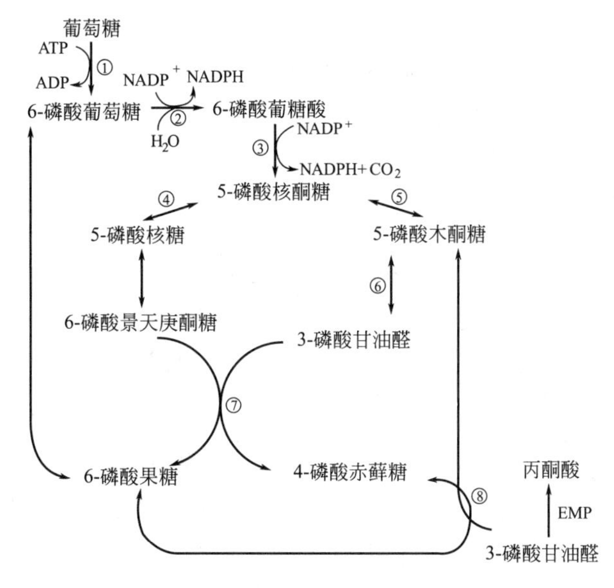

图 7-2 HMP 途径

①—己糖激酶；②—磷酸葡萄糖脱氢酶和内酯酶；③—磷酸葡糖酸脱氢酶；④—磷酸核糖差向异构酶；⑤—磷酸核酮糖差向异构酶；⑥，⑧—转酮醇酶；⑦—转醛酸酶

表 7-1 真核与原核微生物的 TCA 循环

TCA 循环	细胞中反应发生的位置	TCA 循环中的酶系位置		形成的还原力	底物水平磷酸化
		琥珀酸脱氢酶	其他酶		
原核微生物	细胞质	细胞膜	细胞质	3NADH 1NADPH $1FADH_2$	1GTP
真核微生物	线粒体	线粒体膜	线粒体的基质	4 NADH $1FADH_2$	1ATP

如图 7-3 所示，丙酮酸氧化脱羧形成乙酰辅酶 A 进入 TCA 循环，经过两次加水脱氢，两次碳链裂解而氧化脱羧，一次底物水平磷酸化，将乙酰基完全降解。每分子丙酮酸通过 TCA 循环降解总共产生 4 分子 NADH（在细菌中产生 3 分子 NADH 和 1 分子 NADPH）、1 分子 $FADH_2$ 和 1 分子 ATP（或 GTP），放出 3 分子 CO_2。

经过 TCA 循环形成的大量还原力 NADH 经过电子传递链形成大量的 ATP，因而 TCA 循环在绝大多数异养微生物的呼吸代谢中起关键作用。此外在物质代谢中该循环起到中枢作用，如许多有机酸、氨基酸的合成与之关联。

④ ED 途径（Entner-doudoroff pathway） ED 途径（图 7-4）又称 2-酮-3-脱氧-6-磷酸葡糖酸（KDPG）裂解途径。此途径最早是在研究嗜糖假单胞菌时发现的，在革兰阴性菌中分布较广，特别是假单胞菌和固氮菌的某些菌株较多存在。ED 途径是少数缺乏完整 EMP 途径的微生物所具有的一种替代途径，其特点是葡萄糖只经过 4 步反应即可快速获得由 EMP 途径须经 10 步才能获得的丙酮酸。每分子葡萄糖经 ED 途径最后生成 2 分子丙酮酸、1 分子 ATP、1 分子 NADPH 和 NADH。其总反应式为：

$$C_6H_{12}O_6 + ADP + Pi + NADP^+ + NAD^+ \longrightarrow 2CH_3COCOOH + ATP + NADPH + H^+ + NADH + H^+$$

在 ED 途径中，6-磷酸葡萄糖首先脱氢产生 6-磷酸葡糖酸，接着在脱水酶的催化下生成 2-酮-3-脱氧-6-磷酸葡糖酸（KDPG），然后在醛缩酶的作用下，产生 1 分子 3-磷酸甘油醛和 1 分子丙酮酸，3-磷酸甘油醛再进入 EMP 途径转变成丙酮酸。ED 途径中的关键反应是 2-

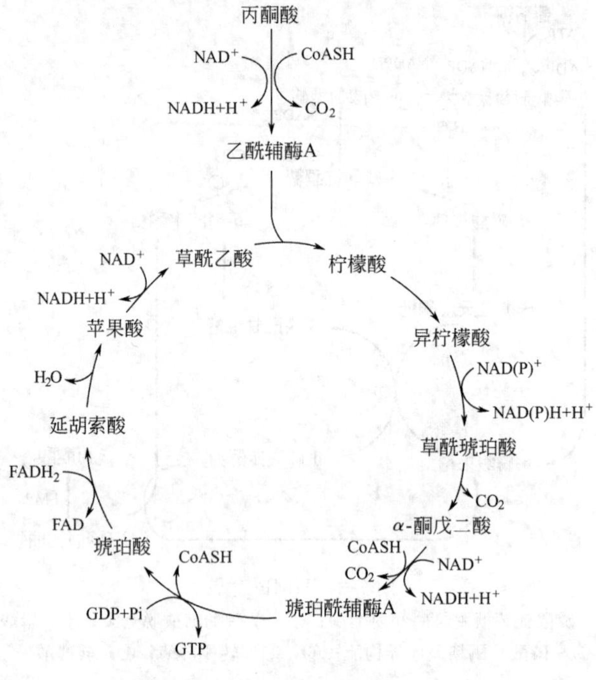

图 7-3 三羧酸循环

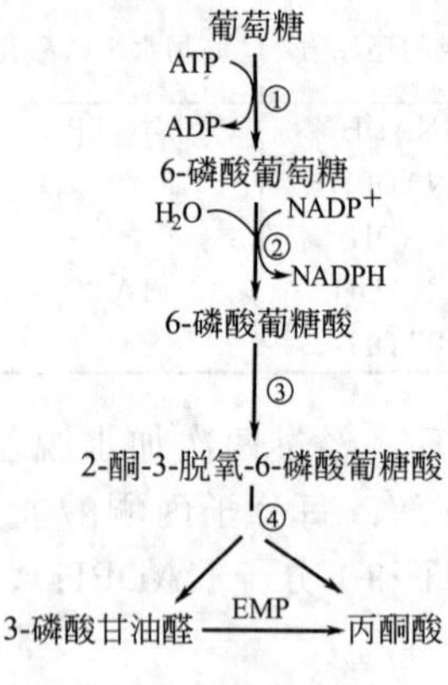

葡萄糖
ATP
①
ADP
6-磷酸葡萄糖
H_2O
$NADP^+$
②
NADPH
6-磷酸葡糖酸
③
2-酮-3-脱氧-6-磷酸葡糖酸
④
3-磷酸甘油醛 EMP 丙酮酸

图 7-4 ED 途径

①—己糖激酶；②—磷酸葡萄糖脱氢酶和内酯酶；③—磷酸葡萄糖脱水酶；④—KDPG 醛缩酶

酮-3-脱氧-6-磷酸葡糖酸的裂解。具有 ED 途径的微生物可降解葡萄糖醛酸、果糖酮酸、甘露糖醛酸等化合物，因为这些化合物可转化成 KDPG 被降解。

ED 途径可不依赖于 EMP 和 HMP 途径而单独存在，但对于靠底物水平磷酸化获得 ATP 的厌氧菌而言，ED 途径不如 EMP 途径经济。ED 途径可与 HMP 途径和 TCA 循环等各种代谢途径相连，通过相互协调以满足微生物对能量、还原力和不同代谢中间物的需要。

⑤ 磷酸解酮酶途径　磷酸解酮酶途径是分解己糖和戊糖的途径，该途径的特征性酶是磷酸解酮酶，根据解酮酶的不同，把具有磷酸戊糖解酮酶的称为 PK 途径（图 7-5），把具有磷酸己糖解酮酶的叫 HK 途径（图 7-6）。

肠膜状明串珠菌利用 PK 途径分解葡萄糖的特征性酶是磷酸戊糖解酮酶，关键反应为 5-磷酸木酮糖裂解为乙酰磷酸和 3-磷酸甘油醛，乙酰磷酸进一步反应生成乙酸，3-磷酸甘油醛经丙酮酸转化为乳酸。总反应式为：

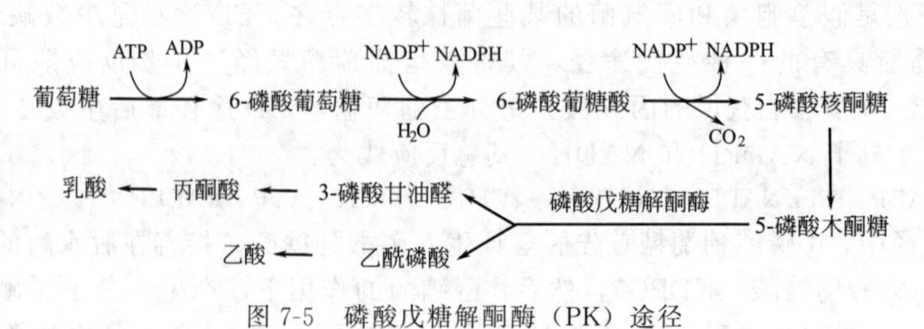

图 7-5 磷酸戊糖解酮酶（PK）途径

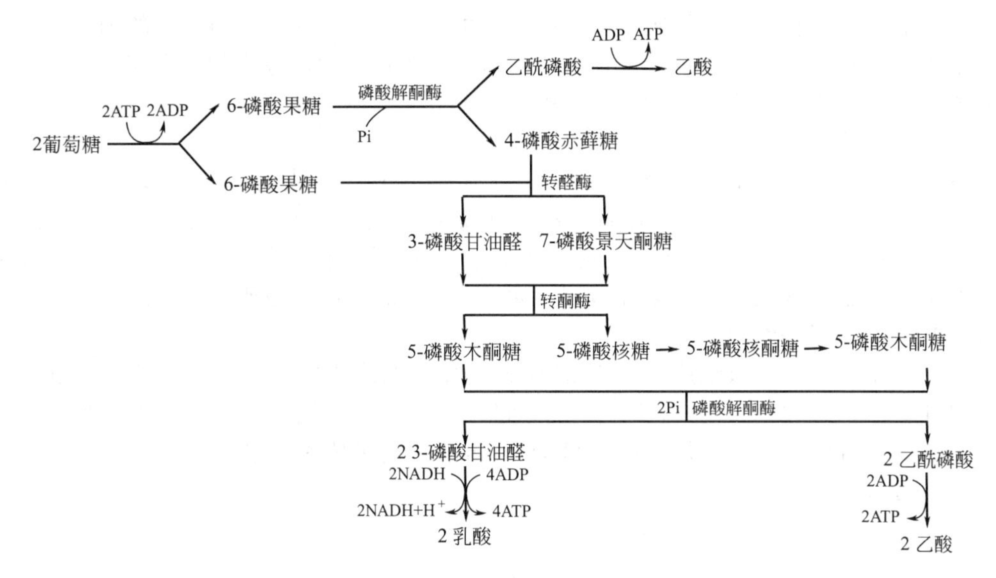

图 7-6 磷酸己糖解酮酶（HK）途径

$$C_6H_{12}O_6 + ADP + Pi + NAD^+ \longrightarrow CH_3CHOHCOOH + CH_3CH_2OH + CO_2 + ATP + NADH + H^+$$

两歧双歧杆菌利用磷酸己糖解酮酶途径分解葡萄糖。在这条途径中，由磷酸解酮酶催化的反应有两步。1 分子 6-磷酸果糖由磷酸己糖解酮酶催化裂解为 4-磷酸赤藓糖和乙酰磷酸；另一分子 6-磷酸果糖则与 4-磷酸赤藓糖反应生成 2 分子 5-磷酸木酮糖。然后 5-磷酸木酮糖在磷酸戊糖解酮酶的催化下分解成 3-磷酸甘油醛和乙酰磷酸。

（2）递氢和受氢　经过各种脱氢途径形成的还原力 NADH（NADPH）、$FADH_2$，经过完整的电子传递链，最后由细胞色素氧化酶将电子传递给环境中的分子氧，生成 H_2O。在电子传递过程中释放出的能量，通过化学渗透作用形成 ATP。

电子传递系统是由一系列氢和电子传递体组成的多酶氧化还原体系，包括：NADH 脱氢酶、黄素蛋白、铁硫蛋白、细胞色素、醌及其化合物。这些体系具有两种基本功能：一是从电子供体接受电子并将电子传递给电子受体；二是通过合成 ATP 把在电子传递过程中释放的一部分能量保存起来。

① NADH 脱氢酶　位于细胞膜的内侧，从 NADH 接受电子，并传递两个氢原子给黄素蛋白。

② 黄素蛋白　黄素蛋白是一类由黄素单核苷酸（FMN）或黄素腺嘌呤二核苷酸（FAD）及相对分子质量不同的蛋白质结合而成。位于呼吸链起始位点的酶蛋白黄素的三环异咯嗪中，最多可接受两个电子，还原时黄素失去黄素的特征成为无色。

③ 铁硫蛋白　铁硫蛋白的相对分子质量较小（通常 $M_r \leqslant 30000$），以 Fe_2S_2 和 Fe_4S_4 复合体最为常见，它们常存在于呼吸链的几种酶复合体中，参与膜上的电子传递。铁硫蛋白的还原能力随硫、铁原子的数量及铁原子中心与蛋白结合方式的不同而有很大的变化。因此，不同的铁硫蛋白可在电子传递过程中的不同位点发挥作用。铁硫蛋白只能传递电子。

④ 醌及其衍生物　这是一类相对分子质量较小的非蛋白质的脂溶性物质，广泛存在于真核生物线粒体内膜和革兰阴性细菌的细胞膜上。微生物体内一般有三种类型，即泛醌、甲基萘醌和脱甲基萘醌。与黄素蛋白一样，这类物质可作为氢的受体和电子供体。

⑤ 细胞色素　细胞色素（cytochromes）是含有铁卟啉基团的电子传递蛋白，通过位于细胞色素中心的铁原子失去或获得一个电子而经受氧化和还原，它们的功能是传递电子而不是氢。已知有好几种具有不同氧化还原电位的细胞色素。一种细胞色素能将电子转移给另一

种比它的氧化还原电位更高的细胞色素，同时也可从比它的氧化还原电位低的细胞色素接受电子。在某些时候，几种细胞色素或细胞色素与铁硫蛋白可形成稳定的复合体。例如由两种不同的细胞色素 b 和细胞色素 c 形成的细胞色素 bc_1 复合体，这种复合体在能量代谢过程中起着关键性的作用。

在生物氧化过程中脱下的氢交给脱氢酶的辅酶（NAD^+）或辅基（FAD），形成还原型 NADH 和 $FADH_2$，NADH 和 $FADH_2$ 必须重新被氧化后才能继续行使氢载体的作用。NADH 的重新氧化方式因微生物类型及其环境条件的不同而不同，即在不同的生物氧化产能方式中，由于递氢和受氢形式的不同，可通过发酵、无氧呼吸及有氧呼吸的方法使 NADH 和 $FADH_2$ 重新氧化。

（3）产能效率 在真核细胞中，EMP 途径的反应在胞质中进行，而电子传递链位于线粒体内膜上。在胞质中产生的 NADH 不能穿过线粒体膜，必须借助于“穿梭机制”将线粒体外的 $NADH+H^+$ 变成线粒体内的 $FADH_2$，再通过电子传递链进行氧化，每次穿梭损失 1 个 ATP（图 7-7）。

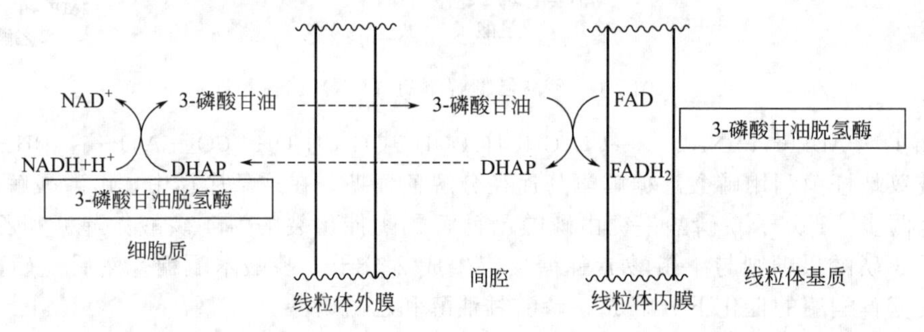

图 7-7 穿梭机制

每分子丙酮酸通过 TCA 循环降解总共产生 4 分子 NADH（原核生物中产生 3 分子 NADH 和 1 分子 NADPH）、1 分子 $FADH_2$ 和 1 分子 ATP（或 GTP），放出 3 分子 CO_2。NADH 和 $FADH_2$ 可经电子传递系统重新被氧化，由此每氧化 1 分子 NADH 可生成 3 分子 ATP，每氧化 1 分子 $FADH_2$ 可生成 2 分子 ATP。另外，琥珀酰辅酶 A 在氧化成延胡索酸时，包含着底物水平磷酸化作用，由此产生 1 分子 GTP，随后 GTP 可转化成 ATP。至此，每一次三羧酸循环可生成 15 分子 ATP，而每分子葡萄糖可转化为 2 分子丙酮酸，因此，最终生成 30 分子 ATP。

此外，在葡萄糖转变为两分子丙酮酸时还可借底物水平磷酸化生成 2 分子的 ATP；在糖酵解过程中产生的 2 分子 NADH 可经电子传递系统重新被氧化，产生 4（或 6）分子 ATP。因此，在具有完整电子传递链的真核生物中，每摩尔葡萄糖通过 EMP 途径和 TCA 循环彻底氧化时，总共只形成 36mol ATP。而原核生物中，因为电子传递链组分在细胞膜上，每摩尔葡萄糖形成 38mol ATP。由此可见，有氧呼吸的产能效率最高。

其总反应式表示如下：

$$C_6H_{12}O_6+6O_2+38ADP+38Pi \longrightarrow 6CO_2+6H_2O+38ATP$$

与发酵过程相比，呼吸作用可产生更多的能量。这是由于 NADH 的氧化方式不同而造成的。在呼吸过程中，NADH 中的电子不是传递给中间产物——丙酮酸，而是通过电子传递系统传递给氧分子或其他最终电子受体，使葡萄糖可以被彻底氧化成 CO_2 而放出更多的能量。

2. 无氧呼吸

无氧呼吸是指以无机氧化物代替分子氧作为最终电子受体的生物氧化过程。无氧呼吸的最终电子受体不是氧，而是像 NO_3^-、NO_2^-、SO_4^{2-}、$S_2O_3^{2-}$、CO_2 等外源受体。根据最终电子受体不同可分为硝酸盐呼吸、硫酸盐呼吸、碳酸盐呼吸等多种类型。

在无氧呼吸中，由于电子受体的氧化还原电势低于分子氧，并存在高低不同，因而电子只经过部分传递即到达最终电子受体，释放出的能量也因为电子受体不同而异，所以在无氧呼吸中所产生的 ATP 数目随生物体和代谢途径的不同而变化。

(1) 硝酸盐呼吸　以 NO_3^- 为最终电子受体的无氧呼吸称为硝酸盐呼吸，又称反硝化作用。硝酸盐在微生物生命活动中具有两种功能，其一是在有氧或无氧条件下所进行的同化性硝酸盐还原作用，亦即微生物利用硝酸盐作为其氮源营养物的作用；其二是在无氧条件下，微生物利用硝酸盐作为呼吸链的最终氢受体，这是一种异化性的硝酸盐还原作用，亦即硝酸盐呼吸。

能进行硝酸盐呼吸的都是一些兼性厌氧微生物即反硝化细菌，而专性厌氧微生物是无法进行硝酸盐呼吸的。能进行硝酸盐呼吸的细菌种类有很多，如地衣芽孢杆菌和铜绿假单胞菌等。

由于反硝化作用强烈会损失大量氮素，因此对农业生产是有害的。另外，水生性反硝化细菌对环境保护有重大意义，它能除去水中的硝酸盐或亚硝酸盐以减少水体污染和富营养化，适用于高浓度硝酸盐废水的处理。反硝化作用还在自然界氮素循环中起重要作用。

(2) 硫酸盐呼吸　能以硫酸盐作为最终电子受体并将硫酸盐还原为 H_2S 的一种厌氧呼吸称为硫酸盐呼吸。通过这一过程，微生物可在无氧条件下借呼吸链的电子传递磷酸化而获得能量。硫酸盐还原细菌都是一些严格依赖于无氧环境的专性厌氧菌，例如普通脱硫弧菌、巨大脱硫弧菌等。

硫酸盐还原的产物是 H_2S，不仅会造成水体和大气的污染，还能引起埋于土壤或水底的金属管道等的腐蚀。此外，水田中的 H_2S 积累过多还会损害植物根系而造成水稻烂秧。硫酸盐还原还参与自然界的硫素循环。

(3) 碳酸盐呼吸　某些专性厌氧菌如产甲烷细菌，可利用甲醇、乙酸等为原料，以 H_2 为电子供体、CO_2 为电子受体，将 CO_2 还原为甲烷并从中获得能量。产甲烷细菌在自然界中分布很广，沼泽地、河底、湖底、海底的淤泥等处都有它的存在。另外，产甲烷细菌在沼气发酵以及环境保护等方面也起着重要作用。

无氧呼吸也需要细胞色素等电子传递体，并在能量分级释放过程中伴随有磷酸化作用，也能产生较多的能量用于生命活动。但由于部分能量随电子转移传给最终电子受体，所以生成的能量不如有氧呼吸产生的多。

3. 发酵

发酵是指微生物细胞将有机物氧化释放的电子直接交给底物本身未完全氧化的某种中间产物，同时释放能量并产生各种不同的代谢产物。

发酵过程中电子载体没有经过传递而是直接将电子交给了最终电子受体——高氧化还原电位的中间代谢产物使其还原，实现氧化还原的平衡。即在生物氧化的后两个阶段，无能量的释放，因而在发酵过程中，脱氢过程中的底物水平磷酸化是产生能量的唯一方式。发酵的整体过程是一个内部平衡的氧化还原过程，即来自外部相同的有机物的碳，部分被氧化、部分被还原。

发酵的底物有糖类、有机酸、氨基酸等，其中以微生物发酵葡萄糖最为重要。生物体内的葡萄糖经过各种脱氢途径（EMP 途径、HMP 途径、ED 途径、磷酸解酮酶途径）形成重要的阶段产物——丙酮酸（PYR）。由于微生物细胞内不同酶系和所处环境不同，使接收电子的最终电子受体各种各样，从而形成不同的发酵途径（图 7-8）。

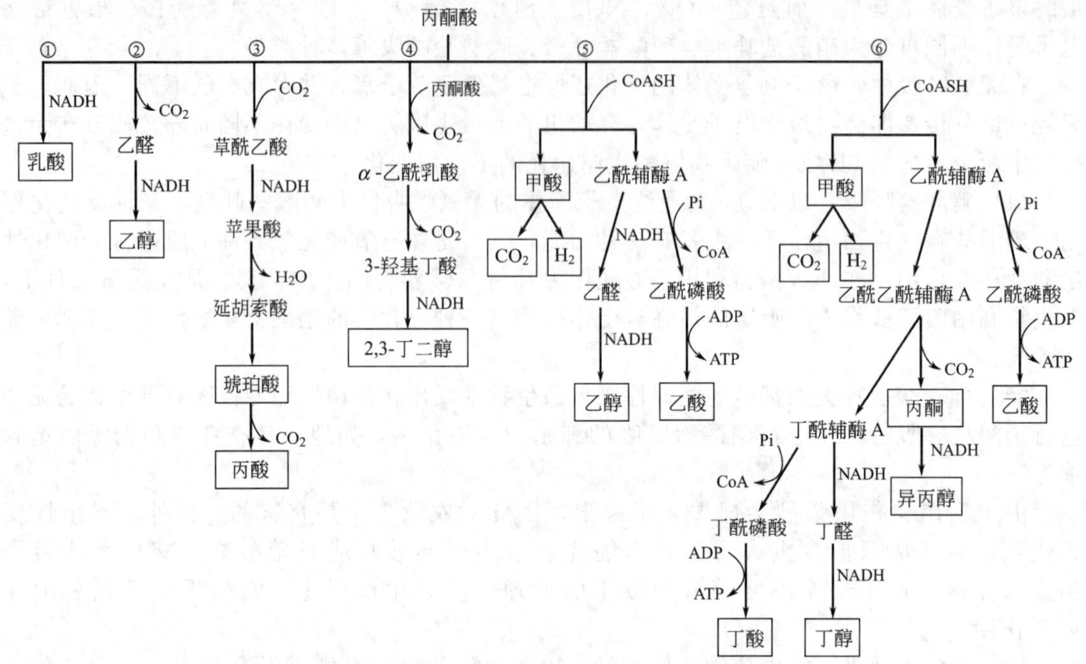

图 7-8 常见的微生物发酵途径

在无氧条件下，不同的微生物分解丙酮酸后会积累不同的代谢产物。根据发酵产物，发酵的类型主要有乙醇发酵、乳酸发酵、丙酮丁醇发酵、混合酸发酵以及 Stickland 反应等。

(1) 乙醇发酵　目前发现多种微生物可以发酵葡萄糖生产乙醇，主要包括酵母菌、某些细菌、曲霉和根霉。

① 酵母菌的乙醇发酵　酵母菌是兼性厌氧菌，在厌氧和偏酸（pH3.5～4.5）的条件下，通过糖酵解（EMP）途径将葡萄糖降解为 2 分子丙酮酸，丙酮酸再在乙醇发酵的关键酶——丙酮酸脱羧酶作用下脱羧生成乙醛，乙醛在乙醇脱氢酶的作用下还原成乙醇；而在有氧的条件下丙酮酸就进入三羧酸循环，彻底氧化成 CO_2 和 H_2O。每分子葡萄糖经酵母菌的乙醇发酵后净产生 2 分子 ATP、2 分子乙醇和 2 分子 CO_2。酵母菌的乙醇发酵应控制在偏酸条件下，因为在弱碱性条件（pH7.6）下乙醛因得不到足够的氢而积累，2 个乙醛分子会发生歧化反应（1 分子乙醛作为氧化剂被还原成乙醇，另 1 分子则作为还原剂被氧化为乙酸），使磷酸二羟丙酮作氢受体产生甘油，这称为碱法甘油发酵，发酵的终产物为甘油、乙醇和乙酸。这种发酵方式不产生能量，只能在非生长情况下进行。此外，当培养基中有亚硫酸氢钠时，它便与乙醛加成生成难溶性的磺化羟基乙醛，迫使磷酸二羟丙酮代替乙醛作为氢受体，生成 α-磷酸甘油，再水解去磷酸生成甘油，使乙醇发酵变成甘油发酵。由此可见，发酵产物会随发酵条件变化而改变。

② 细菌的乙醇发酵　细菌也能进行乙醇发酵，并且不同的细菌进行乙醇发酵时，其发酵途径也各不相同。如厌氧发酵单胞菌是利用 ED 途径分解葡萄糖为丙酮酸，最后得到乙醇；而某些生长在极端酸性条件下的严格厌氧菌如胃八叠球菌则是利用 EMP 途径进行乙醇发酵。每分子葡萄糖经 ED 途径进行乙醇发酵后，净增 1 分子 ATP、2 分子乙醇和 2 分子 CO_2。

(2) 乳酸发酵　乳酸发酵是指乳酸细菌将葡萄糖分解产生的丙酮酸还原成乳酸的生物学过程。它可分为同型乳酸发酵和异型乳酸发酵。

① 同型乳酸发酵　发酵产物中只有乳酸一种的发酵称同型乳酸发酵。能进行此类发酵

的细菌有：乳链球菌和乳酸乳杆菌等。在同型乳酸发酵过程中，葡萄糖经 EMP 途径降解为丙酮酸，丙酮酸在乳酸脱氢酶的作用下被 NADH 还原成乳酸。此过程每发酵 1 分子葡萄糖产生 2 分子乳酸、2 分子 ATP，不产生 CO_2。

② 异型乳酸发酵　发酵产物中除乳酸外同时还有乙醇（或乙酸）、CO_2 和 H_2 等，称异型乳酸发酵。能进行此类发酵的细菌有肠膜明串珠菌和乳酸短杆菌等。在肠膜明串珠菌的异型乳酸发酵中，葡萄糖首先经 HK 途径分解，产生 3-磷酸甘油醛和乙酰磷酸，其中 3-磷酸甘油醛进一步转化为乳酸，乙酰磷酸经两次还原变为乙酸。当发酵戊糖时，则是利用 PK 途径，磷酸解酮酶催化 5-磷酸木酮糖裂解生成乙酰磷酸和 3-磷酸甘油醛。异型乳酸发酵每发酵 1 分子葡萄糖产生 1 分子乳酸、1 分子乙醇和 1 分子 CO_2，净增 1 分子 ATP（短乳杆菌产生乙酸时为 2 分子 ATP）。

（3）丙酮丁醇发酵　在葡萄糖的发酵产物中，以丙酮、丁醇为主（还有乙醇、CO_2、H_2 以及乙酸）的发酵称为丙酮丁醇发酵。有些细菌如梭菌属的丙酮丁醇梭菌能进行丙酮丁醇发酵。在发酵中，葡萄糖经 EMP 途径降解为丙酮酸，由丙酮酸产生的乙酰辅酶 A 通过双双缩合为乙酰乙酰辅酶 A。乙酰乙酰辅酶 A 一部分可以脱羧为丙酮，另一部分经还原生成丁酰辅酶 A，然后进一步还原生成丁醇。在此过程中，每发酵 2 分子葡萄糖可产生 1 分子丙酮、1 分子丁醇、4 分子 ATP 和 5 分子 CO_2。

（4）混合酸发酵　能积累多种有机酸的葡萄糖发酵称为混合酸发酵。大多数肠道细菌如大肠杆菌、伤寒沙门菌、产气肠杆菌等均能进行此类发酵。在混合酸发酵中，先通过 EMP 途径将葡萄糖分解为丙酮酸，然后由不同的酶系将丙酮酸转化成不同的产物，如乳酸、乙酸、甲酸、乙醇、CO_2 和 H_2，还有一部分磷酸烯醇式丙酮酸用于生成琥珀酸。而肠杆菌、欧文菌属中的一些细菌，能将丙酮酸转变成乙酰乳酸，乙酰乳酸经一系列反应生成丁二醇，由于这类肠道菌还具有丙酮酸-甲酸裂解酶以及乳酸脱氢酶等，所以其终产物还有甲酸、乳酸、乙醇等。

（5）Stickland 反应　少数微生物在厌氧条件下可将一个氨基酸的氧化脱氨与另一个氨基酸的还原脱氨相偶联，这种以一种氨基酸作氢供体、以另一种氨基酸作氢受体并产能的特殊发酵类型称为 Stickland 反应。

二、化能自养微生物的生物氧化与产能

能从无机物氧化中获得能量、以 CO_2 或碳酸盐作为唯一或主要碳源的微生物称为化能自养微生物，它们在无机能源化合物的氧化过程中通过氧化磷酸化产生 ATP。与有机能源化合物相比，无机物的氧化与电子传递链直接相连，并且在化能无机营养型微生物中电子传递系统的组分表现出更大的多样性。经脱氢酶或氧化还原酶脱下的氢或电子，直接进入电子传递链，而不需要经过复杂的脱氢途径。此外，无机物的氧化过程中所形成的能量少，因而化能无机营养型微生物需要氧化大量的无机能源化合物，且生长率相应较低。

绝大多数化能自养微生物是好氧菌，对自然界物质转化起重要的作用，主要有氢细菌、硝化细菌、硫化细菌和铁细菌。

1. 氢细菌

能利用分子氢氧化产生的能量同化 CO_2 的氢细菌都是一些呈革兰阴性的兼性化能自养菌，它们也能利用其他有机物生长。在该菌中，电子直接从氢传递给电子传递系统，电子在呼吸链传递过程中产生 ATP。在多数氢细菌中有两种与氢的氧化有关的酶。一种是位于壁膜间隙或结合在细胞质膜上的颗粒状氧化酶，它能够催化氢放出电子并直接转移到电子传递链上，在电子传递中伴随有 ATP 的生成；另一种是位于细胞质中的可溶性氢化酶，能直接

催化氢作为还原剂，使 NAD^+ 还原成 $NADH+H^+$，生成的 $NADH+H^+$ 主要用于还原 CO_2。

2. 硝化细菌

氨和铵盐是可以用作能源的最普通的无机氮化合物，能被硝化细菌所氧化，放出能量使 CO_2 还原成有机物（CH_2O）。硝化细菌可分为两个亚群：亚硝化细菌和硝化细菌，由氨氧化为硝酸是通过这两类细菌依次进行的。氨氧化为硝酸的过程可分为两个阶段，先由亚硝化细菌将氨氧化为亚硝酸，再由硝化细菌将亚硝酸氧化为硝酸。硝化作用是自然界氮素循环中不可缺少的一环，但对农业生产无多大益处。因为氨被硝化细菌氧化为硝酸后，虽然也可被植物吸收，但易随水流失。

3. 铁细菌

铁细菌如嗜酸性的氧化亚铁硫杆菌（*Thiobacillus ferrooxidans*）具有氧化亚铁的能力，在亚铁氧化的同时获得能量。但在这种氧化中只有少量的能量可以被利用，因此这类细菌生长需要氧化大量的铁。

$$2Fe^{2+}+\frac{1}{2}O_2+2H^+\longrightarrow 2Fe^{3+}+H_2O+44.38kJ$$

4. 硫细菌

硫化细菌能将一种或多种还原态或部分还原态的硫化合物（包括硫化物、元素硫、硫代硫酸盐和亚硫酸盐等）氧化成元素硫或硫酸，并从中获得能量。例如，H_2S 首先被氧化成元素硫，随之被硫氧化酶和细胞色素系统氧化成亚硫酸盐，放出的电子在传递过程中可以偶联产生 4 个 ATP。

三、光能微生物的产能代谢

自养微生物生物氧化和产能的类型很多，而且途径复杂。在光能自养微生物中，其所需能量 ATP 和还原力［H］主要是通过循环光合磷酸化和非循环光合磷酸化而获得的；在化能自养微生物中，其 ATP 是通过还原态无机物经过生物氧化产生的，还原力［H］则是通过消耗 ATP 的无机氢（$H^+ + e^-$）的逆呼吸链传递而产生的。

许多真核和原核微生物能以光为能源，利用光合作用产生 ATP。光合作用是自然界中一个极其重要的生物学过程，分为光反应和暗反应两个阶段。在光反应阶段，光能转变为化学能；在暗反应阶段，利用化学能来还原 CO_2 形成细胞物质。

光能自养微生物具有叶绿素、细菌叶绿素、类胡萝卜素和藻胆色素等光合色素。光合色素是光合生物所特有的色素，是将光能转化为化学能的关键物质。主要分成三类：叶绿素或细菌叶绿素，类胡萝卜素和藻胆素。细菌叶绿素具有和高等植物中的叶绿素相类似的化学结构，两者的区别在于侧链基团的不同，以及由此而导致的光吸收特性的差异。类胡萝卜素虽然不直接参加光合反应，但它们有捕获光能的作用，能把吸收的光能高效地传给细菌叶绿素（或叶绿素），而且这种光能同叶绿素（或细菌叶绿素）直接捕捉到的光能一样被用来进行光合磷酸化作用。此外类胡萝卜素还有两个作用：一是可以吸收有害于细胞的光，从而保护细菌叶绿素（或叶绿素）和光合机构免受光氧化反应的破坏，二是在细胞能量代谢中起辅助作用。藻胆素是蓝细菌特有的辅助色素，因具有类似胆汁的颜色而得名，其化学结构与叶绿素相似，其作用是将捕获的光能传给叶绿素。行光合作用的微生物主要包括藻类、蓝细菌和光合细菌（包括紫色细菌、绿色细菌、嗜盐菌等）。

光合磷酸化是指通过光合作用色素系统中电子的传递将光能转变为化学能的过程。当一个叶绿素分子吸收光量子时，叶绿素性质上即被激活，导致叶绿素（或细菌叶绿素）释放一个电子而被氧化，释放出的电子在电子传递系统中的传递过程中逐步释放能量，这就是光合磷酸化的基本动力。

1. 循环光合磷酸化

一种存在于厌氧光合细菌中的利用光能产生 ATP 的磷酸化反应，由于它是一种在光驱动下通过电子的循环式传递而完成的磷酸化，故称为循环光合磷酸化。这类细菌主要包括紫色细菌和绿色细菌。在光合细菌中，吸收光量子而被激活的细菌叶绿素释放出高能电子（图 7-9），于是这个细菌叶绿素分子即带有正电荷。

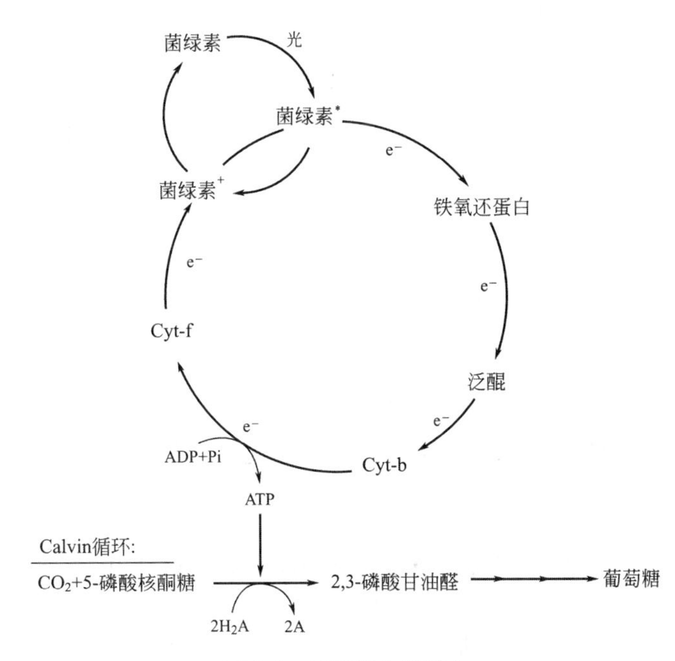

图 7-9 循环光合磷酸化

H_2A 为硫化氢等无机氢供体；菌绿素* 表示激发态的菌绿素

放出的高能电子顺次通过铁氧还蛋白、辅酶 Q、细胞色素 b 和 f，再返回到带正电荷的细菌叶绿素分子。在辅酶 Q 将电子传递给细胞色素 b 和 f 的过程中，造成了质子的跨膜移动，为 ATP 的合成提供了能量。循环光合磷酸化的还原力来自 H_2S 等无机氢供体，产物只有 ATP，不产生还原力（$NADPH+H^+$）和分子氧。

2. 非循环光合磷酸化

这是各种绿色植物、藻类和蓝细菌所共有的利用光能产生 ATP 的磷酸化反应。它包括两个光合系统：光反应系统Ⅰ和光反应系统Ⅱ。其过程是：光反应系统Ⅰ的叶绿素吸收光量子被激活后逐出电子，电子经最初电子载体还原 $NADP^+$，生成 $NADPH+H^+$；光反应系统Ⅱ使 H_2O 光解放出电子，放出的电子经电子传递链去还原光反应系统Ⅰ的叶绿素分子，电子传递的过程中生成 ATP（图 7-10）。

在非循环光合磷酸化过程中，电子被提高到一个高能状态，最后去还原 $NADP^+$，而不返回到产生它的光反应系统中。因此，非循环光合磷酸化作用的特点是除产生 ATP 外，还产生还原力（$NADPH+H^+$）并放出氧气。

此外，一些不含细菌叶绿素或叶绿素的微生物如极端嗜盐古生菌，依靠其特有的细菌视紫红质进行光合作用——紫膜的光合磷酸化。紫色的细菌视紫红质散埋于红色细胞膜内与膜脂一起形成一块块紫色斑块——紫膜。细菌视紫红质强烈吸收 560nm 处的光，在光驱动下具有质子泵的作用。细菌视紫红质中的视黄醛吸收光后构型转变，导致质子被抽到膜外，随

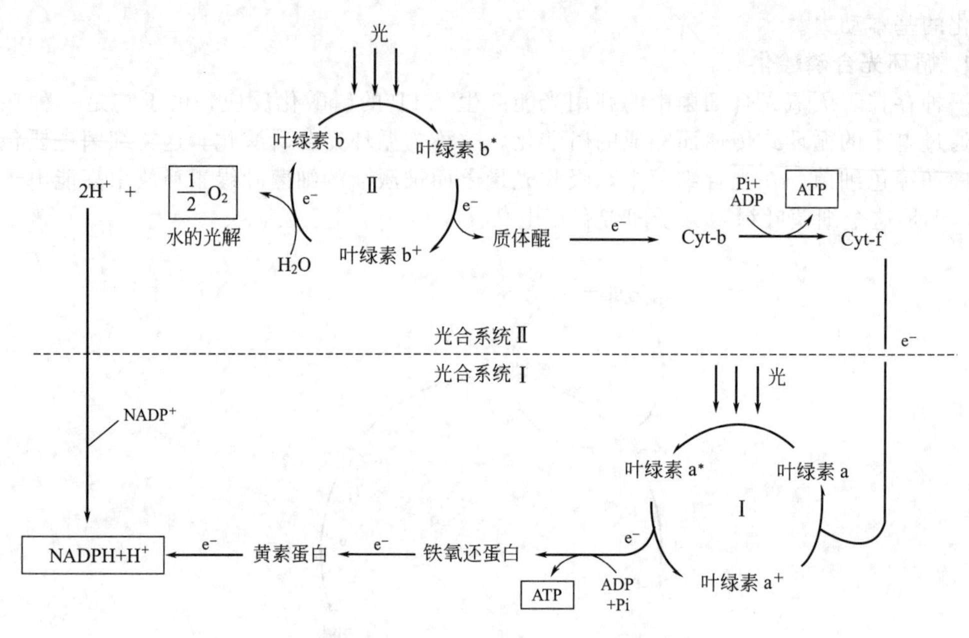

图 7-10 非循环光合磷酸化（*表示激发态）

着质子在膜外的积累，就形成膜内外质子梯度差和电位梯度差，质子动势驱动 ATP 酶合成 ATP。

第二节 微生物的耗能代谢

微生物利用产能代谢所产生的能量、中间产物以及从外界吸收的小分子，合成复杂的细胞物质的过程称为合成代谢。合成代谢是一个耗能过程，需要由 ATP 和质子动力提供能量。

一、微生物对碳源的利用

1. CO_2 的固定

将空气中的 CO_2 同化成细胞物质的过程，称为 CO_2 的固定作用。微生物有两种同化 CO_2 的方式：一类是自养式，将 CO_2 加在一个特殊的受体上，经过循环反应，使之合成糖并重新生成该受体；另一类为异养式，异养微生物将 CO_2 固定在某种有机酸上，因此异养微生物虽然能同化 CO_2，最终却必须靠吸收有机碳化合物生存。

自养微生物同化 CO_2 所需要的能量来自光能或无机物氧化所得的化学能，固定 CO_2 的途径主要有以下三条。

（1）卡尔文循环　化能自养微生物和大部分光合细菌主要通过卡尔文循环固定 CO_2。卡尔文循环同化 CO_2 的过程可分为三个阶段：CO_2 的固定；被固定的 CO_2 的还原；CO_2 受体的再生。每循环一次，可将 6 分子 CO_2 同化成 1 分子葡萄糖，其总反应式为：

$$6CO_2 + 18ATP + 12NAD(P)H \longrightarrow C_6H_{12}O_6 + 18ADP + 12NAD(P)^+ + 18Pi$$

① CO_2 的固定　CO_2 通过二磷酸核酮糖羧化酶的作用被固定于 1,5-二磷酸核酮糖中，然后转变成 2 分子 3-磷酸甘油酸。其中二磷酸核酮糖羧化酶和磷酸核酮糖激酶是卡尔文循环中的特征酶。

② 被固定的 CO_2 的还原　在 3-磷酸甘油酸激酶和 3-磷酸甘油醛脱氢酶的作用下，将 3-

磷酸甘油酸的羧基还原为醛基。

③ CO_2 受体的再生　生成的3-磷酸甘油醛有1/6可通过EMP途径逆转形成葡萄糖，其余5/6经过复杂的反应并消耗ATP后，最终再生成1,5-二磷酸核酮糖分子，以便重新接受 CO_2 分子（图7-11）。

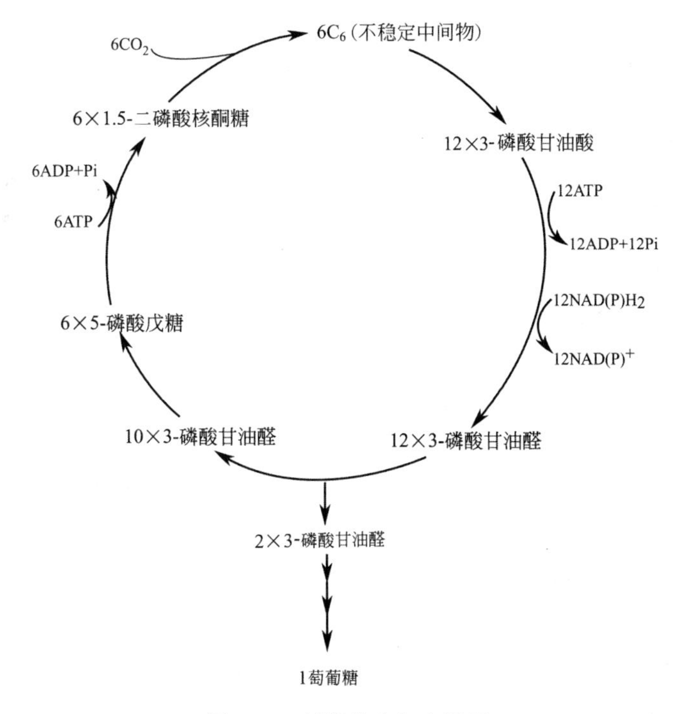

图7-11　精简的卡尔文循环

（2）还原性三羧酸循环途径　通过还原性三羧酸循环固定 CO_2 的途径，只是在少数光合细菌如嗜硫代硫酸盐绿菌中才能找到（图7-12）。实质上它是三羧酸循环的逆向还原途径。每次循环可固定3分子 CO_2，合成1分子丙酮酸，消耗3分子ATP、2分子NAD（P）H和1分子 $FADH_2$。

（3）厌氧乙酰辅酶A途径　产甲烷菌、产乙酸菌与某些硫酸盐还原细菌不存在卡尔文循环，主要利用厌氧乙酰辅酶A途径来固定 CO_2。产甲烷菌固定 CO_2 的厌氧乙酰辅酶A途径如图7-13所示。在厌氧乙酰辅酶A途径中，1分子 CO_2 先被还原成甲醇水平（CH_3—X），另1分子 CO_2 则被CO脱氢酶还原成CO。然后 CH_3—X羧化产生乙酰—X，进而形成乙酰辅酶A，再在丙酮酸合成酶的催化下，由乙酰辅酶A接受第3个 CO_2 分子而羧化成丙酮酸。丙酮酸就可通过已知的代谢途径去合成细胞所需要的各种有机物。

2. 肽聚糖的合成

微生物细胞内所含的多糖是一种多聚物，包括同多糖和杂多糖。同多糖是由相同单糖分子聚合而成的糖类，如糖原、纤维素等。杂多糖是由不同单糖分子聚合而成的糖类，如肽聚糖、脂多糖和透明质酸等。现以金黄色葡萄球菌细胞壁肽聚糖的合成途径为例，说明肽聚糖的生物合成过程。

肽聚糖是组成细菌细胞壁的一种杂多糖，其基本重复单位由*N*-乙酰葡萄糖胺（NAG）、*N*-乙酰胞壁酸（NAM）和肽链三部分组成。构成肽聚糖骨架的生物合成和装配过程可分为三个阶段（图7-14）。

肽聚糖生物合成的第一阶段在细胞质中进行，由葡萄糖逐步合成UDP-*N*-乙酰葡萄糖胺

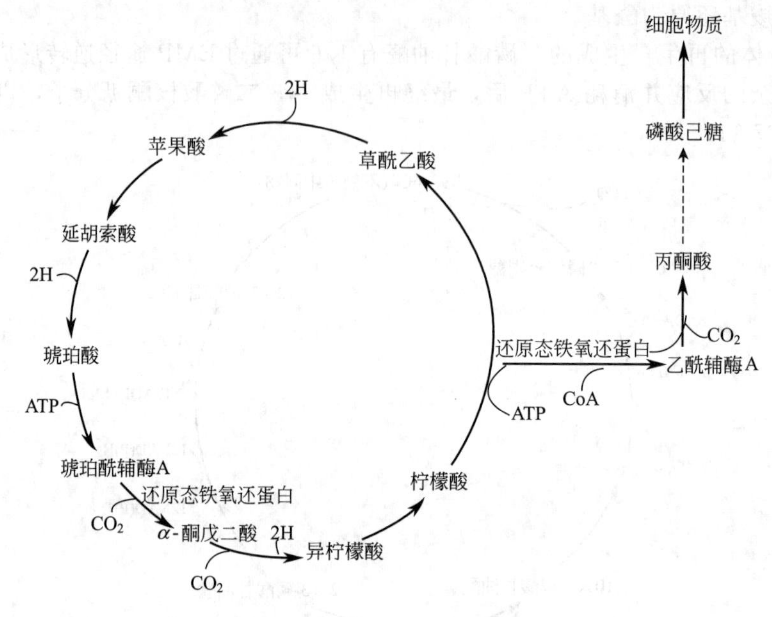

图 7-12 绿色细菌中固定 CO_2 的还原性三羧酸循环途径

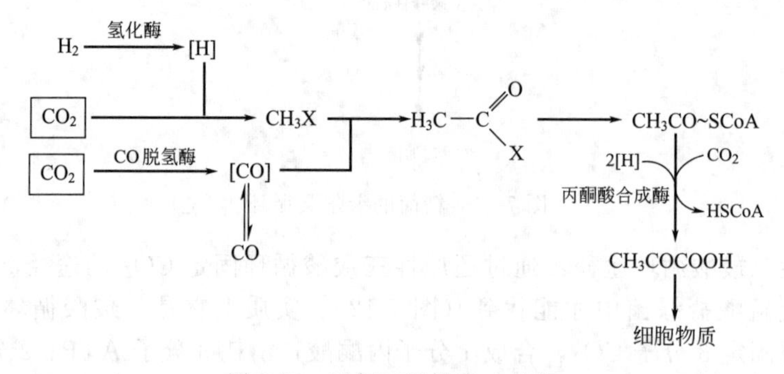

图 7-13 厌氧乙酰辅酶 A 途径

（UDP-GNAc）和 UDP-*N*-乙酰胞壁酸（UDP-MuNAc），再将氨基酸逐个加到 UDP-*N*-乙酰胞壁酸上合成“Park”核苷酸，即 *N*-乙酰胞壁酸五肽。

肽聚糖生物合成的第二阶段在细胞膜上进行，主要包括 *N*-乙酰葡萄糖胺及 *N*-乙酰胞壁酸五肽的结合生成肽聚糖单体和类脂载体的再生。由于细胞膜是疏水性的，所以要把在细胞质中合成的亲水性化合物“Park”核苷酸穿入细胞膜，并进一步接上 *N*-乙酰葡萄糖胺，就必须通过类脂载体的运送。类脂载体是 C_{55} 类异戊二烯醇，它通过两个磷酸基与 *N*-乙酰胞壁酸分子相连，然后 *N*-乙酰葡萄糖胺从 UDP-*N*-乙酰葡萄糖胺转到已与类脂载体相连的 UDP-*N*-乙酰胞壁酸上，形成肽聚糖单体。

肽聚糖生物合成的第三阶段在细胞壁中进行。新合成的肽聚糖单体被运送到细胞壁生长点与现有的细胞壁残余分子先发生转糖基作用，使多糖链横向延伸一个双糖单位。再通过转肽酶的转肽作用，使相邻两条多糖链之间实现交联，转肽的同时释放出肽链上的第 5 个氨基酸。革兰阴性菌由肽链上的氨基酸（一条肽链的第 4 个氨基酸的羧基和另一条肽链的第 3 个氨基酸的氨基）以肽键方式连接，而革兰阳性菌通过甘氨酸肽桥进行交联（图 7-15）。需要注意的是，转肽酶的转肽作用能被青霉素所抑制。但青霉素对处于生长休止期的细胞无抑制作用和杀菌作用。

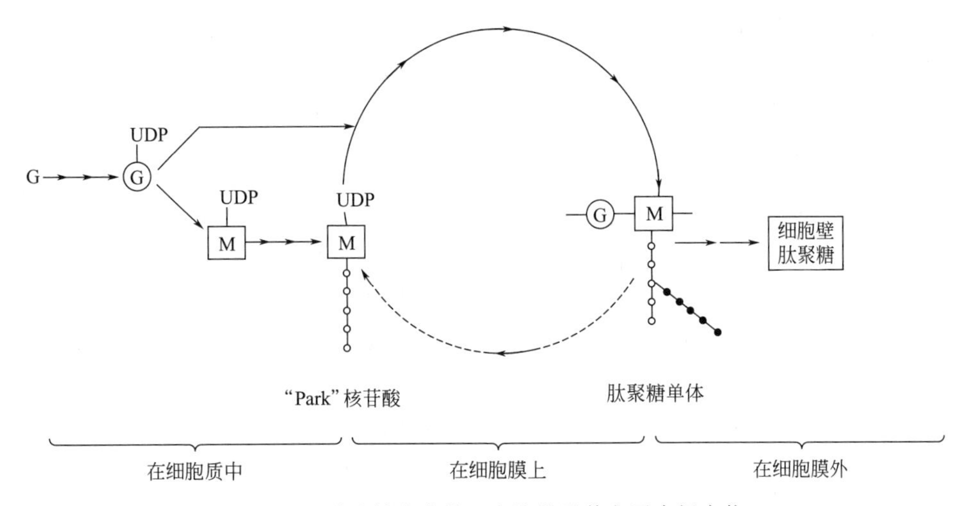

图 7-14　肽聚糖合成的三个阶段及其主要中间产物

G 为葡萄糖；Ⓖ为 *N*-乙酰葡萄糖胺；M 为 *N*-乙酰胞壁酸；

"Park" 核苷酸为 UDP-*N*-乙酰胞壁酸五肽

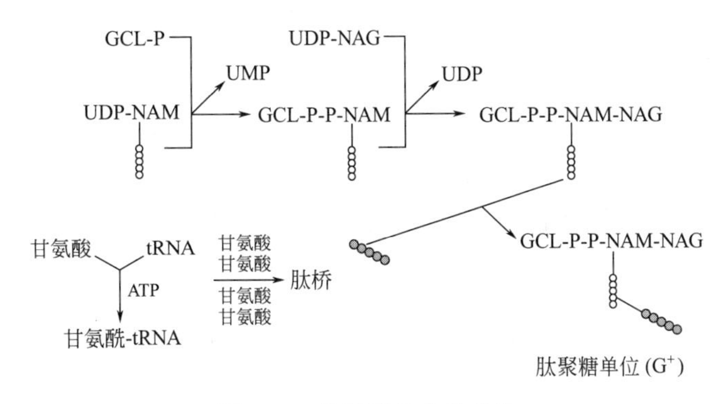

图 7-15　肽聚糖单位的组装

二、微生物对氮源的利用

1. 生物固氮

虽然所有的生命都需要氮，但占大气比例 79％的氮气，却不能被所有的动植物和大多数微生物所直接利用。目前仅发现一些特殊类群的原核生物能够将分子态氮还原为氨，然后再由氨转化为各种细胞物质。这种微生物将分子氮经细胞内固氮酶系的作用还原为氨的过程称为生物固氮。

(1) 固氮微生物　现已发现的固氮微生物包括细菌、放线菌和蓝细菌，共有 50 多个属，100 多种。固氮微生物可分为自生固氮微生物、共生固氮微生物和联合固氮微生物三个类群。

自生固氮微生物能独立进行固氮，在固氮酶的作用下将分子氮转化成氨，但不释放到环境中，而是进一步合成氨基酸，组成自身蛋白质。这些菌体蛋白在固氮微生物死亡后被植物通过氨化作用所吸收，并且固氮效率低。自生固氮微生物中，好氧菌以固氮菌属较为重要，固氮能力较强，每消耗 1g 有机物可固氮 10～20mg；厌氧菌以巴氏固氮梭菌较为重要，固氮能力较弱，每发酵 1g 有机物只能固定 1～3mg 氮。

共生固氮微生物一般需要与高等植物共生才能固定分子氮，或者只有在共生条件下才表现旺盛的固氮作用。与自生固氮微生物相比，共生固氮微生物具有更高的固氮效率。其中以与豆科植物共生的根瘤菌较为重要。与豆科植物共生的根瘤菌每公顷每年大约能固定150～180kg氮素，并且能将所固定的氮约90%供植物利用。所以，农业上栽培豆科植物常作为养地的一项重要措施。据统计，根瘤菌固定的氮约占生物固氮总量的40%。

联合固氮微生物是一类必须生活在植物根际、叶面或动物肠道等处才能进行固氮的微生物，如产脂螺菌。它们既不同于典型的共生固氮微生物，不形成根瘤等特殊结构；也不同于自生固氮微生物，因为它们有较强的寄主专一性，并且固氮作用比在自生条件下强得多。

（2）固氮作用机理　固氮作用是一个将 N_2 转变为含氮化合物的耗能反应过程，固氮反应必须在有固氮酶、电子传递体和ATP的参与下才能进行。各类固氮微生物进行固氮作用的基本反应式为：

$$N_2 + 6H^+ + 6e^- + n\text{ATP} \xrightarrow{\text{固氮酶}} 2NH_3 + n\text{ADP} + n\text{Pi}$$

① 固氮酶及其作用条件　固氮酶由组分Ⅰ和组分Ⅱ两部分构成，固氮时必须将两种组分结合在一起才能起作用。组分Ⅰ即钼铁蛋白（MoFd），可直接作用于 N_2，使之还原成 NH_3；组分Ⅱ即铁蛋白（AzoFd），主要起传递电子的作用，是活化电子的中心。固氮酶的两个组分对氧敏感，遇氧分子则发生不可逆的失活，因此，固氮作用必须始终受防氧保护机制保护，在厌氧条件下进行。另外，固氮作用的产物氨对固氮酶的合成有阻遏作用，它能阻遏固氮基因的转录使固氮酶不能合成，因此，应及时排除生成的氨。一般情况下，固氮微生物可将产生的氨立即转化为氨基酸进而合成蛋白质，使固氮作用不断进行。

固氮作用还需要一些特殊的电子传递体和能量。电子传递体主要是铁氧还蛋白（Fd）和含有FMN作为辅基的黄素氧还蛋白（Fld）。铁氧还蛋白和黄素氧还蛋白的电子供体来自NADPH，受体是固氮酶。固氮作用需要的大量能量主要来自于氧化磷酸化或光合磷酸化。在厌氧微生物中来自糖的酵解，好氧微生物中来自有氧呼吸，光合微生物来自光合磷酸化。一般每固定1mol氮大约需要21mol ATP。

② 固氮作用机理　固氮酶的钼铁蛋白有三种状态：氧化态、半还原态和完全还原态；铁蛋白有两种状态：氧化态和还原态。N_2 还原成 NH_3 需要接受6个电子，由电子供体（如丙酮酸）传至电子传递体——铁氧还蛋白（Fd）或黄素氧还蛋白（Fld），再由电子传递体向氧化态的铁蛋白的铁原子提供一个电子，使其还原。还原态的铁蛋白与ATP-Mg结合后改变构象。钼铁蛋白在含钼的位点上与分子氮结合，然后与铁蛋白-Mg-ATP复合物反应，形成1∶1复合物即固氮酶。在固氮酶分子上，有一个电子从铁蛋白-Mg-ATP复合物上转移到钼铁蛋白的铁原子上，再转移给与钼结合的活化分子氮。铁蛋白重新变为氧化态，同时ATP水解为ADP+Pi，通过连续6次的电子转移，钼铁蛋白放出2个 NH_3 分子（图7-16）。

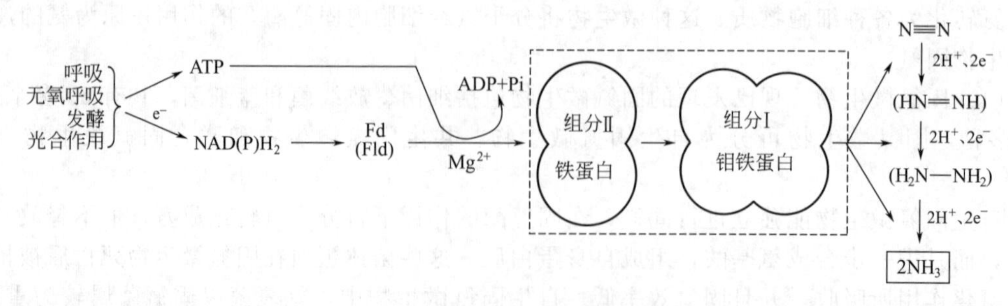

图7-16　固氮的生化途径

生物固氮作用能提高土壤肥力，现已制成根瘤菌剂、联合固氮菌剂等用于农业生产，增产效果显著。另外，还要注意固氮菌剂与铁肥、钼肥和有机肥等肥料的配合施用，可提高固氮效果。

2. 其他氮源的利用

微生物的常用氮源按其化学组分分，除了 N_2 外还有铵盐（NH_3）、硝酸盐、尿素、蛋白质及其水解物等，不同形式的氮源利用的具体途径差异较大，但首先都要转化为氨基酸的形式，再进入氨基酸代谢库，从而进一步参与蛋白质、核酸及其他含氮化合物的生物合成。

（1）铵盐及 NH_3 的同化　铵盐与 NH_3 主要是通过氨基化作用，直接参与体内氨基酸的生物合成。氨基化作用是指 α-酮酸与氨反应形成相应的氨基酸，它是微生物同化氨的主要途径。如氨与 α-酮戊二酸在谷氨酸脱氢酶的作用下，以还原辅酶为供氢体，通过氨基化反应合成谷氨酸。

$$NH_3+\alpha\text{-酮戊二酸}\longrightarrow\text{谷氨酸}$$

（2）硝酸盐的同化　硝酸盐需要先经过同化型硝酸盐还原作用逐步转化为铵盐或者 NH_3，再通过氨基化作用形成氨基酸。

$$NO_3^- \longrightarrow NO_2^- \longrightarrow NO \longrightarrow N_2O \longrightarrow NH_3(NH_4^+)$$

（3）尿素的同化　尿素被微生物作为氮源使用时，首先经微生物体内的脲酶水解，转化为氨，再通过氨基化作用形成氨基酸。

$$CO(NH_2)_2 \longrightarrow NH_3+CO_2$$

（4）蛋白质及其水解物的利用　蛋白质及其水解物属于有机氮源，需经蛋白酶或其他酶的水解作用降解为氨基酸，被微生物吸收后进入氨基酸代谢途径。

$$\text{蛋白质}\xrightarrow{\text{酶解}}\text{氨基酸}$$

第三节　微生物的代谢调控与发酵生产

各种代谢途径都是由一系列酶促反应构成的，因此，微生物细胞的代谢调节主要是通过控制酶的作用来实现的。微生物的代谢调节主要有两种类型，一类是酶活性调节，主要是调节已有酶分子的活性，是在酶化学水平上发生的；另一类是酶合成的调节，主要是调节酶分子的合成量，这是在遗传学水平上发生的。

一、酶活性的调节

酶活性的调节受多种因素影响，如底物的性质和浓度、环境因子以及其他酶的存在等，都有可能激活或抑制酶的活性。酶活性的调节包括酶活性的激活和抑制两个方面。

1. 酶的激活

它是指代谢途径中后面反应的酶活性被前面反应的中间产物所促进的现象。酶的激活作用普遍存在于微生物的代谢中，对代谢的调节起重要作用。例如，在糖分解的 EMP 途径中，1,6-二磷酸果糖积累可以激活丙酮酸激酶和磷酸烯醇式丙酮酸羧化酶，促进葡萄糖的分解。

2. 反馈抑制

反馈抑制是指生物代谢途径的末端产物过量可直接抑制该途径中第一个酶的活性，使整个过程减缓或停止，从而避免了末端产物的过多积累。反馈抑制的作用直接、效果快速，并且末端产物浓度低时又可消除抑制。

生物合成途径中的第一个酶通常是调节酶（或称变构酶），它受末端产物的抑制。调节酶是一种变构蛋白，具有两个或两个以上的结合位点，一个是与底物结合的活性中心，另一个是与效应物结合的调节中心。效应物通常是低分子量的化合物，来自环境或细胞代谢产物。能提高酶的催化活力的效应物称为激活剂，而降低酶的催化活力的效应物称为抑制剂。酶与效应物结合可引起酶结构的变化，从而改变酶活性中心对底物的亲和力，调节酶的活性。

（1）直线式代谢途径的反馈抑制　是一种最简单的反馈抑制类型。例如，大肠杆菌在从苏氨酸合成异亮氨酸的途径中，合成途径中的第一个酶——苏氨酸脱氨酶就被末端产物异亮氨酸所抑制。

苏氨酸 —苏氨酸脱氨酶→ α-酮丁酸→→→异亮氨酸

末端产物抑制

（2）分支代谢途径的反馈抑制　在两种或两种以上的末端产物的分支代谢途径里，调节方式要复杂得多。据目前所知，其调节方式主要有：同工酶调节、协同反馈抑制、累积反馈抑制、顺序反馈抑制等。

① 同工酶调节　同工酶（isoenzyme）是一类分子构型不同，能催化同一种化学反应，并且分别受不同末端产物抑制的酶。例如在大肠杆菌的天冬氨酸族氨基酸合成的途径（图7-17）中，天冬氨酸激酶催化的反应是苏氨酸、甲硫氨酸、赖氨酸和异亮氨酸合成的共同的反应之一，这个酶已发现有3种同工酶，即天冬氨酸激酶Ⅰ、Ⅱ和Ⅲ，分别受苏氨酸与异亮氨酸、甲硫氨酸和赖氨酸的反馈抑制；同样，同型丝氨酸脱氢酶催化的反应也是苏氨酸、异亮氨酸与甲硫氨酸合成的共同反应，该酶也有两种同工酶，即同型丝氨酸脱氢酶Ⅰ与Ⅱ，分别受苏氨酸和甲硫氨酸的反馈抑制。

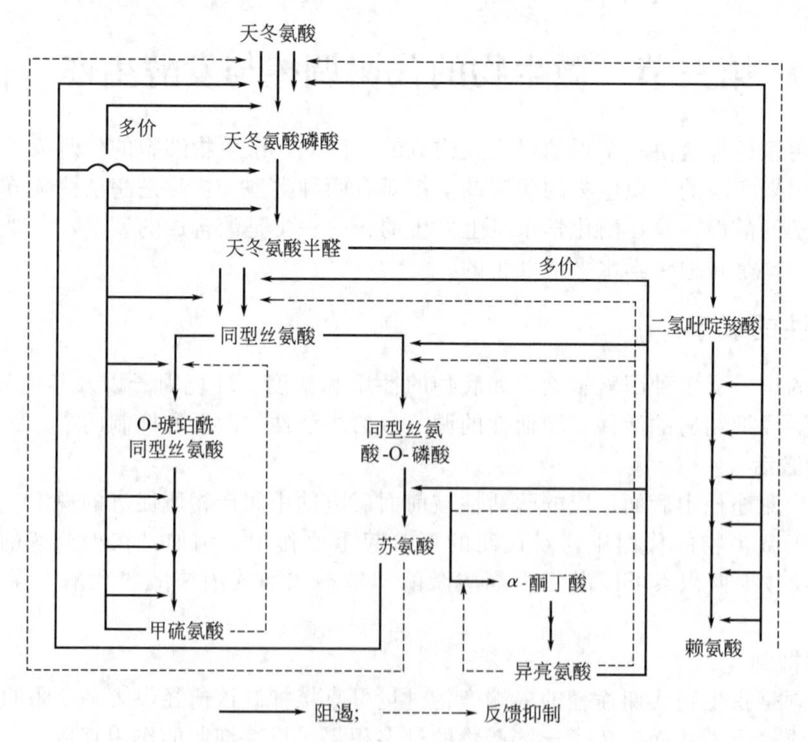

图7-17　天冬氨酸族氨基酸生物合成的调控

② 协同反馈抑制　分支代谢途径中催化第一步反应的酶往往有多个与末端产物结合的

位点，可以分别与相应的末端产物结合。当酶上的每个结合位点都同各自过量的末端产物结合以后，才能抑制该酶活性（或合成）的反馈抑制方式称为协同反馈抑制。任何一种末端产物过量，其他的末端产物不过量都不会引起协同反馈抑制。例如在多黏芽孢杆菌的天冬氨酸族氨基酸合成途径中存在协同反馈抑制，只有苏氨酸与赖氨酸在胞内同时积累，才能抑制天冬氨酸激酶的活性。

③ 累积反馈抑制　分支代谢途径中催化分支代谢途径第一步反应的酶有同多个末端产物结合的位点，当这些位点同相应的末端产物结合时可以产生不同程度抑制作用的方式称为累积反馈抑制。它与协同反馈抑制的区别是每个末端产物积累时，通过与酶上相应的位点结合都可以引起酶活性的部分抑制，总的抑制效果是累加的，并且各个末端产物所引起的抑制作用互不影响，只是影响这个酶促反应的速率。例如，大肠杆菌的谷氨酰胺合成酶的活性受 8 种末端产物的累积反馈抑制，当色氨酸单独过量时，可抑制该酶活性的 16%，AMP 单独过量可抑制 41%的酶活性，剩下的酶活性被其他末端产物同时过量时所抑制。

④ 顺序反馈抑制　分支代谢途径中的两个末端产物，不能直接抑制代谢途径中的第一个酶，而是分别抑制分支点后的反应步骤，造成分支点上中间产物的积累，这种高浓度的中间产物再反馈抑制第一个酶的活性的方式称为顺序反馈抑制。因此，只有当两个末端产物都过量时，才能对途径中的第一个酶起到抑制作用（图 7-18）。枯草芽孢杆菌合成芳香族氨基酸的代谢途径就采取这种方式进行调节。

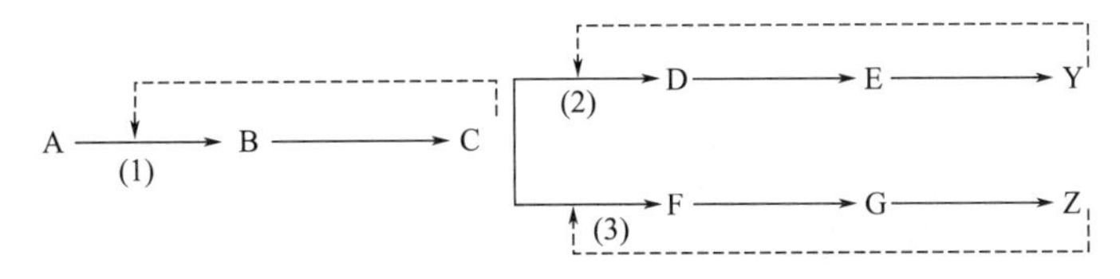

图 7-18　顺序反馈抑制模式图

（1）被 C 抑制；（2）被 Y 抑制；（3）被 Z 抑制

二、酶合成的调节

酶合成的调节是一种通过调节酶的合成量进而调节代谢速率的调节机制。凡能促进酶生物合成的现象称为诱导，而能阻碍酶生物合成的现象则称为阻遏。与调节酶活性的反馈抑制相比，酶合成的调节是一类较间接而缓慢的调节方式。

1. 诱导

酶可分为组成酶和诱导酶。组成酶为细胞所固有的酶，在相应的基因控制下合成，不依赖底物或底物类似物而存在；诱导酶是机体在外来底物或底物类似物诱导下合成的。大多数分解代谢酶类是通过诱导合成的。

酶合成的诱导，研究得最多的是大肠杆菌利用乳糖的过程。莫诺（Monod）和雅各布（Jacob）在深入研究大肠杆菌利用乳糖诱导生成 β-半乳糖苷酶的机理后，于 1961 年提出了操纵子学说。一个操纵子由启动基因、操纵基因和结构基因组成。启动基因是一种能被依赖 DNA 的 RNA 聚合酶识别的碱基顺序，它既是 RNA 多聚酶的结合部位，也是转录的起始点。操纵基因是位于启动基因和结构基因之间的碱基顺序，也能与调节蛋白即阻遏物结合。结构基因是决定某一多肽的 DNA 模板，即编码酶的碱基顺序。调节基因一般位于相应操纵子的附近，它是用于编码调节蛋白的基因。调节蛋白是一种变构蛋白，它有两个特殊的位点，一个可与操纵基因结合，另一个可与效应物结合，调节蛋白与效应物结合后就发生变构作用。调节蛋白可分两种，一种能在没有诱导物时与操纵基因结合，另一种只能在辅阻遏物存在时才能与操纵基因结合。

大肠杆菌乳糖操纵子（图 7-19）由启动基因、操纵基因和 3 个结构基因组成。3 个结构基因分别编码 β-半乳糖苷酶、渗透酶和转乙酰基酶。根据操纵子学说，在没有乳糖时，与产生利用乳糖的酶有关的基因（结构基因）被关闭着。这是由于结构基因旁边的操纵基因上结合着调节蛋白，从而影响 mRNA 聚合酶结合到启动基因上，进而影响转录的进行，使利用乳糖的酶的合成不能进行。当有乳糖存在时，乳糖作为效应物与调节蛋白结合，使调节蛋白的构象发生了变化，不能再与操纵基因结合，从而使 mRNA 聚合酶结合到启动基因上，结构基因转录成 mRNA，再经翻译合成 β-半乳糖苷酶、渗透酶和转乙酰基酶。

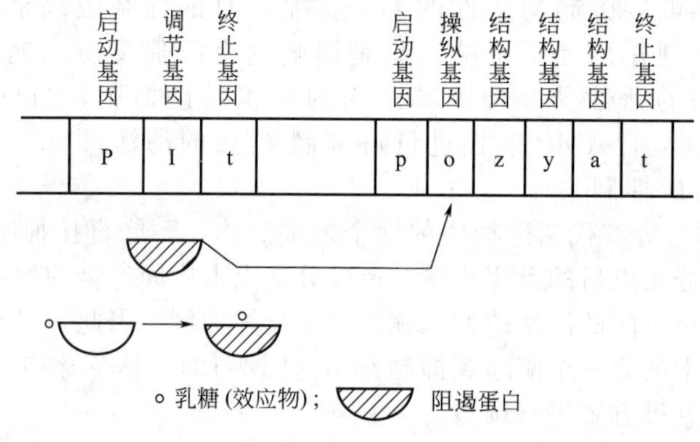

图 7-19 乳糖操纵子模型

2. 阻遏

阻遏是指在微生物的代谢过程中，细胞内有过量的效应物存在时，通过阻止代谢途径中所有酶的生物合成，彻底地关闭代谢途径，停止产物的继续合成。阻遏作用也是一种反馈调节，并且相比于酶活性调节中通过降低途径中关键酶活性的反馈抑制而言，阻遏作用有利于生物体节省有限的养料和能量。酶合成的阻遏可分为末端代谢产物阻遏和分解代谢产物阻遏。

（1）末端代谢产物阻遏　是指由某代谢途径末端产物的过量累积而引起的阻遏。例如，在大肠杆菌的色氨酸合成中，色氨酸超过一定浓度，有关色氨酸合成的酶就停止合成。这也可以用色氨酸操纵子解释。色氨酸操纵子的调节基因能编码一种无活性的阻遏蛋白，当色氨酸的浓度高时可与之结合，形成有活性的阻遏蛋白并与操纵基因结合，使结构基因不能转录，酶合成停止。

（2）分解代谢产物阻遏　分解代谢反应中，某些代谢物（中间或末端代谢物）的过量积累而阻遏其他代谢途径中一些酶合成的现象。当培养基中同时存在两种分解代谢底物时，能被细胞优先利用的底物会阻遏与缓慢利用另一种底物分解有关的酶的合成。在这一阻遏作用中，效应物并非底物本身，而是其分解过程中所产生的中间代谢物。葡萄糖效应（或二次生长现象）就是这种调节类型的典型例子。

大肠杆菌在有葡萄糖和乳糖的培养基上生长时，大肠杆菌先利用葡萄糖，同时阻遏与分解乳糖有关的酶的合成，只有当葡萄糖被利用完后，才开始利用乳糖，这就是葡萄糖效应。葡萄糖效应也可以用乳糖操纵子解释。mRNA 聚合酶只有在 cAMP 和 cAMP 受体蛋白的参与下，才能结合到乳糖操纵子的启动基因上，使 mRNA 的转录得以进行。当葡萄糖存在时，由于它的代谢产物对催化合成 cAMP 的腺环化酶有抑制作用，造成 cAMP 的缺乏，从而使 mRNA 聚合酶不能结合到启动基因上，mRNA 的转录就停止。

三、代谢调控在发酵生产中的应用

在发酵工业中，控制微生物的生理状态以达到高产的条件很多，这里主要讨论如何控制微生物的正常代谢调节机制，使其积累更多为人们所需要的有用代谢产物。

1. 营养缺陷型突变株的应用

利用营养缺陷型突变株可以获得特定目标代谢产物的累积，根据营养缺陷发生的位置不同，突变株累积代谢产物的机制也完全不同。

一种是营养缺陷发生在目标产物的合成途径或相关联的途径中，可以获得解除正常代谢的反馈调节的突变株。在直线式合成途径中，营养缺陷型突变株只能累积中间代谢物而不能累积最终代谢物。但在分支代谢途径中，通过解除某种反馈调节，就可以使某一分支途径的末端产物得到积累。例如，在正常的细胞代谢过程中，难以积累较高浓度的赖氨酸。因为一方面过量的赖氨酸对天冬氨酸激酶有反馈抑制作用；另一方面天冬氨酸还要作为合成甲硫氨酸和苏氨酸的原料。因此，为了获得赖氨酸的高产菌株，工业上选育了谷氨酸棒杆菌的高丝氨酸缺陷型菌株作为赖氨酸的发酵菌种。这个菌种由于不能合成高丝氨酸脱氢酶，故不能合成高丝氨酸，也不能产生苏氨酸和甲硫氨酸，在补给适量高丝氨酸（或苏氨酸和甲硫氨酸）的条件下，就能产生大量的赖氨酸。

另一种是营养缺陷发生在与细胞膜的组分合成有关的途径中，获得细胞膜透性改变的突变株。当营养缺陷突变涉及微生物细胞膜的组成时，可对突变株控制外在的培养条件，来改变细胞膜的透性，从而影响胞内外物质的运输和分泌，使胞内的代谢产物不会形成高浓度的累积，自然而然地解除了原有的反馈控制，从而提高发酵产物的形成量。例如，在谷氨酸的生产中，当培养液中生物素含量很高时，在对数生长期添加适量青霉素，能促发随后的谷氨酸分泌，镜检发现经此处理后许多细胞膨胀伸长。这是由于青霉素分子可竞争性抑制细胞壁肽聚糖合成中转肽酶的活性，引起肽聚糖结构中肽桥间无法交联，造成细胞壁的缺损。这种细胞的细胞膜在细胞膨胀压的作用下，容易造成代谢产物的外渗，并因此降低了谷氨酸的反馈抑制，提高了产量。

2. 抗反馈调节突变株的应用

抗反馈调节突变株是指一种对反馈抑制不敏感的或对阻遏有抗性的组成型菌株。在这类抗性突变株中，变构酶的结构基因或编码阻遏蛋白的调节基因发生突变，使变构酶或者阻遏蛋白不能与结构类似物结合。此时，无论是代谢终产物还是结构类似物对变构酶或阻遏蛋白都丧失了反馈调节作用。因其反馈抑制或阻遏已解除，所以能分泌大量的末端代谢产物。例如，把钝齿棒杆菌培养在含苏氨酸和异亮氨酸的结构类似物 α-氨基-β-羟基戊酸（AHV）的培养基上时，由于 AHV 可干扰该菌的高丝氨酸脱氢酶、苏氨酸脱氢酶以及二羧酸脱水酶，所以抑制了该菌的正常生长。如果采用诱变后获得的抗 AHV 突变株进行发酵，就能分泌较多的苏氨酸和异亮氨酸。这是因为该突变株的高丝氨酸脱氢酶或苏氨酸脱氢酶和二羧酸脱水酶的结构基因发生了突变，故不再受苏氨酸和异亮氨酸的反馈抑制，于是就可以大量地积累苏氨酸和异亮氨酸。

3. 控制发酵培养基的成分

次级代谢产物的合成与速效碳源（主要是葡萄糖）的消耗有密切关系。因为葡萄糖的分解代谢物阻遏着次级代谢所需要的酶的合成，所以只有当葡萄糖被消耗到一定浓度，使分解代谢物水平降低，才会解除这种阻遏而大量合成次级代谢产物。

在发酵工业中为了提高次级代谢产物的产量，常采用混合碳源培养基或在后期限量流加葡萄糖的方法。混合碳源由能被微生物快速利用的葡萄糖和缓慢利用的乳糖或蔗糖组成。例如，早期生产青霉素时常采用葡萄糖和乳糖为混合碳源，葡萄糖可被快速分解利用以满足青霉菌生长的需要，当葡萄糖耗尽后才利用乳糖，并合成青霉素。乳糖不是青霉素的直接前体，它之所以有利于青霉素的合成，是因为它利用缓慢，从而使分解代谢物处于较低水平，不至于阻遏青霉素的合成。生长停止后限量流加葡萄糖也是为了达到同样的目的。

第四节 微生物的初级代谢和次级代谢

根据微生物代谢过程中产生的代谢产物在活性机体内的作用不同，可将代谢分成初级代谢与次级代谢两种类型。

一、初级代谢

一般将微生物从外界吸收各种营养物质，通过分解代谢和合成代谢，生成维持生命活动的物质和能量的过程，称为初级代谢。通常把微生物产生的对自身生长和繁殖必需的物质称为初级代谢产物。

初级代谢体系具体可分为分解代谢体系、素材性生物合成体系和结构性生物合成体系。分解代谢体系通过糖类、脂类、蛋白质等物质的降解，获得能量并产生5-磷酸核糖、丙酮酸等物质，这些物质是分解代谢途径的终产物，也是整个代谢体系的中间产物；素材性生物合成体系主要合成某些小分子材料，如氨基酸、核苷酸等；结构性生物合成体系是用小分子合成产物装配大分子，如蛋白质、核酸、多糖、类脂等。

初级代谢产物可分为中间产物和终产物，但这种定义往往是相对的。对每一代谢途径来说，途径的最后产物是终产物，但对整个代谢体系而言，则是中间产物。因而分解代谢体系和素材性生物合成体系也可以认为是中间代谢。

二、次级代谢

次级代谢是指微生物在一定的生长时期，以初级代谢产物为前体，合成一些对微生物的生命活动无明确功能的物质的过程。这一过程的代谢产物，称为次级代谢产物，是一些对微生物生长、增殖没有特别关系的蛋白质、酶以及由这些酶催化生成的物质。

次级代谢一般在菌体对数生长后期或稳定期间进行，但会受到环境条件的影响；并且某些催化次级代谢的酶的专一性也不高。另外，次级代谢产物的生物合成也因菌种的不同有很大差异。次级代谢产物既不参与细胞的组成，又不是酶的活性基团，也不是细胞的贮存物质，大多分泌于胞外。根据其作用不同，可分为抗生素、维生素、激素、生物碱、毒素、色素等。

催化次级代谢产物合成的酶是诱导酶。只有在胞内某种初级代谢产物积累时才诱导合成次级代谢合成的酶，次级代谢产物合成的调节实际上也是酶的调节，只是次级代谢产物的合成更容易受外界条件的影响，除了培养基的组成外，培养基的pH也有很大影响。

初级代谢与次级代谢关系密切，初级代谢的关键性中间产物往往是次级代谢的前体，比如糖降解过程中的乙酰辅酶A是合成四环素、红霉素的前体；而次级代谢不像初级代谢那样有明确的生理功能，因为次级代谢途径即使被阻断，也不会影响菌体生长繁殖；并且次级代谢产物通常都是限定在某些特定微生物中生成，因此它们没有一般性的生理功能，也不是生物体生长繁殖的必需物质。

第五节 微生物药物

微生物药物在种类、用途等方面均为最多，主要包括各种初级代谢产物、次级代谢产物和工程菌生产的各种体内活性物质，其产品有抗生素、氨基酸、维生素、酶和激素等。

一、抗生素

抗生素是生物在其生命活动中产生的能特异性抑制其他生物生命活动的次级代谢产物。

它是人类使用最多的一类药物。另外，将生物合成法制得的抗生素用化学或生化方法进行分子结构改造而制成各种衍生物，称为半合成抗生素（如氨苄青霉素）。

抗生素作为治疗感染病的药物，其产量虽然比不上其他发酵行业，但高药效和丰厚的经济价值使抗生素行业经久不衰。迄今为止，已从自然界发现了约几千种抗生素，通过化学结构的改造制备了约几万种半合成抗生素。其中大部分抗生素是由放线菌产生的，还有一些是由细菌和霉菌产生的。目前世界各国实际生产和应用于医疗的抗生素有一百多种，连同各种半合成抗生素衍生物有350余种，其中以青霉素类、头孢菌素类、四环素类、氨基糖苷类及大环内酯类最为常用。

二、干扰素

干扰素（interferon，IFN）是人体细胞分泌的一种活性蛋白质，具有广泛的抗病毒、抗肿瘤和免疫调节活性，是人体防御系统的重要组成部分。现已临床用于人类癌症治疗，如骨瘤、乳癌等。根据其分子结构和抗原性的差异分为α、β、γ3种类型。α干扰素、β干扰素属于Ⅰ型干扰素，γ干扰素属于Ⅱ型干扰素。Ⅰ型干扰素以抗病毒活性为主，而Ⅱ型干扰素的免疫调节作用更强。

早期，干扰素是用病毒诱导人白细胞产生的，产量低，价格贵，远远不能满足要求。现在可以利用基因工程技术在大肠杆菌中表达，通过工业发酵进行生产。发酵产物再经提取、纯化后，产品不含杂蛋白，效价、活性、纯度、无菌试验、安全毒性试验、热源质试验等均符合标准。

三、维生素

维生素是活细胞为维持正常的生理功能所必需的而需要量又极微的天然有机物。维生素是人体生命活动的必需要素，主要以酶类的辅酶和辅基的形式参与生物体内的各种生化代谢反应，还可防治由于维生素缺乏而引起的各种疾病。如B族维生素用于治疗神经炎、角膜炎等多种炎症；维生素C能刺激人体造血机能，增强机体的抗感染能力；维生素D是治疗佝偻病的重要药物。

细菌、放线菌、霉菌和酵母菌的一些种，在特定的条件下会合成超过本身需要的维生素，这时含量过多的维生素就可分泌到细胞外。如丙酸杆菌产生维生素B_{12}；分枝杆菌利用碳氢化合物产生吡哆醇（维生素B_6）；酵母菌类细胞中除含有大量B族维生素如硫胺素（维生素B_1）、核黄素（维生素B_2）外，还含有各种固醇，其中麦角甾醇是维生素D的前体，经紫外光照射能变成维生素D；醋酸细菌合成维生素C。临床上应用的各种维生素，主要是利用各种微生物合成、化学合成或从天然产物中提取的。

四、氨基酸

由于氨基酸可参与体内的代谢和各种生理机能活动，因此可用来治疗多种疾病。在医药工业上最常用的是氨基酸输液，例如手术后或烧伤等病人需要补充大量的蛋白质，可通过注射各种氨基酸的混合液来达到目的。并且复合氨基酸注射液含氨基酸浓度高、体积小、无热原与过敏物质，比水解蛋白好。此外，许多氨基酸及其衍生物还可用来治疗其他各种疾病。

氨基酸的生产方法主要有发酵法、合成法、酶法和提取法四种。目前世界上可用发酵法生产的氨基酸已有20多种，其中产量最大的是谷氨酸，约占总产量的75%；其次为赖氨酸，约占总产量的10%；其他占15%左右。

五、酶制剂

目前从生物界发现的酶已达几千种，而工业上大量生产的却只有几十种，这些酶大多数属于水解酶类，其中最主要的是淀粉酶、糖化酶、蛋白酶、葡萄糖异构酶和果胶酶等。

酶广泛用于治疗各种疾病，酶疗法是临床上的一种重要手段。如淀粉酶、蛋白酶广泛用作消化剂，尿激酶、链激酶可以缓解血栓等。此外，在核苷酸、半合成抗生素、甾体激素的制造上也广泛使用酶法与化学合成相结合的方法。

六、甾体激素

甾体激素对机体起着非常重要的调节作用，如具有抗炎症、抗变态反应性功能，治疗风湿性关节炎、湿疹等皮肤病。甾体激素类药物的工业生产是用天然甾体化合物（如豆甾醇、薯蓣皂苷配基、胆碱等）为原料，一般以化学合成法为主，其中用化学方法难以解决的关键反应是采用微生物酶对底物的专一作用而获得的，如甾体化合物的氧化、还原、羟基化等步骤。微生物的甾体转化具有专一性、产量高、反应条件温和等特点。

现已用固定化菌体和固定化酶生产各种甾体激素，如可的松、皮质醇等。能生产甾体激素的微生物有简单节杆菌、新月弯孢霉等。

实训一 发酵型乳酸饮料的制作

一、实训目标

1. 了解乳酸菌的生理特性、发酵条件和产物。
2. 学会制作发酵型乳酸饮料。

二、基础知识

微生物在厌氧条件下，分解己糖产生乳酸的作用，称为乳酸发酵。能够引起乳酸发酵的微生物种类很多，其中主要是细菌。能利用可发酵糖产生乳酸的细菌通称为乳酸细菌。常见的乳酸细菌属于链球菌属、乳酸杆菌属、双歧杆菌属和明串珠菌属等。乳酸细菌生成的乳酸和厌氧生活的环境，能够抑制一些腐败细菌的活动，日常生活中常利用乳酸发酵腌制泡菜、制作酸奶和制造青贮饲料等。

乳酸细菌多是兼性厌氧菌，但只在厌氧条件下才进行乳酸发酵，故在筛选乳酸菌或需要进行乳酸发酵的情况下，应保证提供厌氧条件。

活性乳酸细菌是人体肠道中重要的生理菌群，担负着人机体的多种重要生理功能。一般认为，活性乳酸细菌具有下列多种生理功能：维持肠道菌群的微生态平衡；增强机体免疫功能，预防和抑制肿瘤发生；提高营养利用率，促进营养吸收；控制内毒素；降低胆固醇；延缓机体衰老等。因此，乳酸饮料是一种具有较高营养价值和特殊风味及一定保健作用的食品。

三、实训器材

1. 菌种

嗜热乳酸链球菌、保加利亚乳酸杆菌。

2. 培养基

菌种活化及扩大培养基：10%脱脂乳液，pH 自然。

发酵培养基：12%～13%全脂乳液加适当比例（如6%～8%）的白砂糖，pH 自然。

3. 器材

试管，烧杯，三角瓶，无菌吸管，酸乳瓶，温度计，玻璃棒，酒精灯，电炉，打浆机或均质机。

四、实训操作过程

1. 菌种的活化和培养

① 将脱脂乳液分装试管和三角瓶（每支试管装10mL，每支三角瓶装150mL），置于高压灭菌锅内115℃、15min灭菌。

② 将冻干或液体保藏菌种接入脱脂乳试管中活化2～3次，至凝固良好时，转接于三角瓶中（母发酵剂），接种量1%～2%。大规模生产时还需进行下一级扩大培养（生产发酵剂），接种量2%～3%。

③ 生产发酵剂培养需要采用较大的容器（如不锈钢桶），灭菌则采用80℃、15min，连续两次。灭菌后牛乳应立即冷却待用。如1h内不使用，需储放在3～5℃环境下。

④ 培养：保加利亚乳杆菌一般在42～45℃下培养12h，至牛乳凝固结实即可。嗜热链球菌一般在37～42℃下培养12～14h，至牛乳凝固结实即可。

2. 发酵培养基的消毒

将乳粉和水以1∶(7～10)(W/V)的比例，同时加入6%～8%的蔗糖，充分混合，于80～85℃灭菌10～15min，然后冷却至35～40℃，作为制作饮料的培养基质。

3. 接种

将纯种嗜热链球菌、保加利亚乳杆菌及两种菌的等量混合菌液作为发酵剂，均以2%～5%的接种量分别接入以上培养基质中即为饮料发酵液。接种后摇匀，分装到已灭菌的酸乳瓶中，每一种菌的饮料发酵液重复分装3～5瓶，随后将瓶盖拧紧密封。

4. 发酵

把接种后的酸乳瓶置于40～42℃恒温箱中培养3～6h。培养时注意观察，在出现凝乳后停止培养。然后转入4～5℃的低温下冷藏24h以上。经此后熟阶段，达到酸乳酸度适中（pH4～4.5），凝块均匀致密，无乳清析出，无气泡，获得较好的口感和特有风味。

5. 品尝

以品尝来评定酸乳质量，比较采用单菌种发酵与混合菌发酵的酸乳的香味和口感。品尝时若出现异味，表明酸乳污染了杂菌。比较项目记录于操作记录中。

制作流程图如下：

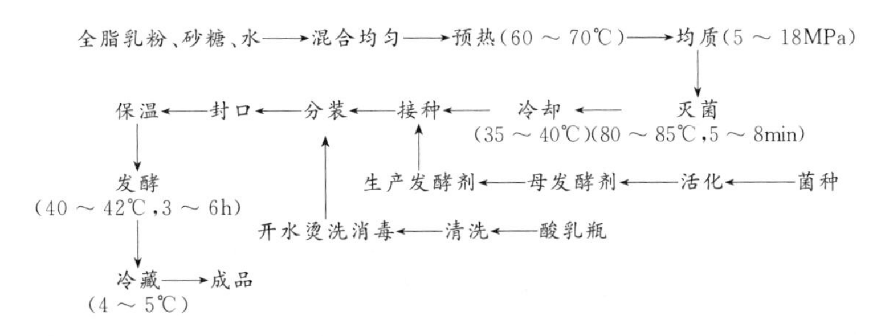

五、实训记录

1. 将发酵的乳酸饮料品评结果记录于下表中。

乳酸菌类	品评项目					结论
	凝乳情况	口感	香味	异味	pH值	
球菌						
杆菌						
混合菌(1∶1)						

2. 品尝自己制作的乳酸饮料，判断其感官品质是否达到要求，若达不到要求，分析其原因。

【操作技巧提示】

1. 牛乳的消毒应掌握适宜的温度和时间，防止因长时间采用过高温度消毒而破坏酸乳风味。

2. 制作发酵型乳酸饮料，必须做到所用器具洁净无菌，制作环境要保持清洁，制作过程严防污染。

3. 培养时注意观察，在出现凝乳后停止培养。然后转入4～5℃的低温下冷藏24h以上。合格的乳酸菌饮料应在4℃条件下冷藏，可保存6～7天。

4. 后熟阶段可使酸乳达到酸度适中（pH4～4.5），凝块均匀致密，无乳清析出，无气泡，以获得较好的口感和特有风味。品尝时若出现异味，表明酸乳污染了杂菌。

【案例介绍】

案例：实训中A同学发现酸乳瓶接种发酵后没有出现凝乳现象，B同学制作的酸奶有臭味，并且颜色发灰。

解析：A同学产生凝固性差或不凝乳现象的原因主要有：①发酵温度低于最适温度或发酵时间短；②噬菌体污染；③原料乳中含有抗生素、防腐剂；④发酵剂活力弱或接种量太少；⑤加糖量过大。B同学制作酸乳的臭味和颜色异常主要是由发酵剂或发酵过程中污染杂菌引起的。

【思考题】

1. 牛奶经过乳酸发酵为什么能产生凝乳？
2. 为什么采用两种乳酸菌混合发酵的乳酸饮料比单菌发酵的乳酸饮料口感和风味更佳？
3. 试以大豆为原料，设计制作一种或多种豆乳发酵食品或饮料。
4. 设计一个从市售乳酸菌饮料中分离纯化乳酸菌和制作稀释型乳酸菌饮料的程序。

实训二 水体中细菌总数及大肠菌群的检测

一、实训目标

1. 学会用稀释平板计数法测定水中细菌总数。
2. 学会检测水中大肠菌群的方法。

二、基础知识

水的微生物学检验，特别是肠道细菌的检验，在保证饮用水安全和控制传染病方面有着重要意义，同时也是评价水质状况的重要指标。饮用水是否合乎卫生标准，需要进行水中的细菌总数及大肠菌群数的测定。细菌总数是指1mL或1g检样中所含细菌菌落的总数，所用的方法是稀释平板计数法，其单位是cfu/g（mL）。它反映的是检样中活菌的数量。

大肠菌群是指在37℃ 24h内能发酵乳糖产酸、产气的兼性厌氧的革兰阴性无芽孢杆菌的总称，该菌群主要包括大肠杆菌、柠檬酸杆菌、克雷伯菌和阴沟肠杆菌等。水的大肠菌群数是指100mL水检样中含有的大肠菌群的实际数值，以大肠菌群最近似数（MPN）表示。

水中大肠菌群的检验方法，常用多管发酵法和滤膜法。滤膜法仅适用于自来水和深井水，但操作简单、快速。多管发酵法可适用于各种水样的检验，但操作繁琐、耗时长。此法操作分三个部分：

1. 初发酵试验

水样接种于装有乳糖蛋白胨液体培养基的发酵管内，37℃下培养，24h或48h内产酸（培养基由紫色变为黄色）产气的为阳性结果，需继续做下面两部分实验，才能确定是否是大肠菌群。48h后仍不产气的为阴性结果。

2. 平板分离

初发酵管24h和48h产酸产气的均需在平板上划线分离菌落。平板分离一般使用复红亚硫酸钠琼脂或伊红美蓝琼脂培养基。前者含有碱性复红染料，大肠菌群发酵乳糖后产生的酸和乙醛即和复红反应，使大肠菌群菌落变为带金属光泽的深红色。伊红美蓝琼脂平板含有伊红与美蓝染料，使大肠菌群产生带核心的、有金属光泽的深紫色菌落。

3. 复发酵试验

以上大肠菌群阳性菌落，经涂片染色为革兰阴性无芽孢杆菌者，通过此试验再进一步证实。原理与初发酵试验相同。

三、实训器材

1. 样品

自来水、河湖水（或池水）。

2. 培养基

牛肉膏蛋白胨培养基，复红亚硫酸钠琼脂培养基（即远藤培养基）或伊红美蓝琼脂培养基（EMB培养基），乳糖蛋白胨培养基，三倍浓缩乳糖蛋白胨培养基。

3. 器材

载玻片，无菌带玻璃塞空瓶，无菌吸管，无菌试管，无菌三角瓶，烧杯，杜氏小管，平皿，接种环，酒精灯，超净工作台，恒温培养箱，高压蒸汽灭菌锅。

四、实训操作过程

1. 细菌总数的测定

以无菌操作法将水样作10倍系列稀释，选择2～3个适宜的稀释度（饮用水如自来水、深井水等，一般选择1、10^{-1}两种稀释度；水源如河、湖水等，比较清洁的可选择10^{-1}、10^{-2}、10^{-3}三种稀释度；污染较重的水一般选择10^{-3}、10^{-4}、10^{-5}）。用无菌吸管分别吸取1mL稀释水样，加入灭菌平皿内（每个水样平行做三个平皿）。每个平皿各加入15mL左右已融化并冷却至45～50℃的牛肉膏蛋白胨培养基，并趁热转动平皿使水样与培养基混合均匀。待凝固后，将平板倒置于37℃恒温培养箱中培养24h，进行菌落计数。

2. 自来水中大肠菌群的测定

（1）初发酵试验　在2个含有50mL三倍浓缩的乳糖蛋白胨发酵三角瓶中，各加入100mL水样。在10支含有5mL三倍浓缩乳糖蛋白胨发酵管中，各加入10mL水样。混匀后，37℃培养24～48h。若培养后无反应，说明水中无大肠菌群。

（2）平板分离　将产酸产气的发酵管（或瓶），分别划线接种于伊红美蓝琼脂平板上，再于37℃下培养18～24h，将符合特征的菌落进行涂片，革兰染色，镜检。

（3）复发酵试验　经涂片、染色、镜检，如为革兰阴性无芽孢杆菌，则挑取该菌落的另一部分，重新接种于普通浓度的乳糖蛋白胨发酵管中，每管可接种来自同一初发酵管的同类型菌落1～3个，37℃培养24h，结果若产酸又产气，即证实有大肠菌群存在。

（4）记录结果　根据初发酵中的阳性管数查表7-2，即得大肠菌群数。

3. 池水、河水或湖水的检查

将水样稀释成10^{-1}与10^{-2}。分别吸取1mL 10^{-2}、10^{-1}的稀释水样和1mL原水样，各注入装有10mL普通浓度乳糖蛋白胨发酵管中。另取10mL注入装有5mL三倍浓缩乳糖蛋白胨发酵液的试管中。以下操作同上述自来水的平板分离和复发酵试验。将10、1、10^{-1}、10^{-2}水样的发酵管结果查表7-3，即得每升水样中的大肠菌群数。

表 7-2 大肠菌群检数表（一）

每升水样中大肠菌群数		100mL 水量的阳性管数		
		0	1	2
10mL 水量的阳性管数	0	＜3	4	11
	1	3	8	18
	2	7	13	27
	3	11	18	38
	4	14	24	52
	5	18	30	70
	6	22	36	92
	7	27	43	120
	8	31	51	161
	9	36	60	230
	10	40	69	＞230

注：接种水样总量 300mL（100mL 2 份，10mL 10 份）。

表 7-3 大肠菌群检数表（二）

接种水样量/mL				每升水样中大肠菌群数
10	1	0.1	0.01	
−	−	−	−	＜90
−	−	−	+	90
−	−	+	−	90
−	+	−	−	95
−	−	+	+	180
−	+	−	+	190
−	+	+	−	220
+	−	−	−	230
−	+	+	+	280
+	−	−	+	920
+	−	+	−	940
+	−	+	+	1800
+	+	−	−	2300
+	+	−	+	9600
+	+	+	−	23800
+	+	+	+	＞23800

注：“+”表示大肠杆菌发酵阳性；“−”表示大肠杆菌发酵阴性。

五、实训记录

1. 将测定水样中的细菌总数和大肠菌群的操作步骤用简图表示。

2. 将测定结果记录于表 7-4～表 7-6 中，并完成实验报告。

表 7-4 自来水样细菌总数检测结果

稀释度	1		10^{-1}	
	1	2	1	2
平板菌落数 细菌菌落总数/(cfu/mL)				

表 7-5 水源水样细菌总数检测结果

稀释度	10^{-1}		10^{-2}		10^{-3}	
	1	2	1	2	1	2
平板菌落数 细菌菌落总数/(cfu/mL)						

表 7-6 自来水、水源水大肠菌群数测定结果

样品	初发酵 (+)	平板分离		复发酵 (+)	大肠菌群数 /(个/L)
		G^-	无芽孢		
自来水	( )管( )瓶	( )管( )瓶	( )管( )瓶	( )管( )瓶	
水源水	( )管( )瓶	( )管( )瓶	( )管( )瓶	( )管( )瓶	

【操作技巧提示】

1. 测定时水样稀释比例要合适。

2. 装填培养基时，倒置的杜氏小管中不能存有气泡。操作时，可先把杜氏小管用移液管装满培养基后沿试管壁滑到管底，再把剩余的培养基装入试管。

【案例介绍】

案例：实训中某同学发现河水试样的一个试管培养48h后溶液颜色发生变化，但杜氏小管中没有气体，他判断该试管为阴性反应。

解析：这种现象不能确定为阴性结果，因为杜氏小管放置时与试管可能存在缝隙或者操作者在实验中晃动过试管，应继续进行平板分离实验。若分离后发现不符合鉴别平板的典型菌落特征或者镜检后不是革兰染色阴性无芽孢杆菌，则可确定为阴性反应。

【思考题】

1. 测定水中细菌菌落总数时，在操作中应注意哪些问题？

2. 检查饮用水中的大肠菌群有何意义？

3. 何谓大肠菌群？它主要包括哪些细菌属？

4. EMB培养基含有哪几种主要成分？在检查大肠杆菌时各起什么作用？典型大肠杆菌在此培养基上长出的菌落特征如何？

5. 经检查，水样是否合乎饮用水标准？

实训三 发酵法生产淀粉酶

一、实训目标

1. 掌握α-淀粉酶发酵生产的基本原理和条件控制。

2. 学会用发酵法生产α-淀粉酶，并能进行酶活力的测定。

二、基础知识

α-淀粉酶能分解淀粉，能以随机的方式切割淀粉分子内部的α-1，4-葡萄糖苷键，产物

为糊精、低聚糖和单糖类，使淀粉的黏度迅速降低而还原力逐渐增加。α-淀粉酶具有以下优点：在较高温度下具有最适酶活力反应温度，节约冷却水；降低淀粉醪黏度，减少输送时的动力消耗；杂菌污染机会少；热稳定性好等。

α-淀粉酶作为安全高效的生物催化剂，广泛应用于食品、酿造、制药、纺织和石油开采等诸多领域。特别是广泛应用在食品与酿造的许多生产领域，如酶法生产葡萄糖及果葡糖浆以及酒精及味精等的生产中，是目前国内外应用最广、产量最大的酶制剂之一。

目前，工业生产上主要是利用微生物的液体深层通风发酵法，进行大规模生产α-淀粉酶。我国从1965年开始应用枯草芽孢杆菌BF-7658生产α-淀粉酶，当时仅无锡酶制剂厂独家生产。现在国内生产酶制剂的厂家已发展到上千个，其中约有近一半的工厂生产α-淀粉酶，总产量上万吨。

三、实训器材

1. 菌种

枯草芽孢杆菌。

2. 培养基与试剂

① 马铃薯培养基：马铃薯20g，蔗糖2g，琼脂2g，水100mL，pH自然。

② 种子培养基：豆饼粉3%，玉米粉2%，Na_2HPO_4 0.6%，$(NH_4)_2SO_4$ 0.3%，NH_4Cl 0.1%，pH 6.5。

③ 发酵培养基：可溶性淀粉8%，豆饼粉4%，玉米浆2%，Na_2HPO_4 0.4%，$(NH_4)_2SO_4$ 0.3%，NH_4Cl 0.1%，$CaCl_2$ 0.2%，pH 6.5。

④ 标准糊精液，标准碘液。

3. 器材

三角瓶，无菌吸管，纱布，牛皮纸，精密pH试纸，小刀，比色用白瓷板，超净工作台，摇床，恒温培养箱，酸度计，高压蒸汽灭菌器，电炉，光电比色计。

四、实训操作过程

1. 制备种子

（1）斜面菌种活化　取枯草芽孢杆菌斜面保藏菌种1环，接种于马铃薯培养基斜面上。置于37℃恒温培养箱中培养12～16h，备用。

（2）制备液体种子　取经活化的枯草芽孢杆菌斜面菌种2环，移接于装有50mL种子培养基的250mL三角瓶中。置于摇床中于37℃恒温振荡培养16h，备用。

2. 发酵生产α-淀粉酶

（1）α-淀粉酶的发酵生产　吸取液体种子培养物5mL，移接于装有50mL种子培养基的500mL三角瓶中。置于摇床中于37℃振荡发酵培养36h。每隔4h取样，测定发酵培养液的pH、OD值和酶活性，并做记录。

（2）α-淀粉酶的活性测定　吸取1mL标准糊精液，转入装有3mL标准碘液的试管中，以此作为比色的标准管（或者吸取2mL转入比色用白瓷板的空穴内，作为比色标准）。向2.5cm×20cm试管中加入2%可溶性淀粉液20mL，再加入pH5.0的柠檬酸缓冲液5mL。

在60℃水浴中平衡约5min，加入0.5mL酶液，立即计时并充分混匀。

定时取出1mL反应液于预先盛有比色稀碘液的试管内（或取出0.5mL，加至预先盛有比色稀碘液的白瓷板空穴内）。当颜色反应由紫色逐渐变为棕橙色，与标准色相同时，即为反应终点，记录时间。

以未发酵的培养液作为测定酶活性的空白对照。

五、实训记录

1. 记录所测定的发酵液 α-淀粉酶活性，并根据测定结果阐述枯草芽孢杆菌的产酶特点。

2. 将每隔 4h 取样所测得的发酵液的 pH、OD 值和酶活性记录于下表。

发酵时间/h	pH	OD	酶活性	备注
0				
4				
8				
12				
16				
20				
24				
28				
32				
36				

【操作技巧提示】

1. 测定 α-淀粉酶的可溶性淀粉和标准糊精液，应做到当天使用当天配制，并注意防腐和冰箱低温保存。

2. 菌种活化、种子制备及发酵环节中注意无菌操作，避免染菌的发生。

【案例介绍】

案例：实训中某同学发现发酵过程中发酵液 OD 值逐渐增加，酶活力测定值增加不明显，pH 逐渐下降，24h 后酶活力值几乎不再变化。

解析：培养液 OD 值逐渐增加说明菌体浓度稳步增长，如果该同学在菌种活化、种子制备和发酵接种等环节染菌，污染的杂菌发酵产酸便会造成发酵液 pH 降低，最后造成生产淀粉酶不增加的现象。应该对发酵液进行取样镜检，如果发现有其他杂菌存在可进一步说明染菌问题。

【思考题】

1. 为什么枯草芽孢杆菌发酵培养基中，配用的碳源是可溶性淀粉而不是葡萄糖？
2. 从发酵培养液中提取 α-淀粉酶，你认为可采用哪些方法？各有什么优缺点？
3. 发酵生产 α-淀粉酶，除了采用枯草芽孢杆菌外，还有哪些菌种可采用？
4. 若发酵生产耐高温 α-淀粉酶，可采用哪些菌种？

问题与讨论

1. 什么叫生物氧化？异养微生物的生物氧化途径有哪几条？试比较各途径的主要特点。
2. 列表比较酵母菌的乙醇发酵和细菌的乙醇发酵，以及同型乳酸发酵和异型乳酸发酵。
3. 什么叫 Stickland 反应？
4. 什么叫硝化作用？什么叫反硝化作用？它们有什么不同？对实践有什么意义？
5. 光能微生物有哪些主要类群？细菌的光合作用与绿色植物的光合作用之间有何不同？
6. 简述自养微生物固定 CO_2 的卡尔文循环、还原性 TCA 循环和厌氧乙酰辅酶 A 途径。
7. 何谓循环光合磷酸化？何谓非循环光合磷酸化？
8. 什么是生物固氮作用？能固氮的微生物有哪几类？对生产实践有何重要意义？
9. 固氮酶的作用条件是什么？简述固氮作用的生化过程。

10. 什么叫类脂载体？其功能如何？简述肽聚糖的生物合成过程。
11. 反馈抑制的本质是什么？分支代谢途径中存在哪些主要的反馈抑制类型？
12. 什么是同工酶？什么是调节酶？它们在反馈抑制中起什么作用？
13. 什么是诱导酶？酶的诱导有何特点？
14. 什么是阻遏？什么是末端产物阻遏？什么是分解代谢物阻遏？
15. 以乳糖操纵子为例，说明酶诱导合成的调节机制。
16. 如何利用代谢调控提高微生物发酵产物的产量？
17. 什么叫初级代谢和初级代谢产物？什么叫次级代谢和次级代谢产物？
18. 重要的微生物药物有哪几种类型？

第八章　微生物的遗传变异

【知识目标】

1. 熟悉微生物遗传变异的物质基础。
2. 掌握基因突变的类型及表现形式。
3. 掌握微生物基因重组的方式。
4. 掌握菌种选育的常用方法及技术原理。
5. 掌握菌种保藏的方法及菌种复壮的原理。

【能力目标】

1. 学会退化菌种的平板划线分离技术及稀释平板分离技术。
2. 尝试原生质体的制备及融合技术。

遗传和变异是生物体的本质属性之一。遗传是指生物的上一代将自己的一整套遗传因子传递给下一代的行为或功能。变异是指生物体在某种外因或内因的作用下所引起的遗传物质结构或数量的改变。微生物的遗传是相对稳定的，变异的特点是在群体中以极低的概率出现，而且变异后的新性状是稳定的、可遗传的。

所谓遗传型是指某一生物个体所含有的全部遗传因子即基因的总合；表型是指某一生物体所具有的一切外表特征及内在特性的总合，是遗传型在合适环境下的具体体现。遗传型是一种内在可能性或潜力，其实质是遗传物质上所负载的特定遗传信息。具有某遗传型的生物只有在适当的环境条件下，通过自身的代谢和发育，才能将它具体化，产生表型，表型则是一种现实性。

第一节　遗传变异基础理论

一、遗传变异的物质基础

1. 遗传变异物质基础的三个经典实验

（1）经典转化实验　肺炎链球菌（*S. pneumoniae*）是一种球形细菌，常成双或者成链排列，肺炎双球菌通常有两种类型，一种是有荚膜的，其菌落表面光滑，被称为S型，S型菌具有致病性，能使人患肺炎，也能使小鼠患败血症死亡；另一种类型是无荚膜的，其菌落表面粗糙，无致病性，被称为R型。最早以肺炎双球菌作为研究对象进行转化实验的是F. Griffith，他做了以下几组实验。

① 动物实验

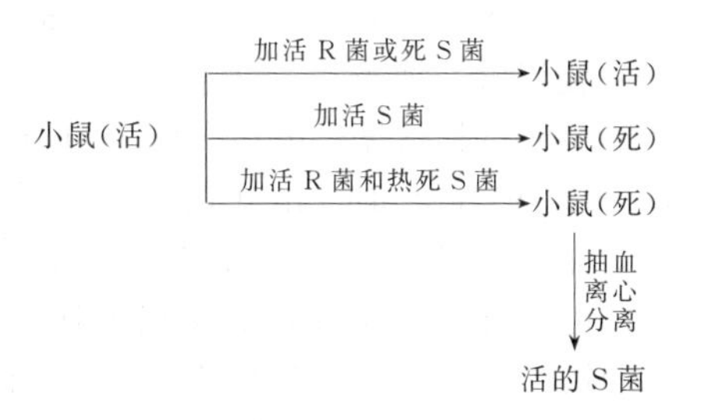

② 细菌培养实验

a. 热死的S菌以培养皿培养，不能生长；

b. 活的R菌，以培养皿培养，能够长出活的R菌；

c. 热死的S菌和活的R菌混合后以培养皿培养，能够长出大量的R菌以及少量的S菌。

③ S型菌的无细胞抽提液实验　将活的R菌和S菌的无细胞抽提液混合后以培养皿培养，可长出大量的R菌和少量的S菌。

以上这些实验说明，在加热杀死的S型细菌中可能存在着一种转化物质，这种转化物质能通过某种方式进入R型细胞，并使R型细胞获得稳定的遗传性状。1944年，Avery等从热死的S型肺炎双球菌中提纯了可能作为转化因子的各种成分，并在离体条件下进行了转化实验，实验证明了S型菌株转移给R型菌株的并不是某一遗传性状本身，而是以DNA为物质基础的遗传因子。

（2）噬菌体感染实验　肺炎双球菌转化实验验证了DNA是细胞型生物的遗传物质，而噬菌体感染实验则验证了DNA是噬菌体的遗传物质。

噬菌体感染实验是在1952年由A. D. Hershey和M. Chase提出的。首先将大肠杆菌以含有放射性磷或硫的培养基进行培养，再以噬菌体感染此大肠杆菌，得到放射性磷或硫标记的噬菌体，再以放射性标记的噬菌体完成以下实验，如图8-1、图8-2所示。

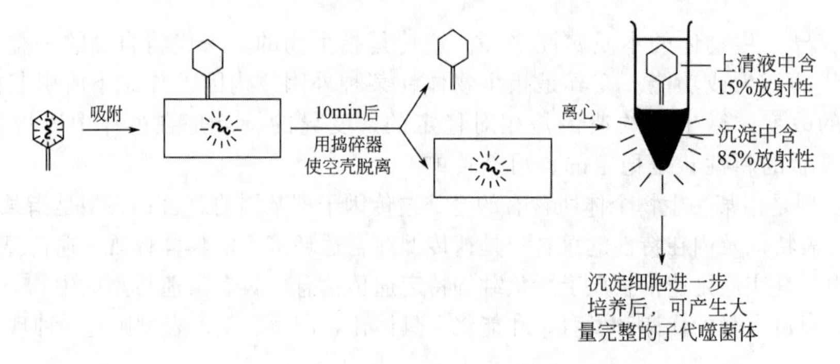

图8-1　含^{32}P-DNA的噬菌体感染实验

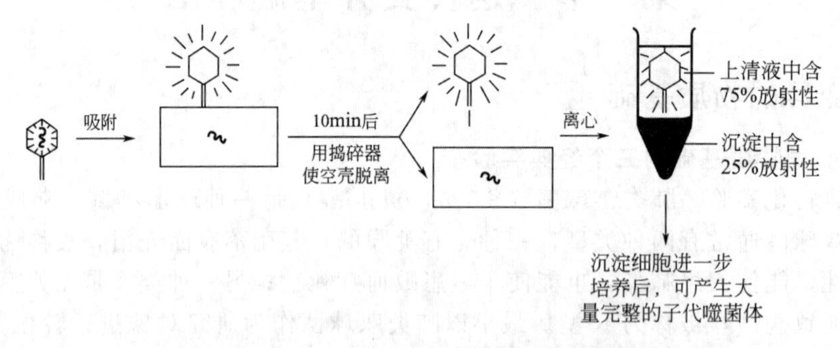

图8-2　含^{35}S-蛋白质外壳的噬菌体感染实验

从以上两组实验可以看到，噬菌体感染过程中进入宿主细胞的只有其DNA，蛋白外壳并未进入宿主细胞，但经增殖、装配后，能产生一大群既有DNA核心又有蛋白质外壳的完整噬菌体，这就证明，在噬菌体DNA中，含有包括合成蛋白质外壳在内的整套遗传信息。

（3）植物病毒的重建实验　H. Fraenkel-Conrat用含RNA的烟草花叶病毒（TMV）进行了著名的植物病毒重建实验。将TMV的蛋白外壳与RNA核心相分离，分离后的RNA在没有蛋白外壳包裹的情况下，也能感染烟草并使其患典型症状，而且在病斑中还能分离出正常病毒粒子；在实验中，还选用了另一株与TMV近缘的霍氏车前花叶病毒（HRV），其实验过程和结果如图8-3所示。在RNA病毒中，RNA是遗传的物质基础。

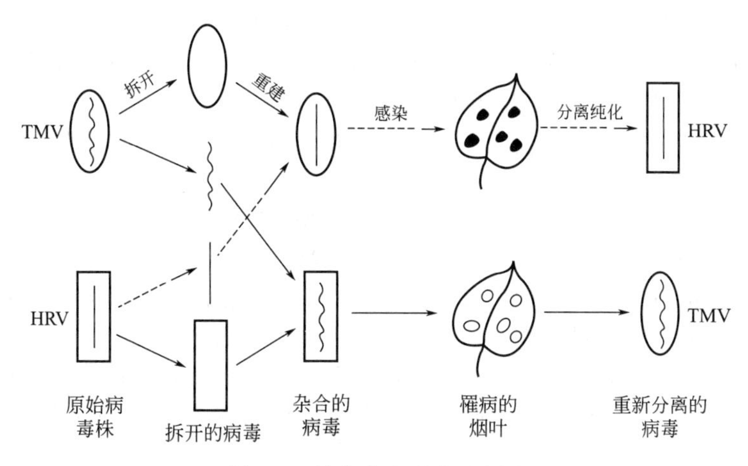

图 8-3　植物病毒重建示意图

通过这三个实验，分别验证了 DNA 是细胞型生物的遗传物质，是 DNA 病毒的遗传物质；RNA 是 RNA 病毒的遗传物质，至此，证明了核酸是负载遗传信息的物质基础。

2. 遗传物质的存在方式

微生物细胞中的遗传物质大部分集中于细胞核或核区，称为微生物的核基因组，除核基因组之外，很多微生物还具有存在于核外的能自主复制的 DNA，这些核外遗传物质被称为质粒。

（1）核基因组的存在方式　核基因组在细胞中的存在部位及方式可以从以下 7 个水平去理解。

① 细胞水平　在细胞水平上，无论是真核生物还是原核生物，它们的大部分或者全部 DNA 都集中在细胞核或者核质体中。在不同的微生物或是同种微生物的不同细胞中，细胞核的数目常有所不同。例如黑曲霉、产黄青霉等一般是单核的；粗糙脉孢菌和米曲霉是多核的；放线菌菌丝体细胞是多核的，而孢子则是单核的。

② 细胞核水平　在细胞核水平上，真核生物具有真正的细胞核，核内 DNA 与组蛋白结合；原核生物没有真正的细胞核，DNA 是裸露的，不与组蛋白结合。

③ 染色体水平　真核生物通常有较多的染色体，微生物种类不同染色体数目也有所区别，而原核生物中无法观察到染色体形态，因此其染色体水平实际上与核酸水平是相同的。

④ 核酸水平　从核酸的种类看，绝大多数生物的遗传物质是 DNA，只有部分病毒的遗传物质是 RNA。在真核生物中，DNA 与组蛋白结合形成染色体，而原核生物的 DNA 都是单独存在的。在核酸的结构上，绝大多数微生物的 DNA 是双链的，只有少数病毒的核酸是单链结构。从 DNA 的长度来看，真核生物的 DNA 要比原核生物的长得多。

⑤ 基因水平　在生物体内，一切具有自主复制能力的遗传功能单位，都可称为基因。从基因的功能上来看，原核生物的基因调控系统是由一个操纵子（operon）和它的调节基因（regulator gene）组成的。一个操纵子又包含三种基因：启动基因、操纵基因和结构基因。结构基因通过转录和翻译来执行多肽的合成。启动基因是转录起始的部位。操纵基因与结构基因紧密地联系，它能控制结构基因的开放或关闭。

⑥ 密码子水平　遗传密码就是指 DNA 链上各个核苷酸的特定排列顺序。每个密码子是由三个核苷酸顺序所决定的，是负载遗传信息的基本单位。

⑦ 核苷酸水平　核苷酸水平可认为是一个最低突变单位或交换单位。

（2）核外染色体的存在方式　在真核生物中的质粒一般可被细分为几类：①细胞质基因或质体，例如线粒体、叶绿体、动体和中心体等；②共生生物，例如草履虫“放毒者”品系中的卡巴颗粒等；③2μm 质粒（环状体），是在酵母菌中发现的。

原核生物中游离于染色体外，具有独立复制能力的小型共价闭合环状 DNA 分子，即 cccDNA，称为质粒。质粒上携带着某些染色体上所没有的基因，能赋予细菌某些对其生存并非必不可少的特殊功能，例如接合、产毒、抗药、固氮、产特殊酶或降解毒物等功能。原核生物中发现的比较有代表性的质粒包括：

① F 因子 又称致育因子或性因子。它是大肠杆菌中决定性别的质粒，与接合作用有关。

② R 因子 又称 R 质粒。最早发现于痢疾志贺菌中，带有 R 因子的痢疾志贺菌不仅能抗多种抗生素，还能将这类抗药性转移到其他菌株甚至其他的种（如大肠杆菌）中。因为 R 因子对多种抗生素有抗性，可用作基因的载体，也可用作筛选标记物。

③ Col 因子 即产大肠杆菌素因子。大肠杆菌素是一种由大肠杆菌的某些菌株所分泌的细菌毒素，具有通过抑制复制、转录、转译或能量代谢等而专一地杀死其他肠道细菌的功能。

④ Ti 质粒 即诱癌质粒。根癌土壤杆菌中的 Ti 质粒能引起许多双子叶植物的根癌。Ti 质粒是一个大型质粒，当细菌侵入植物细胞中后，最终在其中溶解，把细菌的 DNA 释放至植物细胞中，这时，含有复制基因的 Ti 质粒的小片段与植物细胞中的核染色体组发生整合，破坏控制细胞分裂的激素调节系统，从而使它转变成癌细胞。Ti 质粒目前已成为植物遗传工程研究中的重要载体。

⑤ 巨大质粒 近年来在根瘤菌属中发现的一种质粒，其分子量比一般质粒大几十倍至几百倍，因此被称为巨大质粒，其上有一系列固氮基因。

⑥ 降解性质粒 只在假单胞菌属中发现。它们的降解性质粒可为一系列能降解复杂物质的酶所编码，从而能利用一般细菌所难以分解的物质作碳源。

二、基因突变

1. 基因突变的类型

（1）碱基的变化

① 碱基置换 碱基置换属于一种染色体的微小损伤，一般也称点突变。它只涉及一对碱基被另一对碱基所置换。其中转换是指 DNA 链中的一个嘌呤被另一个嘌呤或是一个嘧啶被另一个嘧啶所置换；颠换是指一个嘌呤被另一个嘧啶或是一个嘧啶被另一个嘌呤所置换。

② 移码突变 指诱变剂使 DNA 分子中的一个或少数几个核苷酸的增添（插入）或缺失，从而使该部位后面的全部遗传密码发生转录和转移错误的一类突变。由移码突变所产生的突变株，称为移码突变株。与染色体畸变相比，移码突变也只能算是 DNA 分子的微小损伤。

③ 染色体畸变 某些理化因子，如 X 射线等的辐射及烷化剂、亚硝酸等，除了能引起点突变外，还会引起 DNA 的大损伤——染色体畸变，它既包括染色体结构上的缺失、重复、插入、易位和倒位，也包括染色体数目的变化。

（2）遗传信息的变化 根据遗传信息意义的改变，可将基因突变分为以下几种类型。

① 同义突变 一个或两个碱基对的突变并不使多肽链上相应的氨基酸发生改变。

② 错义突变 碱基对的突变直接影响到多肽链上相应的氨基酸发生变化。

③ 无义突变 某个突变造成 UAG、UAA、UGA 等终止密码子出现，导致多肽链合成终止，使突变失去意义。

2. 基因突变的表现形式

按照突变株的表现型，可以把突变分为六种类型。

（1）营养缺陷型 某一野生型菌株由于发生基因突变而丧失合成一种或几种生长因子的

能力，因而无法在基本培养基上正常生长繁殖的变异类型，称为营养缺陷型。它们可在加有某生长因子的基本培养基平板上选出。

（2）抗性突变型　由于基因突变而使原始菌株产生了对某种化学药物或致死物理因子抗性的变异类型。它们可在加有相应药物或应用相应物理因子处理的培养基平板上选出。抗性突变型普遍存在，例如对各种抗生素的抗药性菌株等。

（3）条件致死突变型　某菌株或病毒经基因突变后，在某种条件下可正常地生长、繁殖并实现其表型，而在另一种条件下却无法生长、繁殖的突变类型，称为条件致死突变型。Ts突变株（温度敏感突变株）是典型的条件致死突变株。例如，大肠杆菌的某些菌株可在37℃下正常生长，却不能在42℃下生长；某些T4噬菌体突变株在25℃下可感染其宿主大肠杆菌，而在37℃却不能感染，这些温度敏感突变株都属于条件致死突变型。

（4）形态突变型　指由于突变而产生的个体或菌落形态所发生的非选择性变异。如前者可影响孢子有无、孢子颜色、鞭毛有无或荚膜有无的突变，而后者可引起菌落表面光滑、粗糙、噬菌斑的大小或清晰度等的突变。

（5）抗原突变型　指由于基因突变而引起的抗原结构发生突变的变异类型。具体类型很多，包括细胞壁缺陷变异（L-型细菌等）、荚膜变异或鞭毛变异等。

（6）产量突变型　通过基因突变而获得的在有用代谢产物产量上高于原始菌株的突变株，称为产量突变株，也称高产突变株。产量突变型在生产实践上非常重要，产量突变株一般是不能通过选择性培养基筛选出来的。

3. 基因突变的特点

各种生物遗传物质的本质都是相同的，所以在遗传变异的特点上也都遵循着相同的规律，下面简单介绍一下基因突变的一般特点。

（1）不对应性　指突变的性状与引起突变的原因间无直接的对应关系。从表面上看似乎是在某些条件存在的情况下，才会产生相对应的突变性状，实际上这些条件只起着淘汰原有非突变型（即敏感型）个体的作用。这些因素即使有诱变作用，也不是专一地诱发某一种突变，而是还可诱发其他任何性状的变异。

（2）自发性　各种性状的突变，可以在没有人为诱变因素的处理下自发地产生。基因突变的自发性和不对应性是通过变量试验、涂布试验和平板影印试验加以证明的（图8-4～图8-6）。

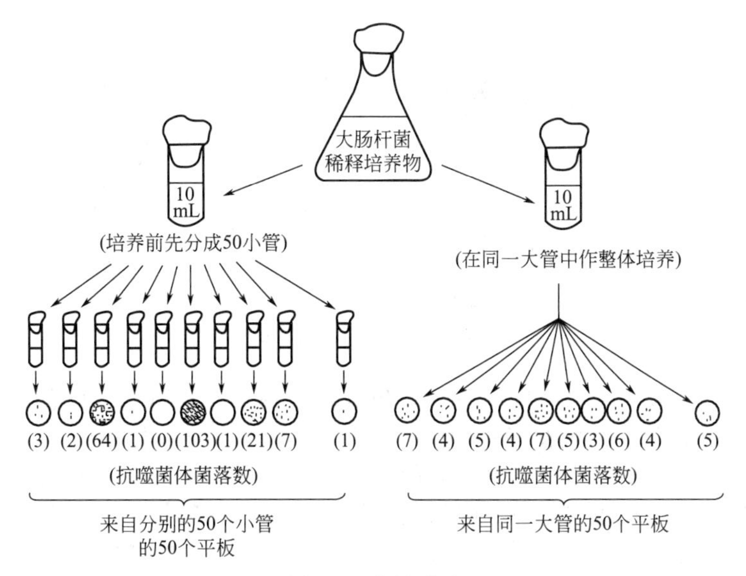

图8-4　变量试验

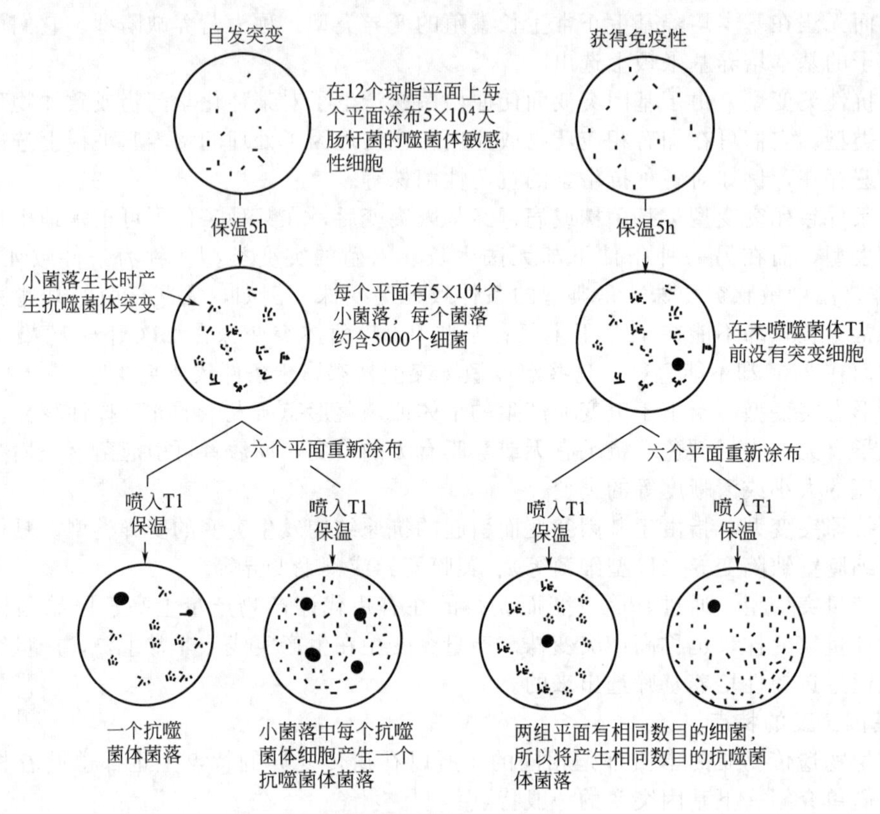

图 8-5　涂布试验

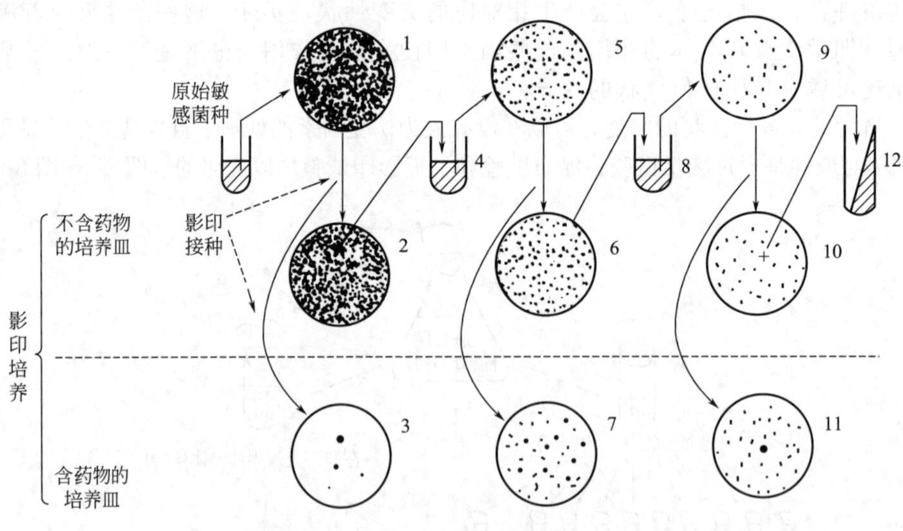

图 8-6　平板影印试验

(3) 稀有性　自发突变虽可随时发生，但其突变率却是极低和稳定的，一般在 10^{-9}～10^{-6}间。突变率是指每一细胞在每一世代中发生某一性状突变的概率。

(4) 独立性　突变的发生一般是独立的，即在某一群体中，可以发生任何性状的突变，而且某一基因的突变，既不提高也不降低其他任何基因的突变率。

(5) 诱变性　通过诱变剂的作用，可以提高上述自发突变的概率，一般可提高 10～10^5倍。不论是通过自发突变或诱发突变（诱变）所获得的突变株，并无本质上的差别，这是因为诱变剂仅起着提高诱变率的作用。

（6）稳定性　由于突变的根源是遗传物质结构上发生了稳定的变化，所以产生的新的变异性状也是稳定的、可遗传的。

（7）可逆性　由原始的野生型基因变异为突变性基因的过程，称为正向突变，相反的过程则称为回复突变或回变。实验证明，任何性状都可以发生正向突变，也都可以发生回复突变。

三、基因重组

凡把两个不同性状个体内的遗传基因转移到一起，经过遗传因子间的重新组合，形成新遗传型个体的方式，称为基因重组或遗传重组。重组可使生物体在未发生突变的情况下，也能产生新遗传型的个体。基因重组是杂交育种的理论基础。

1. 原核生物的基因重组

原核微生物中，基因重组的方式主要有转化、转导、接合和原生质体融合几种形式。

（1）转化　受体细胞从外界直接接受来自供体细胞的 DNA 片段，并与其染色体同源片段进行遗传物质交换，从而使受体细胞获得新的遗传特性，这种现象称为转化。经转化后出现了供体性状的受体细胞称为转化子，有转化活性的外源 DNA 片段称为转化因子。

在原核生物中，转化是一个比较普遍的现象，在肺炎双球菌、嗜血杆菌属、芽孢杆菌属、奈瑟球菌属、根瘤菌属、葡萄球菌属、假单胞菌属、黄单胞菌属中尤为多见。在一些放线菌和蓝细菌以及少数真核微生物中也有能发生转化的报道。

只有当受体菌和外源 DNA 都处于一定状态下时，转化作用才能发生。转化过程如图 8-7 所示，其过程大致分为三个阶段。

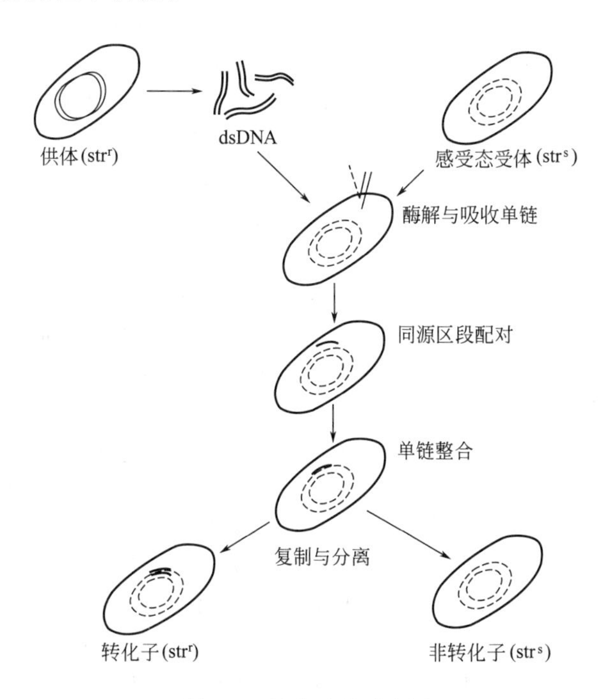

图 8-7　转化过程示意图

① 感受态细胞的建立　能进行转化的受体细胞必须处于感受态，感受态即是受体细胞最易接受外源 DNA 片段并实现其转化的一种生理状态。不同的菌达到感受态的条件不同，

例如，肺炎双球菌的感受态出现在生长曲线中的指数期后期，而芽孢杆菌属的一些菌种，其感受态往往出现在指数期末期及稳定期。处于感受态高峰时，群体中感受态细胞的数目也随菌种的不同而不同，如枯草芽孢杆菌不超过10%～15%，而肺炎双球菌和流感嗜血杆菌可达到100%。

② DNA的接合和摄取 双链DNA片段与感受态受体菌细胞表面的特定位点（主要在新形成细胞壁的赤道区）结合，随后在吸附位点上的DNA被核酸内切酶分解，形成平均分子量为（4～5）$\times 10^6$的DNA片段，然后DNA链中的一条单链被膜上的另一种核酸酶切除，另一条单链逐步进入细胞。这时如果用低浓度溶菌酶处理，可提高细胞壁的通透性，从而提高转化频率。

③ 转化子与染色体重组 来自供体的单链DNA片段在细胞内与受体细胞的染色体上的同源区段配对，接着受体染色体组上的相应单链片段被切除，并被外来的单链DNA交换、整合和取代，于是形成一个杂合DNA区段。当受体菌的染色体组进行复制时，杂合区段分离成两个，其中之一获得了供体菌的转化基因，另一个未获得转化基因，当细胞发生分裂后，一个子细胞含转化基因，称为转化子，另一个细胞与原始受体菌一样，是非转化子。

（2）转导 以完全缺陷噬菌体或部分缺陷噬菌体为媒介，把供体细胞的DNA小片段携带到受体细胞中，通过交换与整合，使后者获得前者部分遗传性状的现象，称为转导。通过转导获得供体细胞部分遗传性状的重组受体细胞，称为转导子。

① 普遍转导 普遍转导是通过完全缺陷噬菌体对供体菌任何DNA小片段的“误包”而实现其遗传性状传递至受体菌的转导现象。普遍转导又可分为完全普遍转导和流产普遍转导。

完全普遍转导简称完全转导（图8-8）。最早发现的转导现象即为此种形式。P22噬菌体即为转导媒介，当P22在供体菌内增殖时，宿主内的核染色体组断裂，待噬菌体成熟与包装之际，极少数（10^{-8}～10^{-6}）噬菌体的衣壳将与噬菌体头部DNA大小相仿的一小段供体菌DNA片段误包入其中，这样就形成了一个完全不含噬菌体自身DNA的假噬菌体，即完全缺陷噬菌体。当供体菌裂解时，如把少量裂解物与大量的受体菌混合，保证每个受体细胞只会被一个噬菌体侵染，通过这个过程，完全缺陷噬菌体中携带的供体菌的DNA片段就导入了受体细胞内。导入受体细胞中的外源DNA片段可与其核染色体组上的同源区段配对，再通过双交换而整合到受体菌染色体组上，使受体菌成为一个遗传性状稳定的转导子，从而实现了完全普遍转导。

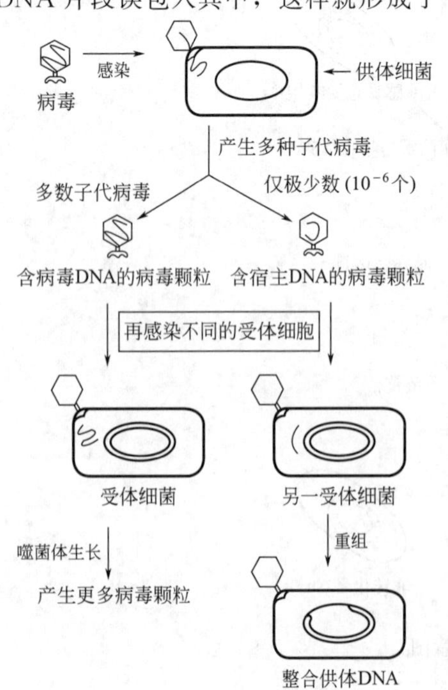

图8-8 完全普遍转导示意

流产普遍转导简称流产转导。经转导而获得了供体菌DNA片段的受体菌，如果外源DNA在其内既不进行交换、整合和复制，也不迅速消失，而仅进行转录、转译和性状表达，这种现象就称为流产转导。发生流产转导的细胞在其进行分裂后，只能将这段外源DNA分配给一个子细胞，而另一个子细胞只获得供体基因经转录、转译而形成的少量产物——酶，所以在表型上仍可出现一些供体菌的特征，但是这些特征每经过一次分裂，就受到一次“稀释”，因而，能在选择性培养基平板上形成微小菌落就成了流产转导子的特点（图8-9）。

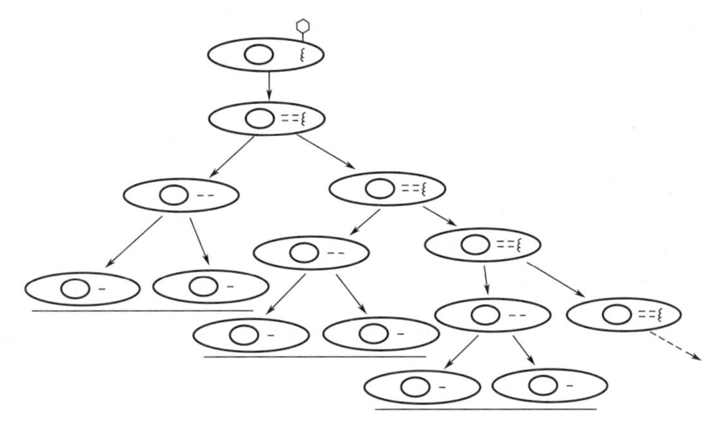

图 8-9 流产转导示意图

② 局限转导 局限转导是指通过部分缺陷的温和噬菌体把供体菌的少数特定基因携带到受体菌中，并获得表达的现象。局限转导一般只能转导供体菌的个别特定基因（一般为噬菌体整合位点两侧的基因），因为部分缺陷噬菌体的形成是由于其在形成过程中所发生的低频率（一般为 10^{-5}左右）“误切”，或由于双重溶源菌的裂解而形成。根据转导频率的高低可将局限转导分为两类。

a. 低频转导（LFT） 当温和噬菌体感染受体菌后，其染色体会开环并以线状形式整合到宿主染色体的特定位点上，从而使宿主细胞发生溶源化，并获得对相同温和噬菌体的免疫性。当该溶源菌因诱导而发生裂解时，就有极少数的前噬菌体发生不正常切离，将插入位点两侧之一的少数宿主基因（如大肠杆菌 λ 前噬菌体的两侧分别为发酵半乳糖的 *gal* 基因或合成生物素的 *bio* 基因）连接到噬菌体 DNA 上（而噬菌体也将相应的一段 DNA 留在宿主的染色体组上），通过衣壳的“误包”，就形成了部分缺陷噬菌体。在大肠杆菌中，可形成 λ_{dgal}（带有供体菌 *gal* 基因的 λ 缺陷噬菌体）或 λ_{dbio}（带有供体菌 *bio* 基因的 λ 缺陷噬菌体），它们没有正常 λ 噬菌体所具有的使宿主发生溶源化的能力。当它感染宿主细胞并整合在宿主的核基因组上时，可使宿主细胞成为一个局限转导子（即获得了供体菌的 *gal* 或 *bio* 基因），而不是一个溶源菌，因而对 λ 噬菌体不具有免疫性。由于宿主染色体上进行不正常切离的频率极低，因此在裂解物中所含的部分缺陷噬菌体的比例是极低的，这种裂解物称 LFT（低频转导）裂解物。LFT 裂解物在低感染复数下感染宿主，即可获得极少量的局限转导子，这就是低频转导。

b. 高频转导（HFT） 当低频裂解物以高感染复数感染受体菌时，每个感染有 λ_{dgal}的受体菌几乎同时都感染有正常的 λ 噬菌体，这时，λ 与 λ_{dgal}同时整合在一个受体菌的核染色体组上，使该受体菌成为一个双重溶源菌。当双重溶源菌被紫外线等因素诱导时，其中正常的 λ 噬菌体的基因可以补偿 λ_{dgal}所缺失的部分基因的功能，因而两种噬菌体就同时获得了复制的机会，所以，在双重溶源菌产生的裂解物中，含有等量的 λ 和 λ_{dgal}粒子，这种裂解物称为高频转导（HFT）裂解物。高频转导裂解物以高感染复数去感染受体菌，则可使受体菌高频率地发生转导，这种转导方式称为高频转导。

（3）接合 接合是指通过细胞与细胞的直接接触而产生的遗传信息的转移和重组过程。研究表明，细菌和放线菌中都存在着接合现象，在细菌中，尤以革兰阳性菌如大肠杆菌、沙门菌属、志贺菌属、沙雷菌属、弧菌属、固氮菌属、克雷伯菌属和假单胞菌属等一些肠道菌属中最为常见。放线菌中，以链霉菌属和诺卡菌属研究得较为详细。除此以外，接合作用还可发生在不同属的一些种间。

接合现象研究得最为清楚的是大肠杆菌。通过研究发现，大肠杆菌是有性别分化的，决定其性别的是 F 因子，根据细胞中是否存在 F 因子以及 F 因子存在方式的不同，可以把大肠杆菌分为以下四种类型。

① F^+（雄性）菌株　F^+菌株中存在着游离的 F 因子（1～4）个，在细胞表面存在着与 F 因子数目相当的性菌毛。游离的 F 因子可独立于染色体进行自主复制。

② F^-（雌性）菌株　F^-菌株中不含 F 因子，细胞表面也没有性菌毛。可通过与 F^+菌株或 F'菌株的接合而接受供体菌的 F 因子或 F'因子，从而使自己转变成雄性菌株，也可接受来自 Hfr 菌株的一部分或全部遗传信息。自然存在的大肠杆菌中约有 30%是 F^-菌株。

③ Hfr（高频重组）菌株　F 因子由游离态转变为整合态，整合到核染色体组的特定位点上，并与核染色体同步复制。

④ F'菌株　当 Hfr 菌株内的 F 因子因不正常切离而脱离核染色体组时，可重新形成游离的但携带一小段染色体基因的特殊 F 因子，称为 F'因子，携带了 F'因子的菌株，称为 F'菌株。

各种不同的大肠杆菌杂交类型及结果如下所述。

① $F^+ \times F^-$　F^+菌株与 F^-菌株接触时，F^+菌株可通过性菌毛将 F 因子转移到 F^-细胞内，从而使 F^-菌株也转变成 F^+菌株，其过程大致为：首先 F 因子的一条 DNA 单链在特定的位点上发生断裂，接着断裂后的单链逐步解开，同时以另一条留存的环状单链作模板，通过模板的滚动，一方面把解开的单链以 5′-端为先导通过性菌毛推入到 F^-细胞中，另一方面在供体细胞内，以滚动的环状 DNA 单链作模板，重新合成一条互补的环状单链，以取代传递至 F^-中的那条单链，此种复制机制即为“滚环模型”，在 F^-细胞中，在外来的供体 DNA 线状单链上也合成一条互补的新 DNA 链，并随之恢复成一个环状的双链 F 因子，这样，F^-菌株转变为 F^+菌株，而原来的供体菌仍然是 F^+菌株。

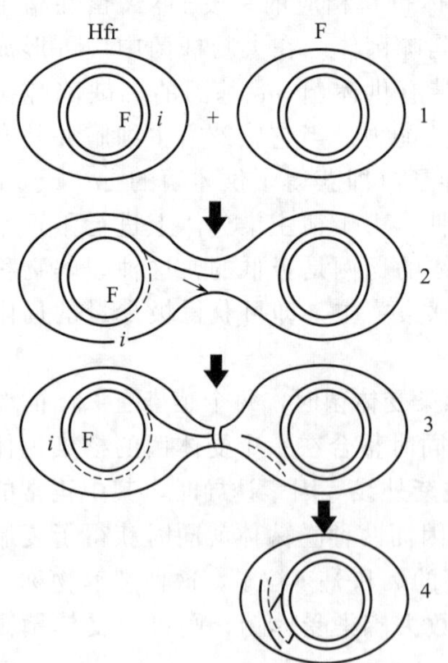

图 8-10　Hfr 与 F^-菌株接合过程示意

② $Hfr \times F^-$　当 Hfr 与 F^-菌株发生接合时，Hfr 菌株的染色体双链中的一条链在 F 因子处发生断裂，由环状变为线状，F 因子位于线状单链 DNA 的末端。与 $F^+ \times F^-$相似，整段线状染色体单链也以 5′-末端引导，等速地转移至 F^-细胞中。在无外界干扰的情况下，此过程需要 100min，实际上在转移过程中，很多因素都会使接合中断，因此，Hfr 与 F^-菌株接合的结果是高频率地发生基因重组，而且越是处于 Hfr 染色体前端的基因，进入 F^-的概率就越高，而位于线状单链末端的 F 因子，进入 F^-的概率非常小，所以 Hfr 与 F^-接合转性的频率很低。Hfr 与 F^-接合的过程如图 8-10 所示。

③ $F' \times F^-$　F'是携带有宿主染色体基因的 F 因子，前已述及，F'是由于 Hfr 菌株内的 F 因子发生不正常切离而形成的，这种携带了由 Hfr 菌株内的 F 因子不正常切离形成的 F'因子的菌株称为初生 F'菌株，初生 F'菌株性状介于 Hfr 菌株与 F^+菌株之间。F'菌株与 F^-菌株之间可发生接合作用，其过程与 $F^+ \times F^-$相似，结果是使 F^-转变成 F'菌株，这样生成的 F'菌株称为次生 F'菌株，次生 F'菌株是一个部分双倍体，而初生 F'菌株是个单倍体。其过程如图 8-11 所示。

2. 真核生物的基因重组

真核微生物中基因重组的方式主要是有性杂交和准性杂交，除此以外，还有异核现象。

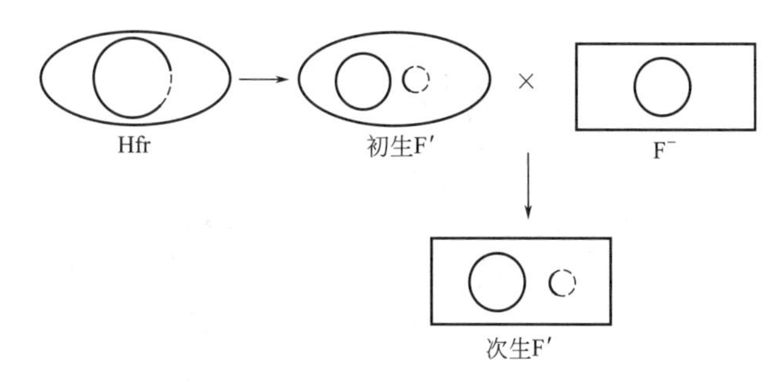

图 8-11　F′菌株的形成

（1）有性杂交　真菌的有性生殖和性的融合发生于单倍体核之间，大多数真菌核融合后进行减数分裂，并发育成新的单倍体细胞。亲本的基因重组主要是通过染色体的独立分离和染色体之间的交换进行的。相当一部分真菌的减数分裂发生在一个闭合的子囊壳中，并具较短的生活周期，因此为遗传重组的研究带来了极大的方便。

杂交是在细胞水平上发生的一种遗传重组方式。有性杂交，一般指性细胞间的结合和随之发生的染色体重组，并产生新型遗传后代的一种育种技术。凡能产生有性孢子的酵母菌或霉菌，原则上都可应用有性杂交的方式进行育种。

生产实践上利用有性杂交培育优良品种的例子很多。例如，用于酒精发酵的酵母和用于面包发酵的酵母虽属同一种，但菌株不同，二者之间通过杂交，可以得到既能生产酒精，又对麦芽糖和葡萄糖有很强发酵能力的新菌株。

（2）异核现象　异核现象是指在一些真菌菌丝体的菌丝细胞内存在一个以上不同遗传型细胞核的现象，已在许多子囊菌、担子菌和半知菌中发现。这种核间差异产生的原因是因为突变或是不同遗传型菌丝之间的联合导致细胞质或细胞核转移的结果。异核现象可导致体细胞的重组，产生互补的异核体具有高度的生理适应性。这些特点的发现，为人们研究遗传现象提供了更广阔的空间。

（3）准性杂交　要了解准性杂交，首先要了解准性生殖。准性生殖是一种类似于有性生殖，但比它更为原始的一种生殖方式，它可使同种生物两个不同菌株的体细胞发生融合，且不以减数分裂的方式而导致低频率的基因重组并产生重组子。准性生殖常见于某些真菌，尤其是半知菌中。其主要过程如图 8-12 所示。

准性生殖的过程可大概分为以下几个阶段：

首先，是菌丝连接，形成异核体。菌丝连接发生于一些形态上没有区别的，但在遗传性上却有差别的同一菌中的两个不同菌株的体细胞之间，发生连接的频率极低，两个体细胞经连接后，使原有的两个单倍体核集中到同一个细胞中，于是形成了双相的异核体，异核体能够独立生活。

其次，是核的融合和杂合二倍体的形成。在异核体中的双核，偶尔可以发生核融合，产生双倍体杂合子核。某些理化因素如樟脑蒸气、紫外线或高温等的处理，可以提高核融合的频率。

最后，就是体细胞交换和单倍体化。体细胞交换即体细胞中染色体间的交换，也称有丝分裂交换。上述双倍体杂合子的遗传性状极不稳定，在其进行有丝分裂过程中，其中极少数核内的染色体会发生交换和单倍体化，从而形成了极个别的具有新性状的单倍体杂合子。如果对双倍体杂合子用紫外线、γ射线或氮芥等进行处理，就会促进染色体断裂、畸变或导致染色体在两个子细胞中的分配不均，因而有可能产生各种不同性状组合的单倍体杂合子。

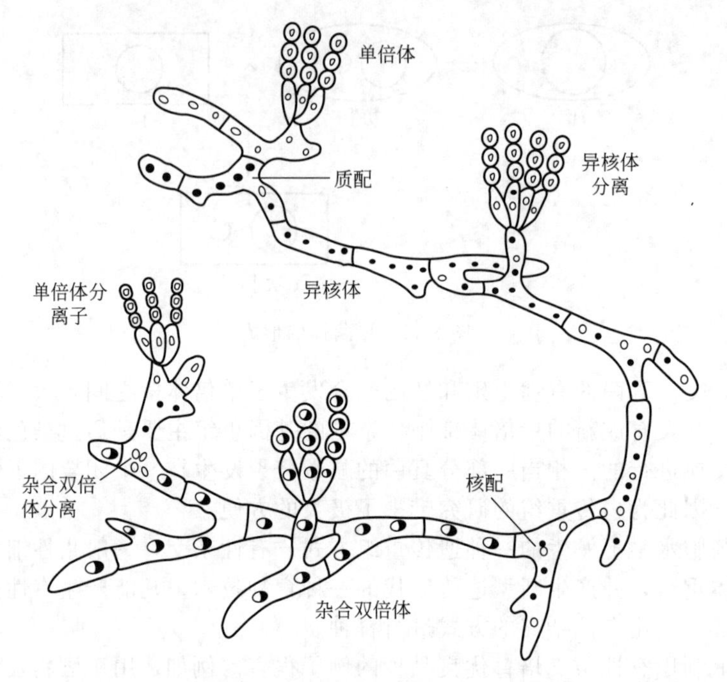

图 8-12　准性生殖示意图

准性生殖与有性生殖的比较如表 8-1 所示。

表 8-1　准性生殖与有性生殖比较

项　目	准性生殖	有性生殖
参与接合的亲本细胞	形态相同的体细胞	形态或生理上有分化的性细胞
独立生活的异核体阶段	有	无
接合后双倍体的细胞形态	与单倍体基本相同	与单倍体明显不同
双倍体变为单倍体的途径	通过有丝分裂	通过减数分裂
接合发生的概率	偶然发现，概率低	正常出现，概率高

准性生殖对一些没有有性过程但有重要生产价值的半知菌育种工作来说，提供了一个重要的手段。在杂交育种中应用准性生殖一般包括以下步骤：选择合适的营养缺陷型作为亲本，强制形成异核体，移种异核体或杂合二倍体的单菌落，检验结合菌株的稳定性，从而选出稳定菌株——杂合二倍体，进一步采用不同诱变剂促进其子代变异，以最终获得理想菌株。国内在灰黄霉素生产菌——荨麻青霉的育种中，借用准性杂交的方法获得了较好的成效。

第二节　育种技术

微生物可以通过自发突变或诱发突变等方式使遗传物质结构发生改变，也可以通过转化、转导、接合等方式发生遗传物质的重组，我们通过合理的方法和手段，将其中有利于人类的菌株筛选出来的过程就是育种。育种可以基于自发突变而进行，利用微生物的自发突变，我们可以从生产中选育优良菌种，也可以通过定向培育得到优良菌种，但是由于自发突变的频率很低，目前更多的育种方法是基于诱发突变或者基因重组而进行的。

一、菌种的自然选育

在日常生产过程中，微生物会以一定的频率发生自发突变，虽然突变率很低，但是由于微生物繁殖快，突变株会在群体中占有一定的数量。如富于实际经验和善于细致观察则可以及时抓住这类机会来选育优良的生产菌种。这种不经过人工处理，利用菌种的自然突变而进行菌种筛选的过程叫做自然选育。

自然选育的一般程序，是把菌种制备成单孢子悬浮液，经过适当的稀释以后，在固体平板上进行分离，挑取部分单菌落进行生产能力的测定，经过反复筛选，以确定生产能力更高的菌株代替原来的菌株。

在自然选育的基础上，为了能在最短的时间内培育出比较理想的变异株，也可以采用定向培育的手段。定向培育一般指用某一特定因素长期处理某微生物的群体，同时不断地对它们进行移种传代，以达到累积并选择相应的自发突变株的目的。这是一种古老的育种方法。由于自发突变的频率较低，变异程度轻微，所以用此法培育新种的过程一般十分缓慢，与现代育种技术相比，定向培育带有守株待兔式的被动状态，除某些抗性突变外，其他的性状不是无法使用，就是要坚持相当长的时间才能奏效。目前广泛应用于预防结核病的卡介苗，就是对结核分枝杆菌进行长期定向培育而获得成功的一个典型。卡介苗是由卡默德和介兰两位法国细菌学家花费 13 年时间，经过对结核分枝杆菌连续传代 230 次才定向培育出的减毒疫苗。

二、诱变育种

诱变育种是指通过人工方法处理微生物，使之发生突变，并运用合理的筛选程序和方法，把适合人类需要的优良菌株选育出来的过程。诱变育种具有极其重要的实践意义，不仅能够提高代谢产物的产量，还可达到改进产品质量、扩大品种和简化生产工艺的目的。

1. 诱变剂

凡能提高突变频率的因素统称为诱变剂。诱变剂的种类很多，包括物理诱变剂和化学诱变剂两大类，物理诱变剂主要包括紫外线、激光、X 射线、γ 射线和快中子等，化学诱变剂主要包括烷化剂、碱基类似物和吖啶类化合物等。各类诱变剂的作用机制不同，如物理诱变剂中紫外线主要是引起 DNA 中形成胸腺嘧啶二聚体，从而影响 DNA 的正常复制；X 射线和 γ 射线作用的直接效应是使碱基间、DNA 间、糖与磷酸间相接的化学键断裂，间接效应是引起水或有机分子产生自由基作用于 DNA 分子，导致缺失或损伤；化学诱变剂中的碱基结构类似物，如 5-溴尿嘧啶、5-脱氧尿嘧啶、8-氮鸟嘌呤、2-氨基嘌呤等，其结构与碱基类似，能掺入 DNA 分子中而不妨碍 DNA 的正常复制，但发生的错误配对可引起碱基对的置换，出现突变；烷化剂如硫芥、氮芥、硫酸二乙酯等，能与核苷酸分子中的磷酸基以及嘌呤、嘧啶碱基起烷化作用，造成 DNA 损伤；亚硝酸能够使碱基脱氨，脱去的氨基被羟基取代，进而引起碱基转换；吖啶类化合物是一类染料，具有扁平的结构，能够插入到 DNA 分子的碱基对之间，使 DNA 结构变形，在复制时产生不对称交换，从而造成移码突变。

2. 诱变育种技术

诱变育种的基本环节如图 8-13 所示。

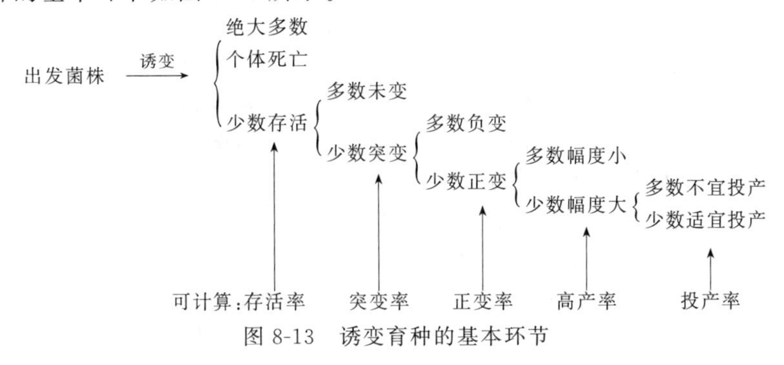

图 8-13　诱变育种的基本环节

诱变育种工作中应注意以下几个问题。

（1）出发菌株的选择　出发菌株即用于育种的原始菌株。出发菌株的选择应考虑以下几个因素：①出发菌株应具有基本的生产能力，但某些性状不够突出，最好是经过生产中选育过的自发变异菌株；②出发菌株在生长特性上应该具有有利性状，比如生长速度快、营养要求粗放；③出发菌株应该对诱变剂比较敏感，这样有利于诱变操作；④出发菌株在诱变操作后应该易于筛选。

（2）诱变剂的选择　在选择诱变剂时应满足简便有效的原则。诱变剂的选择包括种类和诱变方法的选择。在选择诱变剂的种类时应注意，在同样效果下，应选用最方便的因素，在同样方便的情况下，应选择最高效的因素。比如在物理诱变剂中，紫外线是最方便的。在诱变方法的选择上，也要注意简便有效，比如紫外线照射比较方便，化学诱变剂比较复杂，需要选择诱变剂的浓度和处理方法，尤其是终止反应的方法很多，在实际工作中应视具体情况而定。

在诱变工作中还可采用复合诱变的方法，即在一个诱变工作中同时使用或先后使用两种或多种诱变剂以及同种诱变剂的重复使用，以提高诱变效果。比如可采用先使用紫外线照射，再使用化学诱变剂的方法；也可以在紫外线诱变处理之后，隔一定时间再使用紫外线作诱变处理，以提高诱变效果，见表 8-2。

表 8-2　诱变因子的复合处理及协同效应

菌　种	单独处理		复合处理	
	诱变剂	突变率/%	诱变剂	突变率/%
土曲霉	紫外线 X 射线	21.3 19.7	紫外线＋X 射线	42.8
链霉菌	紫外线 γ 射线	31.0 35.0	紫外线＋γ 射线	43.6
金色链霉菌(2U-84)	硫酸二乙酯 紫外线	1.78 12.5	硫酸二乙酯＋紫外线	35.86
灰色链霉菌(JIC-1)	紫外线	9.8	紫外线＋可见光照射 1 次 紫外线＋可见光照射 6 次	9.7 16.6

（3）诱变剂量的选择　诱变剂作用于微生物能够产生两方面的作用，一方面能增加微生物基因突变的概率，即提高突变率，另一方面也会造成微生物个体的死亡，这两方面的作用效果是不一致的，我们的原则是在保证微生物存活的情况下提高其突变的频率以期获得更高的正突变率，因此在诱变操作时诱变剂量的选择应该在突变率和致死率之间取得平衡。

要确定一个合适的剂量，常常要经过多次试验，一般来讲，突变率随剂量的增高而提高，但达到一定程度后，再提高剂量反而会使突变率降低，而且更多的研究结果显示，正突变较多地出现在偏低的剂量中，而负突变则较多地出现在偏高的剂量中，因此，在诱变育种工作中，目前比较倾向于采用较低的剂量。

（4）诱变处理　诱变育种所处理的细胞必须是单细胞或单孢子悬液。这是因为单细胞悬液中的细胞处于分散状态，可以均匀地接触诱变剂，而且还可以避免长出不纯的菌落。在处理单细胞多核质体的微生物时，即使处理单细胞悬液也还是容易出现不纯的菌落，这是由于诱变只作用于其中的一个核，而其他核未发生突变，这种情况下应该处理单孢子。另外，有时即使是处理了单核的细胞或者单孢子，但由于诱变剂只作用于 DNA 的一条链，其突变仍然无法反映在当代的表型上，只有经过 DNA 复制和细胞分裂后，这一变异才会在表型上表达出来，这样也会出现不纯的菌落，这就是表型延迟现象。这类不纯菌落的存在，也是诱变育种工作中初分离的菌株经传代后很快出现生产性状“衰退”的主要原因，针对这种情况，诱变处理后应对处理物进行预培养，培养数小时后再涂平板，以此来减少延迟效应的影响。

细胞的生理状态对诱变效果也会有很大的影响，细菌一般以指数期为最好；霉菌或放线菌的分生孢子一旦形成，一般都处于休眠状态，所以培养时间的长短对孢子的影响不大，但稍加萌发后的孢子可提高诱变效率。

（5）筛选方案或方法　筛选要经过初筛和复筛，初筛过程以量（选留菌株的数量）为主，复筛过程以质（测定数据的精确度）为主。初筛可在培养皿平板上进行，也可在摇瓶中进行，平板培养快速简便，工作量小，结果直观性强，比如可采用变色圈、透明圈、抑制圈、生长圈或沉淀圈等方法测定某代谢产物的量，但是由于培养皿平板上的培养条件与摇瓶培养、尤其是与发酵罐中的培养条件有很大差别，所以有时两者结果很不一致。复筛需要对突变株的生产性能做比较精确的定量测定，一般是将微生物接种在三角瓶内的培养基中作振荡培养，然后再对培养液进行分析测定。

筛选是一项繁杂的工作，筛选方法不合理就会造成事倍功半，因此，要对筛选方法进行精心的设计和选择，通过科学而高效的筛选方案选出需要的优良菌株。

育种工作中常用到营养缺陷型菌株，营养缺陷型菌株是指经诱变处理后，由于突变而丧失了某种酶的合成能力，因而只能在加有该酶合成产物的培养基中才能生长的菌株，简称营养缺陷型。这类菌株不能在基本培养基上生长，只能在完全培养基或者补充培养基上生长。从自然界分离到的任何微生物在其发生营养缺陷突变前的原始菌株，均称该微生物的野生型。野生型菌株在相应的基本培养基上能够生长。营养缺陷型菌株源于基因突变而产生，又广泛应用于基因工程育种，因此，在这里简单介绍营养缺陷型菌株的筛选方法。

① 夹层培养法　先在培养皿底层倒一薄层不含菌的基本培养基，冷凝后加上一层混有经过诱变处理的菌液的基本培养基，待其冷凝后再浇一层不含菌的基本培养基，经过培养后，出现的菌落为野生型菌株，对这些菌落加以标记，再在皿内加入一薄层完全培养基，培养后再出现的形态较小的菌落即为营养缺陷型菌株。其示意如图 8-14 所示。

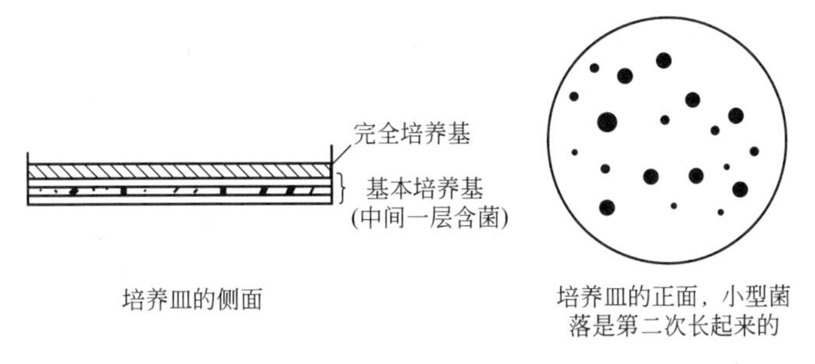

图 8-14　夹层培养法示意图

② 限量补充培养法　把诱变处理后的菌液接种在含有微量蛋白胨的基本培养基上，野生型菌株迅速长成较大的菌落，而营养缺陷型则生长缓慢，并只能生成微小的菌落，由此可以检出。

③ 逐个检出法　又叫点种法。将诱变处理后的菌液涂布在平板上，长成单菌落后，用接种针或灭过菌的牙签把这些单菌落逐个依次地分别接种到基本培养基和另一完全培养基上。经过培养后进行比较，如果在完全培养基的某一部位上长出菌落，而在基本培养基的相应位置上不长，则说明这是一个营养缺陷型菌株。

④ 影印接种法　将诱变处理后的细胞涂布在一个完全培养基的表面上，经培养后使其长出很多菌落，然后用影印接种工具，把此皿上的全部菌落转印到另一基本培养基平板上。经培养后，比较这两个平板上长出的菌落，如果发现在前一培养皿平板上的某一部位长有菌落，而在后一平板的相应部位却不长，说明这就是一个营养缺陷型菌株。

三、体内基因重组育种

体内基因重组是指重组过程发生在细胞内，这是相对于体外DNA重组技术即基因工程技术而言的。体内基因重组育种是指采用接合、转化、转导和原生质体融合等遗传学方法和技术使微生物细胞内发生基因重组，以增加优良性状的组合，或者导致多倍体的出现，从而获得优良菌株的一种育种方法。接合、转化、转导的方式在本章第一节中进行了介绍，这里重点介绍原生质体融合技术。

原生质体融合技术于20世纪70年代后期得到迅速发展，为微生物育种开辟了新的途径，目前已成为了重要的育种手段之一。兴起于20世纪末期的genome shuffling（基因组重组）育种技术也是基于原生质体融合技术而进行的。

原生质体融合，是指通过人为的方法，使遗传性状不同的两个细胞的原生质体发生融合，并进而发生遗传重组以产生同时带有双亲性状的、遗传性稳定的融合子的过程。原核生物中的细菌和放线菌，真核生物中的酵母菌和霉菌都能通过原生质体融合技术实现基因重组。

原生质体融合育种大致分为以下四个阶段进行。

1. 原生质体的制备

制备原生质体主要就是去除细胞壁的过程。去除细胞壁可以使用物理方法也可以使用酶法。物理方法如研磨以及超声波法等。目前主要是通过酶法去除细胞壁，不同的微生物细胞需要不同的酶进行处理，比如去除细菌细胞壁主要使用溶菌酶，放线菌除可用溶菌酶外，还可用裂解酶2号、消色肽酶等，霉菌细胞壁的去除用蜗牛酶效果最好。在制备过程中，为防止原生质体破裂，需要把原生质体释放到高渗缓冲液或培养基中。制备原生质体用的亲本细胞要带有选择性标记，便于融合后的筛选。

2. 原生质体的融合

制备好的双亲本原生质体可通过化学或物理因素诱导进行融合，最常使用的方法是以聚乙二醇（PEG）作为融合剂，除此以外，电融合也有较好的效果，在电场电击下，原生质体膜会被击穿，从而导致融合的发生。

3. 再生

原生质体是除去细胞壁后仅有细胞膜包裹，虽然具有生物活性，但是非常脆弱，不是正常细胞，在普通培养基上不能生长。原生质体融合后，需涂布于再生培养基上，使其再生，恢复正常的细胞形态后，才能在普通培养基上正常生长。

4. 融合子的检出与鉴定

（1）融合子的检出　融合子的检出通常有两种方法：直接检出法和间接检出法。

直接检出法是将融合液涂布于无双亲株生长所必要的营养物或存在抑制双亲株生长的抑制物的再生平皿上，直接检出原营养型或具有双亲抑制物抗性的融合子。

间接检出法是将融合液涂布于营养丰富而又不加任何抑制物的再生完全培养基平皿上，使亲株及融合子都再生出菌落，然后再用影印法复制到一系列选择培养基平皿上检出融合子。

（2）融合子的鉴定　经过传代选出的稳定融合子，可从形态学、生理生化、遗传学及生物学等几方面进行鉴定。比如比较菌落形态和颜色变化，用光镜或电镜比较融合子与双亲株间的个体形态和大小，测定不同时期的菌体体积、湿重和干重，测定某些有代表性代谢产物的量，进行核酸的分子杂交，以及分析DNA含量和GC对的变化等。

四、基因工程育种

基因工程育种技术的应用依赖于基因工程的兴起，在20世纪90年代开始得到快速发展。与体内基因重组不同，基因工程技术在很大程度上实现了基因的定向重组，使得育种工作的方向更加明确，效率得到了有效的提高。

基因工程育种主要包括以下几个环节。

1. 目的基因的获得

在进行基因工程操作时，首先必须获得一定数量的目的基因用于重组。获得目的基因的途径如下所述。

（1）从适当的供体细胞 DNA 中分离得到 此法相对来说较简便，首先大量培养含有目的基因的供体细胞，成熟后采用一定的化学或生物方法，从供体细胞中提取所需的 DNA 片段，鉴定后将所需片段保存待用。

（2）通过化学合成法或 PCR 扩增法获得 化学合成法准确性高，合成速度快，但合成的 DNA 链不宜太长，通常小于 60bp，而且合成的成本高。一般常用于合成 PCR 引物、寡核苷酸探针、人工接头及较小的基因片段。

PCR 扩增法是利用 DNA 变性/复性的原理，以已知的 DNA 为模板，首先使其热变性，然后以每一条链为模板，在 *Taq*DNA 聚合酶的催化下，由特定引物开始，根据碱基配对原则，按照 5′→3′的方向，合成与模板 DNA 互补的新链，形成两个与原来相同的 DNA 分子。新合成的 DNA 分子又可作为下一轮循环的模板。如此循环 30 次左右，可在数小时内使目的基因片段扩增到数百万个拷贝。

（3）构建基因组文库，筛选目的基因 分离真核生物中某种 DNA 成分，通常是分离供体细胞中的染色体 DNA，酶切后，将这些染色体 DNA 片段与某种载体相接，而后转入大肠杆菌，建立包含有真核细胞染色体 DNA 片段的克隆株，这种克隆株群体称基因组文库。用相应的基因探针的分子杂交即可从基因组文库中筛选出带有目的基因的克隆，进而可得到需分离的目的基因。

2. 载体的选择

基因工程载体是一种特定的、具有自我复制能力的 DNA 分子。目前基因工程中所用的载体，适用于原核生物的主要有质粒（plasmid）载体、λ噬菌体载体、柯斯质粒（Cosmid）载体、M13 噬菌体载体和噬菌体质粒载体等，适用于真核生物的主要有酵母质粒载体和真核生物病毒载体。

基因工程所用的载体，需要具有以下特性：

① 在寄主细胞中能自我复制，即本身是复制子；

② 容易从供体细胞中分离纯化；

③ 载体 DNA 分子中有一段不影响它们扩增的非必需区域，插在其中的外源基因可以像载体的正常组分一样进行复制和扩增；

④ 有限制性酶切的酶切位点，以便于目的基因的组装；

⑤ 能赋予细胞特殊的遗传标记，以便于对导入的重组体进行鉴定和检测；

⑥ 用于表达目的基因的载体还应具有启动子（强启动子）、增强子、SD 序列、终止子等。

3. 目的基因与载体连接形成重组 DNA 分子

外源 DNA 片段（目的基因）同载体分子体外连接的方法，即 DNA 体外重组技术。此过程主要依赖于限制性核酸内切酶的切割和 DNA 连接酶的连接。

限制性核酸内切酶简称限制性酶，是指能识别双链 DNA 分子的特定序列，并在识别位点或其附近切割 DNA 的一类内切酶。目前发现的限制性内切酶主要有Ⅰ、Ⅱ、Ⅲ三种类型，其中Ⅱ型酶是基因工程中真正用到的。限制性内切酶作用于 DNA 片段后可产生两种形式的末端，即黏末端和平末端。

DNA 连接酶的作用是封闭双螺旋 DNA 骨架上的缺口，连接两个相互配对的脱氧核苷酸末端的 3′末端和 5′末端，形成磷酸二酯键。常用的 DNA 连接酶有两种：一是由大肠杆菌染色体基因组编码的 DNA 连接酶，此种 DNA 连接酶需要 NAD^+ 作辅助因子；另一种是来源于大肠杆菌 T4 噬菌体编码的 DNA 连接酶，此种 DNA 连接酶需要以 ATP 作为能源的辅助因子。

4. 重组 DNA 分子导入受体细胞

在体外反应生成的重组载体，只有将其引入受体细胞后，才能使其基因扩增和表达。大肠杆菌、枯草芽孢杆菌和酵母菌被称为基因工程的三大受体菌。将重组 DNA 分子导入受体细胞的方法主要如下。

(1) 转化法　即本章第一节中所讲述的转化法，主要用于原核受体细胞中重组 DNA 分子的导入。可以采用化学转化法、原生质体转化法和电穿孔法。

(2) 病毒颗粒转染或转导法　即通过转染或转导作用传递遗传物质。主要包括三种形式：一是带有目的基因的病毒颗粒直接感染受体细胞，目的基因随同病毒 DNA 分子整合到受体细胞染色体 DNA 上；二是带有目的基因的病毒基因组是缺陷型的，需同另一辅助病毒一起去感染受体细胞；三是虽然带有目的基因的病毒基因组是缺陷型的，但是被感染的受体细胞的基因组中已经整合了病毒缺失的基因，不需要辅助病毒。

5. 克隆子的筛选和鉴定

检验基因重组是否成功必须从转化菌落中筛选含有阳性重组子的菌落，并鉴定重组子的正确性。不同的载体及宿主系统，其重组子的筛选、鉴定方法各不相同。应用的主要方法如下所述。

(1) 利用遗传标记进行克隆子的筛选　常用的遗传标记有抗生素抗性标记、抗性基因的插入失活标记、β-半乳糖苷酶 (*LacZ*) 基因失活的营养缺陷型标记等，利用载体携带的这些遗传标记，可以快速有效地筛选出正确的克隆子。

(2) 根据克隆子的结构特征筛选

① 克隆子大小鉴别筛选　将克隆子和原载体携带菌株培养后提取载体基因片段，只需用一种限制性内切酶消化后，直接进行凝胶电泳，携带外源性目的基因的重组子质粒因分子量大，电泳迁移率较小，其电泳条带在后，而原载体质粒因分子量较小，电泳迁移率较大，其电泳条带在前。通过比较可初步判断重组子中是否插入外源基因片段。本方法适用于插入较大的重组子的初步筛选。

② 酶切鉴定　根据已知重组时外源基因两端的酶切位点，分别用相应的两种内切酶进行酶解，经琼脂糖电泳后，原载体因无外源性目的基因，切开后变成线性，电泳成一条带，若载体上有外源性目的基因插入，切开后电泳出现两条带：一条为载体质粒线性条带，另一条为释放出的插入基因片段的小分子条带，这样就可以看出载体中是否有插入的目的基因片段，以及由 DNA marker（标准分子量）条带对比分析可得知插入基因片段的大小。

③ PCR 筛选法　利用能与插入基因片段两端互补的特异引物，以少量抽提的重组子 DNA 为模板，进行 PCR 分析，能扩增出特异片段的转化子为携有目的基因的重组子。

④ 原位杂交法　原位杂交亦称菌落杂交或噬菌斑杂交。生长在培养基平板上的菌落或噬菌斑，按照其原来的位置原位不变地转移到滤膜（或硝酸纤维膜）上，并在原位溶菌裂解、DNA 变性和用特异探针进行杂交。

(3) 根据表达产物鉴定克隆子　基因的最终表达产物是蛋白质，因此，检测蛋白质的方法可用于目的基因表达产物的检测。常用的方法是蛋白质印迹法。提取克隆子总蛋白质，经

SDS-聚丙烯酰胺凝胶电泳按分子大小分开后，转移到杂交膜上，通过抗原-抗体反应，检测目的蛋白质是否存在，以此来检测目的基因是否正常表达。

实训一　细菌原生质体的制备及细胞融合技术

一、实训目标

1. 掌握原生质体制备的操作方法。
2. 掌握原生质体融合技术。

二、基础知识

原核微生物基因重组主要可通过转化、转导、接合等途径，但有些微生物不适于采用这些途径，从而使育种工作受到一定的限制。1978 年第三届国际工业微生物遗传学讨论会上，有人提出微生物细胞原生质体融合这一新的基因重组手段。由于它具有许多特殊优点，所以，目前已为国内外微生物育种工作所广泛研究和应用。原生质体融合的优点表现在以下 4 个方面。

① 克服种属间杂交的“不育性”，可以进行远缘杂交。由于用酶解除去细胞壁，因此，即使相同接合型的真菌或不同种属间的微生物，皆可发生原生质体融合，产生重组子。

② 基因重组频率高，重组类型多。原生质体融合时，由于聚乙二醇（PEG）起促融合的作用，使细胞相互聚集，可以提高基因重组率。原生质体融合后，两个亲株的整套基因组（包括细胞核、细胞质）相互接触，发生多位点的交换，从而产生各种各样的基因组合，获得多种类型的重组子。

③ 可将由其他育种方法获得的优良性状，经原生质体融合而组合到一个菌株中。

④ 存在着两个以上的亲株同时参与融合，可形成多种性状的融合子。

三、实训器材

1. 菌种

枯草芽孢杆菌（ade^- his^-）、枯草芽孢杆菌（ade^- pro^-）。

2. 培养基

① 完全培养基（CM，液体）；

② 完全培养基（CM，固体）：液体培养基中加入 2.0%琼脂；

③ 基本培养基（MM）；

④ 补充基本培养基（SM）：在基本培养基中加入 20g/mL 的腺嘌呤及 2%的纯化琼脂，75Pa 灭菌 20min；

⑤ 再生补充基本培养基（SMR）：在补充基本培养基中加入 0.5mol/L 蔗糖，1.0%纯化琼脂作上层平板，2.0%纯化琼脂作底层平板、75Pa 灭菌 20min。

⑥ 酪蛋白培养基（测蛋白酶活性用）。

3. 缓冲液

① 0.1mol/L pH 6.0 磷酸盐缓冲液。

② 高渗缓冲液：于上述缓冲液中加入 0.8mol/L 甘露醇。

4. 原生质体稳定液（SMM）

0.5mol/L 蔗糖、20mol/L $MgCl_2$、0.02mol/L 顺丁烯二酸，调 pH6.5。

5. 促融合剂

40%聚乙二醇（PEG-4000）的 SMM 溶液。

6. 溶菌酶液

酶粉酶活力不小于4000U/g，用SMM溶液配制，终浓度为2mg/mL，过滤除菌备用。

7. 器皿

培养皿、移液管、试管、容量瓶、锥形瓶、烧杯、离心管、吸管、显微镜、台式离心机、721比色计、细菌过滤器。

四、实训操作过程

1. 原生质体的制备

(1) 培养枯草芽孢杆菌　取两亲本菌株新鲜斜面分别接一环到装有液体完全培养基(CM)的试管中，36℃振荡培养14h，各取1mL菌液转接入装有20mL液体完全培养基的250mL锥形瓶中，36℃振荡培养3h，使细胞生长进入对数前期，各加入25U/mL青霉素，使其终浓度为0.3U/mL，继续振荡培养2h。

(2) 收集细胞　各取菌液10mL，4000r/min离心10min，弃上清液，将菌体悬浮于磷酸盐缓冲液中，离心。如此洗涤两次，将菌体悬浮于10mL SMM中，每毫升约含10^8～10^9个活菌为宜。

(3) 总菌数测定　各取菌液0.5mL，用生理盐水稀释，取10^{-5}、10^{-6}、10^{-7}各1mL(每稀释度作两个平板)倾注完全培养基，36℃培养24h后计数。此为未经酶处理的总菌数。

(4) 脱壁　两株亲本菌株各取5mL菌悬液，加入5mL溶菌酶溶液，溶菌酶浓度为1mg/mL，混匀后于36℃水浴保温处理30min，定时取样，镜检观察原生质体形成情况，当95%以上细胞变成球状原生质体时，用4000r/min离心10min，弃上清液，用高渗缓冲液洗涤除酶，然后将原生质体悬浮于5mL高渗缓冲液中。立即进行剩余菌数的测定。

(5) 剩余菌数测定　取0.5mL上述原生质体悬液，用无菌水稀释，使原生质体裂解死亡，取10^{-2}、10^{-3}、10^{-4}稀释液各0.1mL，涂布于完全培养基平板上，36℃培养24～48h，生长出的菌落应是未被酶裂解的剩余细胞。

计算酶处理后剩余细胞数，并分别计算两亲株的原生质体形成率。

$$\text{原生质体形成率}(\%)=\frac{\text{未经酶处理的总菌数}-\text{酶处理后剩余细胞数}}{\text{未经酶处理的总菌数}}\times 100\% \tag{8-1}$$

(6) 原生质体再生　用双层培养法，先倒再生补充基本固体培养基（SMR）作底层，取0.5 mL原生质体悬液，用SMM作适当稀释，取10^{-3}、10^{-4}、10^{-5}稀释液各1mL，加入底层平板培养基的中央，再往上层倒入再生补充半固体培养基混匀，36℃培养48 h。分别计算两亲株的原生质体的再生率，并计算其平均数。

$$\text{原生质体的再生率}(\%)=\frac{\text{再生菌落数}}{\text{加入的原生质体数}}\times 100\% \tag{8-2}$$

2. 原生质体融合及筛选

(1) 原生质体融合　取两个亲本的原生质体悬液各1mL混合，放置5min后，2500r/min离心10min，弃上清液。于沉淀中加入0.2mL SMM溶液混匀，再加入1.8mL PEG溶液，轻轻摇匀，置36℃水浴保温处理2min，2500r/min离心10min，收集菌体，将沉淀充分悬浮于2mL SMM液中。

(2) 检出融合子　取0.5mL融合液，用SMM液作适当稀释，取0.1mL稀释后的菌液于灭菌并冷却至50℃的再生补充基本培养基软琼脂中混匀，迅速倾入底层为再生补充基本培养基的平板上，36℃培养2d，检出融合子，转接传代，并进行计数，计算融合率。

(3) 融合子的筛选　挑选遗传标记稳定的融合子，凡是在再生补充基本培养基平板上长出的菌落，初步认为是融合子，可接入到酪蛋白培养基平板上，再挑选蛋白酶活性高于亲本的融合子。由于原生质体融合后会出现两种情况：一种是真正的融合，即产生杂核二倍体或单倍重组体，另一种只发生质配，而无核配，形成异核体。两者都能在再生基本培养基平板上形成菌落，但前者稳定，而后者则不稳定。故在传代中将会分离为亲本类型。所以要获得真正融合子，必须进行几代的分离、纯化和选择。

五、实训记录

1. 记录原生质体制备过程中的总菌数和剩余菌数，并计算原生质体形成率。

2. 记录再生平板中的菌落数，计算原生质体再生率。

【操作技巧提示】

1. 总菌数及原生质体形成率测定时，菌液的梯度稀释操作要注意其规范性，切记每支移液管（枪头）只接触一个浓度的稀释液，否则会对结果造成严重影响。

2. 实验过程中用到的培养基种类较多，要养成良好的分类标记习惯，以免混淆。

【案例介绍】

案例：按照前述实验方法进行原生质体融合实验，教师预作实验可以得到合理数据。实验中，两组同学测定总菌数及原生质体再生率平板中的菌落数如下：

组号	总菌数测定			原生质体再生率测定		
	10^{-5}	10^{-6}	10^{-7}	10^{-3}	10^{-4}	10^{-5}
第一组	462	124	25	284	57	11
	488	141	31	269	49	8
	459	136	19	271	45	13
第二组	475	42	2	37	2	0
	453	51	5	28	0	0
	467	48	7	35	5	0

试分析两组同学的数据是否合理？若不合理，分析其可能的原因。

解析：两组数据均不合理，第一组同学的数据明显是梯度稀释存在误差，各梯度菌落数平均值均小于10，造成此种误差的原因是操作中移液管（枪头）的使用不正确，使携带高浓度菌液的移液管（枪头）接触了低浓度的稀释液。第二组同学梯度稀释很准确，浓度梯度合理，但再生率测定中结果不合理，原生质体的再生数量严重偏少，造成此种结果的原因有两种可能，一是用错了培养基，把基本培养基当作再生培养基使用，平板上长出的菌落为未脱壁细胞，二是在稀释操作中出现了错误操作，10^{-1}或10^{-2}稀释度产生了大误差造成，具体为何种原因可通过观察平板中菌落形态是否为再生原生质体菌落形态来确定。

【思考题】

1. 原生质体制备中应注意哪些问题？

2. 原生质体能否在普通培养基上生长？为什么？

3. 如何筛选融合子？

实训二　产淀粉酶枯草芽孢杆菌的紫外诱变

一、实训目标

1. 掌握诱变育种的基本操作流程。

2. 了解紫外线对枯草芽孢杆菌产淀粉酶的诱变效应。

二、基础知识

物理诱变因子中以紫外线辐射的使用最为普遍，其他物理诱变因子则受设备条件的限制，难以普及。紫外线作为物理诱变因子用于工业微生物菌种的诱变处理具有悠久的历史，对大多数菌种具有较好的诱变效应，80%的抗生素高产菌株是通过紫外诱变后筛选获得。

紫外线的波长在200～380nm之间，对诱变最有效的波长是在253～265nm，一般紫外线杀菌灯所发射的紫外线大约有80%是254nm。紫外线诱变的生物学效应是由于DNA变化而造成的，DNA对紫外线有强烈的吸收作用，尤其是碱基中的嘧啶，比嘌呤更为敏感。紫外线引起DNA的结构变化最主要的作用是使同链DNA的相邻嘧啶间形成胸腺嘧啶二聚体，阻碍碱基间的正常配对，从而引起微生物突变或死亡。

经紫外线损伤的DNA能被可见光复活，因此，经诱变处理后的微生物菌种要避免长波紫外线和可见光的照射，故经紫外线照射后样品需用黑纸或黑布包裹，照射处理后的孢子悬液不能贮放太久，以免突变在黑暗中修复。

三、实训器材

1. 菌种

枯草芽孢杆菌BF7658。

2. 培养基

牛肉膏蛋白胨固体培养基、淀粉培养基。

3. 主要药品

牛肉膏、蛋白胨、NaCl、可溶性淀粉、碘液。

4. 主要器皿

试管、移液管、锥形瓶、量筒、烧杯、20W紫外灯、磁力搅拌器、离心机等。

四、实训操作过程

1. 诱变操作

（1）菌悬液的制备　取已活化的枯草芽孢杆菌斜面，接种至液体摇瓶中，培养20h至对数期，取菌液10mL，以3000r/min离心15min，弃去上清液，将菌体用无菌生理盐水洗涤2次，最后制成菌悬液，调整其细胞浓度为10^8个/mL。

（2）平板制作　将淀粉琼脂培养基融化后，冷至45℃左右倒平板，凝固后待用。

（3）诱变处理

① 预热　正式照射前开启紫外灯预热10min。

② 搅拌　取制备好的菌悬液4mL移入6cm的无菌培养皿中，放入无菌磁力搅拌棒，置磁力搅拌器上，20W紫外灯下30cm处。

③ 照射　打开皿盖边搅拌边照射，时间分别为1min、2min、3min。可以累积照射，也可以分别照射不同时间。所有操作必须在红灯下进行。

（4）稀释涂平板　诱变后的菌悬液预培养2h后，在红灯下分别取未照射的菌悬液（作为对照）和照射过的菌悬液各0.5mL进行不同程度的稀释。取最后3个稀释度的稀释液涂于淀粉培养基平板上，每个稀释度涂3个平板，每个平板加稀释液0.1mL，用无菌玻璃涂布器涂匀，37℃培养48h（用黑布包好平板）。在每个平板背后要标明处理时间、稀释度、组别。

2. 计算存活率及致死率

（1）存活率　将培养48h后的平板取出进行细胞计数。根据平板上的菌落数，计算出对照样品1mL菌液中的活菌数。

$$存活率=\frac{处理后\ 1mL\ 菌液中活菌数}{对照\ 1mL\ 菌液中活菌数}\times100\%$$

（2）致死率　同样计算用紫外线处理1min、2min、3min后的存活细胞数及致死率。

$$致死率=\frac{对照\ 1mL\ 菌液中活菌数-处理后\ 1mL\ 菌液中活菌数}{对照\ 1mL\ 菌液中活菌数}\times100\%$$

3. 观察诱变效应

在平板菌落计数后，分别向菌落数在5～6个的平板内加碘液数滴，在菌落周围将出现透明圈，分别测量透明圈直径与菌落直径并计算比值（HC值），与对照平板进行比较，根据结果说明紫外线对枯草芽孢杆菌产淀粉酶诱变的效果，选取HC比值大的菌落移接到新鲜牛肉膏斜面上培养。此斜面可作复筛用。

五、实训记录

1. 将实验数据记入表格，并分别计算存活率及致死率。

处理时间	最后三个稀释度			存活率	致死率
对照组					
1min					
2min					
3min					

2. 测量经UV处理后的枯草芽孢杆菌菌落周围的透明圈直径与菌落直径并计算比值（HC），与对照菌株进行比较。

菌落 组别	1			2			3			4			5			6		
	透明圈	菌落大小	HC比值	透明圈	菌落大小	HC比值	透明圈	菌落大小	HC比值	透明圈	菌落大小	HC比值	透明圈	菌落大小	HC比值	透明圈	菌落大小	HC比值
对照																		
1min																		
2min																		
3min																		

【操作技巧提示】

1. 处理对象选择好

细菌或酵母菌等营养细胞为单细胞的，以对数生长期的营养细胞为诱变对象；放线菌、霉菌等营养细胞为多核（核质体）菌丝体的，以其孢子为诱变对象，细胞或孢子浓度控制在 10^8 个/mL。

2. 紫外照射要细心

紫外线不能穿透玻璃，诱变时不能忘记把培养皿盖打开；操作者要有必要的防护措施，以免被紫外线灼伤。

3. 避光操作才有效

诱变过程在黑箱中进行，诱变后的操作也必须避开可见光在红光下进行，防止 DNA 的光复或修复。

4. 预培养环节莫忽略

任何形式的诱变处理后，都不能忽略预培养环节，应使细胞发生一次细胞分裂后再进行稀释涂平板操作，因为 DNA 的改变往往发生在一条链上，不进行预培养会出现性状分离现象，造成菌落不纯。

【案例介绍】

案例：透明圈检测环节中，一组同学的实验没有检测出透明圈，试分析其可能的原因。

解析：首先梳理操作步骤是否有失误，若没有操作失误，可从两方面考虑，一是菌种的产酶能力超强，将平板中的淀粉完全分解了；二是使用的碘液，浓度是否合适。可以考察其他组实验是否检出了透明圈，若有，则可考虑验证此组实验中得到的菌种的产酶能力；若其他组也没有透明圈，则要考虑碘液的浓度过小，可将碘液滴在未使用的淀粉培养基平板上进行验证。

【思考题】

1. 紫外诱变操作应注意哪些问题？
2. 诱变育种时应如何防护操作人员？

第三节　菌种的衰退、复壮和保藏

在微生物研究及应用领域，选育出一株理想的微生物菌株是一件艰苦的工作，而要将选育出来的菌种稳定地保存，是一项困难更大的工作，菌种退化是一种潜在的威胁，引起了微生物研究人员的关注与重视。

一、菌种的退化和复壮

1. 菌种退化

菌种退化是指群体中退化细胞在数量上占一定数值后，表现出菌种生产性能下降的现象。对产量性状来说，菌种的负变就是退化；其他原有的典型性状变得不典型时，也是退化。退化现象中最易察觉的是菌落和细胞形态的改变，其次就是生长速度缓慢，产孢子越来越少，再次就是代谢产物生产能力的下降，最后还可表现为抗不良环境条件能力的减弱。

引起菌种退化的原因主要包括两方面：一是自发突变的影响；二是环境条件的影响。一方面，微生物与其他生物类群相比具有较高的代谢和繁殖能力，DNA 复制次数越多，其发生自发突变的概率就越大，突变体出现的可能性就越大；另一方面，环境因素也会造成菌体中遗传物质结构的改变，从而影响到菌种的遗传稳定性，环境因素既包括提供给菌体生长的营养环境，也包括环境的温度，以及低剂量诱变剂（如紫外线）的存在等。

菌种的退化是发生在细胞群体中的一个由量变到质变的逐步演变过程。开始时，在一个大群体中仅个别细胞发生负变，这时如不及时发现并采取有效措施，群体中这种负变个体的比例将不断增大，从而使整个群体表现出严重的衰退。

在实践中，为了防止菌种衰退，可以从以下几个方面着手。

(1) 控制传代次数 尽量避免不必要的移种和传代，并将必要的传代降低到最低限度，以减少自发突变的概率。

(2) 创造良好的培养条件 创造一个适合原种的生长条件，可在一定程度上防止菌种衰退。例如，在赤霉素生产菌的培养基中，加入糖蜜、天冬酰胺、5′-核苷酸或甘露醇等丰富营养物时，有防止菌种衰退的效果。

(3) 利用不同类型的细胞进行接种传代 在放线菌和霉菌中，由于它们的菌丝和细胞常含有几个核甚至是异核体，因此用菌丝接种就会出现不纯和衰退，而孢子一般是单核的，用于接种时，就没有这种现象发生。

(4) 采用有效的菌种保藏方法 用于工业生产的菌种中，重要的性状都属于数量性状，而这类性状恰是最易退化的。即使在较好的保藏条件下，也还会存在这种情况。因此，有效的菌种保藏方法是至关重要的。

2. 菌种的复壮

狭义的复壮是一种消极的措施，指的是在菌种已经发生衰退的情况下，通过纯种分离和测定生产性能等方法，从衰退的群体中找出少数尚未衰退的个体，以达到恢复该菌原有典型性状的一种措施；广义的复壮则是一种积极的措施，即在菌种的生产性能尚未衰退前就有意识地进行纯种分离和生产性能的测定工作，以期菌种的生产性能逐步有所提高。菌种复壮的方法如下所述。

(1) 纯种分离 通过纯种分离，可把退化菌种细胞群体中的一部分仍保持原有典型性状的单细胞分离出来，经过扩大培养，就可恢复原菌株的典型性状。常用的方法可分为两大类，一类是能达到菌落纯（菌种纯）的水平，另一类是能达到菌株纯（细胞纯）的水平。具体方法如图 8-15 所示。

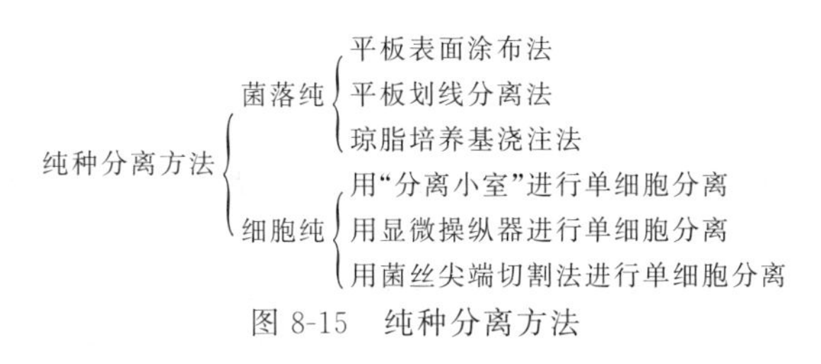

图 8-15 纯种分离方法

(2) 通过宿主体内生长进行复壮 对于寄生性微生物的退化菌株，可通过接种至相应的昆虫或动、植物宿主体内的措施来提高它们的致病性。例如，经过长期人工培养的苏云金芽孢杆菌，会发生毒力减退和杀虫效果降低等现象，这时，可将已衰退的菌株去感染菜青虫等的幼虫，然后可从病死的虫体内重新分离出典型的产毒菌株，如此反复进行多次，就可提高菌株的杀虫效率。

(3) 淘汰已衰退的个体 有人曾对某一抗生菌的分生孢子采用－30～－10℃的低温处理5～7 天，使其死亡率达到 80%，结果发现，在抗低温的存活个体中留下了未退化的健壮个体，从而达到了复壮的目的。

二、菌种保藏

1. 菌种保藏的原理

人为地创造合适的环境条件，使微生物的代谢处于不活泼、生长繁殖受抑制的休眠状态。这些人工环境主要从低温、干燥、缺氧三方面设计。

2. 菌种保藏的方法

菌种保藏的方法多种多样，具体方法根据保藏的时间、微生物种类、具备的条件等因素去确定，以下着重介绍几种比较有代表性的方法。

（1）冰箱斜面保藏法　将菌种接种在试管斜面培养基上，待菌种生长完全后，置于4℃冰箱中保藏，每隔一定时间再转接至新的斜面培养基上，生长后继续保藏。对细菌、放线菌、霉菌和酵母菌均可采用此方法。此方法操作简便、存活率高，使用比较普遍，但不适合长时间保存，因为传代不能避免基因突变，因此保藏期为3～6个月，但可将棉塞换为灭过菌的橡胶塞，并用石蜡封口来减少斜面菌种与氧的接触，这样可使保存时间延长到10年以上。

（2）石蜡油封存法　在斜面或半固体穿刺培养物上加灭菌石蜡油（约1cm高），直立保存于普通冰箱中，可用于霉菌、酵母菌、放线菌、好氧性细菌等的保存，保存时间为1～2年，优点是方法简便不需特殊装置，缺点是对于厌氧细菌或者能分解烃类的细菌的保藏效果较差。

（3）砂土管保藏法　主要用于能形成孢子或孢子囊的微生物。将砂土灭菌后放入干燥器中使其水分逸散，然后接入菌悬液或直接接种斜面的孢子，充分干燥后，密封保存。此法方法简便，保存时间可达10年。

（4）冷冻干燥保藏法　可从干燥、无氧、低温三个方面控制微生物的变异，适合于各类微生物菌种的保藏，但方法比较复杂，需要加入甘油、二甲基亚砜等保护剂，保护微生物细胞不受伤害，保存时间可达15年以上。

（5）液氮保藏法　液氮保藏法是当前菌种保藏的最理想方法，液氮温度为－196℃，在此温度下，所有的生命活动都停止，因此是最有效的保藏方法。但此方法过程复杂，技术要求也比较高，对保藏菌体也需用保护剂加以保护，用一般保藏方法难于保藏的微生物菌种可以考虑用液氮法保藏。

3. 菌种保藏机构

菌种是一个国家所拥有的重要生物资源，菌种保藏机构的任务是在广泛收集实验室和生产菌种、菌株的基础上，将它们妥善保藏，使之达到不死、不衰、不乱以及便于研究、交换和使用的目的。为此，在国际上一些工业较发达的国家都设有相应的菌种保藏机构，下面列出国内外重要的菌种保藏机构。

国外菌种保藏机构：美国典型菌种收藏所（ATCC）；美国农业部北方地区研究室（NRRL）；日本大阪发酵研究所（IFO）；荷兰真菌中心收藏所（CBS）；法国里昂巴斯德研究所（IPL）；德国微生物菌种保藏中心（DSMZ）；英国国家菌种保藏中心（UKNCC）。

国内菌种保藏机构：中国典型培养物保藏中心（CCTCC）；中国农业微生物菌种保藏管理中心（ACCC）；普通微生物菌种保藏管理中心（CGMCC）；中国科学院武汉病毒研究所-“中国病毒资源与信息中心”（AS-AV）；中国林业微生物菌种保藏管理中心（CFCC）；中国工业微生物菌种保藏管理中心（CICC）；中国医学细菌保藏管理中心（CMCC）等。

实训三　常见菌种的分离纯化技术

一、实训目标

1. 掌握菌种划线分离技术。
2. 掌握稀释涂平板的操作方法。

二、基础知识

1. 退化酵母的分离纯化

保存菌种不可避免地会发生菌种退化，退化菌种分离的最简单的方法为平板划线分离，其基本原理是通过平板划线使混杂的菌体以单个细胞为中心形成单菌落，具体划线方法如图 8-16 所示：将平板分为三个区域，每划完一个区域将接种针灼烧灭菌，冷却后从上一区域末端开始继续划线，在第三区域基本可得到单菌落。

2. 大肠杆菌的稀释涂平板分离

将混杂菌种通过梯度稀释使细胞分散，稀释后的菌液涂布于平板培养，在稀释度合适的情况下，平板上会出现可分离的单菌落（图 8-17）。

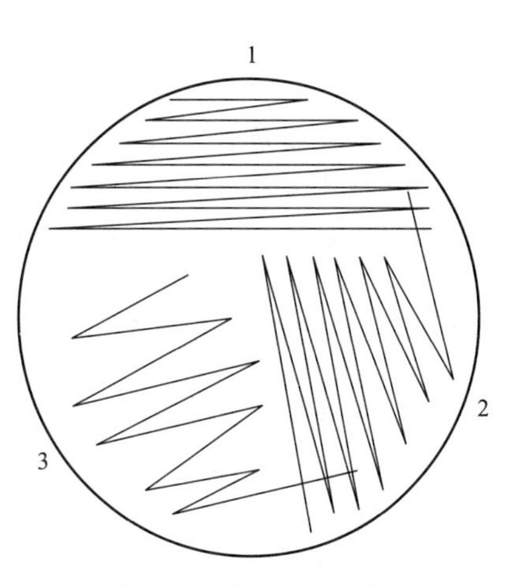

图 8-16 划线分离示意图

三、实训器材

1. 菌种

黏红酵母、大肠杆菌。

2. 培养基

马铃薯培养基、牛肉膏蛋白胨培养基。

3. 器材

接种针、移液管、无菌水试管、无菌平皿、酒精灯、涂布器、培养箱。

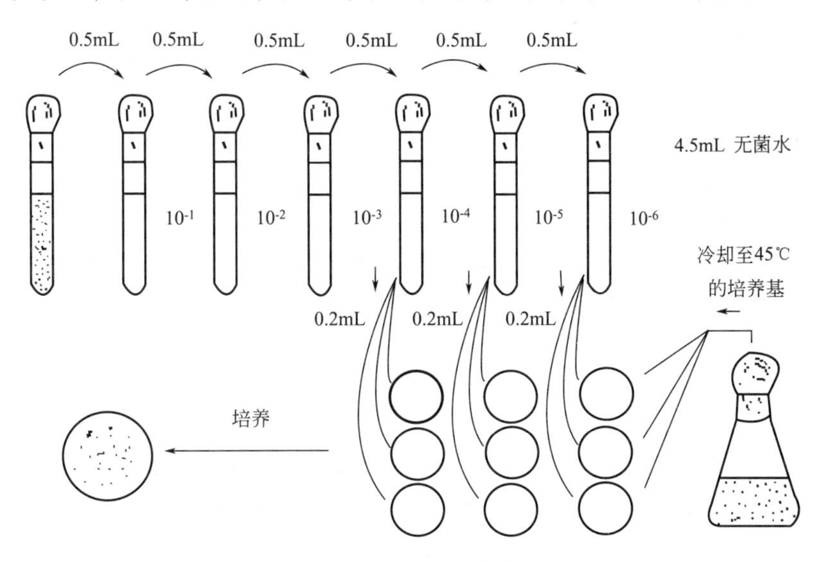

图 8-17 梯度涂平板分离过程

四、实训操作过程

1. 退化酵母的分离纯化

（1）倒平板 将提前配制好的马铃薯培养基加热熔解，冷却至 45℃左右时倒平板，培养基凝固后将平板倒置于 37℃培养箱中过夜培养，烘干多余水分。

（2）划线分离 无菌条件下，取退化的黏红酵母菌种按照如图 8-16 所示于平板中进行划线操作，划线后将平板倒置于 28℃培养箱中培养 2～3d，培养的平板中长出菌苔后，检查菌苔是否单纯，也可用显微镜涂片染色检查是否是单一的微生物，若有其他杂菌混杂，就要再一次进行分离、纯化，直到获得纯培养。将性状符合要求的单菌落接种于新鲜斜面，培养后保存。

2. 大肠杆菌的稀释涂平板分离

(1) 倒平板　将提前配制好的牛肉膏蛋白胨培养基加热熔解，冷却至45℃左右时倒平板，培养基凝固后将平板倒置于37℃培养箱中过夜培养，烘干多余水分。

(2) 退化大肠杆菌的培养　将保存的大肠杆菌斜面取1～2环接种于30mL牛肉膏蛋白胨液体培养基，于37℃气浴摇床振荡培养，16～20h取出备用。

(3) 不纯菌悬液的梯度稀释　无菌条件下，从上一步骤培养的不纯的大肠杆菌悬液中移取0.5mL置于4.5mL无菌水中，混合均匀后成为10^{-1}的稀释液，以此类推将菌悬液稀释至10^{-7}，备用。

(4) 涂平板　取10^{-6}、10^{-7}两个稀释度涂平板。以无菌移液管分别移取0.2mL稀释液置于平板表面，以涂布器涂布均匀，每个稀释度涂三个平板。涂布后的平板倒置于37℃培养箱中培养1～2d。

(5) 挑取单菌落　培养后的平板中长出菌苔后，检查菌苔是否单纯，也可用显微镜涂片染色检查是否是单一的微生物，若有其他杂菌混杂，就要再一次进行分离、纯化，直到获得纯培养。将性状符合要求的单菌落接种于新鲜斜面，培养后保存。

【操作技巧提示】

1. 划线分离勤练习，熟能生巧技术好

划线时使培养皿开口朝酒精灯火焰方向，皿底略向下倾斜，每完成一个区域划线后，转动培养皿120°，可方便划线操作。每完成一个区域不能忽略接种针的灼烧及冷却。刚开始时会掌握不好划线的力度和线的密度，出现培养基被划破以及折线稀疏不整齐，得不到单菌落等情况，只要勤于练习，很快能够熟练。

2. 梯度稀释操作准，涂布均匀得纯菌

稀释分离中，梯度稀释的准确性很关键，正确使用移液管及规范操作可保证稀释的准确性；涂布时，一要注意涂布时间的把握，二要注意正确使用涂布器，稀释液转移至平板表面后要立即涂布，放置过久会使液体渗入培养基，造成涂布不均，涂布器灼烧灭菌后冷却时间要比接种针长，若冷却时间不够，会将菌体烫死，影响分离效果。

【案例介绍】

案例：大肠杆菌的划线分离中，一位同学首次尝试划出的平板在第一区域出现了单菌落，第二区域及第三区域几乎没有菌。此结果是否合理？

解析：按照新手操作来说，这个结果不合理。大肠杆菌细胞较小，取菌少到只有第一区域有菌几乎不可能。出现这种结果的原因，应该是取菌时接种针没有完全冷却，取到的菌体大部分被烫死。虽然得到了单菌落，但这种操作结果是没有重现性的，需要注意操作细节，完善技术。

【思考题】

1. 倒平板时应注意哪些问题？
2. 划线分离法的原理是什么？
3. 稀释分离操作中应注意哪些问题？
4. 涂布后的平板为何要倒置培养？

问题与讨论

1. 微生物遗传变异的物质基础是什么？
2. 遗传物质在细胞中是以哪些方式和水平存在的？

3. 基因突变的类型有哪些?
4. 基因突变可以引起微生物哪些表型的变化?
5. 原核生物中基因重组的方式有哪些?
6. 真核微生物中基因重组的方式有哪些?
7. 诱变育种的基本环节包括哪些? 应注意哪些问题?
8. 原生质体融合的基本过程是什么?
9. 菌种衰退的原因是什么? 退化后的菌种如何复壮?
10. 菌种保藏的原理是什么? 有哪些保藏手段?

第九章 免疫基础知识

【知识目标】

1. 了解病原微生物的致病机理。
2. 掌握特异性免疫、非特异性免疫的相关概念。
3. 了解特异性免疫、非特异性免疫的发生过程。
4. 理解特异性免疫和非特异性免疫的保护机制。
5. 理解免疫学检测方法的原理及简要过程。

【能力目标】

尝试免疫学检测的方法。

第一节 传染的机理

传染又称感染或侵染，主要发生在宿主与病原微生物之间，是指当外源或内源的少量病原微生物突破了机体的防御机能后，在机体的特定部位生长繁殖，并引起的一系列生理、病理反应的过程。病原体通过各种途径进入人体后所致的疾病称为感染性疾病。

病原体能否被清除或定植下来，进而引起组织损伤、炎症过程和各种病理改变，主要取决于病原体的致病力和机体的免疫功能，也和外界环境因素有关。

一、病原微生物的致病性

毒力是决定病原微生物致病性的主要标志。毒力即病原体致病能力的大小，通常以能杀死易感动物半数致死量（LD_{50}）和最小致死量（minimal lethal dose，MLD）来计算。

1. 病原微生物的吸附和抗吞噬作用

许多致病菌引起感染的先决条件是菌毛的吸附作用，菌毛通过促进菌体对宿主细胞表面的吸附，增加致病性。从皮肤或黏膜侵入机体组织的病原微生物，可通过机体中的中性粒细胞和巨噬细胞吞噬，防止疾病的发生。但有些在一定条件下可形成荚膜的病原微生物如肺炎链球菌、鼠疫耶尔森菌等，具有抵抗吞噬细胞的吞噬和体液中杀菌物质的作用，使病原微生物在机体内生长繁殖，从而引起疾病。

2. 病原微生物酶的致病作用

病原体通过产生一些特殊的酶类来增强其在宿主体内的繁殖、扩散能力，因而对传染过程起重要作用。如透明质酸酶、胶原酶、链激酶、血浆凝固酶、溶血素和凝血素等。

3. 毒素的致病作用

（1）外毒素　指病原微生物不断向外界环境分泌的一类毒性蛋白质，主要产生于革兰阳性菌。外毒素通过与靶细胞的受体结合，进入细胞内而起作用。许多致病菌能产生毒性很强的外毒素，微量就可使宿主致病、死亡。外毒素经过0.3%～0.4%甲醛溶液的脱毒处理后，可获得保留原有抗原性的生物制品——类毒素。将其注射机体后，可使机体产生对相应外毒素具免疫性的抗体——抗毒素。常用的类毒素有白喉类毒素、破伤风类毒素和肉毒类毒素，其中肉毒类毒素是毒素最强的神经毒素，1mg可杀死2000万只小鼠。

（2）内毒素　内毒素主要见于革兰阴性菌，是细菌细胞壁中脂多糖的成分，只有当菌体死亡或人工裂解菌体后，才释放到环境中。

二、病原微生物的侵入数量和途径对致病性的影响

病原微生物侵入机体的数量多少和不同侵入途径也是决定感染能否发生的关键。在同一种传染病中，入侵病原体的数量一般与致病能力成正比。但在不同的传染病中，能引起疾病的最低病原体数量可有较大差异，如痢疾志贺菌只需几个菌体侵入，就可使抵抗力低的宿主致病，而伤寒沙门菌的感染剂量往往需要 $10^8 \sim 10^9$ 才会引起急性胃肠炎。微生物可通过消化道、呼吸道、皮肤创口以及泌尿生殖道等途径侵入宿主体内。如破伤风梭菌只有侵入深部创伤才有可能引起破伤风，肺炎链球菌、流感病毒经呼吸道传染，乙型脑炎病毒是由蚊子为媒介叮咬皮肤后经血液传染。

三、机体的免疫力

1. 免疫

免疫（immunity）系指机体的抗感染防御能力。人类在通过接触病原（流感、腮腺炎、乙肝等）后，获得了相对应传染病的抵抗能力。随着现代免疫学的发展，一些与抗感染无关的免疫现象的出现，如注射异种动物血清可引起血清病，血型不符的输血会引起严重的输血反应以及免疫排斥反应等，使人们对免疫有了新的理解，即免疫不只局限于抗感染方面，也可以由其他物质诱导；免疫对机体既有有利的一面，也有有害的一面。因此，现代免疫的概念指的是机体免疫系统识别与排除抗原性异物的一种功能。

宿主的免疫能力可分为两大类：一类是非特异性免疫，是构成可遗传的天然防御机能，包括外部屏障、内部屏障、抗菌物质、吞噬细胞的吞噬作用以及炎症反应和淋巴结的“过滤”作用。另一类是特异性免疫，可以保护机体免受病原微生物或毒素的感染，是预防传染病的重要手段，包括体液免疫和细胞免疫。

2. 免疫的三大功能

（1）免疫防御（immunological defence）　指机体识别与排斥病原微生物等抗原异物的能力，即抗感染免疫。免疫防御在正常情况下可防御病原体的侵害和中和其毒素（抗传染免疫），当免疫防御反应过高时，可引起变态反应或免疫缺陷症。

（2）免疫稳定（immunological homeostasis）　指机体识别和清除损伤或衰老死亡的细胞，维持生理平衡的功能。免疫稳定功能失调可导致自身免疫病。

（3）免疫监视（immunological surveillance）　指机体识别和清除体内出现的突变细胞，防止发生肿瘤的功能。免疫监视功能低下，易患恶性肿瘤。

四、环境因素

传染的发生与发展除了取决于病原体的毒力、数量、入侵途径和免疫力之外，还取决于来自外界环境因素的影响，如受凉、劳累、药物或放射治疗等。良好的环境因素有利于提高机体的免疫力，有利于限制、消灭自然疫源和控制病原体的传播，更好地防止传染病的发生或流行。

五、传染的类型

病原微生物侵入宿主后，可出现以下几种传染类型。

1. 隐性感染

隐性感染又称亚临床感染，是指病原体侵入机体后，仅诱导机体产生特异性免疫应答，而不引起或只引起轻微的组织损伤，因而在临床上不显出任何症状、体征甚至生化改变，只

能通过免疫学检查才能发现，称为隐性感染。隐性感染过程结束后，多数机体会获得不同程度的特异性免疫，病原体被清除；少数可转变为病原携带状态，病原体持续存在于体内，成为无症状携带者，如伤寒杆菌、乙型肝炎病毒感染等。

2. 带菌状态

如果病原体与宿主双方都具有一定优势，但病原体仅被限制于某一局部无法大量繁殖，此时两者长期处于相持的状态，称为带菌状态。这种长期处于带菌状态的宿主，称为带菌者。在隐性传染或传染病痊愈后，宿主常会成为该传染病的传染源之一，因其不表现感染症状，易使疾病传播。

3. 显性传染

显性传染又称临床感染，是指病原体侵入人体后，不但诱导机体发生免疫应答，而且通过病原体本身的作用或机体的变态反应，导致生理功能异常而出现一系列临床症状。显性感染后，病原体可被清除，机体获得较为稳定的免疫力，如麻疹、甲型肝炎和伤寒等。

依据发病时间的长短，显性传染可分为急性传染和慢性传染两类。前者的病程仅数日或数周，如流行性脑膜炎、霍乱等。后者的病程往往长达数月乃至数年，如结核病、麻风病等。

按发病部位的不同，显性传染可分为局部感染和全身感染。全身感染根据其性质和感染的严重程度分为毒血症、菌血症、败血症和脓毒血症四类。

（1）毒血症　病原体被限制在局部病灶，只有其所产毒素才能进入血液而引起全身性症状，此称为毒血症，如白喉、破伤风等症。

（2）菌血症　病原体由局部的原发病灶侵入血液后传播至远处组织，但未在血流中大量繁殖的传染病，称为菌血症，如伤寒症的早期。

（3）败血症　病原体侵入血液并在其中大量繁殖，造成宿主严重损伤和全身中毒症状，此称为败血症，如铜绿假单胞菌引起的败血症。

（4）脓毒血症　由一些化脓性细菌在引起宿主败血症的同时，又在其许多脏器中引起化脓性病灶，此称为脓毒血症，如金黄色葡萄球菌可引起脓毒血症。

第二节　非特异性免疫

非特异性免疫也称自然免疫或先天免疫，是机体在长期进化过程中形成，属于先天即有、相对稳定、无特殊针对性的对付病原体的天然抵抗能力。对人和高等动物来说，非特异性免疫主要包括生理屏障、非特异性免疫细胞的防护作用以及体液因素三方面。

一、生理屏障

1. 皮肤与黏膜

皮肤与黏膜是宿主对付病原菌的“第一道防线”，其作用有三方面：①机械性阻挡和排除作用；②化学物质的抗菌作用，如皮脂腺分泌的脂肪酸，汗腺分泌的乳酸，胃黏膜分泌的胃酸，唾液腺和呼吸道黏膜分泌的溶菌酶等，都具抑菌或杀菌的作用；③正常菌群的拮抗作用。

2. 血-脑屏障

血-脑屏障指可阻挡病原体及其有毒产物或某些药物从血流透入脑组织或脑脊液，具有保护中枢神经系统的功能，血-脑屏障主要由软脑膜、脉络丛、脑血管和星状胶质细胞组成。

婴幼儿因其血-脑屏障还未发育完善，故易患脑膜炎或乙型脑炎等传染病。

3. 胎盘屏障

胎盘屏障是由母体子宫内膜的底蜕膜和胎儿的绒毛膜共同组成。当它发育成熟（约妊娠3个月后）时，致母体发生感染的病原微生物和有害产物不能通过胎盘进入胎儿体内，因此具有保证母子间物质交换和防止母体内的病原体进入胎儿的功能。

二、非特异性免疫细胞的防护作用

1. 吞噬细胞的吞噬作用

当病原体一旦突破生理屏障后，就会遇到宿主非特异性免疫防御系统中的“第二道防线”的抵抗，吞噬细胞是防御功能的重要组成部分，它具有吞噬和处理微生物等抗原性异物的作用。

（1）吞噬细胞的种类　具吞噬作用的细胞主要有小吞噬细胞和大吞噬细胞两类，前者以血液和骨髓中的中性粒细胞为主，中性粒细胞内含有大量的溶酶体颗粒，主要功能是摄取和消化异物；后者包括血液中的单核细胞和固定于各种组织的巨噬细胞，称为单核吞噬细胞系统。巨噬细胞的功能是非特异地吞噬和杀灭病原微生物及其他异物。

（2）吞噬作用的过程　如图9-1所示，吞噬作用的过程可分为趋化、识别和调理、吞入以及吞噬的结果四个阶段。

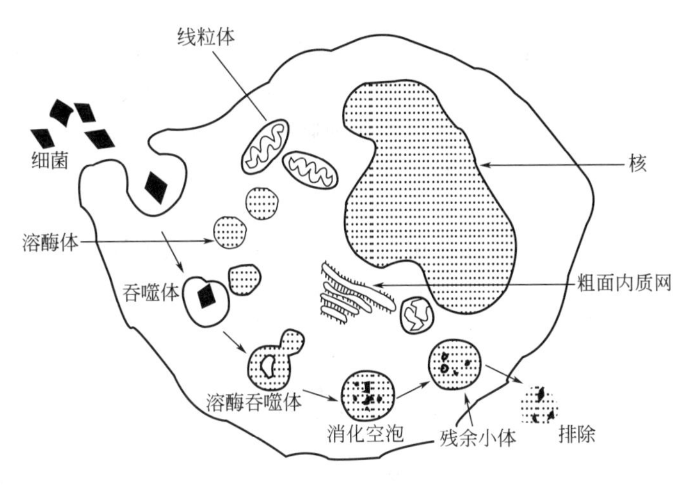

图9-1　吞噬细胞的吞噬和消化

① 趋化作用　当病原微生物侵入机体后，吞噬细胞在具有吸引吞噬细胞能力的趋化因子的作用下向炎症部位运动。如细菌的多糖类物质、补体的裂解产物、组织细胞产物等，都能使吞噬细胞向微生物入侵部位聚集。

② 识别和调理作用　当吞噬细胞经趋化作用到达病原微生物侵入部位后，其对颗粒状物质的吞噬具有选择性，这种选择性是由吞噬细胞对颗粒状物质的表面特征进行识别来决定的。病原微生物在受到调理素的作用后，吞噬作用增强，这种促进吞噬的作用称为调理作用，调理素是由补体和抗体组成。

③ 吞入作用　吞噬细胞与病原微生物或其他异物性颗粒接触后，将颗粒物质吞入胞浆内，形成吞噬体，与胞浆内的多种溶酶体相结合，在一定时间内即可被消化分解，残渣被排除到细胞外。

④ 吞噬的结果　吞噬作用的结果有“完全吞噬”和“不完全吞噬”两种。如多数化脓性球菌，被吞噬后即死亡、消化、分解，最后将不能消化的残渣排出体外，这是完全吞噬。

但有些细胞内的寄生菌，如结核杆菌、麻风杆菌、伤寒杆菌等，虽被吞噬，有时非但不被杀死、消化，反而能在胞内生长繁殖，甚至随吞噬细胞的游动而扩散，引起其他部位的感染，此称为不完全吞噬。

2. 细胞杀伤作用

自然杀伤细胞是由独立的淋巴细胞亚群组成，包括 T 细胞和 B 细胞。其具有的广泛溶解靶细胞作用，是经过非特异性激活后产生的。

三、体液因素

正常体液和组织中含有多种杀伤或抑制病原体的物质，包括补体、乙型溶素、干扰素和溶菌酶等，常与其他杀菌因素配合而发挥免疫功能。

1. 补体

在抗原与抗体的结合反应中具有补充抗体功能的物质称为补体。它是存在于人和哺乳动物新鲜血清中的一组具有酶活性的蛋白质，可辅助特异性抗体使细菌溶解，补体是抗体发挥溶细胞作用的必要补充条件。补体作为重要的非特异性免疫因素，并非单一分子，其中的成分多数以非活动的酶原形式存在，一般不能单独发挥作用，只是补充、协助和加强机体的其他免疫因素，须经激活后才可攻击侵入的病原微生物，使细胞溶解。

2. 干扰素

干扰素是高等动物细胞在病毒或 dsRNA 等多种诱导剂作用下，所产生的一种具有高活性、广谱抗病毒等功能而分子量较低的特异性糖蛋白。其具有免疫调节的作用；当作用于其他细胞时，使其他细胞立即获得抗病毒和抗肿瘤等多方面的免疫力；对于癌细胞有杀伤作用，可用于病毒病和癌症的治疗；抑制病毒在细胞中的增殖，作用于宿主细胞，使之合成抗病毒蛋白，控制病毒蛋白质合成，影响病毒的组装与释放。

3. 溶菌酶

溶菌酶是一种碱性蛋白质，广泛存在于泪液、唾液、呼吸道和肠道分泌液等组织中，在中性粒细胞中也含有大量溶菌酶。它可溶解革兰阳性细菌，如葡萄球菌、链球菌等细胞壁中的黏肽成分，使细菌失去细胞壁而溶解。

第三节　特异性免疫

特异性免疫也称获得性免疫或适应性免疫，是机体在生命过程中接受抗原性异物刺激，如微生物感染或接种疫苗后产生的免疫力。主要功能是识别自身和非自身的抗原物质，并对其产生免疫应答，从而保证机体内环境的稳定状态。

特异性免疫的主要特点有：

① 是生物个体在其后天活动中接触相应抗原获得的；

② 具有特异性，即其产物与相应抗原之间是有针对性的；

③ 在同种生物的不同个体间或同一个体在不同条件下有明显差别；

④ 不具遗传性。

特异性免疫可通过自动或被动两种方式获得，如图 9-2 所示。

- 特异性免疫
  - 自动获得
    - 天然的：经传染或隐性感染后获得
    - 人工的：接种死、活疫苗或类毒素后获得
  - 被动获得
    - 天然的：通过胎盘或初乳自母体中获得
    - 人工的：注射免疫血清或淋巴细胞后获得

图 9-2　特异性免疫获得的方式

一、免疫系统

获得性免疫的物质基础是免疫系统，免疫系统是由免疫器官和组织、免疫细胞及免疫分子三部分组成。

1. 免疫器官

免疫器官按其发生与功能不同，可分为中枢免疫器官和外周免疫器官，两者通过血液循环及淋巴循环相互联系。

(1) 中枢免疫器官　又称初级淋巴器官包括骨髓、胸腺和鸟类的法氏囊。中枢免疫器官是各类免疫细胞发生、分化和成熟的场所。

① 骨髓　骨髓是人类B细胞分化、发育、成熟的场所，也是各类血细胞和免疫细胞的发源地。骨髓内的多能干细胞，具有强大的分化能力，可定向地分化为红细胞系、粒细胞系及淋巴细胞系等，淋巴细胞系一部分经血流入胸腺，发育为成熟T细胞和自然杀伤细胞(NK细胞)；另一部分在骨髓内继续分化为B细胞，然后经血液循环迁至外周免疫器官。骨髓也是再次免疫应答的场所，所产生的抗体是血清抗体的主要来源。骨髓功能缺陷可导致体液免疫和细胞免疫的缺陷。

② 胸腺　胸腺是T细胞分化、发育、成熟的场所，其主要成分是胸腺细胞和胸腺基质细胞。在个体发育时，骨髓中的部分淋巴干细胞转移到胸腺内发育成为胸腺细胞，在激素的影响下增殖、分化成为具有细胞免疫功能的胸腺依赖细胞(T细胞)。成熟T细胞移行至外周淋巴器官及血液循环中，发挥细胞免疫功能和辅助体液免疫功能。

③ 法氏囊或类囊器官　为鸟类特有，位于泄殖腔近端的囊状结构，是鸟类B淋巴细胞发育的场所。人类的骨髓具有类囊器官的功能。

(2) 外周免疫器官及组织　是成熟淋巴细胞定居和产生免疫应答的场所。外周免疫器官包括淋巴结、脾以及黏膜相关淋巴组织等。

① 淋巴结　淋巴结(lymph node)遍布全身，主要集中在颈、腋、肘、腹股沟、肠系膜以及盆腔等处，是机体防止病原体入侵的门户。淋巴结内主要有T细胞、B细胞、巨噬细胞和树突状细胞。淋巴结外包有被膜，内有实质，实质又分皮质和髓质两部，彼此由淋巴窦相通。T细胞定居在深皮质区，又称胸腺依赖区；B细胞定居在浅皮质区，称非胸腺依赖区。髓质区由髓索和髓窦组成，髓索内含B细胞、浆细胞、T细胞、肥大细胞及巨噬细胞等；髓窦内则富含巨噬细胞，具较强的滤过作用。

淋巴结的免疫功能主要有：a. 过滤作用。侵入机体的病原微生物、毒素、肿瘤细胞等，随淋巴液进入局部淋巴结，有利于巨噬细胞吞噬、清除抗原性异物。b. T细胞和B细胞定居的场所。淋巴结是成熟T细胞和B细胞定居的主要部位，其中T细胞占淋巴结内淋巴细胞总数的75%，B细胞占25%。c. 产生免疫应答的场所。T细胞经抗原刺激后，进入淋巴结内即能生成致敏T细胞，或将抗原传递给B细胞，使其转化为浆细胞，产生抗体，即在淋巴结内可产生细胞免疫和体液免疫。

② 脾脏　脾脏是体内最大的淋巴器官，分为红髓、白髓和边缘区3部分，脾内含有大量淋巴窦。白髓(小动脉周围淋巴鞘)相当于淋巴结的副皮质区，为T细胞分布区；红髓中的髓索和白细胞淋巴小结的生发中心为B细胞区。边缘区是血液和淋巴液进出的通道。脾脏是贮存红细胞的血库，具有重要的免疫功能。脾脏的功能有：a. T细胞、B细胞定居、增殖的场所。脾是各种成熟淋巴细胞定居的场所，其中B细胞约占淋巴细胞总数的60%，T细胞约占40%。b. T、B细胞发生免疫应答的场所。脾脏内的T、B细胞接受抗原刺激，并发生免疫应答。c. 生物合成作用。脾脏可合成某些生物活性物质，如补体、干扰素等。d. 过滤作用。脾脏可清除血液中的病原体、衰老死亡的红细胞、白细胞、某些蜕变细胞、

免疫复合物及其他异物，从而发挥过滤的作用，净化血液。

③ 黏膜相关淋巴组织　机体约有50%的淋巴组织分布于黏膜系统，是病原微生物等抗原性异物入侵机体的主要途径。其中最重要的是胃肠道黏膜相关淋巴组织和呼吸道黏膜相关淋巴组织。胃肠道黏膜相关淋巴组织包括阑尾、肠集合淋巴结和大量的弥散淋巴组织；呼吸道黏膜相关淋巴组织包括咽部的扁桃体和弥散淋巴组织。除了消化道和呼吸道外，乳腺、泪腺、唾液腺以及泌尿生殖道等黏膜也存在弥散的黏膜淋巴组织。

2. 免疫细胞

免疫细胞泛指所有参加免疫应答或与免疫应答有关的细胞及其前体细胞，主要包括造血干细胞、各类淋巴细胞（T、B、NK、NS、K和N细胞等）、粒细胞、单核细胞和各种类型的巨噬细胞等。

（1）造血干细胞　是存在于组织中的一群原始造血细胞，是机体各种血细胞的共同来源（图9-3）。造血干细胞主要分布在红髓、脾脏及淋巴结，其中以红髓最为重要。

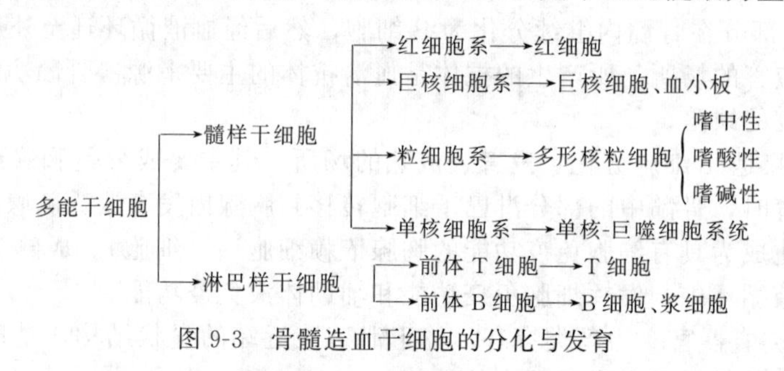

图9-3　骨髓造血干细胞的分化与发育

（2）淋巴细胞　为免疫细胞中的主要细胞，可分为不同的群体，如T细胞、B细胞、NK细胞等。淋巴细胞在免疫应答中起核心作用（图9-4）。

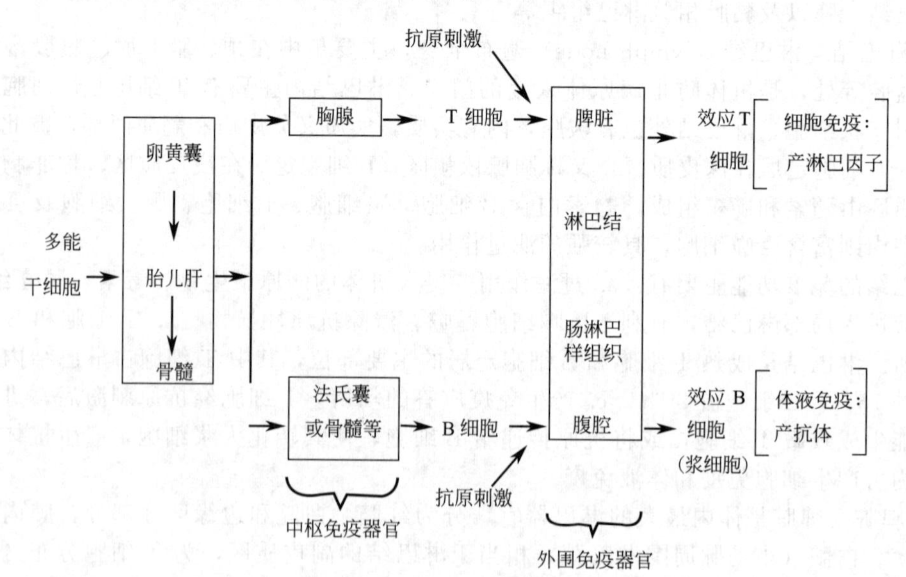

图9-4　T淋巴细胞和B淋巴细胞的来源及功能

T淋巴细胞（T lymphocyte）简称T细胞，起源于骨髓造血干细胞，在胸腺微环境影响下分化为成熟T细胞，故T细胞又称胸腺依赖性淋巴细胞。成熟的T细胞从胸腺经血流迁移到外周淋巴组织的胸腺依赖区，并在淋巴系统和血液系统间进行再循环，识别和排斥抗原等异物，发挥细胞免疫的功能。

根据 T 细胞的发育阶段、表面标志和免疫功能的不同，T 细胞可分为若干亚群：

① 辅助 T 细胞（简称 T_H）　占 T 细胞的 30%～40%，主要作用是促使 B 细胞活化成浆细胞以产生抗体，辅助增强其他细胞的免疫功能。

② 抑制性 T 细胞（简称 T_S）　占 T 细胞的 5%～10%，主要作用是抑制 B 细胞活性，减弱其他免疫细胞的免疫功能。

③ 杀伤性 T 细胞（简称 T_C）　杀死带抗原的靶细胞。

④ 迟发型变态反应 T 细胞（简称 T_D）　遇抗原后释放淋巴因子，引起迟发型变态反应。

⑤ 记忆 T 细胞（简称 T_M）　记忆特异抗原刺激，再遇以前抗原可迅速应答。

B 淋巴细胞简称 B 细胞，是骨髓中的多能干细胞通过淋巴干细胞再分化为前 B 细胞在人和哺乳类动物骨髓或禽类腔上囊中分化、发育而成熟的淋巴细胞，因此 B 细胞又称骨髓依赖性淋巴细胞（bone marrow derived lymphocyte）或囊依赖性淋巴细胞（bursa dependent lymphocyte）。成熟的 B 细胞进一步分化，形成能分泌抗体的浆细胞和具有记忆功能的 B 细胞。

B 细胞亚群的分类方法多样。根据 B 细胞产生抗体时是否需 T 细胞的辅助，分为 T 细胞不依赖性亚群和 T 细胞依赖性亚群两类。

（3）第三淋巴细胞

① K 细胞　即杀伤性细胞，K 细胞的杀伤作用是非特异性的，凡结合抗体的靶细胞（带有抗原的细胞）均可被杀死，例如寄生虫、恶性肿瘤细胞等；也可杀伤其他组织细胞，例如同种移植物、受感染的组织细胞等。

② NK 细胞　即自然杀伤性细胞，其杀伤作用不依赖抗体、补体，也不需任何抗原刺激，能直接溶解杀伤肿瘤细胞或病毒感染细胞。主要存在于外周血液和脾脏中，在外周血液中占淋巴细胞的 5%～10%。NK 细胞在机体的抗病毒感染和抗肿瘤免疫方面起着重要作用。

（4）其他免疫细胞　包括单核-吞噬细胞、树突状细胞、粒细胞、肥大细胞等，它们在免疫应答过程中起辅助作用。

单核-吞噬细胞系统包括骨髓内的前单核细胞、外周血中的单核细胞和组织内的巨噬细胞，是一类重要的抗原呈递细胞（antigen presenting cell，APC）。既参与机体非特异免疫防御作用，能识别和清除体内衰老的自身细胞，使机体维持自身的平衡和稳定；又能在特异性免疫应答中发挥抗原呈递作用。

二、抗原

抗原（antigen，Ag）指能刺激机体免疫系统产生特异性免疫应答，并能与相应的免疫应答产物（抗体或致敏淋巴细胞）在体内或体外发生特异性结合的物质。抗原具有两种特性：①免疫原性（immunogenicity），是指抗原刺激机体特定的免疫细胞进行活化、增殖、分化，产生免疫效应物质（抗体或致敏淋巴细胞）的特性；②抗原性（antigenicity），也称免疫反应性，是指抗原与其诱生的抗体或致敏淋巴细胞特异性结合，产生免疫反应的特性。

1. 决定抗原免疫原性的条件

（1）异物性　在正常情况下，机体的免疫系统具精确识别“自己”和“非己”物质的能力。生物之间种系关系越远，组织结构差异越大，免疫原性越强；反之，种系关系越近，免疫原性越弱。异物性是决定抗原免疫原性的核心条件。异物可包括：异种物质、同种异体物质、自身物质。

（2）大分子物质　凡具有抗原性的大分子胶体物质，分子质量一般在 10.0kDa 以上，分子质量越大，免疫原性越强。分子量较小的多糖类，因类脂体无环状结构，故属于半抗原，如与抗原性强的蛋白质结合，也可获得较强抗原免疫原性。

（3）结构与化学组成　抗原物质必须有较复杂的分子结构。含有大量芳香族氨基酸（尤其是酪氨酸）的抗原免疫原性较强；以直链氨基酸为主组成的蛋白质，免疫原性较弱。例如，明胶蛋白，其分子质量虽高达100kDa，但由于其主要成分为直链氨基酸，易在体内降解为低分子物质，故免疫原性很弱，当在明胶分子中加入少量（2%）的酪氨酸，便可增强其免疫原性。多数大分子蛋白质具有良好免疫原性，多糖、糖蛋白、脂蛋白等也具有免疫原性。

（4）特异性　指抗原刺激机体产生免疫应答及其与应答产物发生反应所显示的专一性。例如伤寒杆菌刺激机体产生的抗体，只能与伤寒菌发生反应而不能与痢疾菌发生反应。抗原的特异性表现在两个方面：①免疫原性的特异性，即抗原只能刺激免疫系统产生针对该抗原的抗体和致敏淋巴细胞；②抗原性的特异性，即抗原只能与相应的抗体或致敏淋巴细胞结合或反应。

特异性是免疫应答最根本的特点，免疫应答的特异性是由抗原分子上的抗原决定簇所决定的。抗原通过抗原决定簇与相应淋巴细胞表面的抗原受体结合，引起免疫应答。抗原决定簇的大小相当于相应抗体的抗原结合部位，一般由5～8个氨基酸残基、单糖残基或核苷酸组成。能与抗体分子结合的抗原决定簇的数目，称为抗原结合价。抗原决定簇的性质、数量和空间构象决定抗原的特异性。借此与相应淋巴细胞表面的受体结合，可激活淋巴细胞引起免疫应答；与相应抗体发生特异性结合可产生免疫反应。因此，抗原决定簇是被免疫细胞识别的标志及免疫反应具有特异性的物质基础。

2. 抗原的类型

（1）根据抗原的基本性能分类　分为完全抗原和半抗原。

① 完全抗原　具有免疫原性和抗原性的抗原。一些复杂的有机分子（细菌、病毒和大多数的蛋白质等）都是完全抗原。

② 半抗原　只有抗原性而没有免疫原性的物质，即只能与抗体特异性结合，不能单独诱导机体产生抗体。这些抗原单独存在时无免疫原性，当与蛋白质载体结合后具免疫原性，但单独能与相应的抗体结合而具有抗原性。一般为小分子物质，如大多数的多糖、类脂和某些药物。

（2）根据抗原激活B细胞产生抗体是否需要T细胞辅助分类　又可分为胸腺依赖性抗原和非胸腺依赖性抗原两类。

① 胸腺依赖性抗原（thymus dependent antigen，TD-Ag）　这类抗原刺激B细胞产生抗体必须有T细胞的参与。大多数天然抗原（如细菌、异种血清等）和大多数蛋白质抗原为TD-Ag，其特点是：分子量大，结构复杂；既有B细胞决定基，又有T细胞决定基；刺激机体主要产生IgG类抗体，既能引起体液免疫，又能引起细胞免疫，具有回忆应答。

② 非胸腺依赖性抗原（thymus independent antigen，TI-Ag）　这类抗原刺激B细胞产生抗体无需T细胞的参与。少数抗原为TI-Ag，如细菌脂多糖、荚膜多糖等。其特点是：结构简单；有相同B细胞决定基，且重复出现，无T细胞决定基；刺激机体主要产生IgM类抗体，只能引起体液免疫，不引起回忆应答。

（3）根据抗原获得方式分类　分为天然抗原、人工抗原和合成抗原。

① 天然抗原　各种天然的生物物质，如动物血浆以及微生物、植物。大多数天然抗原均含多种抗原成分，并均具有特异性。

② 人工抗原　某些小分子化合物本身没有免疫原性，通过人工方法，将其连接于蛋白质载体上，就可使其获得抗原性，称为人工抗原。如碘化蛋白、偶氮蛋白等。

③ 合成抗原　化学合成的多肽分子。如多肽、多聚氨基酸等。

（4）其他分类　根据抗原的化学组成不同分为蛋白质抗原、脂蛋白抗原、糖蛋白抗原、多糖和核蛋白抗原等；根据抗原的来源及与机体的亲缘关系分为异种抗原、同种异体抗原、自身抗原、嗜异性抗原；根据抗原是否在抗原呈递细胞内合成分为外源性抗原和内源性抗原。

3. 病原微生物的主要抗原

各种病原微生物（如细菌、病毒、螺旋体、寄生虫等）对机体均有较强的免疫原性。微生物虽结构简单，但化学组成复杂。因此，微生物是含有多种抗原决定簇的天然抗原复合体。例如细菌有表面抗原、鞭毛抗原、菌毛抗原、菌体抗原、荚膜抗原等，既可作为微生物鉴定、分型的依据，又为良好的抗原物质，常用来制备疫苗和诊断药品。细菌的外毒素具很强的免疫原性，例如白喉杆菌、破伤风杆菌，可刺激机体产生相应的抗体。一些寄生虫，例如疟原虫、痢疾阿米巴及各种蠕虫的虫体、虫卵等，都具很强抗原，进入机体与蛋白质结合，也可引起变态反应。

4. 佐剂

凡能特异性地增强抗原的抗原性和机体免疫反应的物质称为佐剂，为一种免疫增强剂。佐剂与抗原合用，可产生大量抗体，从而增强细胞免疫力。佐剂包括无机物佐剂、生物性佐剂、合成佐剂。

三、免疫球蛋白与抗体

抗体（antibody，Ab）是B细胞识别抗原后活化、增殖分化为浆细胞，由浆细胞合成和分泌的能与相应抗原发生特异结合的球蛋白。抗体主要存在于血清中，也见于其他体液及分泌液中，也称体液免疫。免疫球蛋白（immunoglobulin，Ig）泛指具有抗体活性或化学结构与抗体相似的球蛋白。分为分泌型和膜型，前者主要存在于血清等体液中，发挥免疫功能；后者存在于B细胞膜上，即B细胞表面的抗原受体。所有的抗体都是免疫球蛋白，但并非所有的免疫球蛋白都具有抗体的生物学活性。

1. 免疫球蛋白的结构与类型

（1）免疫球蛋白的结构

① 四肽链结构　免疫球蛋白的基本结构是由两条相同的重链和两条相同的轻链通过链间二硫键连接而成，构成一个呈Y字形的单体分子。重链分子质量约为50～75kDa，约有450～550个氨基酸残基，链间有二硫键相连；轻链分子质量约为25kDa，每条约有214个氨基酸残基，通过二硫键与重链连接（图9-5）。

免疫球蛋白分子的多肽链两端分别称为氨基端（N端）和羧基端（C端）。重链和轻链在靠近N端约110个氨基酸的组成和排列变化较大，其他部分则相对稳定，因此将随抗原不同而变化的区域称为可变区（V区），而其他区域称为恒定区（C区）。V区分别占重链靠N端的1/4（δ、γ、α）或1/5（μ、ε）区域（用V_H和C_H表示），V区占轻链靠N端的1/2区域（用V_L和C_L表示）。

根据免疫球蛋白重链恒定区氨基酸组成上的差异将重链分为μ、δ、γ、α、ε5种类型，根据重链结构的不同可将免疫球蛋白分为5类，即IgM、IgD、IgG、IgA和IgE。同一种属内个体间的同一类免疫球蛋白在重链恒定区氨基酸组成、序列基本一致，不同种属之间的同一类免疫球蛋白在重链恒定区氨基酸组成和序列上具有差异。同此原理，轻链可分为κ型和λ型。一个天然免疫球蛋白分子上两条轻链的型别相同，重链总是同类。

② 免疫球蛋白的其他结构

a. 连接链（J链）是由浆细胞合成的多肽链，将两个或两个以上的免疫球蛋白单体连接在一起。IgM经J链通过二硫键将5个单体相互连接成五聚体；分泌型IgA（sIgA）经J链通过二硫键将两个单体连接形成二聚体；IgD、IgG和IgE为单体，不含J链（图9-6）。

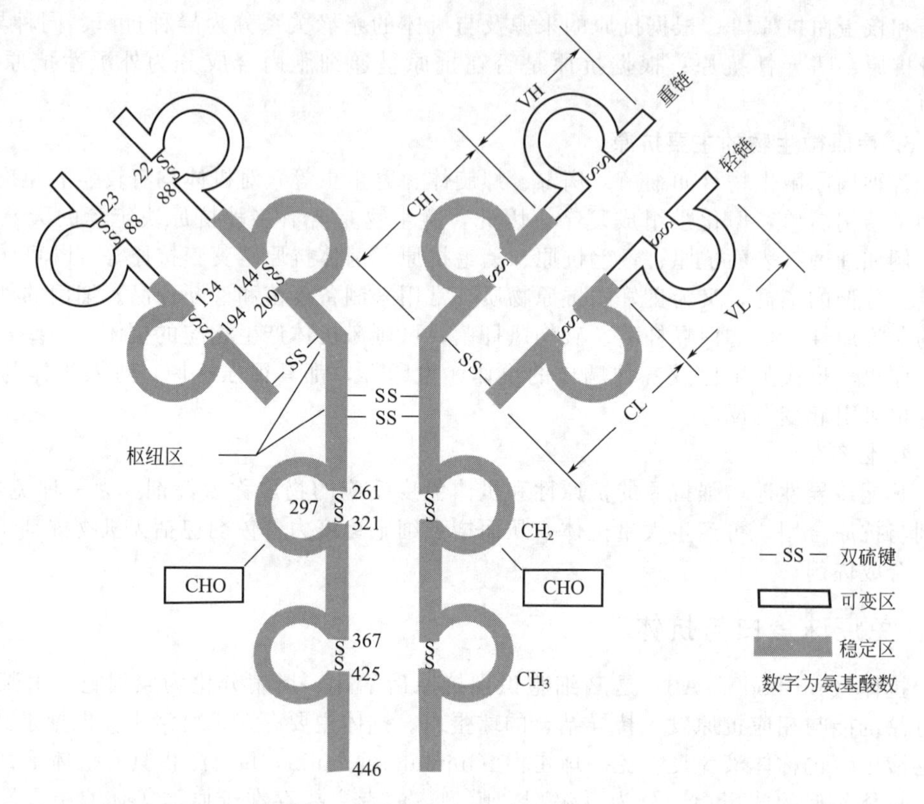

图 9-5 免疫球蛋白分子的结构

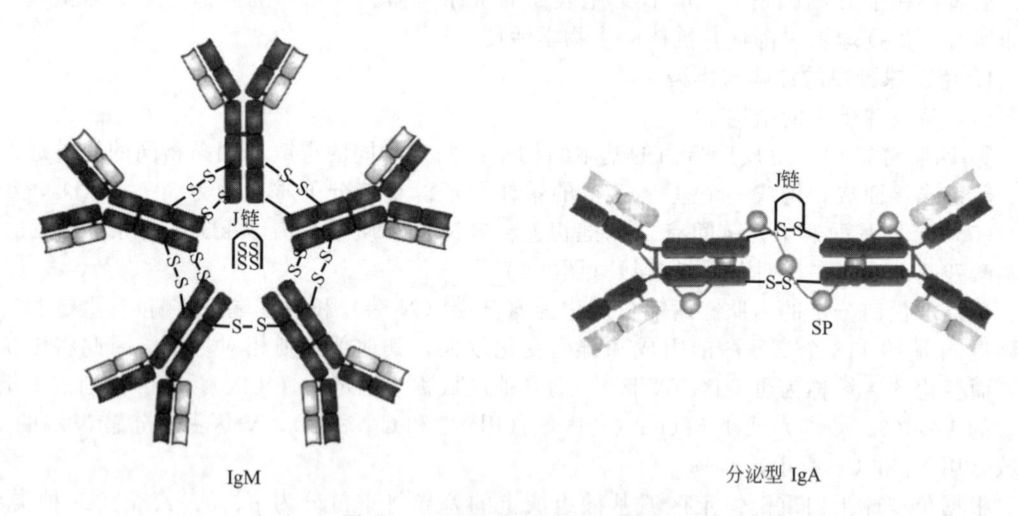

图 9-6 IgM 和分泌型 IgA 的结构

b. 分泌片 是由黏膜上皮细胞合成的多肽。IgA 与 J 链在浆细胞内合成并连接，在穿越黏膜上皮细胞过程时与分泌片结合，形成分泌型 IgA（sIgA）。分泌片功能是介导 sIgA 向黏膜上皮外主动运送并保护 sIgA，使其不受黏膜中各种蛋白酶的破坏，延长半衰期。

（2）免疫球蛋白的功能区 免疫球蛋白分子的每条肽链均可通过折叠，由链内二硫键连接成若干个球形功能区。轻链有 V_L 和 C_L 两个功能区，IgG、IgA 和 IgD 的重链有 4 个功能区，分别是 V_H、C_H1、C_H2、C_H3；IgE 和 IgM 除具上述的四个功能区，还外加 C_H4，故有 5 个功能区。有的功能区间富有弹性，可改变形态以适应与抗原的结合。每个功能区的作用不同，如 V_H 和 V_L 是抗原结合部位，可与相应的抗原表位形成精确的空间互补；C_L 与 C_H1 具有部分同种异型的遗传标志；C_H2（IgG）和 C_H3（IgM）是补体结合部位；C_H3（IgG）可与吞噬细胞、B 细胞、NK 细胞表面受体结合；IgE 的 C_H2 和 C_H3 可与肥大细胞和嗜碱性粒细胞表面受体相结合。

在重链的 C_H1 和 C_H2 之间有一铰链区，由十几个氨基酸残基组成，富含脯氨酸，具弹性易被酶解。铰链区的灵活性有利于抗体的 V 区与不同距离的表位结合，也易使补体结合位点暴露，有利于补体活化，如图 9-7 所示为免疫球蛋白功能区和酶切位点。

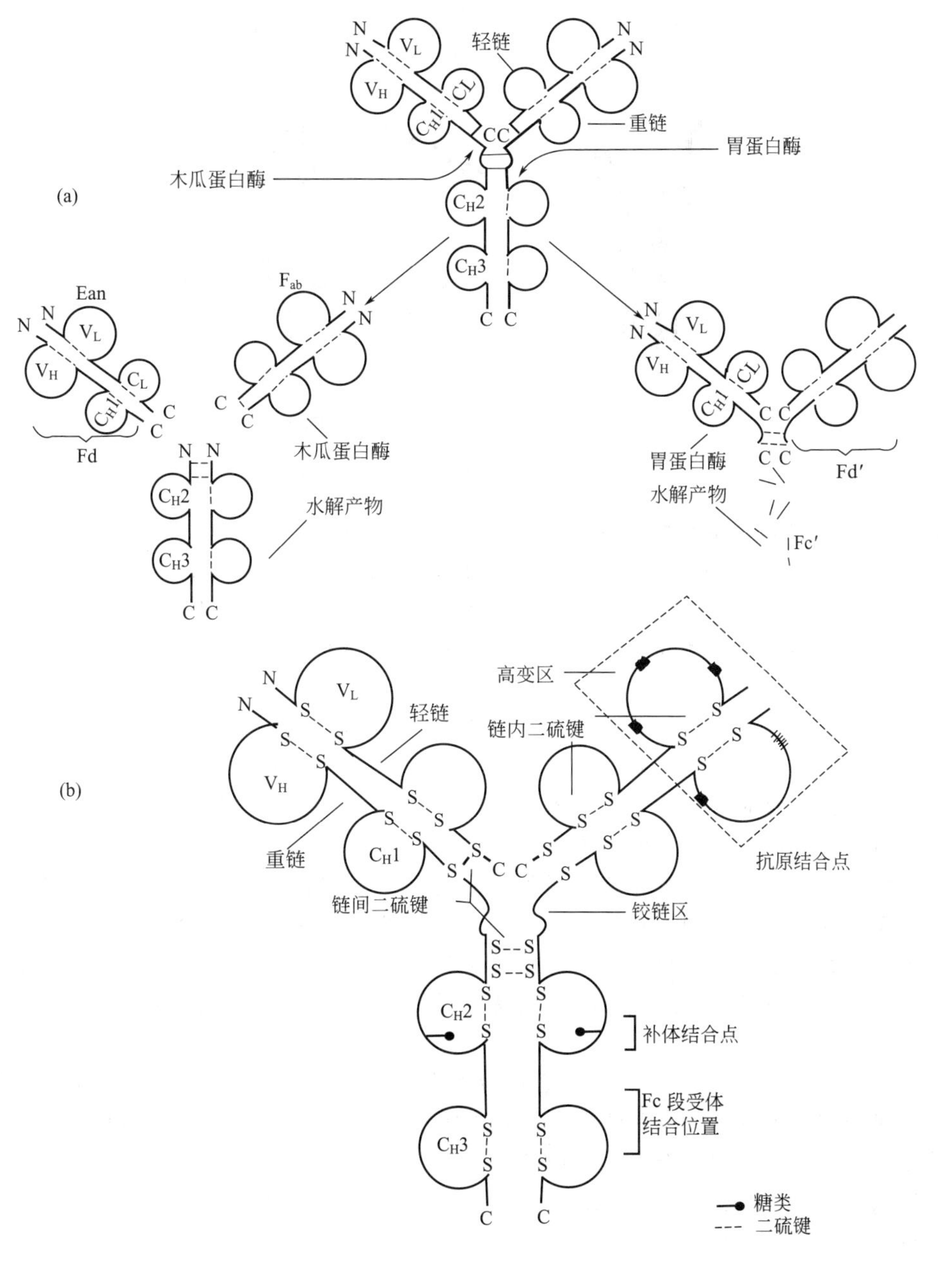

图 9-7　免疫球蛋白功能区和酶切位点

（3）免疫球蛋白的水解片段　木瓜蛋白酶能够在铰链区二硫键的近 N 端切断重链，将

IgG分子裂解为三个片段，即两个Fab段（抗原结合片段）和一个Fc段（可结晶片段）。每一Fab段含有一条完整的轻链和重链的一部分（Fd段），能与抗原表位发生特异性结合，为单价。Fc段由连接重链的二硫键近羧基端两条不完整的重链组成，不能与抗原结合，具有各类免疫球蛋白的抗原决定簇及活化补体等其他活性。

对免疫球蛋白水解片段的研究，不仅对阐明其结构和生物学活性有意义，而且对生物制品生产和医疗实践也有意义，经酶降解的抗毒素，除去其Fc段，可浓缩而提高疗效并减少变态反应的发生（图9-8）。

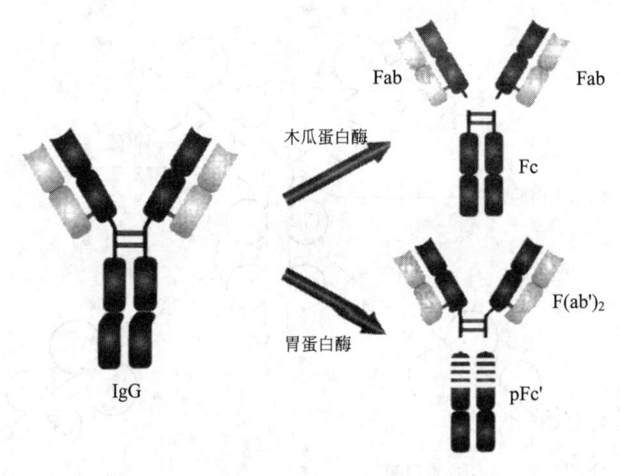

图9-8 免疫球蛋白（IgG）的水解片段

2. 各类免疫球蛋白的生物学作用

（1）IgG 是人类血清中主要的免疫球蛋白，约占血清中免疫球蛋白的75%～80%。它是唯一能通过胎盘的抗体，对新生儿出生后数周的抗感染有很大作用。IgG的Fc段可与中性粒细胞、单核细胞、巨噬细胞、K细胞等表面的Fc受体结合，并能激活补体，发挥抗感染、中和和调理等作用。

（2）IgM 占血清中免疫球蛋白的5%～7%，主要在脾脏及淋巴结浆细胞中合成，通常以五聚体形式存在。IgM为个体发育中最早合成的免疫球蛋白，胚胎晚期即能合成。具较多的结合价，是高效能的抗微生物抗体，有较强的杀菌、中和、溶血、促吞噬和凝集作用。因此对菌血症和败血症有较大保护作用。

（3）IgA 分为血清型和分泌型两类。血清型多为单体，存在于脾、淋巴结的浆细胞中，免疫作用较弱。分泌型为双体，即由两个单体的IgA分子与一个分泌片及一条连接链组成。因其多存在于唾液、鼻、支气管黏膜和胃肠分泌液中，且含量较高，故为机体抗黏膜感染的重要因素，可有效地防止抗原使黏膜表面受损及扩散。如流感疫苗气雾接种法、脊髓灰质炎疫苗口服等。

（4）IgE 又称反应素，与Ⅰ型变态反应的发生有关。在血清中含量甚微，在Ⅰ型变态反应病人血清中水平升高。有亲嗜性，易与组织中的肥大细胞、血液中的嗜碱粒细胞结合，再与抗原相遇即使之产生组胺等活性物质。

（5）IgD 血清中含量极低。主要出现在成熟的B淋巴细胞的表面上。可能与细胞识别有关，也可能与B细胞的分化有关。

3. 人工制备的抗体

抗体可与抗原特异性结合；激活补体；与细胞表面Fc受体结合及发挥免疫调节作用，是一种非常重要的生物活性物质。在疾病的诊断、预防和治疗的过程中发挥着重要作用，临床上利用各种方法来制备、获得抗体。

（1）多克隆抗体　为人工制备抗体最早采用的传统方法。制备原理为：利用纯化的抗原免疫动物后，诱导动物多个 B 细胞克隆产生针对该抗原多种抗原决定簇的抗体混合物，从而获得多克隆抗体。其优点是：来源广泛、制备容易、作用全面，但特异性差，易出现交叉反应。

（2）单克隆抗体　是由单一克隆 B 细胞杂交瘤细胞产生的只识别一种抗原表位的具有高度特异性的抗体。

1975 年，Kohler 和 Milstein 建立了体外细胞融合技术，即通过具免疫 B 细胞的小鼠与不具抗原免疫的小鼠骨髓瘤细胞的融合而形成杂交瘤细胞。融合后的细胞经选择培养基培养，挑选成功融合的杂交瘤细胞进行单个培养，再经特异性抗原检测后找到针对某种抗原的杂交瘤细胞，通过体外培养或接种动物体内大量增殖，即克隆化。

单克隆抗体具结构均一、纯度高、特异性强、少或无血清交叉反应、效价高、易制备的优点，故在生命科学的各领域已广泛应用。

（3）基因工程抗体　20 世纪 80 年代后开始了基因工程抗体的研究。原理是利用 DNA 重组和蛋白质工程技术，在基因水平上对编码免疫球蛋白分子的基因进行切割、拼接或修饰，从而构成新型的抗体分子。

（4）噬菌体抗体　噬菌体抗体库技术的构建，可用不同的抗原对库进行筛选，就可以得到携带特异性抗体的基因，从而能够大量制备完全人源化的特异性抗体。

四、免疫应答

免疫应答是指机体受抗原刺激后，免疫细胞所发生的一系列反应，包括免疫细胞对抗原物质的识别，自身的活化、增殖和分化以及产生效应物质发挥特异性免疫效应的全过程。免疫应答可及时清除体内抗原性异物，保持内环境的相对稳定，但在某些情况下也可对机体造成损伤。

免疫应答可分为非特异性免疫应答和特异性免疫应答两大类。非特异性免疫应答是机体抵抗病原体入侵的第一道防线，可直接在病原体进入机体的早期阶段发挥吞噬杀伤作用。如吞噬细胞的吞噬作用、单核细胞的杀伤作用等。特异性免疫应答是机体后天在抗原的诱导下产生的针对该抗原的特异性免疫应答。根据参与的细胞类型和效应机制的不同，特异性免疫应答可分为 B 细胞介导的体液免疫应答和 T 细胞介导的细胞免疫应答。

1. 体液免疫应答

体液免疫应答是指抗原刺激机体后，使 B 细胞增殖分化为浆细胞通过分泌抗体发挥体液免疫效应的过程。由于产生的抗体一般存在于血清等各种体液中，故 B 细胞介导的体液免疫应答亦称体液免疫应答。

（1）体液免疫应答的形成过程　在体液免疫应答中，机体 B 细胞识别抗原产生相应抗体的过程包括以下三个阶段。

① 识别阶段　是指免疫细胞识别抗原阶段，包括巨噬细胞对抗原的摄取、处理和传递，以及淋巴细胞对抗原的识别，即淋巴细胞上受体与相应抗原的结合过程。B 细胞是抗体形成的细胞，胸腺依赖性抗原引起体液免疫时，必须经过巨噬细胞和 T 细胞协作，才能被 B 细胞所识别；但非胸腺依赖性抗原则可直接被 B 细胞识别。

② 免疫活性细胞的活化和增殖阶段　即 T 细胞或 B 细胞受抗原刺激后增殖、分化成为免疫效应细胞的阶段。T 细胞受抗原刺激后，分化成为致敏淋巴细胞，B 细胞经抗原刺激后，分化成为浆细胞。分化过程中的 B 细胞和 T 细胞都会有一小部分成为记忆细胞。记忆细胞可将抗原信息储存于细胞内，其存活时间较长，当相同抗原再次进入机体时，可迅速地

较强地发生免疫反应。

③ 效应阶段　是B细胞转变成浆细胞后分泌抗体发挥免疫效应的阶段。抗体分子只具有识别作用，不具有杀伤或排斥作用，体液免疫应答的最终效应必须借助于机体的其他免疫细胞或分子的协同作用才能达到。

体液免疫应答的效应作用有：a. 中和效应，是IgG、sIgA等阻断微生物进入机体和易感细胞或破坏外毒素的毒性作用。b. 调理作用，单核-吞噬细胞及中性粒细胞的表面都带有IgG或IgM分子的Fc段受体，因此，通过调理作用可使抗体与抗原形成的免疫复合物易被免疫细胞杀伤或降解、排除。c. 激活补体溶解靶细胞，靶细胞上的抗原与抗体结合后，可通过经典途径活化补体，导致靶细胞溶解。d. ADCC效应，凡是具有IgG Fc段受体的吞噬细胞或具杀伤活性的细胞，如巨噬细胞、中性粒细胞等，可通过此方式杀伤靶细胞。

（2）抗体产生的一般规律　抗体初次进入机体引发的免疫应答称为初次免疫应答，机体再次接受相同抗原刺激产生的免疫应答称为再次应答，两次应答中抗体的性质和浓度随时间发生变化。

① 初次应答　抗原初次进入机体，需经过一个潜伏期，约1～2周，血液中即出现特异性抗体，2～3周达最高峰，潜伏期的长短与抗原性质有关。其特点为：a. 潜伏期长；b. 产生抗体浓度低；c. 在体内持续时间短；d. 与抗原的亲和力低，以IgM为主。

② 再次应答　又称回忆反应，当相同抗原再次进入机体后，免疫系统可迅速、高效地产生特异性应答。再次应答的细胞学基础是在初次应答的过程中形成了记忆B细胞，记忆B细胞经历了增殖、突变、选择等，增加了与抗原的亲和力，其特点为：a. 潜伏期短，一般1～3天后，血液中即出现抗体；b. 产生抗体浓度高；c. 体内持续维持时间长；d. 与抗原亲和力高，以IgG为主（图9-9）。

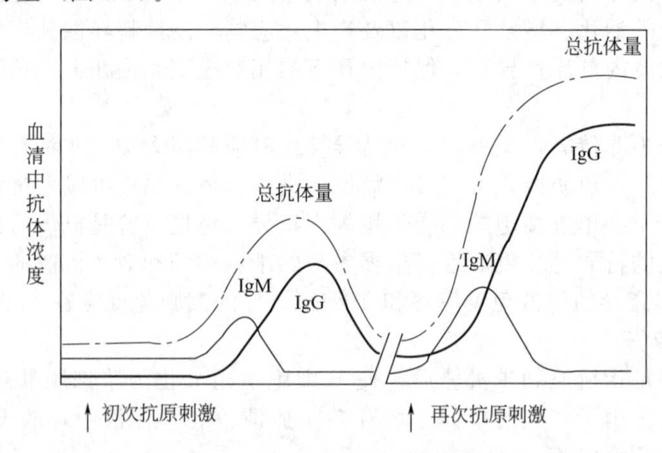

图9-9　初次应答与再次应答示意图

抗体产生的一般规律在临床医学中具有重要指导作用：疫苗接种或制备血清时，采用再次或多次加强免疫，以产生高浓度、高亲和力的抗体，从而获得良好的免疫效果；在免疫应答中，IgM产生早，消失快，故临床上检测特异性IgM，将其作为病原微生物早期感染的诊断指标。

2. 细胞免疫应答

细胞免疫应答也称细胞介导免疫应答，主要是指致敏T细胞介导的免疫效应，由两类T细胞参与：一类是直接对靶细胞发挥特异性细胞杀伤作用的细胞毒性T细胞（T_c）；另一类是释放淋巴因子发挥免疫效应的迟发性变态反应T细胞（T_D）。其特点是产生迟缓和局部表现。产生迟缓主要表现在细胞免疫的过程中需要细胞增殖、分化、合成淋巴因子后使之扩大免疫效应，所需时间长。所产生的细胞免疫的介质——淋巴因子，只在产生介质的细胞周围发挥作用，因此为局部表现。

细胞免疫主要针对胞内寄生菌（如结核分枝杆菌、伤寒沙门菌、麻风分枝杆菌等）、胞内病毒、真菌及对某些寄生虫感染发挥作用；亦可直接杀伤肿瘤细胞，但也可导致迟发型超敏反应、移植排斥反应和某些自身免疫性疾病等。

第四节　生物制品及其应用

生物制品泛指利用微生物、寄生虫及其组分或代谢产物以及动物或人的血液、组织等材料为原料，通过生物学、生物化学及生物工程学的方法加工制成的，用于传染病或其他有关疾病的预防、诊断和治疗的生物制剂。狭义的生物制品是指通过人工免疫所采用的生物制剂，如菌苗、疫苗、类毒素、抗毒素以及诊断用的结核菌素、诊断菌液、诊断血清等。而广义的生物制品还包括各种血液制剂，肿瘤免疫、移植免疫及自身免疫等非传染性疾病的免疫诊断、治疗及预防制剂，以及提高动物机体非特异性免疫力的免疫增强剂等。人工免疫是人为地使机体获得免疫，是免疫预防的重要手段，可分为人工自动免疫和人工被动免疫两类。

一、人工自动免疫生物制剂

人工自动免疫（又称预防接种）是给机体接种菌苗、疫苗或类毒素等抗原物质，刺激机体产生特异性免疫应答而获得免疫力，达到预防传染病的目的。人工自动免疫生物制剂是一类专用于预防传染病的生物制品（如细菌性制剂、病毒性制剂及类毒素等），统称为疫苗（表 9-1）。其特点为：方便、经济、有效。

表 9-1　预防传染病的常用疫苗

传染类型	传染病名称	疫　　苗	传染类型	传染病名称	疫　　苗
细菌性传染病	白喉	类毒素	病毒性传染病		
	破伤风	类毒素		黄热病	减毒株
	百日咳	死菌体		麻疹	减毒株
	伤寒	死菌体		流行性腮腺炎	减毒株
	副伤寒	死菌体		风疹	减毒株
	霍乱	死菌体或其抽提物		脊髓灰质炎	减毒株或灭活病毒
	鼠疫	死菌体或其抽提物		流行性感冒	灭活病毒
	肺结核	减毒株“卡介苗”		狂犬病	灭活病毒（人用）或减毒株（狗或兽用）
	脑膜炎	纯化后的多糖		乙型肝炎	重组 DNA 疫苗
	脑炎	纯化后的多糖			
	斑疹伤寒	死菌体			

1. 常规疫苗

（1）灭活疫苗　又称死疫苗，是选用免疫原性强的病原体，经人工培养后，用理化方法灭活而制成。常用的死疫苗有：伤寒、乙脑、百日咳、霍乱、狂犬病疫苗等。死疫苗具有使用安全、易保存的特点，但免疫效果持续时间短，须多次接种，易产生副作用。

（2）减毒活疫苗　是用减毒或无毒的活病原微生物制成。常用的活疫苗有卡介苗、鼠疫、布氏杆菌、炭疽杆菌、麻疹、脊髓灰质炎、牛痘苗等。活疫苗的优点是使用安全可靠，作用持久；缺点是不易保存，易变异。

（3）类毒素　用细菌的外毒素经 0.3％～0.4％甲醛溶液处理后，使之失去外毒素毒性，保留免疫原性，接种后可诱导机体产生抗毒素。常用的类毒素有破伤风类毒素和白喉类毒素。这两种类毒素常与百日咳死疫苗混合制成百、白、破三联疫苗。

2. 新型疫苗

（1）亚单位疫苗　去除病原体中与刺激保护性免疫无关或有害的成分，保留有效成分制备的疫苗，称为亚单位疫苗。如：从乙型肝炎病毒表面抗原阳性者血浆中提取表面抗原，可制成乙型肝炎亚单位疫苗。

（2）基因工程疫苗　①DNA 疫苗。用编码病原体有效免疫原的基因与细菌质粒构建成重组体，直接免疫机体，通过其在体内的表达诱导机体产生特异性免疫。该技术制备 DNA 疫苗的优点是耗费低，疫苗表达持续时间长，免疫效果佳。②重组抗原疫苗。利用 DNA 重组技术制备的纯化疫苗，不含活的病原体和病毒核酸。特点是：安全有效，成本低廉。③重组载体疫苗。是将编码病原体有效免疫原的基因插入到载体基因组中，接种后随疫苗株在体内增殖，从而表达所需抗原。④ 转基因植物疫苗。将目的基因导入食用植物（如番茄、马铃薯、香蕉等）细胞基因组中，通过植物的可食用部分达到免疫接种的目的。

（3）结合疫苗　提取细菌荚膜多糖成分化学连接于白喉类毒素，制成结合疫苗，可引起 T、B 细胞联合识别，从而产生抗体，提高免疫效果。目前，临床常用的结合疫苗有 b 型流感杆菌疫苗、肺炎链球菌疫苗等。

（4）合成肽疫苗　根据有效免疫原的氨基酸序列，合成的免疫原性多肽。临床研究较多的是抗病毒感染和抗肿瘤的合成肽疫苗。

二、人工被动免疫用制剂

人工被动免疫是指给机体直接注射含特异性抗体或致敏淋巴细胞的制剂，使机体获得特异性免疫力，以达到治疗或防病的目的。由于人工被动免疫是间接产生，故免疫力维持时间短。可分为特异性免疫治疗剂和非特异性免疫治疗剂。

1. 特异性免疫治疗剂

（1）抗毒素　用类毒素作抗原多次免疫大型动物，使其产生大量特异性抗体后，经采血、分离血清、浓缩、纯化后制成的生物制品，称为抗毒素。主要用于治疗细菌外毒素引起的疾病或应急预防。如破伤风抗毒素、白喉抗毒素等。

（2）抗血清病毒　通过病毒作抗原免疫动物后，取其含抗体的血清。如儿童腺病毒病、狂犬病等可采用相应的抗病毒血清治疗。

（3）抗菌血清　用菌体注射动物后所得到的血清，用来治疗肺炎、百日咳等传染病。

（4）血浆丙种球蛋白和胎盘球蛋白　从健康人的血浆和健康产妇的胎盘中提取的免疫球蛋白，主要用于对麻疹、脊髓灰质炎和甲型肝炎等多种病毒病的治疗或应急预防。

2. 非特异性免疫治疗剂

能够增强、促进和调节免疫功能的非特异生物制品称为免疫调节剂。它可用于治疗免疫功能低下、继发性免疫缺陷症和某些恶性肿瘤等疾病，如白细胞介素-2、胸腺素、卡介苗、细胞毒 T 细胞等。

实训一　凝集反应

一、实训目标

1. 练习玻片凝集反应的操作。
2. 学会根据凝集反应的现象鉴别结果。

二、基础知识

细菌、细胞等颗粒性抗原（如细菌、螺旋体或红细胞）与相应的抗体结合，在一定的条件下，形成肉眼可见的凝集团现象，称为凝集反应。

实验通过将一滴已知抗体的诊断血清与一滴待检的菌液或红细胞悬液在玻片上混匀，观察其凝集现象呈阳性的反应过程。适用于定性分析，鉴定细菌或颗粒性抗原。

实验采用菌种常为新分离的大肠杆菌和沙门菌的鉴定和分型。

三、实训器材

1. 菌种

大肠杆菌（*Escherichia coli*）和伤寒沙门菌（*Salmonella typhi*）。

2. 实验试剂

生理盐水、沙门菌属因子血清等。

3. 器材

记号笔、载玻片、酒精灯、接种环、尖吸管。

四、实训操作过程

1. 取洁净玻片一张，用记号笔划分为4格，并标明次序。

2. 用尖吸管2支分别取沙门菌属因子血清和生理盐水，分别滴加于载玻片画出的四个格内。

3. 用灭菌后的接种环取大肠杆菌培养物2～3环，放于玻片上滴有生理盐水的一格中，混匀。

4. 用灭菌后的接种环取混匀后的乳状液2～3环，放于玻片滴有沙门菌属因子血清的一格内混匀；用同样的方法取伤寒沙门菌，将混匀沙门菌和生理盐水的乳状液用灭菌后的接种环取2～3环，放于另一滴有沙门菌属因子血清的格内（注意每次取菌前后，均应烧灼接种环，以免影响结果）。

5. 轻轻摇动玻片，经1～2min后，观察有无凝集现象并记录。

五、实训记录

1～2min内如液滴呈均匀乳浊状，为凝集“—”（阴性反应）；如出现乳白色凝集颗粒，并使液体变清，为凝集“+”（阳性反应）。

【操作技巧提示】

1. 实验中使用接种环取菌种，要求熟练掌握接种技术，严格无菌操作，否则影响实验结果。

2. 实验过程中操作步骤较繁琐，要养成良好的分类标记习惯，以免混淆。

【案例介绍】

案例：在涂布玻片时，由于操作过程不熟练造成玻片上的液体混合，影响实验结果。

解析：首先，用吸管取试剂时，应注意添加量的把握；其次，熟练掌握涂布玻片的技巧；再次，掌握菌种与试剂混合的技巧，避免使玻片上的液体相互混合。

【思考题】

观察凝集现象，并分析未凝集现象产生的原因。

实训二 沉淀反应

一、实训目标

1. 练习沉淀素的效价滴定及环状沉淀反应的操作方法。

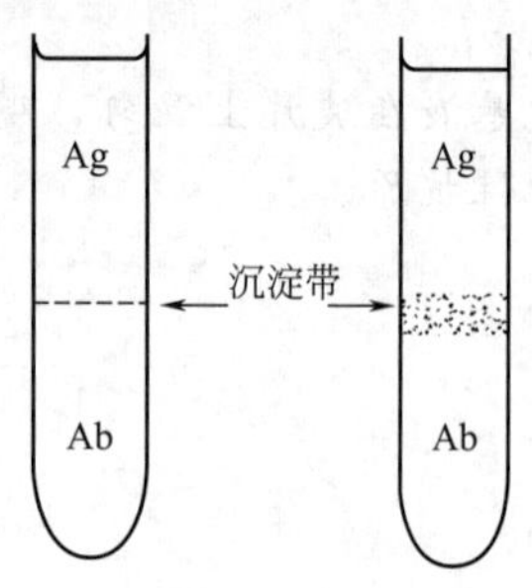

图 9-10　沉淀反应

2. 学会运用沉淀素的效价滴定观察、鉴别结果。

二、基础知识

沉淀反应：可溶性抗原如细菌的提取物、血清、病毒溶液等与相应抗体在一定条件下结合后，出现肉眼可见的沉淀物，称为沉淀反应。沉淀反应使用的抗原是可溶性的，其单个抗原分子体积小，在单位体积的溶液内所含抗原量多，总反应面积大，因此实验是稀释抗原。

环状沉淀反应是使抗原与抗体在沉淀管内形成交界面，然后在此交界面处出现一环状的乳白色沉淀物（图 9-10）。出现此环状反应的抗原最高稀释度为沉淀素的效价，环状沉淀反应广泛应用于法医学的血迹鉴别和食物掺假的测定中。

三、实训器材

1. 试剂

马血清（抗原）、兔抗马免疫血清（抗体）、正常兔血清。

2. 溶剂

生理盐水。

3. 器材

沉淀管、小试管、毛细吸管、吸管等。

四、实训操作过程

1. 稀释

取 1∶25 的马血清 1mL，用倍比稀释法在小试管中按表 9-2 所列稀释成各种浓度。

表 9-2　血清稀释度

试管	1	2	3	4	5	6	7
生理盐水/mL	1	1	1	1	1	1	1
1∶25 马血清/mL	1	1#1×	1#2×	1#3×	1#4×	1#5×	1#6×
血清稀释度	1/50	1/100	1/200	1/400	1/800	1/1600	1/3200

注：1#1×，1#2×，…分别表示自第 1 管、自第 2 管中吸取 1mL，依此类推。

2. 反应

将 9 个干燥而清洁的沉淀试管插在试管架上直立，用毛细吸管吸取 1∶2 的兔抗马免疫血清，加入沉淀管底部，每管约 2 滴，用另一毛细吸管吸取上面已经稀释好的马血清（抗原），按表 9-3 加入各管。从最高稀释度加起，沿管壁慢慢加入，使与下层兔抗马免疫血清之间形成界面，勿摇。第 8 管加生理盐水，第 9 管加稀释兔血清以作对照。

表 9-3　稀释血清加入量

试管		1	2	3	4	5	6	7	8	9
兔抗马免疫血清(1∶2)		2 滴	2 滴	2 滴	2 滴	2 滴	2 滴	2 滴	2 滴	2 滴
马血清（抗原）	稀释度	1/50	1/100	1/200	1/400	1/800	1/1600	1/3200	生理盐水	兔血清 1∶50
	量	2 滴	2 滴	2 滴	2 滴	2 滴	2 滴	2 滴	2 滴	2 滴

3. 静置

在室温下静置 15～30min 后观察结果，在两液面交界处看有无白色环状沉淀出现。

五、实训记录

有环状白色沉淀记“+”号，无沉淀记“—”号。最大稀释度的抗原与抗体交界面之间还有白色沉淀者，此管的稀释度的倒数即为沉淀素的效价。

【操作技巧提示】

1. 用毛细吸管加入血清至沉淀试管时，注意避免产生气泡；使抗原溶液缓缓由管壁流下，轻浮于血清面上，切勿使之相混。

2. 实验终点判断的技巧：当抗原与相应抗体形成一个接触面时，二者比例适当，接触面上可形成一个乳白色的环状物即为阳性沉淀反应。

【案例介绍】

案例：实验中用毛细管加入抗原至沉淀试管时，由于操作不当使抗原和抗体混合一起。当在一般室温放置10～15min后，在两液交界处不清晰地呈现白色环状沉淀，因此影响了实验结果的判断。

解析：先将抗血清加入沉淀试管，约1/3高度，再用毛细滴管沿管壁滴加抗原。因抗血清蛋白浓度高，密度较抗原大，所以两液交界处可形成清晰的界面。此处抗原抗体反应生成的沉淀在一定时间内不下沉。一般在室温放置10min至数小时，在两液交界处呈现白色环状沉淀则为阳性反应。

【思考题】

1. 记录结果（表9-4），说明沉淀素的效价是多少？

表 9-4　环状沉淀实验结果

试管	1	2	3	4	5	6	7	8	9
抗原稀释度	1/50	1/100	1/200	1/400	1/800	1/1600	1/3200	生理盐水	兔血清1∶50
结果									

2. 环状沉淀实验有何特点？

问题与讨论

1. 名词解释：传染，毒力，外毒素，类毒素，特异性免疫，体液免疫，抗原，抗体，免疫应答，生物制品。

2. 影响传染发生与发展的三因素是什么？试述三者的关系。

3. 抗原需具备的条件是什么？病原微生物的主要抗原有哪些？

4. 试述巨噬细胞在非特异性免疫和特异性免疫中的作用。

5. 试述免疫应答的类型及特点。

6. 比较人工自动免疫和人工被动免疫的异同。

7. 试说明现有疫苗的类型及其特点。

第十章 微生物的生态

【知识目标】

1. 掌握微生物与环境中其他生物的关系。
2. 熟悉微生物在自然界的分布。
3. 了解微生物在生态环境中的作用及微生物与人类生产生活的关系。

【能力目标】

1. 学会在自然环境中微生物分离纯化的操作技术。
2. 尝试常见的微生物检测技术。

生态学是研究生物与环境相互作用的科学。微生物生态学是生态学的分支学科，是研究和揭示微生物系统与环境系统间相互作用及其功能表达规律，探索其控制和应用途径的科学。微生物与环境之间关系密切，一方面，微生物的生命活动依赖于环境，在不同的环境条件下形成不同的微生物区系。另一方面，微生物的生命活动又影响着环境。微生物生态学的目的主要是通过研究，充分了解和掌握微生物生态系统的结构和功能，更好地发挥微生物的作用，更充分地利用微生物资源。

第一节 生态环境中的微生物

微生物是自然界中分布最广的一群生物，它所具有的个体微小、代谢营养类型多样、适应能力强等特点使微生物广泛分布在土壤、水体、空气、动植物体内外以及工农业产品中，甚至在一些其他生物不能生存的极端环境中，如在万米深的海底、在70～80km的高空、在冰川几百米的深处都发现有微生物的踪迹。

一、微生物群落

生态环境中的微生物也存在个体、种群、群落和生态系统这种从低到高的组织层次，与动物、植物相比，微生物具有更强的群体性。在这个系列中，群落处在关键的位置上，种群的相互作用是特定群落形成和结构的基础。

种群是指具有相似特性和生活在一定空间内的同种的个体群，种群是组成群落的基本组分。种群的相互作用复杂多样，包括中立生活、偏利生活、协同作用、共生、寄生、捕食、偏害作用和竞争等几种基本类型。

微生物群落是一定区域内或一定生境中各种微生物种群相互松散结合的一种结构和功能单位。这种结构单位虽然结合松散，却是有规律的结合，并由于其组成的种群种类及特点而显现出一定的特性。任何微生物群落都是由一定的微生物种群所组成，而每个种群的个体都有一定的形态和大小，它们对周围的生态环境各有其一定的要求和反应，它们在群落中处于不同的地位和起着不同的作用。一定生境条件下的微生物群落具有相应的生态功能，结构和功能紧密相连。生态系统所表现出来的生态功能也取决于群落的功能。

群落间的相互作用对它们所处的生态系统的过程及功能有重要的影响。如在稳定塘处理污水过程中细菌群落的氧化分解作用所产生的CO_2和NO_2^-、PO_4^{3-}，藻类群落在有光条件

下利用 CO_2 和 NO_2^-、PO_4^{3-} 进行光合作用放出 O_2，又提供给细菌群落好氧分解，两个群落的相互作用使稳定塘完成有机物的净化过程。在有强光照条件下，藻类群落的光合作用会得到增强，可以放出更多的氧，这样又对细菌群落的氧化分解起到促进作用，从而提高稳定塘的净化能力。

二、陆生生境的微生物

自然界中，土壤是微生物生活最适宜的环境，它具有微生物所需要的一切营养物质和微生物进行生长繁殖及生命活动的各种条件。

大多数的微生物都需要靠有机质来生活，土壤中的动植物遗体是它们最好的食料。土壤中矿物质的含量达 1.10～2.50g/L，其中既有很多微生物所必需的硫、磷、钾、铁、镁、钙等营养元素，也有它们所要求的硼、钼、锌、锰等微量元素；土壤的酸碱度接近中性；渗透压在 3～6atm（1atm＝101325Pa）之间，大都不超过微生物的渗透压；氧压虽较大气中少些，但平均含量仍然达土壤空气容积的 7％～8％，可以保证好氧性微生物的需要；温度在一年四季之中变化不大，一般土壤耕作层中，夏天的温度适于微生物的发育，冬天温度也不致降低过甚，因此温度适当；在最表层土几毫米以下，还可保护微生物免于被阳光直射致死；这些都为微生物生长繁殖提供了有利的条件。所以土壤有“微生物天然培养基”的称号。这里微生物的数量最大，类型最多，是人类利用微生物资源的主要来源。

土壤中的微生物，以细菌为最多，占土壤微生物总数量的 70％～90％；放线菌、真菌次之；藻类和原生动物则比较少（表 10-1）。据估计，土壤中细菌的生物量，若以每亩[1]半尺深耕作层的土壤重 150000kg 计，则在每亩土壤的这一深度内，细菌的活重为 90～230kg。以土壤有机质含量为 3％计算，则所含细菌的干重约为土壤有机质的 1％左右。

表 10-1　肥沃的农业土壤中微生物的数量

微生物类型	土壤中的菌数/(个/g)	微生物类型	土壤中的菌数/(个/g)
细菌(1)显微镜直接计数	2500000000	真菌	400000
(2)稀释平板计数	15000000	藻类	50000
放线菌	700000	原生动物	30000

土壤的类型不同，所含微生物也不同，即使是在同一土壤的深度不同的地方，所含有的微生物的种类和数量也是不同的。一般在表层土壤中，微生物的含量最多，特别是细菌、放线菌更是如此。随着土壤深度的增加，数量迅速减少，种类也相应减少甚至消失。

此外，有机物的种类和浓度也是决定微生物各种生理类型分布的一个重要因素，例如油田地区存在以碳氢化合物为碳源的微生物；森林土壤中存在分解纤维素的微生物；含动、植物残体较多的土壤含氨化细菌和硝化细菌较多；而酵母在含糖丰富的土壤中数量明显增多。温度、酸碱度等因素也与微生物的分布有关。一般在酸性土壤中霉菌较多，而碱性土壤和含有机质较多的土壤中则放线菌较多，从盐碱土中可分离得到嗜盐微生物。

三、水生生境的微生物

江、河、湖、海及下水道中都有很多微生物，甚至温泉中也可以找到微生物。水中微生物主要来自土壤、空气、动物排泄物、动植物尸体、工厂和生活污水等。水体中微生物的种类、数量和分布受水体类型、有机物含量、水体温度和深度等多种因素影响。

水蒸气是无菌的，但是当其变成雨、雪降至地面的时候，就带有了细菌。雨水中细菌的

[1] 1 亩＝666.67m^2。

含量多少和取样的时间也有关系，初雨灰尘多，细菌也多；后雨细菌就少，一般是每毫升中含几个细菌。雪的表面积大，接触灰尘机会多，所以每毫升中所含菌数较多。

地下水、自流井和泉水因为经过很厚的土层的过滤，含有的营养物质和菌数较少。但是在不同地质层的地下水中所含微生物的种类和数量是不同的，如含有石油-岩石的地下水中含有大量的能够分解碳氢化合物的细菌。在泉水中，根据水中所含矿物盐的不同，生活的微生物种类也不同。

湖泊、池塘、河流等水体中的微生物大部分来自土壤和生活污水。在很大程度上，这些水中的微生物种类与数量直接反映了陆地上的情况，其中包括有许多人肠道致病菌，例如霍乱、伤寒、副伤寒和痢疾等。此外，影响水质和引起疾病的微生物还有粪便链球菌、铁细菌、硫细菌、形成黏液的细菌和病毒等。一般来说，要排除水体中其他细菌而单独检出病原菌，在培养分离技术上较为复杂，需要较多的人力和较长的时间。所以，在水的细菌学检验中，通常以大肠杆菌作为粪便污染的指示微生物。国家饮水标准规定，饮用水中大肠菌群数每升中不超过 3 个，细菌总数每毫升不超过 100 个。

海水中由于其特殊的盐分、低温、高压、低浓度的有机物质以及植物及动物区系稀少等原因，因此海水中微生物的含量比淡水中的少。常见的是一些具有活动能力的杆菌及各种弧菌，它们大多是微嗜盐的并能耐受高渗透压。虽然海水中的微生物比淡水中少，但是在海底沉积物中，微生物的含量却很高，这里每克沉积物（湿重）中含有高达 10^8 个细菌，它们大多是厌氧或兼性厌氧菌。

深度不同的水中，细菌的分布也不同，不管是在淡水还是在海水中，细菌最多的地方不是在水面，而是在距水面 5～20m 的水层中，在 20～25m 以下，菌数随深度的增加而减少，到底部，菌数又有所增加。

四、大气生境的微生物

大气层（空气）中有较强的紫外辐射，空气较干燥，温度变化大，缺乏营养和载体，这些都决定了大气层不是微生物的繁殖场所。但是空气中还是含有相当数量的微生物，这些微生物主要来自土壤飞扬起来的灰尘、水面吹起的小水滴、人和动物体表的干燥脱落物质和呼吸道的排泄物等。这些微生物停留的时间主要取决于风力、气流和雨、雪等条件，但最后还是要沉降到土壤和水中、建筑物和动植物上。

空气中的微生物主要是附着在灰尘颗粒以及短暂悬浮于空气中的液滴内随气流在大气中传播。所以，如果空气中的尘埃越多，含微生物就越多，一般在畜舍、公共场所、医院、宿舍、城市街道的空气中的微生物数量最多，而海洋、高山、森林地带和终年积雪的山脉或高纬度地带的空气中的微生物则数量较少。

进入空气中的微生物有的可随气流传播到很高的空中，主要是一些抵抗力较强的细菌和霉菌的孢子。而其他的微生物一般很快就会坠落到地面，其间大部分的微生物都会死亡，有的甚至在几秒内死掉，有的则能继续存活几个星期、几个月或更长时间。空气中微生物没有固定的类群，随地区、时间而有较大的变化。在空气中存活时间较长的都是一些抵抗力较强的微生物，主要有芽孢杆菌、霉菌和放线菌的孢子、野生酵母菌、原生动物及微型动物的胞囊等。

五、极端环境下的微生物

在自然界中，存在着一些可在绝大多数生物所不能生长的高温、低温、强酸、强碱、高盐、高压或高辐射等极端环境下生活的微生物，如嗜热菌、嗜冷菌、嗜酸菌、嗜碱菌、嗜盐菌、嗜压菌和耐辐射菌等，它们被称为极端环境微生物。

按照微生物生长的最适温度有嗜热微生物与嗜冷微生物。细菌是嗜热微生物中最耐热的，一般最适生长温度在50℃以上；专性嗜热菌的最适生长温度在65～70℃；极端嗜热菌最适温度高于70℃；而超嗜热菌的最适生长温度在80～110℃，大部分超嗜热菌是古生菌。嗜冷微生物的最高生长温度不超过20℃，可以在0℃或低于0℃条件下生长。嗜冷微生物的研究主要限于细菌，其主要生境有极地、深海、寒冷水体、冷冻土壤、阴冷洞穴、保藏食品的低温环境等。

按照微生物生长的最适pH有嗜酸微生物与嗜碱微生物。生长最适pH在3～4以下，中性条件下不能生长的微生物称为嗜酸微生物。温和的酸性（pH 3～5.5）自然环境较为普遍，如某些湖泊、泥炭土和酸性的沼泽。极端的酸性环境包括各种酸矿水、酸热泉、火山湖、地热泉等。从这些环境中分离出独具特点的嗜酸嗜热细菌，如嗜酸热硫化叶菌等。嗜酸微生物的胞内pH从不超出中性大约2个pH单位，其胞内物质及酶大多数接近中性，一般认为它们的细胞壁、细胞膜具有排斥H^+、对于H^+不渗透或把H^+从胞内排出的机制。

一般把最适生长pH在9以上的微生物称为嗜碱微生物；中性条件下不能生长的称为专性嗜碱微生物；中性条件甚至是酸性条件都能生长的称为耐碱微生物。嗜碱微生物有两个主要的生理类群：盐嗜碱微生物和非盐嗜碱微生物。前者的生长需要碱性和高盐度（达33% $NaCl+Na_2CO_3$）。代表性种属有甲烷嗜盐菌、嗜盐碱杆菌、嗜盐碱球菌等。

嗜盐微生物的最适生长盐浓度（NaCl浓度）一般在0.5mol/L以上，由于海水中含有约3.5%的氯化钠，所以大多数海洋微生物都属于这个类群（弱嗜盐微生物）。中度嗜盐微生物的最适生长盐浓度为0.5～2.5mol/L，从含盐量较高的环境中能分离到这类微生物。极端嗜盐微生物的最适生长盐浓度达到2.5～5.2mol/L，它们大多生长在极端的高盐环境中，主要是盐湖中，已经分离出来的主要有藻类与细菌，如盐生杜氏藻、绿色杜氏藻、红皮盐杆菌、盐沼盐杆菌、鳕盐球菌等。

嗜压微生物是指需要高压才能良好生长的微生物。最适生长压力为正常压力，但能耐受高压的微生物被称为耐压微生物。从深海底部1.01×10^8Pa（1000atm）处分离到嗜压菌；从油井深部约4.05×10^7Pa（400atm）处，分离到耐压的硫酸盐还原菌。

耐辐射微生物是指对辐射有一定抗性或耐受性的微生物。不同微生物对辐射的耐受性也不同，如烟草花叶病毒对X射线的平均致死剂量为2000Gy（200000rad），而人类仅为4Gy（400rad）。

六、动、植物体中的微生物

生长在动物体上的微生物是一个种类复杂、数量庞大、生理功能多样的群体。从生长空间位置来说有体表和体内的区别，从生理功能来说任何生活在动物上的微生物都有其相应的功能，总体上可以分为有益、有害两个方面。对动物有害的微生物可以称为病原微生物，包括病毒、细菌、真菌、原生动物的一些种类。病原微生物可以通过不同的作用方式造成对动物的损害和致病，也可变害为利，如利用昆虫病原微生物防治农林害虫。对动物有益的微生物主要是在和动物共生的过程中产生了有益的作用，如微生物和昆虫的共生、瘤胃共生、海洋鱼类和发光细菌的共生等。

植物中的微生物主要包括有附生微生物和根际微生物。植物的茎叶和果实表面是附生微生物的良好生长空间，细菌、蓝细菌、真菌（特别是酵母菌）、地衣和某些藻类常见于这些好气的植物表面。由于生长过程中植物根和环境在进行着频繁的物质交换，不断改变周围的环境条件，使得根部附近的环境有别于其他地区，成为微生物生长的特殊微生态环境。另外一些真菌可以和植物根以互惠关系建立起共生体，称为菌根。菌根共生体可以增强真菌和植物根对环境的适应能力，使它们能在原来不能生存的环境中存活，这也可以看作是生物克服恶劣环境、抵抗环境压力达到生物和环境协调统一的一种手段。

七、工农业产品中的微生物

工农业生产的原材料和产品中常含有大量的微生物，而大多数情况下微生物的生命活动总是造成粮食的变质、食品的腐败以及工业材料的劣化等，因此研究工农业生产中的微生物对防止食品、材料腐败变质是十分必要的。粮食和食品由于含有大量的营养物质，是微生物生长繁殖的良好培养基。只要条件适宜，微生物就会大量生长繁殖，将食品中的有机质转变。这不但会降低食品的营养品质、失去食用价值以及工业上的用途，某些微生物还会产生有害的代谢产物，食用后造成中毒甚至死亡。食品中的微生物包括有真菌（霉菌、酵母和植物病原真菌）、细菌、放线菌、病毒等微生物界的主要类群。

在工业材料与产品中常含有一些微生物能利用的养料，如皮革、纸张、木制品中含有的蛋白质、纤维素等。此外，即使是含营养物质少的材料、制品表面有时也会被有机质或营养物质覆盖形成一层营养膜，导致微生物在其表面生长而被破坏，如金属、玻璃表面会在温度适宜、湿度较大的情况下生长霉菌。这些霉腐微生物和气候、环境、物理、化学因素结合在一起导致了材料、制品的老化、腐蚀、生霉和腐烂。全世界每年因霉腐微生物引起的工业产品的损失是巨大的。

第二节 微生物与环境间的相互关系

在自然界中，微生物不仅与环境中的理化因素有密切关系，也与环境中的生物因素有着密切的关系。这些关系复杂，彼此制约，相互影响，共同促进生物的发展和进化。通常研究的主要是种间关系。种间关系主要包括互生、共生、寄生、拮抗、竞争、捕食这几类。但是，这样的划分是有条件的，并且是通过一些具体的种类体现出来的，并不是每一种微生物与其他生物间都能表现出这几种关系。

一、互生关系

两种可以单独生活的生物，当其共同生活在一起时，可以相互有利，或者一种生物生命活动的结果为另一生物创造了有利的生活条件，即为互生关系。如固氮菌具有固定空气中氮气的能力，但不能利用纤维素作碳源和能源，而纤维素分解菌分解纤维素生成的有机酸对它本身的生长繁殖不利，但当两者在一起生活时，固氮菌固定的氮为纤维素分解菌提供氮源，纤维素分解菌分解纤维素的产物有机酸被固氮菌作为碳源和能源，也为纤维素分解菌解毒。

微生物与高等植物间的互生关系主要是在植物根部体现出来。植物的根系及体表会产生大量的脱落物和分泌物，这些都是微生物的良好营养。此外，根系的发展改善了土壤结构，适当地调节了空气和水分以及其他条件。因而根际内的微生物种类繁多、数量巨大。而这些根际微生物也在有效地转化氮、硫、磷等营养元素，使之成为适合于植物吸收的状态。同时，根际内生长的抗生菌可以产生抗生素，抑制植物病原微生物的活动。

人体和动物体为微生物提供了良好的生态环境，使得微生物得以大量生长繁殖；另一方面，微生物也为人和动物作出了有益的贡献。如动物肠道中的微生物可以合成不可缺少的营养物质。人和动物体中的微生物存在于特定的部位，表现为互生关系。但是如果微生物侵入其他组织，就会引起感染；而在健康状态下是非致病的微生物在机体抵抗力下降时就会发生感染，因此这种互生关系在不同条件时就会发生改变。

二、共生关系

两种生物共居在一起，彼此依赖，互为对方创造有利条件，甚至彼此不能分离，在生理上相互分工，互换生命活动的产物，在组织上形成新的形态、结构，两种生物间这种“相依为命”的关系称为共生。

微生物间的共生关系可以看成是互生关系的高度发展。如地衣就是由真菌和藻类组成，形态上真菌和藻类相互缠绕在一起，成为一个整体；生理上共生真菌能在十分贫瘠的环境条件下吸收水分和无机养料为共生藻类提供必需的矿质原料。共生藻类则通过光合作用为自身和共生真菌提供有机营养。

微生物与高等植物共生的代表是根瘤菌与豆科植物形成根瘤共生体。根瘤菌固定大气中的氮为植物提供氮素养料；豆科植物根的分泌物能刺激根瘤菌的生长，为根瘤菌提供碳源、能源、其他养料和稳定的生长条件。

微生物与高等动物间的共生例子也很多，如瘤胃微生物和反刍动物之间就具有共生关系。反刍动物的食物中含有大量的纤维，但是这些动物自身却无分解消化纤维素的能力，它们可以以草为食并生长良好主要就是由于在它们的消化系统中存在着大量的可以分解纤维素的微生物，而动物则为这些微生物提供良好的生长环境和条件。

三、寄生关系

一种生物生活在另一种生物体内，从中摄取营养物质而进行生长繁殖，并且在一定条件下损害或杀死另一种生物的现象称为寄生。前者称为寄生物，后者称为寄主或宿主。有些寄生物一旦脱离寄主就不能生长繁殖，称专性寄生物。有些寄生物脱离寄主后能营腐生生活，称兼性寄生物。典型的微生物之间的寄生现象是噬菌体与其宿主之间的关系，是一种专一性很强的寄生关系。

微生物间的寄生关系有时会给工农业生产带来巨大的损失，如在青虫菌的生产中遇到噬菌体的危害而造成损失。但是另一方面人们又可以利用它们的寄生关系来杀死有害微生物，如在皮肤烧伤面上利用铜绿假单胞菌的噬菌体来杀死清除铜绿假单胞菌以治愈伤面的感染。

微生物在高等动、植物中的寄生是引起动、植物传染性病害的原因。能引起植物发生传染病的微生物叫做植物病原微生物或植物致病性微生物。能引起植物病害的病原微生物主要有真菌、细菌和病毒，其中真菌最多。有些带病的农产品在食用后还会引起人、畜中毒。能引起人和动物传染病的病原性微生物种类很多，有各种病原性细菌、真菌、病毒、立克次体等。

四、拮抗关系

一种微生物在其生命活动过程中，产生某种代谢产物或改变其他条件，从而抑制了其他微生物的生长繁殖，甚至杀死其他微生物的现象称为拮抗。微生物间的拮抗现象非常普遍，根据拮抗作用的选择性，微生物间的拮抗关系可分为非特异性拮抗和特异性拮抗两类。

非特异性拮抗关系的抑制作用没有特异性，不针对某一类微生物。例如在酸菜、泡菜和青贮饲料的制作过程中，由于乳酸细菌的旺盛繁殖，产生大量乳酸，使环境中的 pH 下降，从而不耐酸的腐败细菌都可被产生的乳酸所抑制。

特异性拮抗关系是指许多微生物产生的某种或某类特殊的代谢产物，具有选择性抑制或杀死其他微生物的现象。它有特异性，仅能对某一种或几种微生物起作用。这些由各类微生物所产生的特殊的代谢产物性质各不相同，称为抗生素（抗菌素），而产生抗生素的微生物称为抗生菌。如青霉菌产生青霉素对革兰阳性菌有致死作用，多黏芽孢杆菌产生多黏菌素能杀死革兰阴性菌。

五、竞争关系

生活在一起的两种微生物，为了生长争夺有限的营养或其他共同需要的生长条件而发生的斗争称为竞争关系。由于微生物的群体密度大、世代周期短、代谢强度大，所以竞争激烈。生长环境中的共同营养愈缺乏，竞争就愈激烈。

微生物间相互竞争的结果是某种微生物在某种环境下，能适应环境成为优势种。环境一旦改变，其优势就被另一个种所替代。例如，发酵生产中，有些野生杂菌的生长速率就比生产菌种快，因此染菌后杂菌很快就会取得生长优势而导致发酵失败。

六、捕食关系

一种较大型的生物直接捕捉、吞食另一种小型生物以满足其营养需要的相互关系称为捕食。在微生物中的捕食关系主要是原生动物吞食细菌和藻类的现象。这种捕食关系在污水净化和生态系统的食物链中都具有重要的意义。还有一类是真菌捕食线虫和其他原生动物的现象，它们所产生的菌网、菌枝、菌丝和孢子等都可以黏捕线虫，而所产生的菌环则可以套捕线虫。经常存在于土壤中、各类腐烂的蔬菜及动物粪便上的少孢节丛孢菌是最常见的捕食线虫的真菌。

第三节 微生物在生态系统中的作用

微生物是生态系统中的重要组成部分，特别是作为分解者分解系统中的有机物，对生态系统乃至整个生物圈的能量流动、物质循环有着独特的、不可替代的作用。

一、微生物在生态系统中的角色

生态系统是指在一定的空间内生物的成分和非生物的成分通过物质循环和能量流动互相作用、互相依存而构成的一个生态学功能单位。生物成分按其在生态系统中的作用，可分为：生产者、消费者和分解者三大类。

1. 微生物是有机物的主要分解者

微生物最大的价值在于其分解功能。它们分解生物圈内存在的动物、植物和微生物残体等复杂有机物质，并最后将其转化成最简单的无机物，再供初级生产者利用。

2. 微生物是物质循环中的重要成员

一些物质循环中，微生物是主要的成员，起主要作用；而一些过程只有微生物才能进行，起独特作用；而有的是循环中的关键因素，起关键作用。

3. 微生物是生态系统中的初级生产者

光能营养和化能营养微生物是生态系统的初级生产者，可直接利用太阳能、无机物的化学能作为能量来源，另一方面其积累下来的能量又可以在食物链、食物网中流动。

4. 微生物是物质和能量的贮存者

微生物也是由物质组成和由能量维持的生命有机体，贮存着大量的物质和能量。

5. 微生物是地球演化中的先锋种类

微生物是最早出现的生物体，并进化成后来的动物、植物。

二、微生物与自然界物质循环

在自然界的物质循环中，微生物是主要的推动者。在物质循环过程中，以高等绿色植物为主的生产者，在无机物的有机质化过程中起着主要的作用；以异养型微生物为主的分解者，在有机质的矿化过程中起着主要作用。如果没有微生物的作用，自然界各类元素及物质，就不可能周而复始地循环利用，自然界的生态平衡就不可能得到保持。人类社会也将不可能生存发展。

1. 微生物在碳素循环中的作用

碳素是构成各种生物体最基本的元素，没有碳就没有生命，碳素循环包括 CO_2 的固定和 CO_2 的再生（图 10-1）。绿色植物和微生物通过光合作用固定自然界中的 CO_2 合成有机碳化物，进而转化为各种有机物；植物和微生物进行呼吸作用获得能量，同时释放出 CO_2。动物以植物和微生物为食物，并在呼吸作用中释放出 CO_2。当动、植物和微生物尸体等有机碳化物被微生物分解时，又产生大量 CO_2。另有一小部分有机物由于地质学的原因保留下来，形成了石油、天然气、煤炭等宝贵的化石燃料，贮藏在地层中。当被开发利用后，经过燃烧，又重新成为 CO_2 而回到大气中。

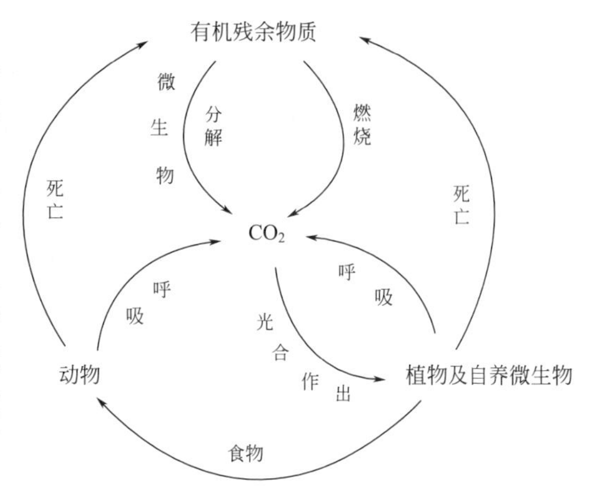

图 10-1　碳素循环

微生物在碳素循环中具有非常重要的作用，体现在两个方面：通过光合作用固定 CO_2（少量化能自养微生物通过非光合作用固定 CO_2）和通过分解作用再生 CO_2。前者以绿色植物为主，后者以微生物为主。

2. 微生物在氮素循环中的作用

氮素是核酸和蛋白质的主要成分，是构成生物体的必需元素。虽然大气中 78%的成分是 N_2，但所有植物、动物和大多数微生物都不能直接利用，而只能利用离子态氮（NH_4^+、NO_3^- 等），然而它们在自然界中为数不多，远远不能满足地球上生物的要求。只有将分子态的 N_2 进行转化和循环，才能满足植物体对氮素营养的需要。因此氮素物质的相互转化和不断循环，在自然界十分重要（图 10-2）。

（1）固氮作用　N_2 被还原成氨或其他氮化物的过程。自然界氮的固定有两种方式，一是非生物固氮，即通过自然和人为因素的化学固氮，形成的氮化物很少；二是生物固氮，即通过微生物的作用固氮，它对自然界氮素循环中的固氮作用具有决定意义。能够固氮的微生物均为原核生物，主要包括细菌、放线菌和蓝细菌。在固氮生物中，贡献最大的是与豆科植物共生的根瘤菌属。全球每年约固定 2.4×10^8 t 氮。

（2）氨化作用　微生物分解含氮有机物产生氨的过程。能分解含氮有机物的微生物种类和数量很多。氨化作用在农业生产上十分重要，土壤中的各种动植物残体和有机肥料，包括绿肥、堆肥和厩肥等都富含含氮有机物，它们须通过各类微生物的作用，尤其须先通过氨化作用才能成为植物能吸收和利用的氮素养料。

（3）硝化作用　微生物将氨氧化成硝酸盐的过程。硝化作用分两个阶段：第一个阶段是氨被氧化为亚硝酸盐，利用亚硝化细菌完成；第二阶段是亚硝酸盐被氧化为硝酸盐，利用硝化细菌完成。硝化作用对农业生产无益，但在自然界氮素循环中不可缺少。

（4）同化作用　绿色植物和多种微生物以铵盐和硝酸盐为氮素营养物，合成氨基酸、蛋白质、核酸和其他含氮有机物的过程。

（5）反硝化作用　微生物还原硝酸盐，释放出 N_2 和 N_2O 的过程称为反硝化作用或称为脱氮作用。反硝化作用一般只在厌氧条件下，如淹水的土壤或死水塘中发生。参与反硝化作用的微生物主要是反硝化细菌，如地衣芽孢杆菌、铜绿假单胞菌等。反硝化作用是造成土壤氮素损失的重要原因之一。在农业上常采用中耕松土的办法，以抑制反硝化作用。但从整个氮素循环来说，反硝化作用是极为关键的。否则自然界的氮素循环将会中断，硝酸盐将会在水体中大量积累，对人类的健康和水生生物的生存造成很大的威胁。

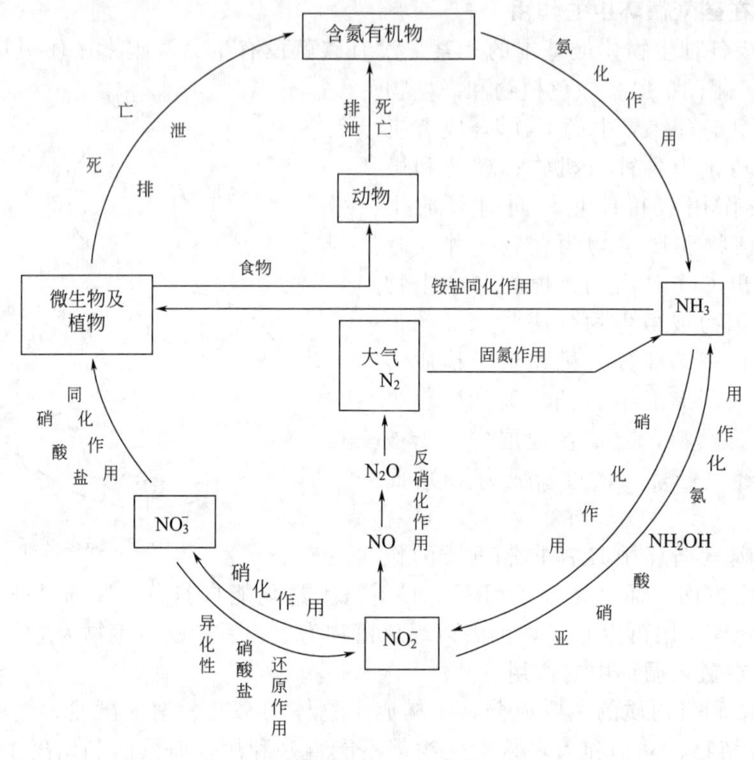

图 10-2 氮素循环

3. 微生物在硫素循环中的作用

硫是生命物质所必需的元素，它是一些必需氨基酸和某些维生素、辅酶等的成分，约占生物有机体干物质的1%。微生物参与了硫素循环的各个过程，并在其中起很重要的作用。

（1）脱硫作用　动植物和微生物尸体中的含硫有机物被微生物降解成 H_2S 的过程。含硫有机物大都含有氮素，在微生物分解中，既产生 H_2S，也产生 NH_3。一般的氨化微生物都有此作用。

（2）硫化作用　即硫的氧化作用，是指 H_2S、S 或 FeS 等在微生物的作用下被氧化生成硫酸的过程。自然界能氧化无机硫化物的微生物主要是硫细菌，可分为硫黄细菌和硫化细菌两类。

（3）同化作用　植物和微生物将硫酸盐转变成还原态的硫化物，然后再固定到蛋白质等成分中的过程。

（4）反硫化作用　硫酸盐在厌氧条件下被微生物还原成 H_2S 的过程称为反硫化作用。参与此过程的微生物是硫酸盐还原菌，主要有脱硫弧菌属和脱硫肠状菌属的一些种类。

4. 微生物在磷素循环中的作用

磷是所有生物都需要的生命元素，遗传物质的组成和能量贮存都需要磷。磷的生物地球化学循环包括三种基本过程：①有机磷转化成可溶性无机磷（有机磷矿化）；②不溶性无机磷变成可溶性无机磷（磷的有效化）；③可溶性无机磷变成有机磷（磷的同化）。微生物参与磷循环的所有过程，但在这些过程中，微生物不改变磷的价态，因此微生物所推动的磷循环可看成是一种转化。

5. 微生物在铁素循环中的作用

铁循环的基本过程是氧化和还原。微生物参与的铁循环包括氧化、还原和螯合作用。由此延伸出的微生物对铁作用的三个方面为：

① 铁的氧化和沉积　在铁氧化菌作用下亚铁化合物被氧化成高铁化合物而沉积下来。

② 铁的还原和溶解　铁还原菌可以使高铁化合物还原成亚铁化合物而溶解。

③ 铁的吸收　通过微生物产生的铁螯合体作为结合铁和转运铁的化合物，以保持铁的溶解性和可利用性。

6. 微生物在其他元素循环中的作用

微生物在其他元素的循环中所起的作用主要有：

① 有机物的分解作用；

② 无机离子的固定作用或同化作用；

③ 无机离子和化合物的氧化作用；

④ 氧化态元素的还原作用。

各种元素的生物地球化学循环是相互作用、影响、制约和相辅相成的，如氢、氧循环与碳、氮循环密不可分，铁循环与硫循环相互交织在一起，构成了非常复杂的关系。

第四节　微生物与环境保护

随着工业的高度发展、人口的增长，大量的生活废弃物、工业生产形成的三废及农业上使用化肥、农药的残留物等，如不经处理、直接排放，会给环境造成严重污染，最终会给人类造成严重危害。而微生物不但可以处理污染物如污水，还可以用于环境监测、重金属转化，所以微生物在环境保护方面起着重要作用。

一、微生物对污染物的降解与转化

污染物是指人类在生产生活中，排入大气、水体或土壤中的能引起环境污染，并对人和自然界有不利影响的物质的总称。这些物质主要有农药、污泥、烃类有机物、合成聚合物、重金属、放射性元素等。污染物对人类的危害是极其复杂的，有些污染物短期内通过空气、水、食物链等多种媒介侵入人体，造成急性危害；也有些污染物通过小剂量持续不断地侵入人体，经过相当长时间，才显露出对人体的慢性危害或远期危害，甚至影响到后代的健康；还有些污染物不直接作用于人，而是破坏自然界的平衡，并通过自然的影响最终影响人类乃至后代的健康。

生物降解是微生物（也包括其他生物）对物质（特别是污染物）的分解作用。由于微生物代谢类型多样，所以几乎自然界所有的有机物都能被微生物降解和转化。随着工业发展，许多人工新合成的化合物，渗入到自然环境中，引起环境污染。微生物由于其个体微小、繁殖快、适应性强、易变异等特点，可随环境变化，产生新的自发突变株，也可以通过诱导产生新的酶系，具备新的代谢能力以适应新的环境，从而降解那些“陌生”的化合物。大量事实证明微生物在降解、转化物质方面具有巨大潜力。

降解一些难降解化合物的酶类是由质粒控制的，这类质粒被称为降解性质粒。细菌中的降解性质粒和分离的细菌所处环境污染程度密切相关，从污染地分离得到的细菌50%以上含有降解性质粒，与从未污染区分离得到的细菌质粒相比，不但数量多，其分子也大。随着科学发展，人们正在利用基因工程的理论和技术研究诸如石油等污染物的降解，由天然降解性质粒的转移构建新功能菌株。如为了消除海上溢油污染，将假单胞菌中不同菌株的CAM、OCT、XAL和NAH等4种降解性质粒，结合转移到一个菌株中，使它成为一株能同时降解芳香烃、多环芳烃、萜烃和脂肪烃的“多质粒超级菌”。该菌能将自然界需要一年多时间才能降解的浮油缩短到了几个小时（降解）。

微生物对污染物的降解主要包括氧化反应、还原反应、水解反应和聚合反应。化学结构是决定化合物生物降解性的主要因素，结构与自然物质越相似越易降解，结构差别越大越难降解。

二、重金属转化

有些重金属如铜、锌、铁、锰等，是生物所必需的微量营养元素；而有些重金属如汞、砷、铅、镉、铬等，不是微生物生活所必需，而且在生物体内达到一定浓度时，会对生物产生抑制和致死作用。一般来说，金属存在形式不同，其毒性作用也不同。如有机汞和有机铅化合物的毒性远大于它们的无机化合物。

微生物虽然不能降解重金属，但可以通过对重金属的转化作用，控制其转化途径，可以达到减轻毒性的作用。特别是细菌、真菌在重金属的生物转化中起重要作用。例如，部分微生物如甲烷生成菌、产气杆菌可以使汞离子甲基化；另一些菌如假单胞菌、金黄色葡萄球菌可以使无机汞和有机汞还原成为单质汞，这样一些微生物也被称为抗汞微生物。

微生物对重金属的吸附和聚集是微生物抗重金属的一种机制，主要是由于在微生物细胞表面上的物质（多糖、多肽等）可非特异性地结合许多重金属离子。另外，有些微生物还可以吸收重金属元素。

三、污染介质的微生物处理

利用有益微生物可以处理大量的人类生产和生活过程中所产生的污染物。

污水处理最有效的方法是生物处理法，具体可分为好氧处理和厌氧处理两大类。微生物在有氧条件下，吸附环境中的有机物，并将有机物氧化分解成无机物，使污水得到净化，同时进行生长、代谢的这种过程称为好氧处理。好氧生物处理主要有活性污泥法和生物膜法两种形式。微生物在厌氧处理系统中处理高浓度有机废水，将各种复杂的有机物（糖类、脂肪、蛋白质）变成甲烷，处理过程中杀死各种病原微生物，去除有机物，并获得大量的沼气作为能源，称为厌氧处理，又称为沼气发酵。

微生物对固体废弃物的降解目前主要使用的是堆肥法。固体废弃物包括生活和生产过程产生的残渣，也包括废水处理中的剩余污泥以及过滤、沉淀等分离得到的固体物等。其过程是在微生物的作用下，有机物转化为有肥效的腐殖质。除堆肥法外，处理固体废弃物的生物方法还有生态工程处理法、废纤维糖法等。

微生物降解农药主要是通过脱卤作用、脱烃作用，对酰胺及脂的水解、氧化作用、还原作用及环裂解、缩合等方式把农药分子的一些化学基本结构改变而实现的。微生物降解农药的方式有两种，一种是以农药作为唯一碳源和能源，或作为唯一的氮源物质，此类农药能很快地被微生物降解，如氟乐灵，可以作为曲霉属的唯一碳源被很快分解；另一种是通过共代谢作用，共代谢是指一些很难降解的有机物，虽不能作为微生物唯一碳源或能源被降解，但可通过微生物利用其他有机物作为碳源或能源的同时被降解的现象，如直肠梭菌降解六六六时，需要有蛋白胨等物质提供能量才能降解。

微生物对烃化物的降解主要是在加氧酶的催化条件下，将分子氧（O_2）掺入到基质中形成一种含氧的中间产物，然后转化成其他物质参与代谢过程。

四、环境污染的微生物监测

环境监测是测定代表环境质量的各种指标数据的过程。作为环境状况指标的生物称为指示生物。微生物种类多、分布广、对环境条件敏感，与环境关系极为密切，因此常用于环境监测，并且微生物的某些独有的特性使其在环境监测中有特殊作用。

1. 粪便污染指示菌

粪便中肠道病原菌对水体的污染是引起霍乱、伤寒等流行病的主要原因。沙门菌、志贺菌等肠道病原菌数量少，检出鉴定困难。所以不能把直接监测病原菌作为常规的监测方法，因此我们提出监测与病原菌并存于肠道，且具有相关性的“指示菌”，从指示菌的数量来判断水体被污染的程度和饮用水的安全性。大肠菌群数是最常用的粪便污染指示菌及水质指标之一。我国生活饮用水卫生标准规定，1L水中大肠菌群数不得超过3个。

2. 水体污染指示微生物

一般的生物多适宜于清洁的水体，但是有的生物则适宜于某种程度污染的水体。在各种不同污染程度的水体中，各有其一定的生物种类和组成。根据水域中的动、植物和微生物区系，可推断该水域的污染状况，污水生物带便是通过以上检测而确定的。通常把水体划分为多污带、中污带和寡污带。中污带又分为甲型中污带和乙型中污带（表10-2）。

表10-2　污水生物带的划分及其特征

特　征	多污带	甲型中污带	乙型中污带	寡污带
细菌数	数十万～数百万/mL	数十万/mL	数万/mL	数十～数万/mL
水中有机物	大量，主要是未分解的蛋白质和碳水化合物	主要是氨和氨基酸	含量很少	含量极微
溶解氧	极低或几乎无（厌氧性）	少量（半厌氧性）	多（需氧性）	很多或饱和（需氧性）
BOD_5	非常高	高	较低	很低
主要生物群	硫细菌等多种细菌、鞭毛虫、寡毛类、蠕虫	细菌、真菌、蓝细菌、纤毛虫、轮虫、蠕虫	蓝细菌、硅藻、绿藻、多种原生动物、软体动物、甲壳类、鱼类	硅藻、绿藻、金藻、轮虫、海绵动物、软体动物、甲壳类、鱼类及其他生物

3. 致突变物的微生物检测

致突变作用是致癌和致畸的根本原因。由于微生物具有生长快速的特点，使得微生物检测被认为是对致突变物的最好的初步检测方法。用于检测致突变物的微生物主要有鼠伤寒沙门菌、大肠杆菌、枯草芽孢杆菌、酿酒酵母等，其中尤以沙门菌应用最广。

美国Ames教授在1975年建立的称为Ames试验的检测方法，可作为环境中污染物致突变性的初筛报警手段。其原理是利用鼠伤寒沙门菌组氨酸营养缺陷型菌株发生回复突变的性能，来检测物质的致突变性。在不含组氨酸的培养基上，它们不能生长，但当受到某致突变物的作用时，缺陷型菌株可回复到野生型，可在不含组氨酸的培养基上生长，这时培养基上长出明显的菌落。

4. 发光细菌检测法

发光细菌是一类非致病性的革兰阴性兼性厌氧细菌，在适宜条件下培养会发出蓝绿色的可见光。当环境不良或有毒物质存在时，细菌新陈代谢受到影响，发光强度减弱或熄灭。在一定浓度内，其减弱程度与有毒物浓度或毒性成一定的比例关系，可以通过使用灵敏的光电测量仪检测发光强度的变化，来了解有毒物的浓度或毒性。目前应用最多的是明亮发光杆菌。

5. 硝化细菌的相对代谢率试验

硝化细菌所进行的将铵离子（NH_4^+）在好氧条件下转化成硝酸根（NO_3^-）的硝化作用在生态系统中的氮素循环中有重要作用，这个过程只有微生物才可以进行。用测定硝化细菌相对代谢率的方法检测水体及土壤中的有毒物，并以此评价水体、土壤环境及环境污染物的生物毒性，有助于宏观生态环境的评价。

在环境污染的微生物检测中，除上述几种方法以外，其他微生物检测方法（以微生物组成、数量、代谢活性、遗传特性等为指标）也在不断研究和使用。

实训一　土壤中各类微生物的分离纯化

一、实训目标

1. 学会用稀释分离法从土壤中分离细菌、放线菌、酵母菌和霉菌。

2. 了解培养细菌、放线菌、酵母菌和霉菌四大类微生物的条件和时间。

3. 学会平板倾注法和斜面接种技术。

二、基础知识

自然界中，土壤是微生物生活的良好环境，其中生活的微生物数量和种类都是极其丰富的，因此土壤是人类开发利用微生物资源的重要基地。一般土壤中细菌数量最多，其次是放线菌和霉菌。但不同土样中各类微生物数量不同，通常与土壤肥力有关，肥沃的土壤中多，贫瘠的土壤中少。较干燥、偏碱性、有机质丰富的土壤中放线菌数量较多；酵母菌一般在水果表皮、葡萄园、果园土中数量多一些。因此，可根据各类微生物的分布特点进行采样，同时还要兼顾采样的季节、气温等条件。

分离微生物时，一般是根据该微生物对营养、pH、氧气等需求的不同，供给它们适宜的生活条件，或加入某种抑制剂造成只利于该菌种生长、不利于其他菌种生长的环境，从而淘汰不需要的菌种。

分离微生物常用的方法有稀释分离法和划线分离法，其最终目的是要在培养基上出现欲分离微生物的单个菌落，必要时再对单菌落进一步分离纯化。本实验采用稀释分离法。

要想获得某种微生物的纯培养，还需提供有利于该微生物生长繁殖的最适培养基及培养条件。四类微生物的分离和培养条件见表10-3。

表10-3 四类微生物的分离和培养条件

分离对象	使用培养基	培养温度/℃	培养时间/d
细菌	牛肉膏蛋白胨	30～37	1～2
放线菌	高氏1号	28	5～7
酵母菌	豆芽汁葡萄糖	28～30	2～3
霉菌	马丁孟加拉红-链霉素	28～30	3～5

三、实训器材

1. 样品

含菌土样。

2. 培养基

牛肉膏蛋白胨培养基，豆芽汁葡萄糖培养基，马丁孟加拉红-链霉素培养基，高氏1号培养基。

3. 试剂

无菌水（或无菌生理盐水），10%酚溶液，链霉素，孟加拉红。

4. 器材

无菌吸管，无菌平皿，玻璃涂棒，取样铲，称量纸，接种环，超净工作台，恒温培养箱，高压蒸汽灭菌锅等。

四、实训操作过程

1. 采土样

用取样铲，将表层5cm左右的浮土除去，取5～25cm处的土样10～25g，装入事先准备好的塑料袋内扎好口。北方土壤干燥，可在10～30cm处取样。给塑料袋编号并记录地点、土壤质地、植被名称、时间及其他环境条件。

2. 细菌的分离培养

(1) 制备土壤稀释液　称取土样1g，在火焰上加入到一个盛有99mL并装有玻璃珠的无菌水或无菌生理盐水锥形瓶中，振荡 10～20min，使土样中菌体、芽孢或孢子均匀分散，制成 10^{-2} 稀释度的土壤稀释液。

(2) 倾注法分离 取无菌平皿 6～9 个，分别于平皿底面按稀释度编号。稀释完毕后，可用原来的移液管从菌液浓度最小的 10^{-7} 土壤稀释液开始吸取 1mL 稀释液，按无菌操作技术加到相应编号 10^{-7} 的无菌培养皿内。再以相同方法分别吸取 1mL 10^{-6}、10^{-5} 的土壤稀释液，各加到相应编号为 10^{-6}、10^{-5} 的无菌培养皿内。将已灭菌的牛肉膏蛋白胨固体培养基融化，待冷却至 45～50℃，分别倾入已盛有 10^{-5}、10^{-6}、10^{-7} 土壤稀释液的无菌平皿内。整个操作过程如图 10-3 所示。

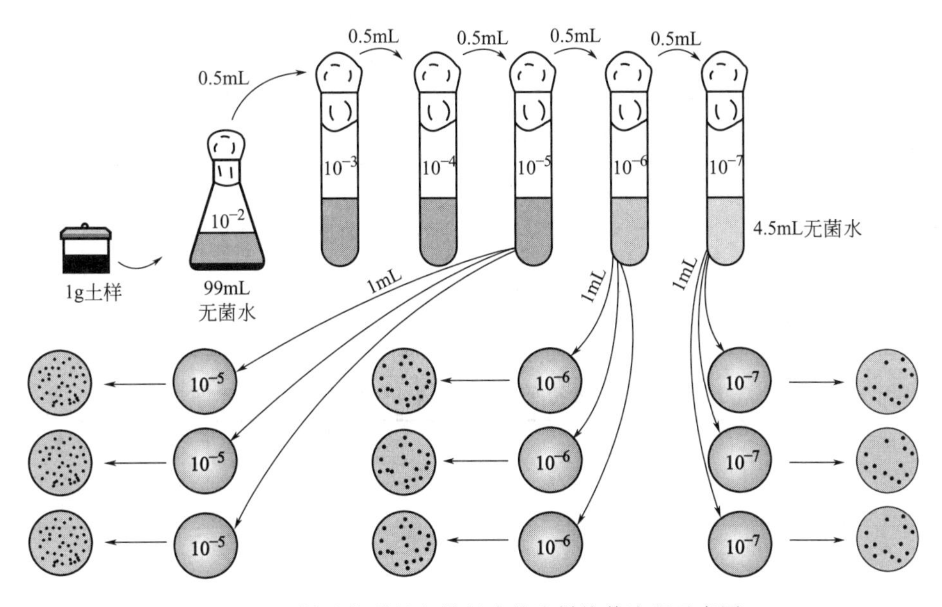

图 10-3 样品的稀释和稀释液的取样培养流程示意图

(3) 培养 待平板完全冷凝后，将平板倒置于 37℃恒温箱中，培养 24～48h 观察结果。

3. 放线菌的分离培养

(1) 制备土壤稀释液 称取土样 1g，加入到一个盛有 99mL 并装有玻璃珠的无菌水或无菌生理盐水锥形瓶中，并加入 10 滴 10%的酚溶液。振荡后静置 5min，即成 10^{-2} 土壤稀释液。

(2) 倾注法分离 按前法将土壤稀释液分别稀释为 10^{-3}、10^{-4}、10^{-5} 三个稀释度，然后用无菌移液管依次分别吸取 1mL 10^{-5}、10^{-4}、10^{-3} 土壤稀释液于相应编号的无菌培养皿内，用高氏 1 号培养基依前法倾倒平板，每个稀释度做 2～3 个平行皿。

(3) 培养 冷凝后，将平板倒置于 28℃恒温箱中，培养 5～7d 观察结果。

4. 霉菌的分离培养

(1) 制备土壤稀释液 称取土样 1g，加入到一个盛有 99mL 并装有玻璃珠的无菌水或无菌生理盐水锥形瓶中，振荡 10min，即成 10^{-2} 土壤稀释液。

(2) 倾注法分离 按前法将土壤稀释液分别稀释为 10^{-3}、10^{-4} 稀释度，然后用无菌移液管依次分别吸取 1mL 10^{-4}、10^{-3}、10^{-2} 土壤稀释液于相应编号的无菌培养皿内，用马丁孟加拉红-链霉素培养基依前法倾倒平板，每个稀释度做 2～3 个平行皿。

(3) 培养 冷凝后，将平板倒置于 28℃恒温箱中，培养 3～5d 观察结果。

5. 酵母菌的分离培养

(1) 制备菌悬液 称取果园土样 1g，加入到一个盛有 99mL 并装有玻璃珠的无菌水或无菌生理盐水锥形瓶中，振荡 20min，即成 10^{-2} 土壤稀释液。

（2）涂布法分离　依前法向无菌培养皿中倾倒已融化并冷却至45～50℃的豆芽汁葡萄糖培养基，待平板冷却后，用无菌移液管分别吸取上述10^{-6}、10^{-5}、10^{-4}三个稀释度菌悬液0.1mL依次滴加于相应编号已制备好的豆芽汁葡萄糖培养基平板上，然后用无菌涂布棒进行涂布。

（3）培养　接种后，将平板倒置于28℃恒温箱中，培养2～3d观察结果。

五、实训记录

1. 记录四类微生物的分离方法及培养条件。

分离对象	样品来源	分离方法	稀释度	培养基	培养温度	培养时间
细菌 放线菌 酵母菌 霉菌						

2. 将你所分离的微生物平板菌落计数结果填入下表。

平板号	每皿长出的菌落数			每克样品含菌数		
	$10^{(-)}$	$10^{(-)}$	$10^{(-)}$	$10^{(-)}$	$10^{(-)}$	$10^{(-)}$
1						
2						
3						
均值						

3. 将你所分离样品中单菌落菌株的菌落特征与镜检形态记录于下表。

菌株	分离培养基	菌落特征	镜检形态

【操作技巧提示】

1. 稀释土样过程中注意无菌操作，切记不要用手指触摸移液管吸液端口及外部。

2. 温度过高易将菌烫死，皿盖上冷凝水太多，也会影响分离效果；低于45℃培养基易凝固，平板易出现凝块、高低不平。

3. 涂布分离时，切忌用力过猛将菌液直接推向平板边缘或将培养基划破。

4. 灭菌后将用过的移液管放在废弃物筒中，用3%～5%来苏儿浸泡1h后再灭菌洗涤。

【案例介绍】

案例：实训中A同学发现分离酵母菌的三个稀释度的豆芽汁葡萄糖培养基平板，在培养48h后都不长菌，不知应如何处理。B同学遇到的问题是分离放线菌时只做了一个10^{-5}稀释度土壤悬液，结果同一个稀释度的三个平板都没有长出菌落。C同学则是分离细菌的平板都不长菌，而分离放线菌、酵母菌和霉菌的平板都生长良好。

解析：分析A同学的实验现象，其可能存在的原因是稀释度太大，不同季节土壤中微生物数量会有变化，建议把其他几个稀释度的土壤悬液都做涂布，如果其他的稀释度都不长菌，就需要重新进行有针对性的采样再分离。B同学的解决方案是首先把10^{-3}和10^{-4}两个稀释度也进行倾注分离，如果这两个稀释度长出菌落则问题解决。如果培养后这两个稀释度的平板也都不长菌，则存在两个原因：一是培养基太热，把微生物烫死了；二是10^{-3}稀释度太大，需要从10^{-2}稀释度取样进行分离。C同学的现象出现也有两个原因：一是培养基太热；二是稀释度太大，需要从其他稀释度取样进行分离。

【思考题】

1. 细菌、放线菌、酵母菌和霉菌的菌落特征上有何主要区别？

2. 为什么已融化的琼脂培养基要冷却到45～50℃才能倾入装有菌液的培养皿内？

3. 分离某类微生物时培养皿中出现其他类微生物，请说明原因。应如何进一步分离纯化？

4. 恒温培养箱中培养微生物时为何培养皿需倒置？

实训二　产纤维素酶芽孢杆菌的分离纯化

一、实训目标

1. 学会从土壤中分离纯化产纤维素芽孢杆菌。

2. 了解碱性纤维素酶酶活力测定的操作方法。

二、基础知识

纤维素是地球上最丰富的有机原料，占植物组织的50%左右。纤维素分解对碳素循环、提高土壤肥力及解决人类食物问题具有重大意义。

从20世纪60年代以来，国内外记录的纤维素降解菌大约已有53个属的几千个菌株。细菌、放线菌、部分酵母菌和高等真菌等很多主要的微生物类群中都有纤维素降解菌。目前选育产酶活力高且对培养和产酶条件要求都不高的碱性或耐碱性纤维素酶生产菌株，已成为当前纤维素酶研究的重要内容，也是一条简单而又实用的获得纤维素酶的途径。

在采用平板降解圈直接分离纤维素降解菌的方法中，以刚果红染色法为最好方法。这种方法是将生长有菌落的平板培养基，用0.1%刚果红水溶液浸染一定时间后，再用1mol/L NaCl溶液脱色。刚果红将未被降解的羧甲基纤维素染成红色，而对降解产物小分子低聚糖类无作用，因此在产羧甲基纤维素酶的菌落周围留下了清晰的透明圈。

纤维素酶活力定义：1mg酶每分钟水解纤维素生成1μg葡萄糖的量定义为一个活力单位。由此可以计算实验中的纤维素酶活力。

三、实训器材

1. 样品

含菌土样。

2. 培养基

(1) 牛肉膏蛋白胨培养基。

(2) 初筛培养基　羧甲基纤维素(CMC)1%，$(NH_4)_2SO_4$ 1%，KNO_3 0.5%，Na_2CO_3 0.5%，$MgSO_4 \cdot 7H_2O$ 0.01%，$FeSO_4 \cdot 7H_2O$ 5mg/kg，$MnSO_4$ 5mg/kg，琼脂1.6%，pH9.0。

(3) 种子培养基　葡萄糖2%，蛋白胨1%，酵母膏1%，K_2HPO_4 0.1%，NaH_2PO_4 0.1%，$MgSO_4 \cdot 7H_2O$ 0.01%，$FeSO_4 \cdot 7H_2O$ 5mg/kg，$MnSO_4$ 5mg/kg，pH7.0。

(4) 复筛培养基　可溶性淀粉2%，葡萄糖1%，蛋白胨1%，酵母膏1%，麸皮0.5%，K_2HPO_4 0.1%，NaH_2PO_4 0.1%，$MgSO_4 \cdot 7H_2O$ 0.01%，$FeSO_4 \cdot 7H_2O$ 5mg/kg，$MnSO_4$ 5mg/kg，pH7.0。

3. 试剂

1%羧甲基纤维素（用0.1mol/L pH4.5醋酸-醋酸钠缓冲液配制），2%刚果红（0.2g刚果红溶于100mL水中），NaCl，革兰染液，pH4.5醋酸缓冲液，DNS试剂，标准葡萄糖溶液（1mg/mL），无菌生理盐水。

4. 器材

试管，比色管，三角瓶，培养皿，移液管，酒精灯，电子天平，酸度计，显微镜，超净工作台，高温蒸汽灭菌器，离心机，恒温水浴锅，紫外-可见分光光度计，恒温气浴摇床，恒温培养箱。

四、实训操作过程

1. 菌株初筛

(1) 稀释土样　称取含菌土样10g，移入盛有90mL无菌生理盐水的三角瓶中。于37℃恒温摇床上振荡培养20min。采用梯度稀释法将样品稀释到10^{-4}、10^{-5}、10^{-6}。

(2) 分离单菌落　分别从稀释后各样品管中吸取0.2mL样品，均匀涂布于初筛培养基平板上。置于37℃恒温培养箱中培养48h，对长出的各单菌落进行编号。用影印法将平板上长出的单菌落复制到另一个平板上留作备份。

(3) 初筛　挑取单个菌落染色镜检，取G^+芽孢杆菌继续纯化培养。然后用0.2%的刚果红溶液染色20min，再用1mol/L的NaCl溶液脱色20min。观察平板上的各单菌落是否产生水解圈，挑取水解圈大的单菌落到牛肉膏蛋白胨斜面上，37℃培养16～24h，备用。

2. 菌株复筛

(1) 制备种子　将初筛得到的各菌种备份后，分别接到20mL种子培养基中，置于摇床上，37℃振荡培养24h，得到摇瓶种子。

(2) 摇瓶培养　以2%的接种量将摇瓶种子分别接入50mL发酵培养基中，置于摇床上，37℃振荡培养48h。发酵液于5000r/min、4℃离心10min，上清液为粗酶液。

3. 纤维素酶活力的测定

(1) 绘制标准曲线　取6支25mL比色管，分别吸取0、0.2mL、0.4mL、0.6mL、0.8mL、1.0mL的葡萄糖溶液于6支试管中，均用蒸馏水稀释至1mL，加DNS显色剂3mL，在沸水浴中煮沸显色10min，冷却、定容至25mL。在540nm处比色测其OD值。以光密度为纵坐标、葡萄糖质量（μg）为横坐标，绘出标准曲线。

(2) 酶活力测定

空白管：取1mL酶液，沸水浴5min，冷却加3mL 1%CMC；取三支比色管，分别加入1%CMC 3mL、酶液1mL，混匀后与空白管一起于50℃水浴锅中放置30min，取出立即于沸水浴中煮沸10min，冷却加入3mL显色液，再沸水浴10min，冷却后加蒸馏水定容至25mL，混匀，与标准曲线同时于540nm处测OD值。

五、实训记录

1. 观察并记录初筛后得到的各单菌落的菌落形态和个体形态，具体见表10-4和表10-5。

表10-4　菌落生长特征

菌株	形状	表面特征	边缘	光学特征	颜色

表10-5　细菌形态特征

菌株	细菌形态	革兰反应	芽孢形状	芽孢位置	孢囊明显膨胀	伴孢晶体

注："+"为阳性、"−"为阴性、"C"为中生、"T"为端生或次端生、"CT"为中生到次端生。

2. 计算分离纯化得到的各芽孢杆菌的酶活力单位（表10-6、表10-7）。

表 10-6 标准曲线测定

管号	0	1	2	3	4	5
葡萄糖/mL	0.0	0.2	0.4	0.6	0.8	1.0
蒸馏水/mL	1.0	0.8	0.6	0.4	0.2	0.0
显色液/mL	3.0	3.0	3.0	3.0	3.0	3.0
沸水浴中煮沸显色 10min,冷却,加蒸馏水定容至 25mL						
A(540nm)						

表 10-7 样品的测定

编号	空白管	样品 1	样品 2	样品 3	样品 4	样品 5	样品 6	样品 7	样品 8
酶液/mL	1.0	1.0	1.0	1.0	1.0	1.0	1.0	1.0	1.0
CMC/mL	3.0	3.0	3.0	3.0	3.0	3.0	3.0	3.0	3.0
50℃恒温 30min									
显色液/mL	3.0	3.0	3.0	3.0	3.0	3.0	3.0	3.0	3.0
沸水浴中煮沸显色 10min,冷却,加蒸馏水定容至 25mL									
A(540nm)									
葡萄糖量/μg									
酶活力/U									

$$纤维素酶活力=\frac{\text{OD 值对应的葡萄糖量}\times n}{30\times 1}$$

式中，n 为稀释倍数。

【操作技巧提示】

1. 初筛后得到的单菌落要注意备份留存，以防发酵染菌。

2. 对于初筛时得到的水解圈较大的菌株，使用摇瓶发酵复筛时，对每个菌株应设置 2 组以上重复实验，以防漏筛。

3. 酶活力测定时由于比色管中溶液量过多，若用漩涡搅拌器混匀，可能使溶液溅出，可使用保鲜膜，将其覆盖在比色管口，上下摇动比色管，进行混匀。使用比色管时要将其擦拭干净，应用吸水纸吸去比色管表面溶液，用擦镜纸擦拭，以避免对比色管光滑一面造成磨损。

4. 在制作标准曲线时，应从低浓度到高浓度依次测量，因为低浓度的残留液对高浓度待测液的测定不会有太大影响，所以可不用润洗比色管，但若由高浓度到低浓度测定，则需要对比色管进行润洗，以消除误差，因为高浓度残留液会对低浓度的溶液浓度造成很大影响。

【案例介绍】

案例：实训中 A 同学初筛时的刚果红染色平板上，菌落周围都没有出现水解圈，不知道是否该进行复筛实验。B 同学初筛、复筛比较顺利，但在测定酶活力时发现有的菌株产生的纤维素酶液读不出吸光值，不知道哪个环节出现了问题。

解析：A 同学的初筛结果说明样品中可能没有所需菌种，应重新采样进行测定。可以从造纸污泥、牛的粪便等可能含有此类芽孢杆菌的样品中进行采样。通过分析 B 同学的实验现象，产生原因可能是：定容后未充分混匀，导致上层溶液浓度偏低，进而影响 OD 值测量；空白管在沸水浴时未完全失活，会导致调零基准不准确，影响实验结果；使用比色杯时未充分润洗；放入沸水浴时没有保证时间相同，会直接导致实验误差。

【思考题】

1. 分离纯化纤维素降解菌还有哪些方法?
2. 试设计一个方案，对复筛后的上清液进行酶活力的测定。
3. 分离纯化纤维素降解菌有何意义?

问题与讨论

1. 试述微生物在自然界的分布。
2. 简述微生物与环境间的相互关系。
3. 试说明微生物在自然界物质循环中的作用。
4. 概述微生物在环境保护中的应用。
5. 如何利用微生物监测环境污染?

附　　录

附录Ⅰ　常用染色液的配制

1. 石炭酸复红染液

A液：	碱性复红（basic fuchsin）	0.3g
	95%酒精	10mL
B液：	石炭酸	5.0g
	蒸馏水	95mL

配制方法：将碱性复红在非金属研钵中研磨后，逐渐加入95%酒精，继续研磨使之溶解，配成A液，将石炭酸溶解在蒸馏水中，配成B液。把A液和B液混合即成。通常可将混合液稀释5～10倍使用。稀释液易变质失效，一次不宜多配。

2. 结晶紫染色液

A液：	结晶紫	2g
	95%乙醇	20mL
B液：	草酸铵	0.8g
	蒸馏水	80mL

将A、B二液充分溶解后混合静置24h过滤使用。

3. 革氏碘液

碘	1g
碘化钾	2g
蒸馏水	300mL

配制时，先将碘化钾溶于5～10mL水中，再加入碘1g，使其溶解后，加水至300mL。

4. 沙黄染液（番红染色液）

沙黄	0.25g
95%乙醇	10mL
蒸馏水	100mL

将沙黄溶解于乙醇中，然后用蒸馏水稀释。

5. 孔雀绿染色液

孔雀绿	7.6g
蒸馏水	100mL

此为孔雀绿饱和水溶液。配制时尽量溶解，过滤使用。

6. 荚膜染色液

6%葡萄糖水溶液

绘图墨汁或黑色素，或苯胺黑

无水乙醇

结晶紫染液

7. 鞭毛染色液

(1) 利夫森染色液

A液：	NaCl	1.5g
	蒸馏水	100mL
B液：	单宁酸（鞣酸）	3g
	蒸馏水	100mL
C液：	碱性复红	1.2g
	95%乙醇	200mL

临用前将A、B、C三种染液等量混合。

分别保存的染液可在冰箱保存几个月，室温保存几个星期仍可有效，但混合染液应立即使用。

（2）银染法

A液：	单宁酸	5g
	$FeCl_3$	1.5g
	15%福尔马林	2.0mL
	1%NaOH	1.0mL
	蒸馏水	100mL
B液：	$AgNO_3$	2g
	蒸馏水	100mL

配制方法：硝酸银溶解后取出10mL备用，向90mL硝酸银溶液中滴加浓氨水，形成浓厚的沉淀，再继续滴加氨水到刚溶解沉淀成为澄清溶液为止。再将备用的硝酸银溶液慢慢滴入，出现薄雾，轻轻摇动后，薄雾状沉淀消失；再滴加硝酸银溶液，直到摇动后，仍呈现轻微而稳定的薄雾状沉淀为止。雾重银盐沉淀，不宜使用。

8. 美蓝染色液

A液：美蓝0.3g，95%乙醇30mL

B液：KOH 0.01g，蒸馏水100mL

分别配制A液和B液，混合即可。

根据需要可配制成稀释美蓝液，按1∶10或1∶100稀释均可。

9. 乳酸苯酚棉蓝染色液

（1）乳酸-苯酚液

苯酚10g，乳酸（密度1.21kg/m^3）10g，甘油（密度1.25kg/m^3）20g，蒸馏水10mL。

制法：将苯酚在水中加热溶解，然后加入乳酸及甘油。

（2）棉蓝染色液

棉蓝0.05g溶于乳酸-苯酚液100mL中。

附录Ⅱ 常用试剂的配制

1. α-淀粉酶活性测定试剂

（1）标准稀碘液 称取碘化钾22.0g溶于300mL水中，加入11.0g碘，在搅拌下使其溶解，然后移入500mL容量瓶中定容，贮于棕色瓶成为贮备液。取贮备液15.00mL，加入8.0g碘化钾，定容至500mL。

（2）比色稀碘液 取碘贮备液2.00mL，加入碘化钾20.0g，定容至500mL。

（3）pH6.0缓冲溶液 称取45.23g磷酸氢二钠（$Na_2HPO_4 \cdot 12H_2O$）、8.07g柠檬酸（$C_6H_8O_7 \cdot H_2O$），用水溶解并定容至1000mL。

（4）2%可溶性淀粉 称取2.000g可溶性淀粉，在搅拌下加入约80mL沸水中，加热煮沸至透明，冷却后定容至100mL。

（5）标准糊精溶液　称取糊精 0.3g，用少许蒸馏水混匀后倾入 400mL 水中，冷却后定容至 500mL，加入几滴甲苯试剂防腐，冰箱保存。

2. 1.6%溴甲酚紫

溴甲酚紫 1.6g 溶于 100mL 乙醇中，贮存于棕色瓶中保存备用。作为培养基指示剂时，每 1000mL 培养基中加入 1mL 即可。

3. 纤维素酶活力测定试剂

（1）pH4.5 醋酸缓冲液　醋酸钠 18g，加冰醋酸 9.8mL，再加水稀释至 1000mL。

（2）DNS 试剂　称取 3,5-二硝基水杨酸 3.15g，加水 500mL，搅拌 5min，水浴至 45℃，然后逐步加入 100mL 200g/L 氢氧化钠溶液，同时不断搅拌直到溶液清澈透明（在加入氢氧化钠过程中，溶液温度不要超过 48℃）。再逐步加入四水酒石酸钾钠 91.0g、苯酚 2.50g 和无水亚硫酸钠 2.50g，继续 45℃水浴加热，同时补加水 300mL，不断搅拌直到加入的物质完全溶解，停止加热，冷却至室温后，用水定容至 1000mL，用烧结玻璃过滤器过滤。取滤液，储存在棕色试剂瓶中避光保存，室温存放 7 天后可以使用，有效期为 6 个月。

4. 生理盐水（0.9%NaCl 溶液）

准确称量 NaCl 9.0g，于 100mL 小烧杯中溶解，转移至容量瓶，定容至 1000mL 即可。

5. 0.1mol/L 磷酸盐缓冲液（pH6.0、pH7.0）

0.1mol/L K_2HPO_4溶液：称取 17.4g K_2HPO_4 溶解于蒸馏水中，定容至 1000mL。

0.1mol/L KH_2PO_4 溶液：称取 13.6g KH_2PO_4 溶解于蒸馏水中，定容至 1000mL。

0.1mol/L 磷酸盐缓冲液

pH	0.1mol/L K_2HPO_4	0.1mol/L KH_2PO_4
6.0	13.2	86.8
7.0	61.5	38.5

6. 3%～5%石炭酸

称取石炭酸 3～5g，于 100mL 小烧杯中溶解，定容至 100mL 容量瓶中即可。

7. 2%～3%来苏儿

量取来苏儿原液 40～60mL，稀释到 1000mL 即可。

8. 2%葡萄糖

称取葡萄糖 2g，于 100mL 小烧杯中溶解，定容至 100mL 容量瓶中即可。

附录Ⅲ　常用培养基的配制

1. 牛肉膏蛋白胨培养基

牛肉膏 3g，蛋白胨 10g，NaCl 5g，水 1000mL，pH7.2。

2. 高氏 1 号培养基

可溶性淀粉 2%，KNO_3 0.1%，$MgSO_4 \cdot 7H_2O$ 0.05%，NaCl 0.05%，K_2HPO_4 0.05%，$Fe_2(SO_4)_3$ 0.001%，pH7.4，121℃灭菌 20min。

3. 马铃薯蔗糖培养基

马铃薯 200g，去皮切块，加水 800mL 煮沸 20min，过滤取滤液，加蔗糖 20g，补足水分至 1000mL，pH 自然。

4. 复红亚硫酸钠琼脂培养基（远藤培养基）

先将蛋白胨 10g、牛肉浸膏 5g、酵母浸膏 5g 和琼脂 20～30g 加入 900mL 蒸馏水中，加热溶解，再加入磷酸氢二钾 0.5g，溶解后补足蒸馏水至 1000mL，调 pH 至 7.2～7.4。加入乳糖10g，混匀溶解后，115℃灭菌20min。称取无水亚硫酸钠5g置一无菌空试管中，加入无菌水少许使溶解，再在水浴中煮沸10min后，立刻滴加于20mL 5%碱性复红乙醇溶液中，直至深红色褪成淡粉红色为止。将此亚硫酸钠与碱性复红的混合液全部加至上述已灭菌的并仍保持熔化状态的培养基中，充分混匀，倒平板，放冰箱中备用，贮存时间不宜超过2周。若颜色由淡红色变为深红色，则不能使用。

5. 伊红美蓝琼脂培养基（EMB培养基）

将10g蛋白胨、2g KH_2PO_4 和15～20g琼脂溶于1000mL水中，调整pH值至7.2，灭菌后备用。临用时以无菌操作加入已灭菌的20%乳糖20mL、2%伊红水溶液20mL和0.5%美蓝水溶液10mL，摇匀后立即倒平板。

6. 乳糖蛋白胨培养基

将蛋白胨10g、牛肉膏3g、乳糖5g及氯化钠5g加热溶解于1000mL蒸馏水中，调pH至7.2～7.4。加入1.6%溴甲酚紫乙醇溶液1mL，充分混匀，分装于有小倒管的试管中。

7. 马丁孟加拉红-链霉素培养基

10.0g葡萄糖，蛋白胨5.0g，$KH_2PO_4 \cdot 3H_2O$ 1.0g，$MgSO_4 \cdot 7H_2O$ 0.5g，孟加拉红33.4mg，3.3mL链霉素10000U/mL（临用前加入），蒸馏水1000mL，pH自然。

8. 豆芽汁葡萄糖培养基

将黄豆芽200.0g洗净，放入水中煮沸30min，纱布过滤，取豆芽汁加蔗糖30.0g，补水至1000mL。

9. PDA培养基

马铃薯300g，葡萄糖20g，琼脂15～20g，自来水1000mL，自然pH。

其做法是先将马铃薯洗净去皮，再称取300g切成小块，加水煮烂（煮沸20～30min，能被玻璃棒戳破即可），用四层纱布过滤，再据实际实验需要加葡萄糖和琼脂，继续加热搅拌混匀，稍冷却后再补足水分至1000mL，分装试管或者锥形瓶，加塞、包扎，121℃灭菌20min左右后取出试管摆斜面或者摇匀，冷却后贮存备用。

10. 完全培养基（CM）

蛋白胨10g，葡萄糖10g，酵母粉5g，牛肉膏5g，NaCl 5g，蒸馏水1000mL，pH7.2。0.1MPa灭菌20min。

11. 基本培养基（MM）

葡萄糖5g，$(NH_4)_2SO_4$ 2g，柠檬酸钠1g，$K_2HPO_4 \cdot 3H_2O$ 14g，KH_2PO_4 6g，$MgSO_4 \cdot 7H_2O$ 0.2g，蒸馏水1000mL，纯化琼脂20g，pH7.0。

12. 高渗再生培养基（CMR）

蛋白胨10g，葡萄糖5g，酵母粉5g，牛肉膏5g，NaCl 5g，蔗糖0.5mol/L，$MgCl_2$ 20mmol/L，蒸馏水1000mL，纯化琼脂20g，pH7.0。

13. 补充培养基（SM）

在基本培养基中加入20μg/mL腺嘌呤。

14. 再生补充培养基

在补充培养基中加入0.5mol/L蔗糖。

15. 酪蛋白培养基

$Na_2HPO_4 \cdot 12H_2O$ 13g，KH_2PO_4 0.36g，NaCl 0.1g，$ZnSO_4 \cdot 7H_2O$ 0.02g，$CaCl_2 \cdot 2H_2O$ 0.002g，酪素4g，酪素水解氨基酸0.05g，琼脂20g，蒸馏水1000mL，pH7.2。

16. 淀粉培养基

蛋白胨10g，NaCl 5g，牛肉膏5g，可溶性淀粉10g，琼脂20g，蒸馏水1000mL，pH7.2。

附录Ⅳ 常见微生物名称对照

一、细菌 bacteria

醋酸杆菌	*Acetobacter*
巨大芽孢杆菌	*Bacillus megaterium*
胶质芽孢杆菌	*Bacillus mucilaginosus*
多黏芽孢杆菌	*Bacillus polymyxa*
枯草芽孢杆菌	*Bacillus subtilis*
苏云金芽孢杆菌	*Bacillus thuringiensis*
短杆菌属	*Brevibacterium*
衣原体属	*Chlamydia*
丙酮丁醇梭菌	*Clostridium acetobutylicum*
梭菌属	*Clostridium*
棒杆菌属	*Corynebacterium*
白喉棒杆菌	*Corynebacterium diphtheriae*
肺炎双球菌	*Diplococcus pneumoniae*
大肠杆菌	*Escherichia coli*
产气肠杆菌	*Enterobacter aerogenes*
亚铁杆菌属	*Ferrobacillus*
乳杆菌属	*Lactobacillus*
肠膜状明串珠菌	*Leuconostoc mesenteroides*
支原体属	*Mycoplasma*
硝化杆菌属	*Nitrobacter*
亚硝化球菌属	*Nitrosococcus*
普通变形杆菌	*Proteus vulgaris*
铜绿假单胞菌	*Pseudomonas aeruginosa*
红螺菌属	*Rhodospirillum*
红假单胞菌属	*Rhodopseudomonas*
立克次体	*Rickettsia*
鼠伤寒沙门菌	*Salmonella typhimurium*
八叠球菌	*Sarcina*
金黄色葡萄球菌	*Staphylococcus aureus*
痢疾志贺菌	*Shigella dysenteriae*
螺菌属	*Spirillum*

二、放线菌 actinomyces

诺卡菌属	*Nocardia*
小单胞菌属	*Micromonospora*
游动放线菌属	*Actinoplanes*
高温放线菌属	*thermoactinomyces*
链孢囊菌属	*Streptosporangium*
链霉菌属	*Streptomyces*

灰色链霉菌	*Streptomyces griseus*
龟裂链霉菌	*Streptomyces rimosus*
金霉素链霉菌	*Streptomyces aureofaciens*
红霉素链霉菌	*Streptomyces erythreus*

三、酵母菌 yeast

热带假丝酵母	*Candida tropicalis*
红酵母	*Rhodotorula glutinis*
酿酒酵母	*Saccharomyces cerevisiae*
白假丝酵母	*Candida albicans*
汉逊酵母属	*Hansenula*
产朊假丝酵母	*Candida utilis*

四、霉菌 mold 或 filamentous fungi

黄曲霉	*Aspergillus flavus*
黑曲霉	*Aspergillus niger*
白地霉	*Geotrichum candidum*
产黄青霉	*Penicillium chrysogenum*
黑根霉	*Rhizopus stolonifer*
绿色木霉	*Trichoderma viride*
总状毛霉	*Mucor racemosus*
米曲霉	*Aspergillus oryzae*
犁头霉	*Absidia*
米根霉	*Rhizopus oryzae*
腐霉属	*Pythium*

五、病毒 virus

大肠杆菌 T4 噬菌体	*E. coli* T_4
大肠杆菌 λ 噬菌体	*E. coli* λ
乙型肝炎病毒	Hepatitis B virus（HBV）
疱疹病毒	herpes virus
痘科病毒	Poxviruses
牛痘病毒	Poxvirus bovis
烟草花叶病毒	tobacco mosaic virus（TMV）
腺病毒	Adenoviruses
流感病毒	influenza virus
苜蓿花叶病毒	Alfalfa mosaic virus
弹状病毒	Rhabdovirus
脊髓灰质炎病毒	Poliovirus
狂犬病毒	Rabies virus

附录Ⅴ　常用微生物词汇中英文对照

第一章　绪论

微生物	microorganism

微生物学	microbiology
原核微生物	prokaryotic microorganism
真核微生物	eukaryotic microorganism
病毒	virus
亚病毒	subvirus
拟病毒	virusoid
抗生素	antibiotic
无菌操作	aseptic technique
净化工作台	super clean bench
高压蒸汽灭菌锅	autoclave
培养箱	incubator
干燥箱	oven
摇床	shaker
显微镜	microscope

第二章　原核微生物

细菌	Bacteria
球菌	coccus
杆菌	bacillus
螺旋菌	spirillum
细胞壁	cell wall
细胞膜	cytoplasmic
细胞质	cytoplasm
核质体	nuclear region
革兰染色	Gram stain
肽聚糖	peptidoglycan
磷壁酸	teichoic acid
脂多糖	lipopolysaccharide
原生质体	protoplast
鞭毛	flagellum
菌毛	fimbria
性菌毛	sexpilus
核糖体	ribosome
羧酶体	carboxysome
质粒	plasmid
气泡	gas vacuole
糖被	glycocalyx
大荚膜	macrocapsule
微荚膜	microcapsule
芽孢	endospore
伴孢晶体	parasporal crystal
物镜	objective
目镜	eyepiece

油镜 oil immersion lens
菌落 colony
放线菌 Actinomycete
基内菌丝 substrate mycelium
气生菌丝 aerial mycelium
孢子 spore
孢子丝 sporophore
分生孢子 conidium
孢囊孢子 sporangiospore
蓝细菌 Cyanobacteria
静息孢子 akinete
异形胞 heterocyst
支原体 Mycoplasma
衣原体 Chlamydia
立克次体 Rickettsia

第三章　真核微生物

酵母菌 yeast
假菌丝 pseudomycelium
葡聚糖 dextran
甘露聚糖 mannan
几丁质 chitin
甾醇 sterol
细胞器 organelles
线粒体 mitochondria
高尔基体 Golgi apparatus
液泡 vacuole
芽殖 budding
裂殖 fission
质配 plasmogamy
核配 karyogamy
子囊孢子 ascospore
生活周期 life cycle
霉菌 mold
无隔菌丝 aseptate hyphae
有隔菌丝 septate hyphae
假根 rhizoid
匍匐菌丝 stolon
减数分裂 meiosis
厚垣孢子 chlamydospore
节孢子 arthrospore
游动孢子 zoospore
卵孢子 oospore

接合孢子	zygospore
担孢子	basidiospore

第四章 病毒

病毒	viruses
亚病毒	subvirus
类病毒	viroid
拟病毒	virusoid
朊病毒	prion
核衣壳	nucleocapsid
衣壳粒	capsomere
螺旋对称	helical symmetry
二十面体对称	icosahedron symmetry
复合对称	bi-symmetry
包膜	envelope
刺突	spike
结构蛋白	structrual protein
非结构蛋白	non-structrual protein
吸附	adsorption，attachment
侵入	penetration，injection
脱壳	uncoating
生物合成	biosynthesis
烈性噬菌体	virulent phage
温和噬菌体	temperate phage
裂解性周期	lytic cycle
溶源性周期	lysogenic cycle
一步生长曲线	one-step growth curve
潜伏期	latent phase
裂解期	rise phase
裂解量	burse size
超感染免疫性	superinfection immunity
溶源转变	lysogenic conversion
自发裂解	spontaneous lysis
诱发裂解	inductive lysis
复愈	cure
前噬菌体	prophage
噬菌体效价	titre
噬菌斑	plaque

第五章 微生物的营养

营养物质	nutrient
营养	nutrition
碳源	carbon source
葡萄糖	glucose

淀粉	amylum
糖蜜	molasses
氮源	nitrogen source
蛋白胨	peptone
牛肉膏	beef extract
酵母粉	yeast extract
无机盐	inorganic salt
大量元素	macroelement
微量元素	trace element
生长因子	growth factor
维生素	vitamin
氨基酸	amino acid
嘌呤	purine
嘧啶	pyrimidine
能源物质	energy source
化能自养型	chemoautotrophy
化能异养型	chemoheterotrophy
光能自养型	photoautotrophy
光能异养型	photoheterotrophy
单纯扩散	simple diffusion
促进扩散	facilitated diffusion
主动运输	active transport
基团转位	group translocation
培养基	medium
天然培养基	complex medium
合成培养基	synthetic medium
半合成培养基	semisynthetic medium
固体培养基	solid medium
液体培养基	liquid medium
半固体培养基	semisolid medium
琼脂	agar
选择培养基	selective medium
加富培养基	enriched medium
鉴别培养基	differential medium

第六章 微生物的生长及控制

斜面	test-tube slant
琼脂平板	agar plate
摇瓶	flask
发酵罐	fermentor
传感器	sensor
接种	inoculation
同步培养	synchronous culture

生长曲线	growth curve
延迟期	lag phase
对数期	exponential phase
稳定期	stationary phase
衰亡期	death phase
分批培养	batch culture
连续培养	continuous fermentation
细菌计数器	Petroff-Hausser counter
血球计数板	blood cell counting chamber
生物量	biomass
好氧微生物	aerobe
兼性厌氧微生物	facultative aerobe
微好氧微生物	microaerophilic microorganisms
耐氧微生物	aerotolerant anaerobic microorganisms
厌氧微生物	anaerobes
嗜热微生物	thermophile
嗜温微生物	mesophile
嗜冷微生物	psychrophile
嗜酸微生物	acidophile
嗜碱微生物	alkalophile
灭菌	sterilization
消毒	disinfection
防腐	antisepsis
化疗	chemotherapy
高压蒸汽灭菌	autoclave
干热灭菌	sterilization by dry heat
巴氏消毒法	Pasteurization
辐射	radiation
渗透压	osmotic pressure
干燥	dry
超声波	ultrasonic
过滤	filter
消毒剂	disinfectant
抗代谢物	antimetabolite

第七章　微生物的代谢与调节

代谢	metabolism
分解代谢	catabolism
合成代谢	anabolism
物质代谢	substance metabolism
能量代谢	energy metabolism
生物氧化	biological oxidation
有氧呼吸	aerobic respiration

无氧呼吸	anaerobic respiration
糖酵解	glycolysis
脱氢	dehydrogenation
递氢	hydrogen transfer
呼吸链	respiratory chain
脱氢酶	dehydrogenase
细胞色素	cytochrome
发酵	fermentation
氢细菌	hydrogen bacteria
硝化细菌	nitrifying bacteria
铁细菌	iron bacteria
硫细菌	sulfur bacteria
光合作用	photosynthesis
光合磷酸化	photophosphorylation
叶绿素	chlorophyll
菌绿素	bacteriochlorophyll
卡尔文循环	Calvin cycle
生物固氮	nitrogen fixation
固氮酶	dinitrogenase
激活	activation
反馈抑制	feedback inhibition
操纵子	operon
诱导	inducible
阻遏	repression
末端产物阻遏	end-product repression
分解代谢物阻遏	catabolite repression
营养缺陷型	auxotroph
初级代谢	primary metabolism
次级代谢	secondary metabolism

第八章　微生物的遗传变异

遗传	genetic
变异	variation
基因型	genetype
表现型	phenotype
基因突变	gene mutation
自发突变	spontaneous mutation
碱基置换	base substitution
移码突变	frameshift mutation
染色体畸变	chromosomal aberration
突变率	nutation rate
转化	transformation
转导	transduction

普遍转导	generalized transduction
局限转导	specialized transduction
接合	conjugation
有性生殖	zoogamy
准性生殖	parasexual reproduction
诱变	mutation
原生质体融合	protoplast fusion
溶菌酶	lysozyme
融合子	fusion
基因工程	genetic engineering
目的基因	objective gene
载体	carrier
重组 DNA	recombinant DNA
受体细胞	recept cell
PCR	polymerase chain reaction
退化	degeneration
复壮	rejuvenation
菌种保藏	preservation

第九章　免疫基础知识

免疫力	immunity
病原微生物	pathogenic microorganism
传染	infection
免疫系统	immune system
免疫防御	immunological defence
免疫稳定	immunological homeostasis
免疫监视	immunological surveillance
特异性免疫	specific immunity
非特异性免疫	nonspecific immunity
抗原	antigens
抗体	antibody
补体	complement
干扰素	interferon
免疫球蛋白	immunoglobulin
淋巴细胞	lymphocyte
免疫应答	immune response
疫苗	vaccine
生物制品	biologic products
凝集反应	agglutination
沉淀反应	precipitation reaction

第十章　微生物的生态

微生物群落	microbial community
嗜压菌	barophile

嗜冷菌	psychrophile
嗜盐菌	halophile
嗜热菌	thermophile
嗜酸菌	acidophile
嗜碱菌	alkalophile
共生	symbiosis
互生	mutualism
寄生	paratrophy
拮抗	antagonism
氨化作用	ammonification
硝化作用	nitrification
脱硫作用	desulfuration
生物降解	biodegradation
同化性硝酸盐还原	dissimilatory nitrate reduction
异化性硝酸盐还原	dissimilatory sulfate reduction
降解性质粒	catabolic plasmids
固氮作用	nitrogen fixation

参 考 文 献

[1] 周德庆．微生物学教程．北京：高等教育出版社，2008.
[2] 蔡信之，黄君红主编．微生物学．北京：高等教育出版社，2002.
[3] 沈萍．微生物学．北京：高等教育出版社，2000.
[4] 唐珊熙．微生物学．北京：中国医药科技出版社，1996.
[5] 黄秀梨．微生物学．北京：高等教育出版社，1998.
[6] 岑沛霖，蔡谨编．工业微生物学．北京：化学工业出版社，2000.
[7] 贺延龄，陈爱侠编．环境微生物学．北京：中国轻工业出版社，2001.
[8] 胡家骏，周群英编．环境工程微生物学．北京：高等教育出版社，1988.
[9] 王建国编．环境微生物．北京：化学工业出版社，2002.
[10] [美] I. E. 阿喀莫著．微生物学．林稚兰等译．北京：科学出版社，2002.
[11] 肖纯凌，赵富玺编．病原生物学和免疫学．北京：人民卫生出版社，2009.
[12] 黄秀梨编．微生物学实验指导．北京：高等教育出版社，1999.
[13] 钱存柔编．微生物学实验教程．北京：北京大学出版社，2008.
[14] 张润编．微生物学实验．北京：中央广播电视大学出版社，1994.
[15] 杜连祥编．工业微生物学实验技术．天津：天津科学技术出版社，1992.